は し が き

「志望校に合格するためにはどのような勉強をすればよいのでしょうか」 これは，受験を間近にひかえているだれもが気にしていることの１つだと思います。しかし，残念ながら「合格の秘訣」などというものはありませんから，この質問に対して正確に回答することはできません。ただ，最低限これだけはやっておかなければならないことはあります。それは「学力をつけること」 … 入試問題の傾向をつかむこと」と「不得意分野・単元をなくすこと」です …

前者については，弊社の『中学校別入 … 試問題を解いたり，参考記事を読んだりすることで十分対処できるでし …

後者は，絶対的な学力を身につけるとい … っ，応分の努力を必要とします。これを効果的に進めるための書として本書を編集しました。

本書は，長年にわたり『中学校別入試対策シリーズ』を手がけてきた経験をもとに，近畿の国立・私立中学校で2023年・2024年に行われた入試問題を中心として必修すべき問題を厳選し，単元別に収録したものです。本書を十分に活用することで，自分の不得意とする分野・単元がどこかを発見し，また，そこに重点を置いて学習し，苦手意識をなくせるよう頑張ってください。別冊解答には，できる限り多くの問題に解き方をつけてあります。問題を解くための手がかりとして，あわせて活用してください。

本書を手にされたみなさんが，来春の中学受験を突破し，さらなる未来に向かって大きく羽ばたかれることを祈っております。

も く じ

1　力のつりあいと運動

[1]　≪てこのつりあい≫　次の文章を読み，問1～問6に答えなさい。各問題で使う糸は全て同じ種類の軽い糸で，この糸は合計300gの重さまで耐え，それより大きい力がはたらくと切れてしまうものとします。

（清風南海中）

問1　重さの無視できる長さが200cmの棒の中心に糸の一端を結び，もう一端を天井に固定します。重さが150gのおもりAと，1個あたりの重さが10gのおもりBをたくさん用意しました。

図1のように，棒の中心から右に40cm離れた位置におもりAをつるし，いくつかのおもりBを棒の中心から左に100cmの位置につるすと，棒は水平を保ちました。このときおもりBは何個つり下がっていますか。（　　　個）

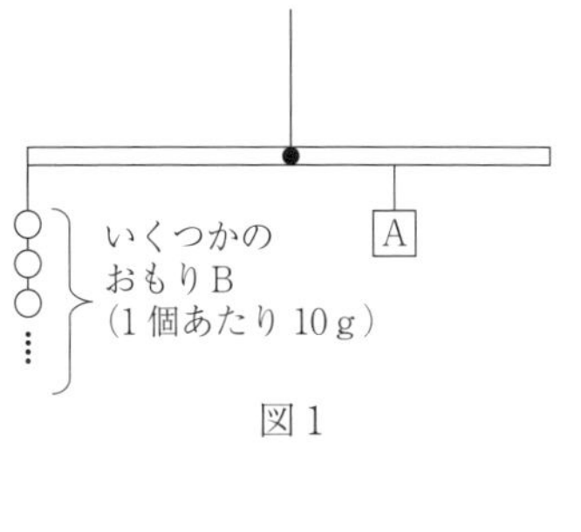

図1

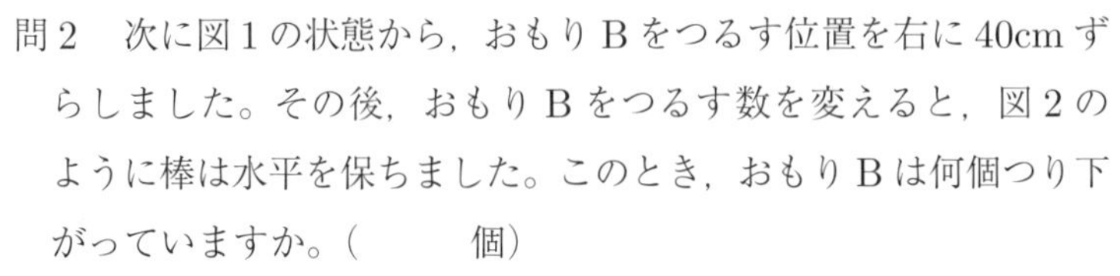

問2　次に図1の状態から，おもりBをつるす位置を右に40cmずらしました。その後，おもりBをつるす数を変えると，図2のように棒は水平を保ちました。このとき，おもりBは何個つり下がっていますか。（　　　個）

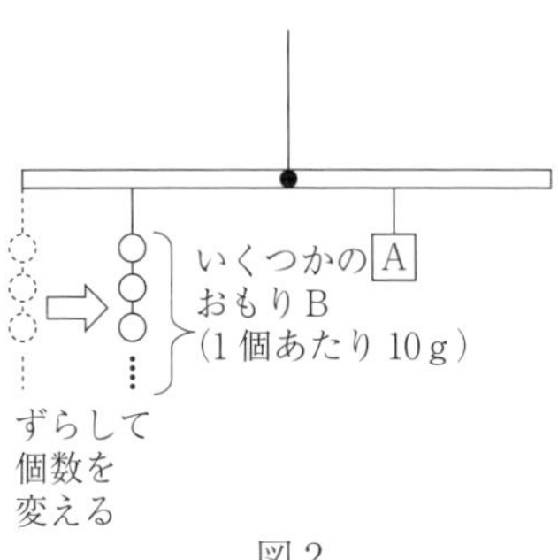

図2

問3　図2の状態からおもりBのつるす位置を変えることなく，数だけを増減させます。その後おもりAを左右のどちらかに動かし，棒が水平を保つようにしました。

(1)　おもりBの数を図2から減らしました。棒が水平を保つためには，おもりAの位置を図2の状態から左右どちら向きに動かせばよいですか。最も適しているものを次のア～ウの中から1つ選び，記号で答えなさい。（　　　）

ア　左　　イ　右　　ウ　動かさない

(2)　おもりBを，糸が切れずに棒の水平を保つことのできる，限界の数までつるしました。棒が水平を保つには，おもりAの位置を図2の状態からどちら向きに何cm動かせばよいですか。向きと長さの両方を答え，向きについては，左か右のどちらかで答えなさい。

（　　向きに　　　cm）

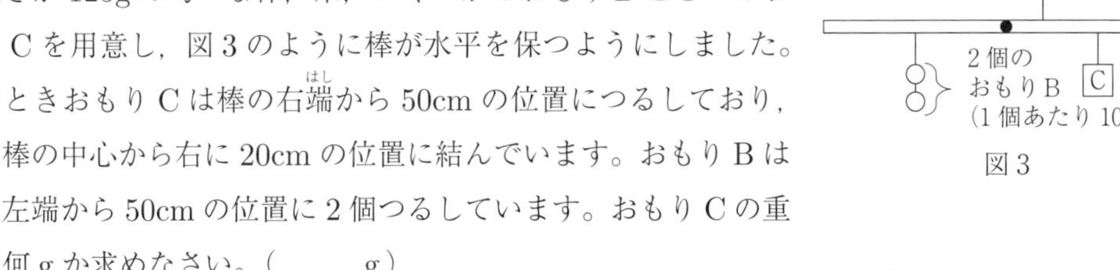

問4　次に，棒の重さが無視できない場合を考えます。長さが200cmで重さが125gの均一な棒，糸，いくつかのおもりBと1つのおもりCを用意し，図3のように棒が水平を保つようにしました。このときおもりCは棒の右端から50cmの位置につるしており，糸は棒の中心から右に20cmの位置に結んでいます。おもりBは棒の左端から50cmの位置に2個つるしています。おもりCの重さは何gか求めなさい。（　　　g）

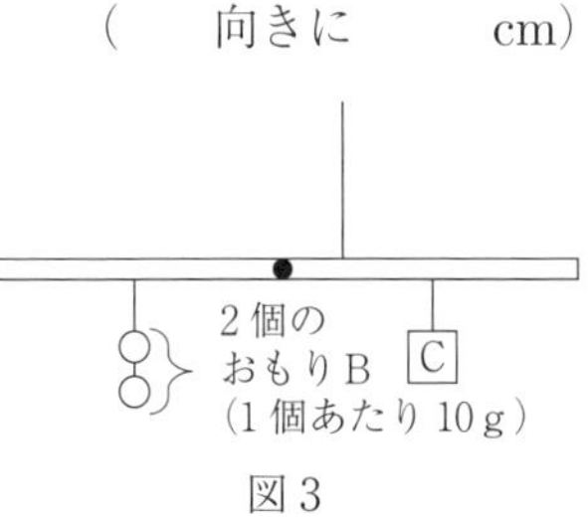

図3

問5　図3の状態からおもりCと糸の位置は変えず，おもりBの位置と数の両方を変えていきます。おもりBを，糸が切れずに棒の水平を保つことのできる限界の数までつるしました。棒が水平を保つには，おもりBは棒の中心からどちら向きに何cmの位置にあればよいですか。向きと長さの両方を答え，向きについては，左か右のどちらかで答えなさい。（　　向きに　　　cm）

問6　糸1，糸2と，長さが200cmで重さが170gの均一な棒を用意しました。図4のように，糸1の一端を棒の中心から右に20cmの位置に，糸2の一端を棒の左端から20cmの位置に結び，両方の糸がまっすぐ平行になるように，それぞれのもう一端を天井に固定しました。棒の中心におもりBをつるし，その個数を増やしていきました。どちらかの糸が切れるまで棒は水平を保ち続けるとして，次の(1)，(2)に答えなさい。

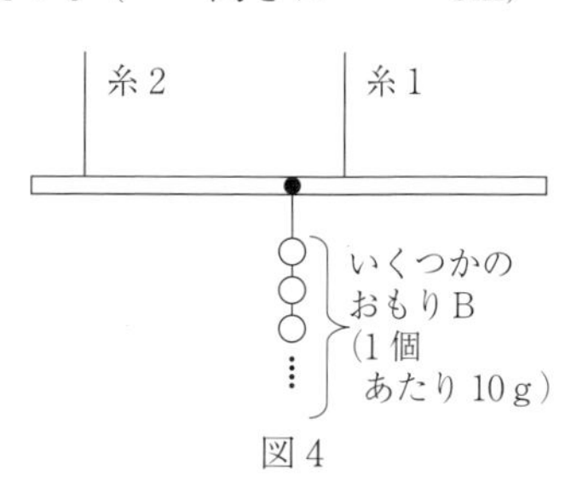

図4

(1)　おもりBの数を増やしていったとき，糸1と糸2のどちらが先に切れますか。最も適しているものを次のア～ウの中から1つ選び，記号で答えなさい。（　　）

ア　糸1が先に切れる　　イ　糸2が先に切れる　　ウ　両方同時に切れる

(2)　1個あたり1gのおもりDをたくさん用意します。おもりBを両方の糸が切れない限界の数までつり下げた後，おもりBの下におもりDをつり下げていきました。両方の糸が切れない，おもりDの限界の数を答えなさい。（　　　個）

2　**≪てこのつりあい≫**　K君は洗濯(せんたく)物を干すときに，どの位置にどの洗濯物をつるすと，ハンガーを水平に保てるのか気になりました。そこで図1のように縦横4cm間かくで点1から点25の位置にばねばかりやおもりをかけられるようにした正方形のハンガーを作りました。

図2のようにハンガーの中心（点13）をばねばかりにつるすと，ハンガーは水平になり，ばねばかりは150gを示しました。ばねばかりは，ばねののびの性質を利用して，ものの重さをはかる道具です。このハンガーを用いて，実験1～3を行いました。（甲南中）

図1

図2

〔実験1〕　図2の状態で，下の①～④のようにおもりをつるすと，ハンガーは水平になりませんでした。

①　点3に10gのおもりをつるした場合

②　点5，点25にそれぞれ20gのおもりをつるした場合

③　点3，点5，点15にそれぞれ20gのおもりをつるした場合

④　点1，点5，点11，点15にそれぞれ20g，点3に40gのおもりをつるした場合

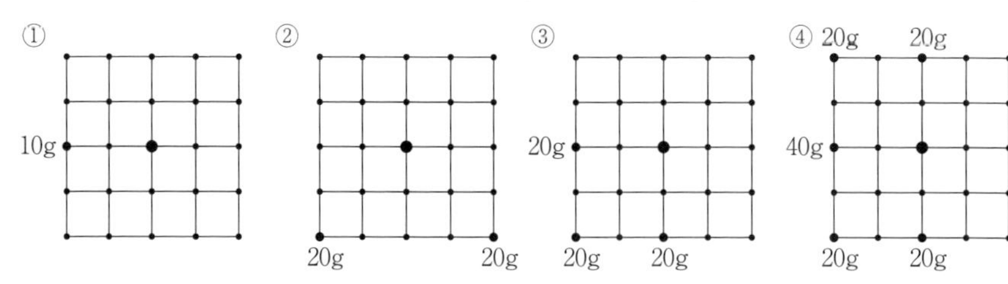

(1) 前の①～④において，さらにおもりを1個つるし，ハンガーを水平にするためにはどの点につるせばよいですか。点1から点25の数字で答えなさい。①では20g，②では40g，③では80g，④では160gのおもりをつるしました。

①(点　　　)　②(点　　　)　③(点　　　)　④(点　　　)

〔実験2〕 図2の状態で点1，点5にそれぞれ25g，点21，点25にそれぞれ100gのおもりをつるすと，ハンガーは水平になりませんでした。そこで，ばねばかりをつるす位置をハンガーの中心（点13）から左右どちらかに移動させると，ハンガーは水平になりました（図3）。

図3

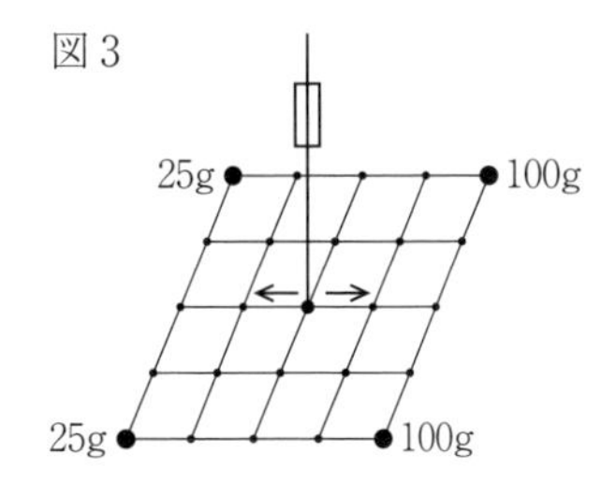

(2) ばねばかりの値は何gになりますか。(　　　g)

(3) ハンガーが水平になったとき，ハンガーをばねばかりにつるす位置はハンガーの中心（点13）から右もしくは左に何cmになりますか。解答らんの（　　）に語句と数字を入れて，答えなさい。

ハンガーの中心（点13）から（　　　）に（　　　）cmになる

〔実験3〕 ハンガーの点1，点5，点23の位置にばねばかりをかけ，点3に120g，点17に100gのおもりをつるしたところ，ハンガーは水平になりました（図4）。

図4

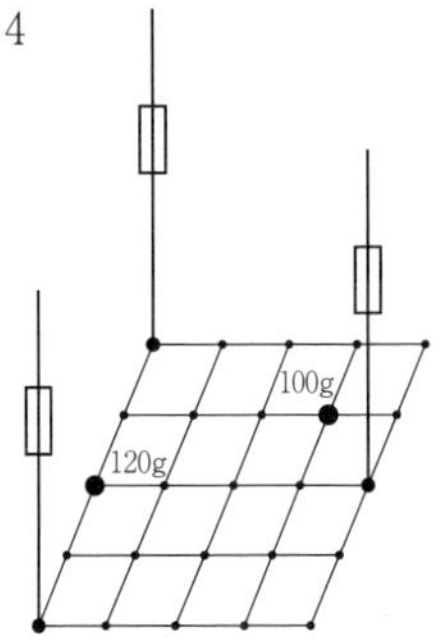

(4) それぞれのばねばかりの示す値は何gになりますか。

点1（　　　g）　点5（　　　g）　点23（　　　g）

3 ≪てこのつりあい≫　次の文を読んで，後の問いに答えなさい。　（洛星中）

R君は重さが一様で均質な板を準備して，面が水平になるよう糸でつるそうと考えました。

R君は本を読んで「重心」という言葉を知っていたので，実験を始める前にこの重心というものをもう一度復習しておこうと思いました。図1の(ア)のように，重さの無視できる棒の両端(りょうはし)に10gのおもりをぶら下げ，棒の中央をばねでつり下げるとばねは10cmのびて棒は水平につり合っていました。ところが，この2つの10gのおもりの代わりに棒の中央に20gのおもりをぶら下げても同様に棒は水平のままばねは10cmのびます。次に(イ)のように，糸でおもりをぶら下げるのではなく棒の両端がそれぞれ10gあると考えました。このとき，棒全体を1点で水平につるせる位置は棒の中央ということになり，この位置をこの物体の重心と呼ぶのだとR君は再確認しました。

今度は重さが一様で均質な板を考えてみました。この場合にも，板が水平になるように1点でつり下げることができるところが重心となります。まず，図2の例のように重さが一様で一辺20cmの正方形の板を準備しました（四角形ABCD）。このとき，辺CDから左へ10cm，辺BCから上へ10cmのところの点Oに重心があり，点Oのところを糸でつり下げると40gの力で持ち上げることができ，板の面は水平につり下げることができました。その後，辺CDから5cmの部分（点線の部分）を切り離(はな)してしまいました。切り離した後の板を点Oでつり下げたところ30gの力で持ち上がりましたが，板は水平につり合いませんでした。明らかに重心が移動しており，点Ｏから左へ2.5cmずれた点Ｇに移ったのでした。Ｒ君は点Ｇに糸を付けなおす代わりに糸２本でつり下げ，２本とも同じ力で引き上げることにより板の面を水平にしようとしました。点Ｏの糸はつけたまま点Ｐ（点Ｏから左にずらし，辺ABから５cmのところ）にもう１本の糸を付けたところ，それぞれ15gの力をかけた糸２本で持ち上がり，板は水平につり合いました。

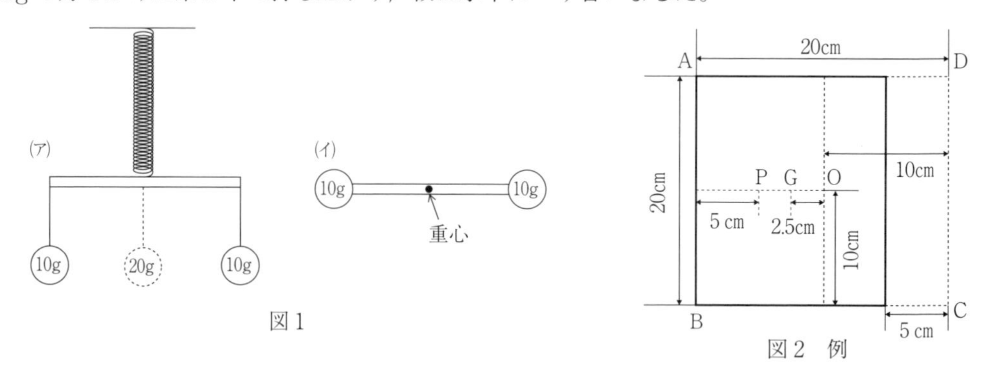

図１

図２　例

問１　次の３つの板（図３〜図５）は重さが一様で均質な板であり，それぞれ40gあります。点Ｏにはすでに１本糸が付いていますが，もう１本糸をつけて20gずつの力で板を水平につり下げるとして，次の(1)〜(3)のそれぞれに答えなさい。（ただし，それぞれの図において，表示している長さは実際の比率とは異なります。）

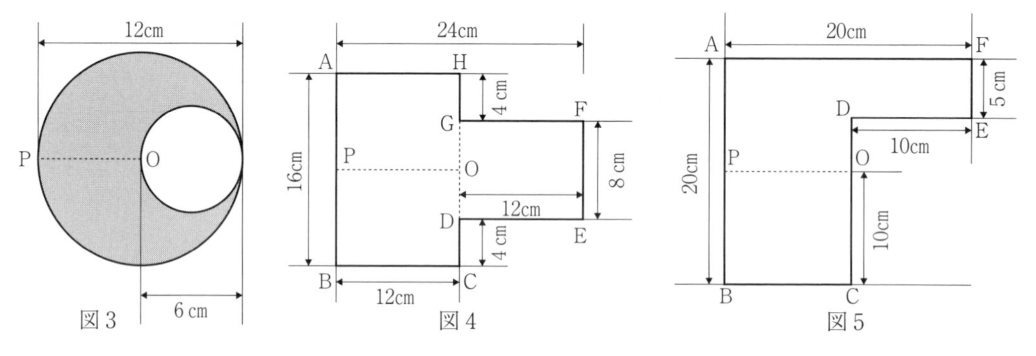

図３　図４　図５

(1)　図３の板は直径12cmの円形の板で，向かって右側を直径６cmの円形にくりぬいてあります。（点Ｐから点Ｏに向かった直線上にくりぬいた円の中心があります。）外の円の中心を点Ｏとし，点Ｏから点Ｐに向かって何cmのところにもう１本の糸をつければよいですか。

（　　　cm）

(2)　図４のCHの中心（DGの中心）を点Ｏとし，点Ｏから点Ｐに向かって何cmのところにもう１本の糸を付ければよいですか。（　　　cm）

(3)　図５の辺EFから左へ10cm，辺BCから上へ10cmのところを点Ｏとし，点Ｏから点Ｐに向かって何cm，そこから辺AFの方に向かって何cmのところにもう１本の糸をつければよいですか。（点Ｏから点Ｐに向かって　　　cm　辺AFの方に向かって　　　cm）

4 ≪てこのつりあい≫　次の文章を読んで，あとの(1)〜(9)の問いに答えなさい。ただし，割り切れない場合は，最も簡単な分数で答えなさい。　（洛南高附中）

半径が20cmの半円形のレールP，半径がそれぞれ15cm，8cmの円形のレールQ，R（図1），いろいろな重さの球と，針金を使って実験をおこないました。レール，針金は変形することはなく，レールの厚さ，球の大きさ，レール，針金の重さは考えないものとします。

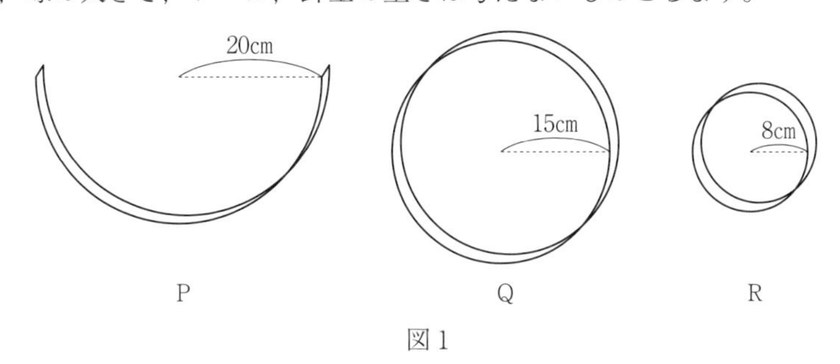

図1

(1)　図2のように，重さが20gの球Aと，ある重さの球BをレールPの内側に固定し，レールPの半円形の部分が床に接するように，水平な床の上でつりあわせたところ，球A，Bの床からの高さが等しくなりました。このとき，球Bの重さは何gですか。

（　　　g）

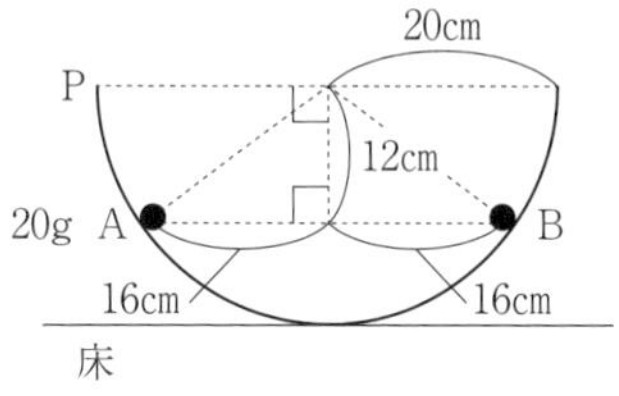

図2

(2)　図3のように，図2の球Bを固定する位置を変えました。レールPの半円形の部分が床に接するように，水平な床の上でつりあわせたとき，球A，Bの床からの高さについて正しいものを，次のア〜ウの中から1つ選んで，記号で答えなさい。（　　　）

ア　球Aの方が球Bより高い。

イ　球Bの方が球Aより高い。

ウ　球A，Bの高さは等しい。

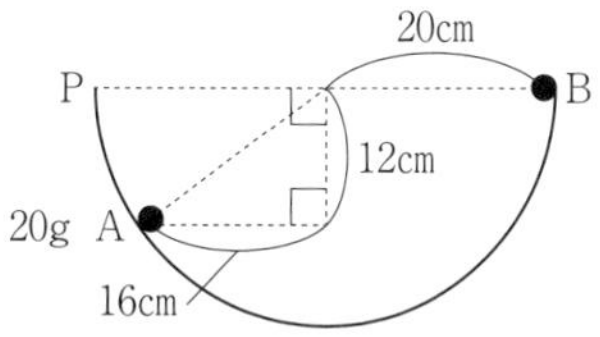

図3

(3)　図4のように，レールP，Qを中心が同じになるように針金で固定し，重さが20gの球AをレールPの内側に，ある重さの球CをレールQの内側にそれぞれ固定し，レールPの半円形の部分が床に接するように，水平な床の上でつりあわせたところ，球A，Cの床からの高さが等しくなりました。このとき，球Cの重さは何gですか。（　　　g）

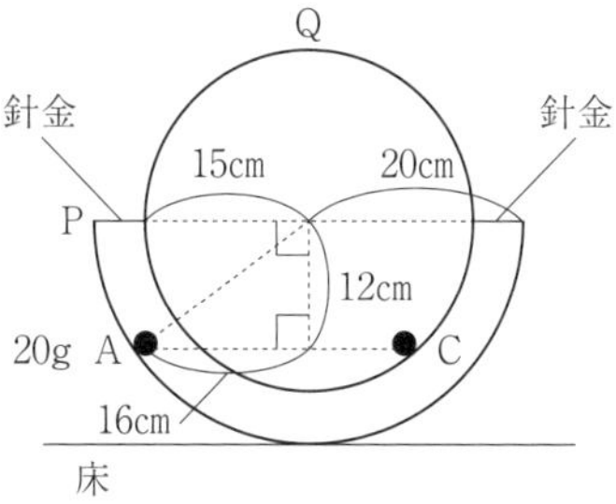

図4

(4)　図4の球Cのかわりに，別の重さの球Dを使って，球Dを固定する位置をレールQの内側でいろいろと変えて，レールPの半円形の部分が床に接するように，水平な床の上でつりあわせたところ，球A，Dの床からの高さが等しくなることがありました。次のア〜エの中から，球Dの重さとして適当なものを1つ選んで，記号で答えなさい。（　　　）

ア　5g　　イ　10g　　ウ　20g　　エ　40g

(5) 図５のように，図２の球Ｂのかわりに，別の重さの球Ｅをレール P の内側に固定し，レール P の半円形の部分が床に接するように，水平な床の上でつりあわせたところ，球 A はレール P の半円の中心と床からの高さが等しくなりました。このとき，球 E の重さは何 g ですか。（　　　g）

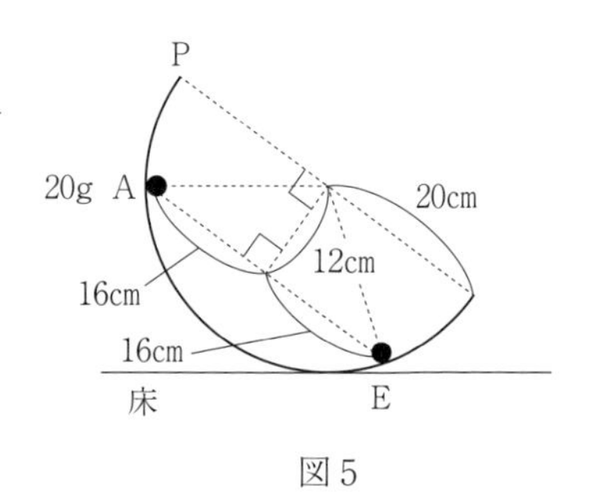

図５

(6) 図６のように，図２の球 A，B に加えて，ある重さの球 F をレール P の内側に固定し，レール P の半円形の部分が床に接するように，水平な床の上でつりあわせたところ，レール P は球 B の位置で床に接しました。このとき，球 F の重さは何 g ですか。

（　　　g）

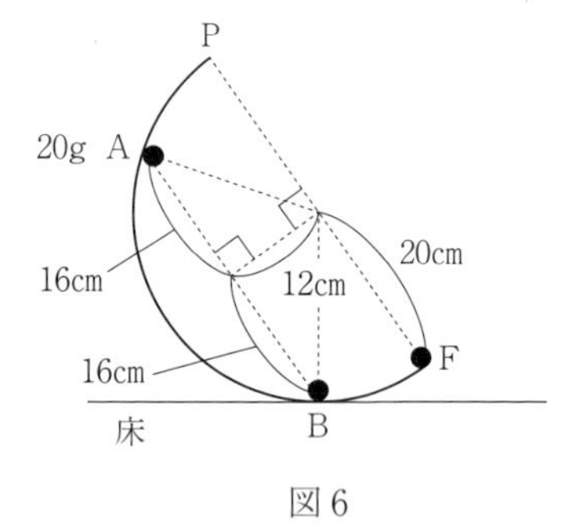

図６

(7) 図７のように，レール P，R を中心が同じになるように針金で固定し，重さが 20g の球 A をレール P の内側に固定し，重さが 30g の球 G を固定する位置をレール R の内側でいろいろと変えて，レール P の半円形の部分が床に接するように，水平な床の上でつりあわせたとき，球 A の床からの高さの最大値は何 cm ですか。（　　　cm）

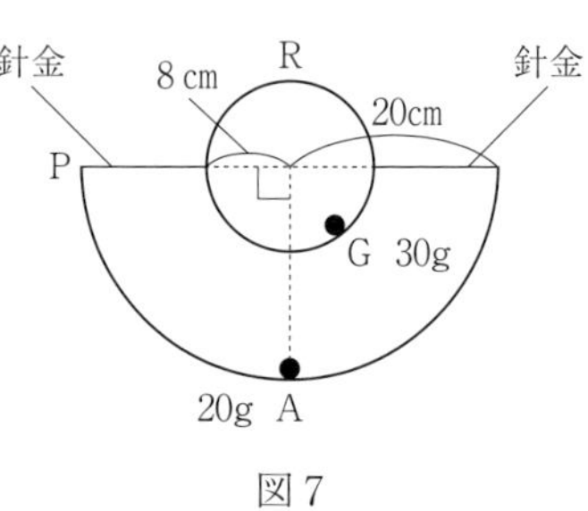

図７

(8) 図８のように，レール P，R を針金で固定し，重さが 20g の球 A をレール P の内側に固定し，重さが 30g の球 G をレール R の内側に置いて，レールの内側にそってなめらかに動くことができるようにしました。レール P の半円形の部分が床に接するように，水平な床の上でつりあわせたとき，球 G の床からの高さは何 cm ですか。（　　　cm）

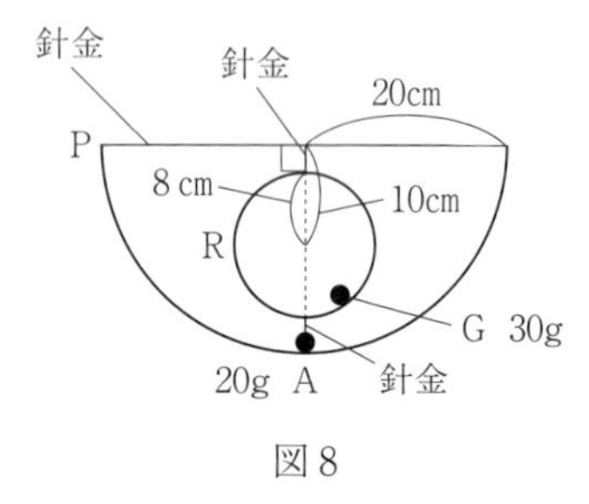

図８

(9) 図９のように，図８の球 A を固定する位置を変えました。レール P の半円形の部分が床に接するように，水平な床の上でつりあわせたとき，球 G の床からの高さは何 cm ですか。

（　　　cm）

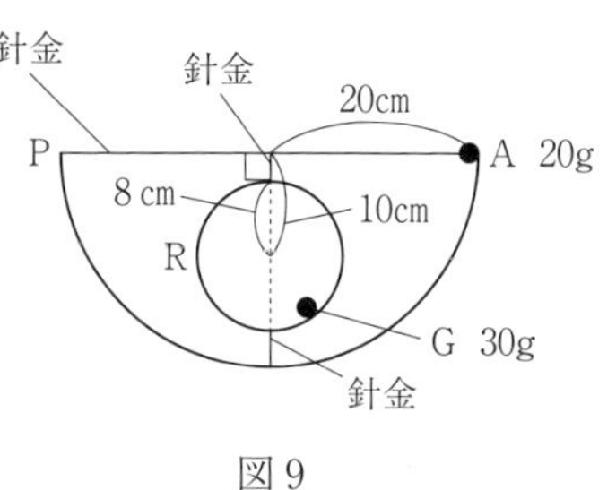

図９

5 ≪ばね≫ （常翔学園中）

Ⅰ ばねに何も力を加えないときのばねの長さを「自然の長さ」といいます。また，ばねを伸(の)ばしたり縮(ちぢ)めたりすると，もとに戻(もど)ろうとする力がはたらきます。これをばねの「弾性力(だんせいりょく)」といいます。次の式で表されるように，ばねの弾性力の大きさ［N］は，ばね定数［N/m］とばねの自然の長さからの伸(の)び（縮(ちぢ)み）［m］の積で表されます。これについて，下の各問いに答えなさい。ただし，100g のおもりにはたらく重力の大きさを 1 N とし，ばねの質量は無視(むし)できるものとします。

ばねの弾性力［N］＝ばね定数［N/m］×ばねの自然の長さからの伸び（縮み）［m］

(1) 図 1 は，ばねを用いておもりをつるして静止(せいし)させている様子を表したもので，このおもりにはたらく重力を⋯⋯▶で示しています。このおもりにはたらくばねの弾性力を解答欄の図に実線（―▶）で書きなさい。ただし，作用点(さようてん)は●で示すこと。

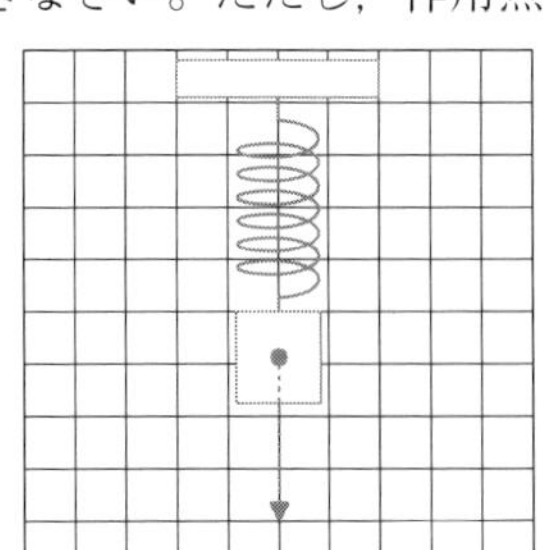

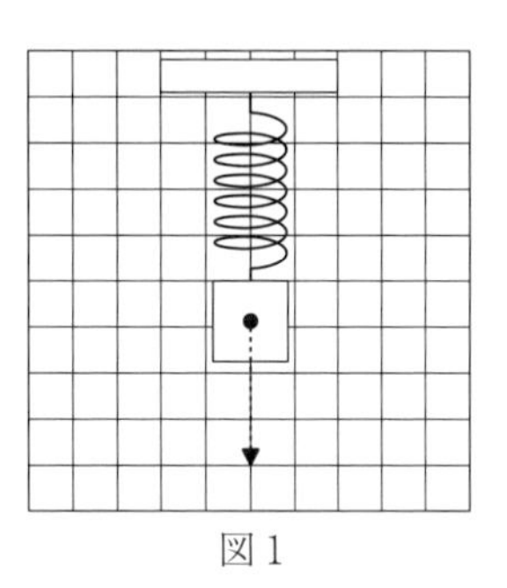

図 1

(2) 図 2 は，ばね A とばね B それぞれのばねの自然の長さからの伸び［m］と，弾性力の大きさ［N］の関係を表したグラフです。

① このグラフより，ばね A のばね定数は何［N/m］とわかりますか。整数で答えなさい。（　　　N/m）

② このグラフより，ばね A とばね B のばね定数はどちらの方が大きいですか。A か B で答えなさい。（　　　）

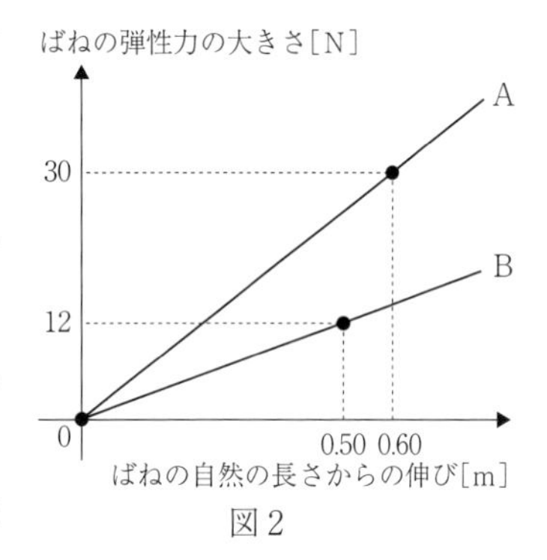

図 2

(3) ばね A を用いて図 3，4 のように 3 つの 500g のおもりをぶら下げてつり合わせました。

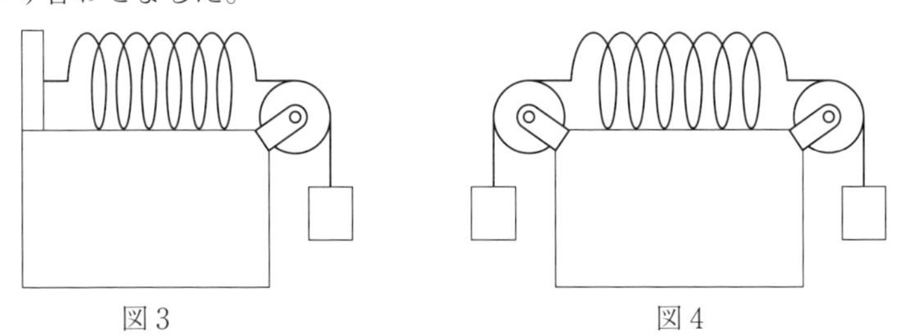

図 3　　図 4

① 図 3 のばね A の自然の長さからの伸びは何［m］ですか。小数第 1 位まで答えなさい。

（　　　m）

② 図 4 のばね A の自然の長さからの伸びは，図 3 のばね A の自然の長さからの伸びに比べてどのようになりますか。次の(あ)～(う)から 1 つ選び，記号で答えなさい。（　　　）

(あ) 変わらない　(い) 2 倍伸びる　(う) 1/2 倍伸びる

Ⅱ　図5のように，ばねを使って上下に揺らすばね振り子をつくりました。振り子運動で1往復するのにかかる時間を周期といいます。また，往復する区間の中心から端までの距離を振幅といいます。下の表1～3は，ばね定数の異なる3つのばねを用いてそれぞればね振り子をつくり，おもりの質量と，10往復にかかる時間の測定結果をまとめたものです。これについて下の各問いに答えなさい。

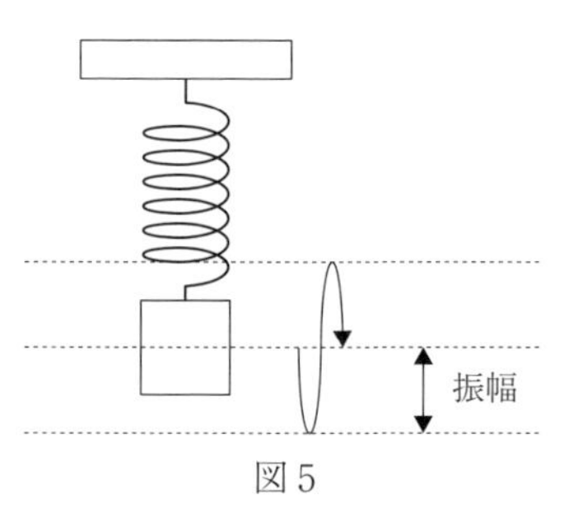

図5

表1　ばね定数50［N/m］

おもりの質量[kg]	5.0	10	15	20	25	30	35	40	45	50
測定結果[秒]	19.8	28.0	34.3	39.6	44.4	48.6	52.5	56.2	59.4	62.8

表2　ばね定数100［N/m］

おもりの質量[kg]	5.0	10	15	20	25	30	35	40	45	50
測定結果[秒]	14.0	19.9	24.3	28.1	31.5	34.5	37.2	39.9	42.1	44.5

表3　ばね定数200［N/m］

おもりの質量[kg]	5.0	10	15	20	25	30	35	40	45	50
測定結果[秒]	9.9	14.0	17.2	19.8	22.2	24.3	26.3	28.1	29.7	31.4

(4)　ばね定数50［N/m］のばねをつかったばね振り子で，おもりの質量が5.0kgのときのばね振り子の周期は何秒ですか。小数第2位まで答えなさい。(　　　秒)

(5)　ばね振り子の振幅を大きくすると，周期はどのようになりますか。もっとも適当なものを次の(あ)～(う)から1つ選び，記号で答えなさい。(　　　)

(あ)　変わらない　　(い)　大きくなる　　(う)　小さくなる

(6)　振り子の周期とおもりの質量にはどのような関係がありますか。もっとも適当なグラフはどれですか。表1を参考にして考えて，次の(あ)～(え)から1つ選び，記号で答えなさい。(　　　)

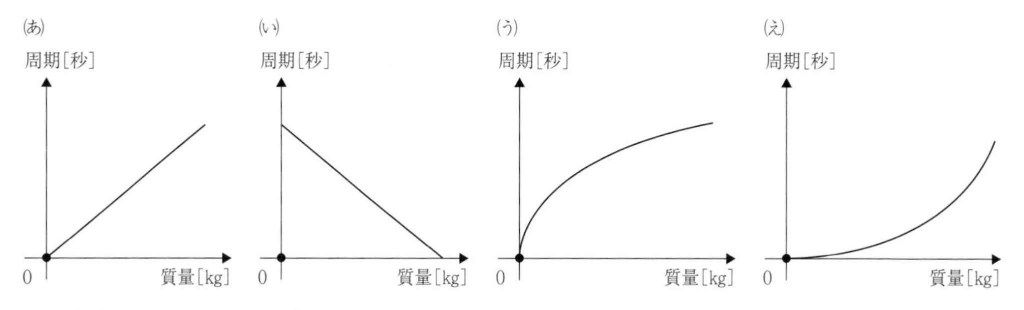

(7)　同じ材質で長さが0.05［m］のばねと0.20［m］のばねをそれぞれ用意して，同じおもりを用いて周期を測定する実験をしました。長さが0.05［m］のばねのときの周期は，0.20［m］のばねのときの周期の何倍になりますか。(　　　倍)

6 《ふりこ》 長さ100cmの糸に小さなおもりをつけた振り子を用意します。糸の端は壁の点Oに固定されていて，振り子は壁の表面にそって振らせることができます。空気抵抗および壁との摩擦は無視します。振り子の最下点Pの高さを高さの基準（高さ0cm）とします。

糸を張った状態で，左側の高さ20cmの位置で静かにおもりを放すと，よく知られているように，おもりは糸が張った状態のまま点Pを通過して進み，右側の高さ20cmの位置で一瞬静止し，その後，放した位置まで引き返します。 （灘中）

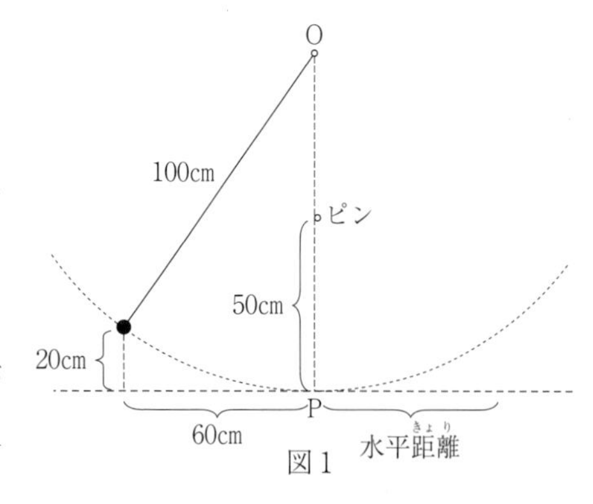

図1

問1 おもりを放す位置は変えずに，直線OP上で高さ50cmの位置にピンを打ち（図1），そこで糸が折れ曲がるようにした場合，おもりは右側のどの位置まで進むでしょうか。直線OPからその位置までの水平距離を答えなさい。（　　　cm）

問2 問1の場合も，おもりは一瞬静止した後，放した位置まで引き返します。おもりが往復するのに要する時間は，ピンを打たない場合に比べてどうなりますか。次のア～ウから選び記号で答えなさい。（　　　）

ア　変わらない。　　イ　長くなる。　　ウ　短くなる。

問3 放す高さを20cmのままにして，ピンを打つ高さを50cmよりも少し小さくした場合，おもりが進む位置までの水平距離は，問1の答えに比べてどうなるでしょうか。次のア～ウから選び記号で答えなさい。（　　　）

ア　変わらない。　　イ　大きくなる。　　ウ　小さくなる。

問4 放す高さを20cmのままにして，ピンを打つ高さをさらに少しずつ小さくしながら実験を続けてみたところ，ピンの高さをある値よりも小さくすると，糸がたるむ（糸が張ったままではいられない）ことがわかりました。ある値は何cmですか。（　　　cm）

問5 おもりを放す高さをHcm，ピンを打つ高さを$x$cmとします。ただし，Hとxは100以下とします。いろいろなHの値に対して，xの値をHよりも大きな値から始めて少しずつ小さくしながら実験を続けてみたところ，おもりが点Pを通過した後のおもりの動きはA，B，Cの3種類の動きのどれかひとつになることがわかりました。AとBは次のような動きです。

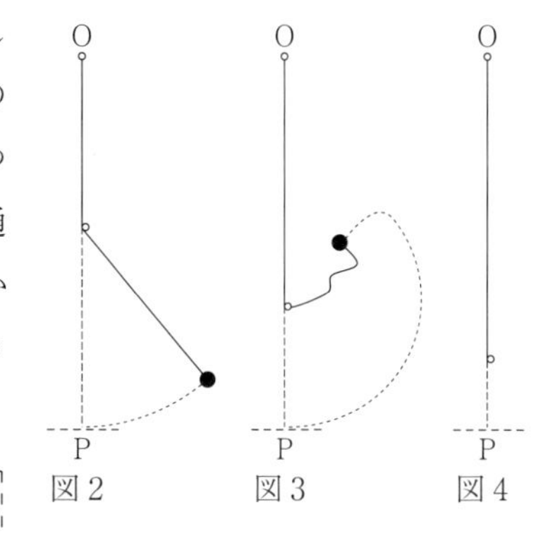

図2　図3　図4

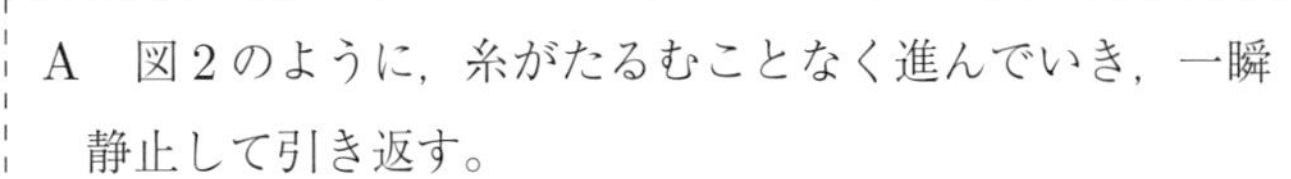
A　図2のように，糸がたるむことなく進んでいき，一瞬静止して引き返す。
B　図3のように，あるところで糸がたるみ，静止することなく不規則な動きが続く。

Cはどのような動きでしょうか。Cの動きを図で示しなさい（図4を完成させなさい）。ただし，おもりが点Pを通過してから点Oの真下のある点に達する瞬間（しゅんかん）までのおもりの道筋（-----）と，その瞬間におけるおもりの位置（●）と，糸（――）をかくこと。

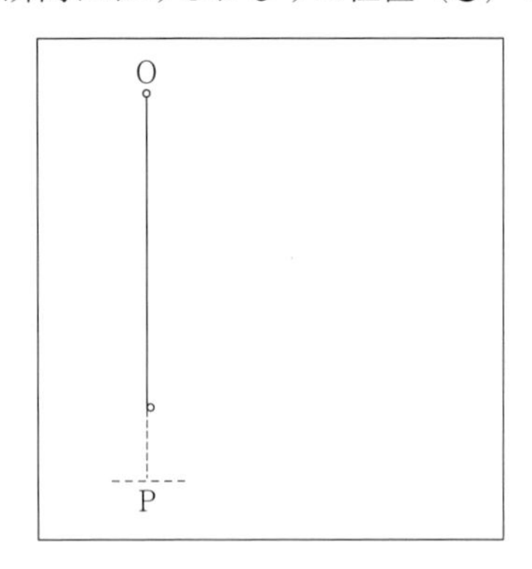

7　≪ものの運動≫　図1のように，摩擦（まさつ）のないレール上に金属製の大きさが等しい物体AとBを置きました。レールは左右の斜（しゃ）面が水平な部分とつながっており，物体AとBはレール上をすべって運動します。

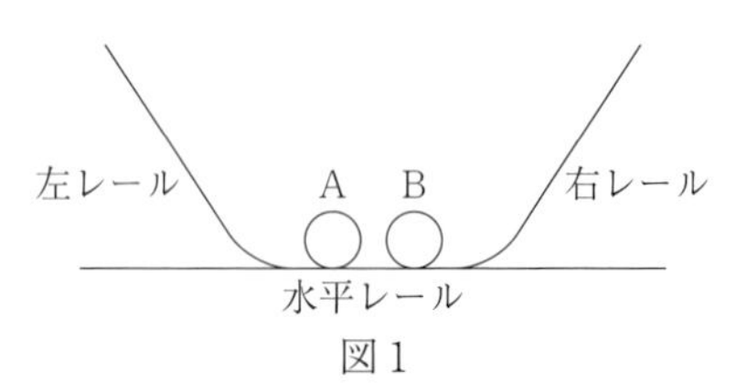

図1

図2のように，いま，AとBをともに20gとし，Aを左レール上の水平レールから25cmの高さで手をはなして，水平レール上で止まっているBに衝突（しょうとつ）させると，Aは水平レール上で止まり，Bは右レール上で床（ゆか）から25cmの高さまで上がりました。（高槻中）

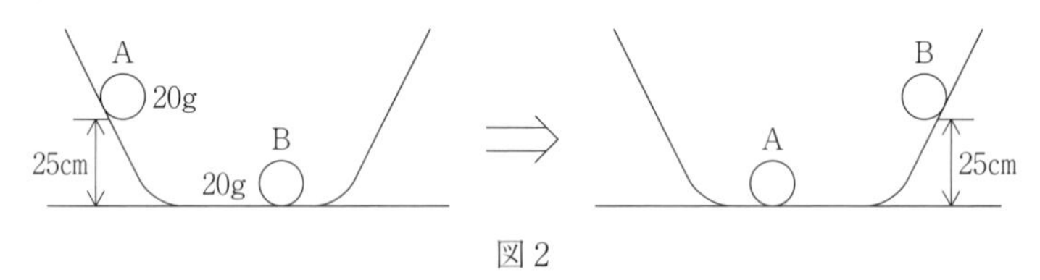

図2

問1　このあと物体Bがすべりおりてきて水平レール上で止まっているAと2回目の衝突をすると，衝突後の物体AとBはどのようになると考えられますか。次から，それぞれ一つずつ選び，あ～おの記号で答えなさい。A（　　　）　B（　　　）

あ　左レール上で高さが25cmより低いところで止まる

い　左レール上で25cmの高さまで上がる

う　右レール上で高さが25cmより低いところで止まる

え　右レール上で25cmの高さまで上がる

お　水平レール上で止まる

図3のように，物体Aを20g，Bを30gとし，Aを水平レールから25cmの高さからはなすと，水平レール上で止まっていたBと衝突後に，Aは左レールを1cmの高さまで，Bは右レールを16cmの高さまで上がりました。衝突直後の物体AとBの速さはどちらも水平方向で，その比は1：4でした。

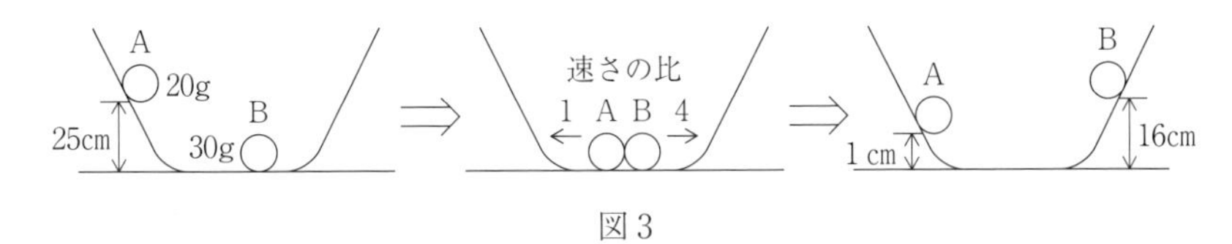

図3

また，図4のように，物体Aを30g，Bを70gとし，Aを水平レールから25cmの高さではなすと，水平レール上で止まっていたBと衝突後に，Aは左レールを4cmの高さまで，Bは右レールを9cmの高さまで上がりました。衝突直後の物体AとBの速さはどちらも水平方向で，その比は2：3でした。

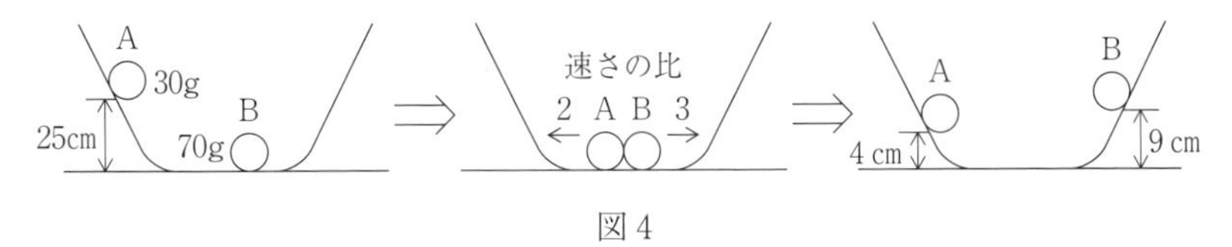

図4

問2　物体Aを10g，Bを40gとし，Aを水平レールから25cmの高さではなすと，水平レール上で止まっていたBと衝突後に，Aは左レール上を9cmの高さまで上がりました。このとき物体Bは右レール上を何cmの高さまで上がるか求めなさい。また，衝突直後の物体AとBの水平方向の速さの比を求めなさい。

高さ（　　　cm）　Aの速さ：Bの速さ＝（　　：　　）

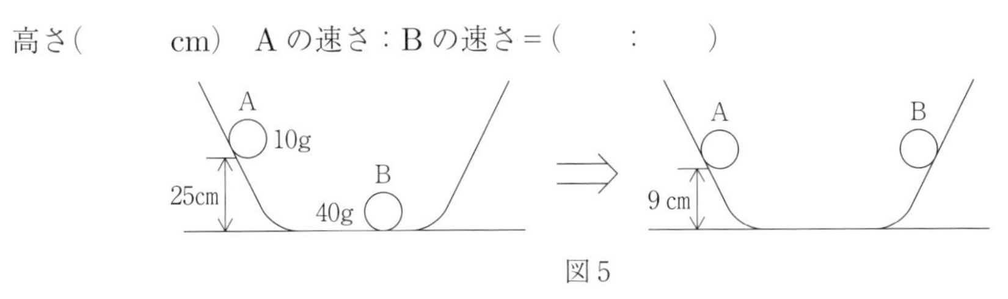

図5

問3　物体Aを10g，Bを30gとし，Aを水平レールから36cmの高さではなすと，水平レール上で止まっていたBと衝突後に，Aは左レールをある高さまで上がり，Bは右レールをAと同じ高さまで上がりました。その高さは何cmになるか求めなさい。（　　　cm）

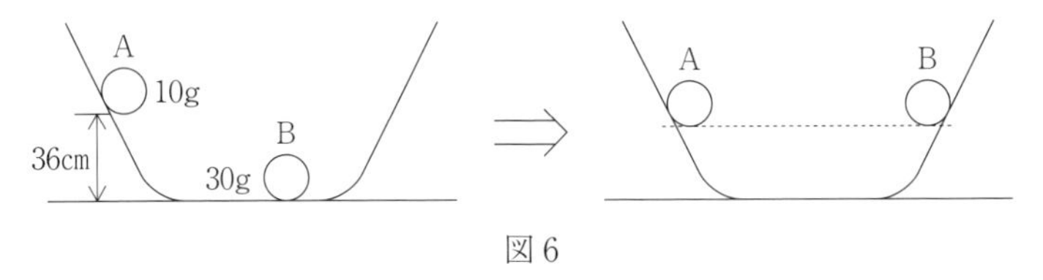

図6

問4　問3で同じ高さまで上がった物体AとBは，斜面を下って水平レール上で2回目の衝突が起こります。2回目の衝突後，物体A，Bは水平レールから高さ何cmの位置で止まりますか。それぞれ求めなさい。

A（　　　cm）　B（　　　cm）

8　≪ものの運動≫　各問いに答えなさい。ただし，数字で答える場合，分数や小数を用いてかまいません。
（須磨学園中）

文化祭に向けて映画の上映準備をしている《かずま》は，崖（がけ）の上から車を落下させるシーンを撮影（さつえい）しようとしています（図 1）。実際の車で撮影を行うのはたいへんなので，車も崖も背景も，実際の 16 分の 1 の大きさの模型（もけい）を用いて落下シーンを再現しようとしました。同級生の《そのこ》に撮影した動画を見せたら「うまく撮（と）れているけれど，これは小さい模型を用いて撮影しているよね。」と言われ，模型を使った撮影であることがばれてしまいました。

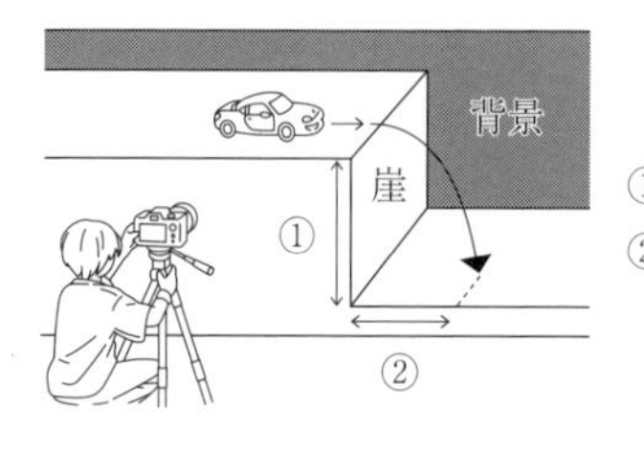

（図 1）

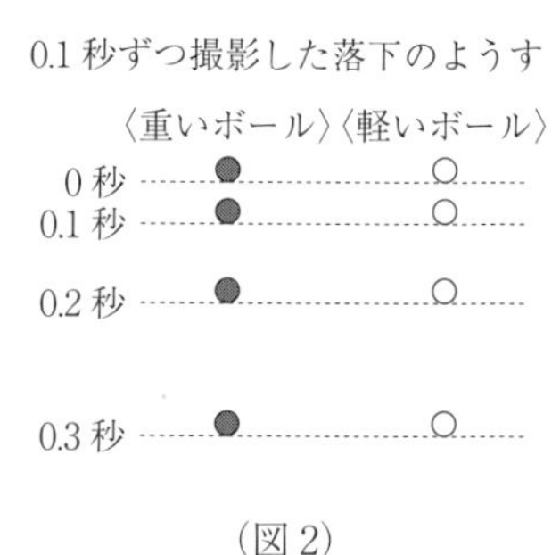

（図 2）

かずま：「どうして模型を使って撮影したことがわかったんだい？」

そのこ：「落下の動きが変だと感じたのよ。」

かずま：「模型の車が軽かったからかな？」

そのこ：「車の重さは関係ないと思うよ。空気のないところで，重いボールと軽いボールを同時に落とした写真がこの本にのっているよ。ほら見て。（図 2）のように，まったく同じ落下のしかたをしているよ。」

かずま：「本当だね！　でも，羽毛と鉄球を落としたら，軽い羽毛のほうがゆっくり落ちると思うけど…。」

そのこ：「それは羽毛にかかる（　ア　）が大きいからじゃない？。実験してみよう。」

そのこ：「実験をしてみたけど，羽毛のほうがゆっくりふわふわと落下したね。これに対して，空気がないところでは物の落下時間は（　イ　）ね。」

かずま：「そういえばこの前，『SG 星』を舞台（ぶたい）にした映画を見たよ。SG 星は，重力が地球の 4 倍もある星という設定だったよ。」

そのこ：「SG 星で同じように車を落下させたら，どうなるのかしら。」

先　生：「おやおやきみたち，おもしろいことを考えているね。まずは，地球で崖から本物の車を落下させたとき，どんな動きになるかを分かっておく必要があるね。次の（表 1）を見てごらん。これは，さまざまな高さの崖の上から同じ速さで車が飛び出した時の落下の様子を記録したものだよ。今回は，（　ア　）は無視して考えよう。」

（表 1）　地球での落下の動きの記録

崖の高さ	5 m	20m	45m	80m	125m	180m	245m	320m
落下にかかった時間	1 秒	2 秒	3 秒	4 秒	5 秒	6 秒	7 秒	8 秒
水平方向に進んだ距離	10m	20m	30m	40m	50m	60m	70m	80m

そのこ：「(1)崖の高さが変わったときの落下のようすがよくわかるね。」

かずま：「本当だね。この結果から，もし崖の高さが500mだったら，車は崖から水平方向に（ ウ ）m離れた位置に落ちると予想できるね。」

先　生：「次に，もしSG星で同じ実験を行った場合をシミュレーションしてみたら，次の（表2）のようになるよ。こちらも（ ア ）は無視しているよ。」

（表2） SG星での落下の動きの記録

崖の高さ	20m	80m	180m	320m	500m	720m	980m	1280m
落下にかかった時間	1秒	2秒	3秒	4秒	5秒	6秒	7秒	8秒
水平方向に進んだ距離	10m	20m	30m	40m	50m	60m	70m	80m

かずま：「重力が大きくなると，ずいぶん落下までの時間が短くなりますね。」

そのこ：「本当だね。重力が4倍のSG星では，同じ高さの崖を落下する時間が地球に比べて（ エ ）倍になるね。」

先　生：「よく気付いたね。それをヒントに映画のことを考え直してみたらどうだい？」

そのこ：「もし，重力を変えることができれば，小さい模型で撮影しても本物のように見えるのかな。」

かずま：「でも，重力を変えるのは難しいしな。」

そのこ：「そうだ！　落下する時間を変えて見せたいなら，撮影した動画の再生速度を変えてみるのはどうだろう。」

かずま：「なるほど，その発想はなかったな。（表1）を見ると，崖の高さと落下時間の関係がわかったよ。今回は模型が16分の1の大きさだから，実際の崖に比べて落下時間は（ オ ）分の1になるね。だから，録画した映像を（ カ ）倍速で再生したら，より本物らしく見えるね！」

問1　空らん（ ア ）にあてはまるもっとも適切な語句を，次の①～④より1つ選び記号で答えなさい。（　　　）

①　磁石の力　　②　静電気の力　　③　空気の抵抗　　④　重力

問2　空らん（ イ ）にあてはまる説明を「重さ」または「重い」という言葉を用いて10字以内で答えなさい。

問3　下線部(1)について，崖の高さを16倍にすると，落下にかかる時間は何倍になりますか。

（　　　倍）

問4　空らん（ ウ ）にあてはまる数字を答えなさい。（　　　）

問5　空らん（ エ ）にあてはまる数字を答えなさい。（　　　）

問6　SG星で崖から飛び出した車の軌道を，解答らんの「地球での軌道」を参考に描きなさい。

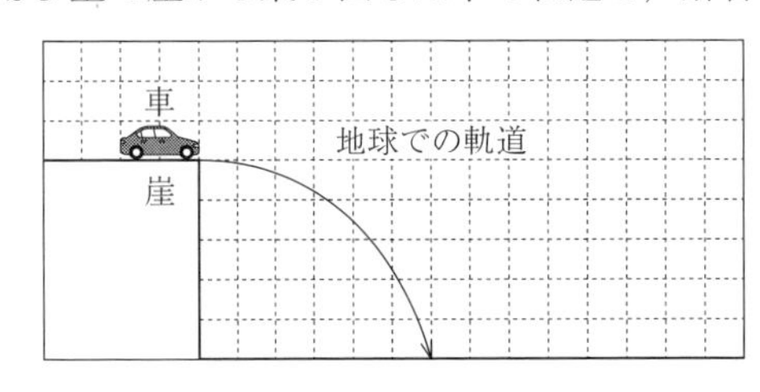

問7　空らん（ オ ）と（ カ ）にあてはまる数字をそれぞれ答えなさい。(オ)（　　　）(カ)（　　　）

9　≪浮力≫　次の文を読み，以下の問いに答えなさい。　(西大和学園中)

物体を水などの液体の中に入れると，上向きの力がかかります。この力を「浮力」といいます。浮力の大きさは，物体を入れたことで押しのけられた液体の重さに等しくなります。例えば，図1のように水中に $100cm^3$ の物体を入れると，それにより $100cm^3$ の水が押しのけられます。水は $1cm^3$ の重さが1gなので，浮力の大きさは100gとなります。

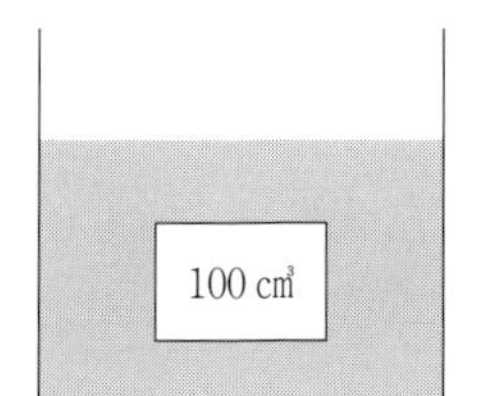

図1

(1)　重さ1kgで内部に空洞のない木，鉄，ガラスを用意し，いずれも全体を水中に入れました。このとき最も浮力が大きくなるのはどれですか。物質名を答えなさい。ただし，最も浮力が大きくなる物質が2つある場合はその2つの物質名を，3つとも浮力の大きさが同じ場合は3つの物質名を書きなさい。(　　　　　)

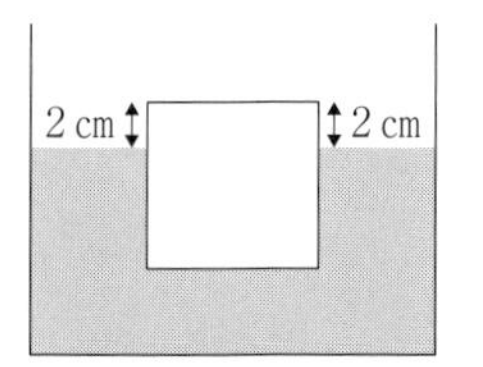

図2

(2)　1辺の長さが10cmの立方体の物体を水に入れたところ，図2のように物体は水面に2cmだけ出た状態で静止しました。この物体の重さは何gですか。なお，物体は斜めになることはなく，全体が2cmずつ水面から出ているとします。(　　　　g)

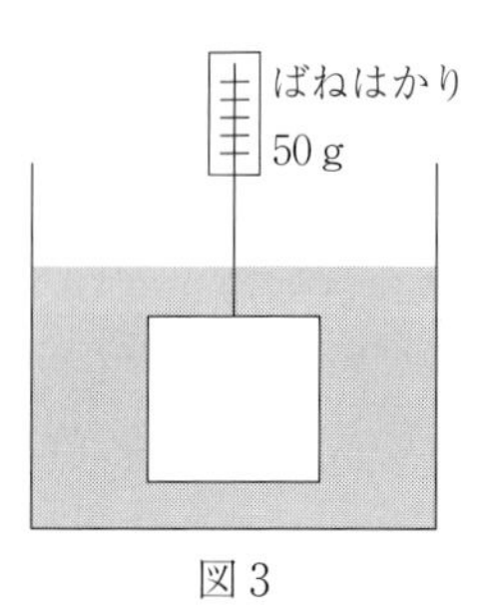

図3

(3)　(2)の物体を別の液体に入れたところ，液体の底に沈みました。そこで，この物体にばねはかりをつけて引き上げたところ，図3のように50gを示して液体中で静止しました。この液体 $1cm^3$ の重さは何gですか。

(　　　　g)

浮力は液体の中だけでなく，気体の中でもかかります。この原理を利用したものが，気球やヘリウムガスを入れた風船です。気体の場合も，浮力の大きさは，物体があることで押しのけられた気体の重さに等しくなります。

空気は1Lの重さが1.2g，ヘリウムガスは1Lの重さが0.18gであるとします。10gの重さの風船に15Lのヘリウムガスを入れたところ，風船は空気中に浮かび，上空に上がっていきました。風船自体は薄い素材でできていて，その体積は考えなくて良いとします。

(4)　この風船にかかる浮力の大きさは何gですか。(　　　　g)

(5)　この風船に花の種をつるして飛ばすとき，花の種は何gまでつるすことができますか。

(　　　　g)

物体を水中深く沈めるとき，深くなればなるほど水圧が大きくなるので，物体によっては物体の体積が変わってしまいます。しかし水の $1cm^3$ あたりの重さは，水深が大きくなっても1gのままほぼ変化しません。一方，物体を上空に上げるときは，物体によっては物体の体積が変わりませんが，空気の $1cm^3$ あたりの重さは変化します。この違いを次のA，Bで考えたいと思います。

〔A〕　40gのゴムボールに空気を入れたところ，ゴムボールの体積は $120cm^3$ になりました。このゴムボールを水中に沈めたとき，その体積は水深とともに図4のように変化しました。図のゴムボールの体積は，水深0mでの体積を1として表しています。

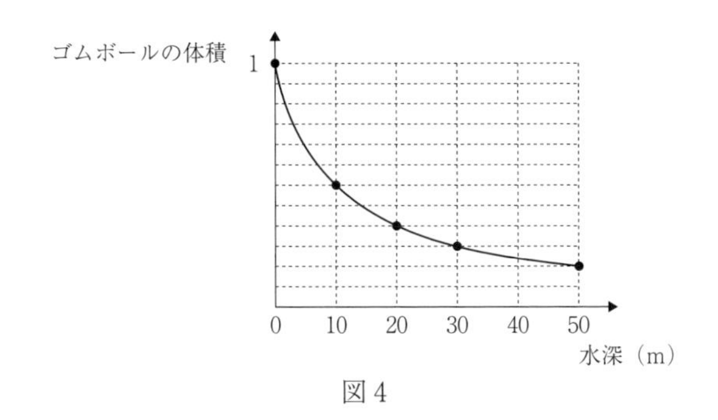

図4

(6)　ゴムボールを水中にゆっくり沈めていき，ある水深で手をはなしたところ，ゴムボールは静止し動きませんでした。そのときの水深は何 m ですか。（　　　m）

(7)　ゴムボールの位置を(6)よりも少しだけ浅くすると，どうなりますか。また(6)よりも少しだけ深くすると，どうなりますか。次より最も適当なものをそれぞれ一つずつ選び，記号で答えなさい。

浅く（　　　）　深く（　　　）

ア．浮かび上がる力の方が強くなり，ゴムボールは水面まで戻った。

イ．浮かび上がる力の方が強くなり，ゴムボールは(6)の水深で静止した。

ウ．沈む力の方が強くなり，ゴムボールは(6)の水深で静止した。

エ．沈む力の方が強くなり，ゴムボールはより深く沈んでいった。

〔B〕 15g の重さで体積が 20L の伸び縮みしない素材でできた風船に 20L のヘリウムガスを入れたところ，風船は空気中に浮かび，上空に上がっていきました。空気の 1 L の重さは地上からの高さとともに図 5 のように変化しました。図の空気の重さは，地表での重さを 1 として表しています。風船自体は薄い素材でできていて，その体積は考えなくて良いとします。

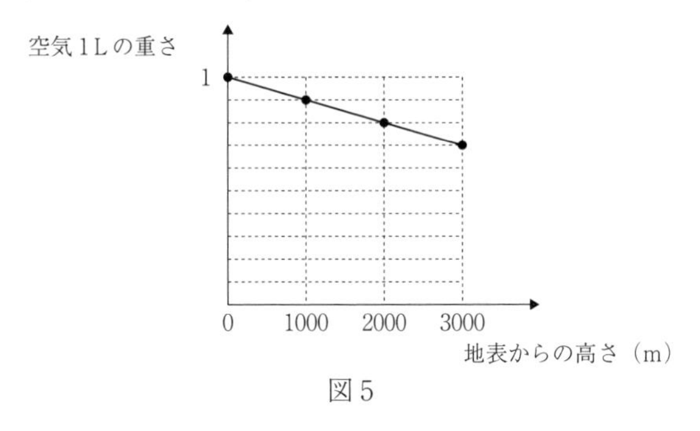

図5

(8)　風船を上空に持っていき，ある高さで手をはなしたところ，風船は静止し動きませんでした。そのときの地表からの高さは何 m ですか。（　　　m）

(9)　風船の高さを(8)よりも少しだけ低くすると，どうなりますか。また(8)よりも少しだけ高くすると，どうなりますか。次より最も適当なものをそれぞれ一つずつ選び，記号で答えなさい。

低く（　　　）　高く（　　　）

ア．上がる力の方が強くなり，風船はどんどん高く昇っていった。

イ．上がる力の方が強くなり，風船は(8)の高さで静止した。

ウ．下がる力の方が強くなり，風船は(8)の高さで静止した。

エ．下がる力の方が強くなり，風船は地表まで戻った。

10　≪浮力≫　次の図1に示した道具を用いた，ばねや浮力の実験に関する下の問いに答えなさい。

（四天王寺中）

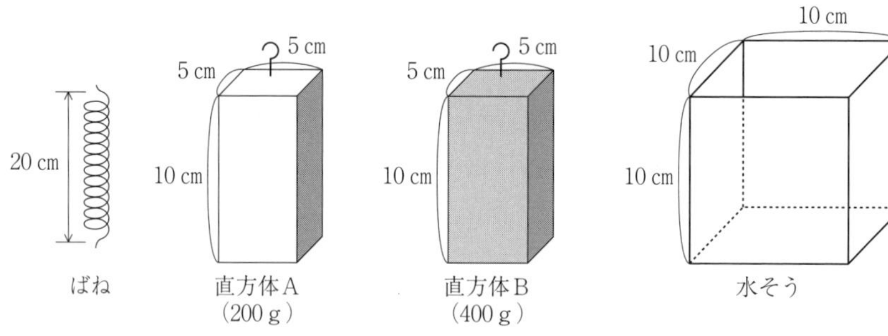

図1　実験に用いた道具

ば　　ね：自然の長さ（何もつるしていないときのばねの長さ）が20cmで，ばねにおもりをつるしたときのばねののびが，図2のようになる。ばねの重さは考えなくてよい。

直方体A：体積250cm^3（5cm × 5cm × 10cm）で，重さが200g。

直方体B：体積250cm^3（5cm × 5cm × 10cm）で，重さが400g。

水 そ う：容積が1000cm^3（10cm × 10cm × 10cm）。

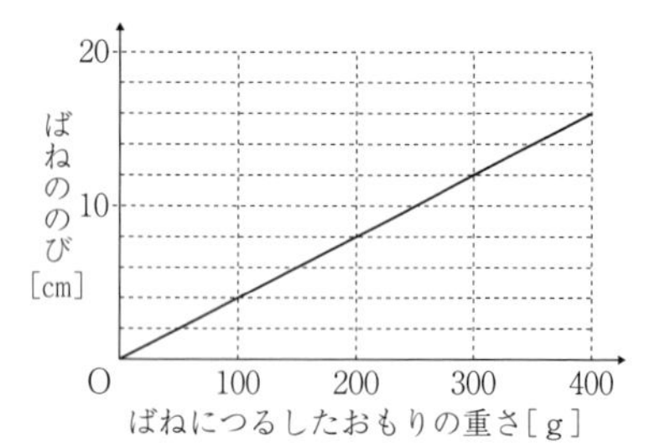

図2　ばねにおもりをつるしたときのおもりの重さとばねののびの関係

Ⅰ　ばねに関する実験を行いました。

(1)　ばねに直方体Aをつるしたとき，ばねの全体の長さはいくらになりますか。（　　　cm）

【実験1】　図3のように，台ばかりの上に置いた直方体Aの上面にばねをとりつけ，ばねを引き上げていくと，やがて台ばかりの示す値は0gになり，直方体Aは台ばかりから離れました。

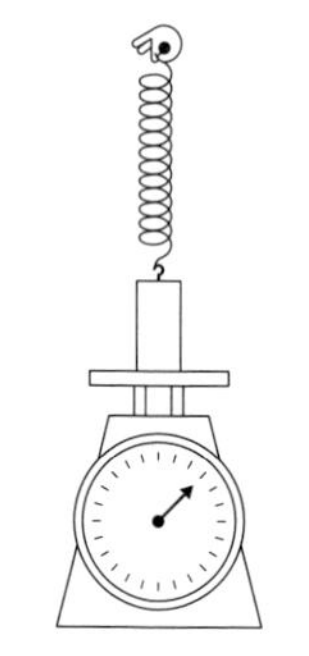

図3　実験1のようす

(2)　ばねを自然の長さの状態からゆっくり引き上げたときの，ばねの長さと台ばかりの示す値のようすを表したグラフの形として最も適切なものを，次のア～カから選びなさい。（　　　）

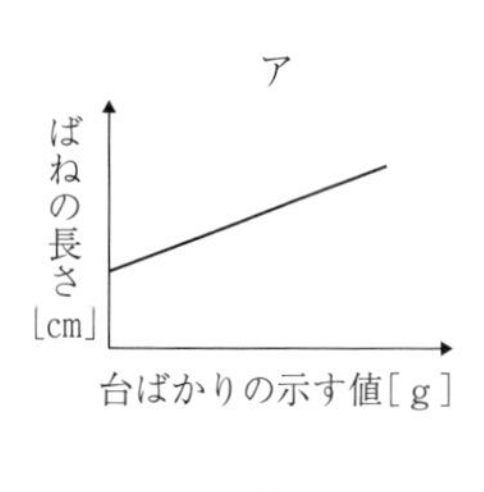

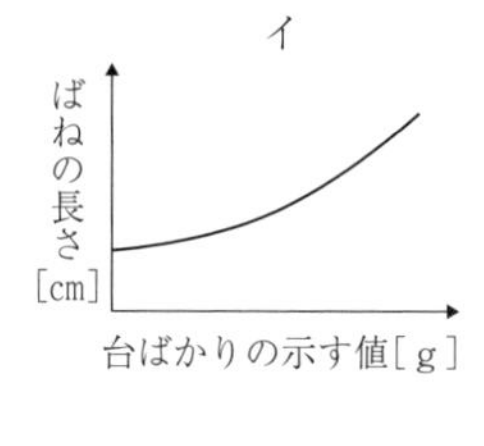

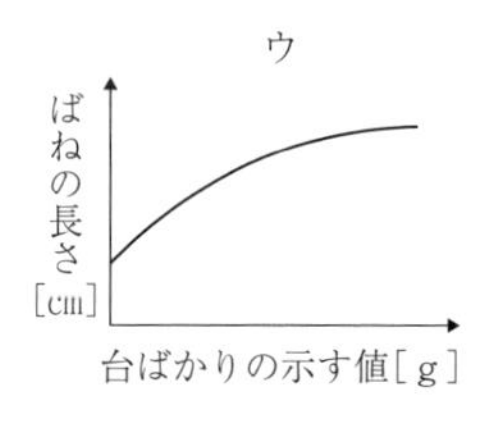

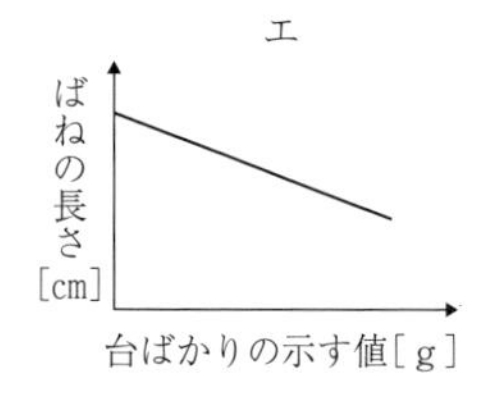

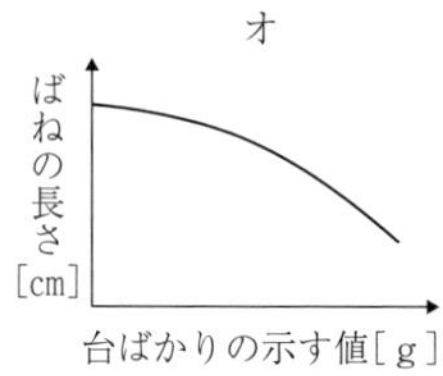

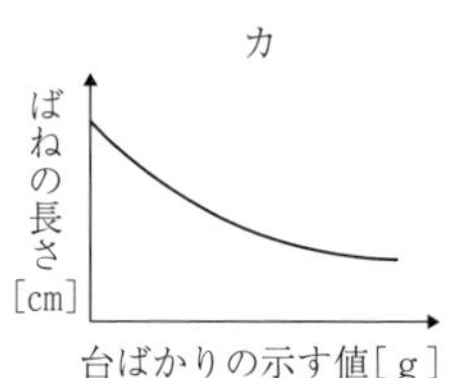

Ⅱ　ばねと直方体A，Bと水そうを用いて浮力に関する実験を行いました。水中にある物体は水から浮力（水が物体を押し上げる力）を受けます。浮力の大きさは，水中で物体が押しのけた水の重さと等しくなり，水の重さは1 cm^3 あたり1gです。以下の実験2，3で用いる高さとは，水そうの底面からの高さを表します。

【実験2】　空の水そうに直方体Aを入れたのち，静かに水を注いでいきます。あるとき，直方体Aは水に浮かびましたが，さらに水を注ぎ続けて，水面の高さが10cmになるように水を満たしました。図4は水そうに水を注いでいる途中のようすです。

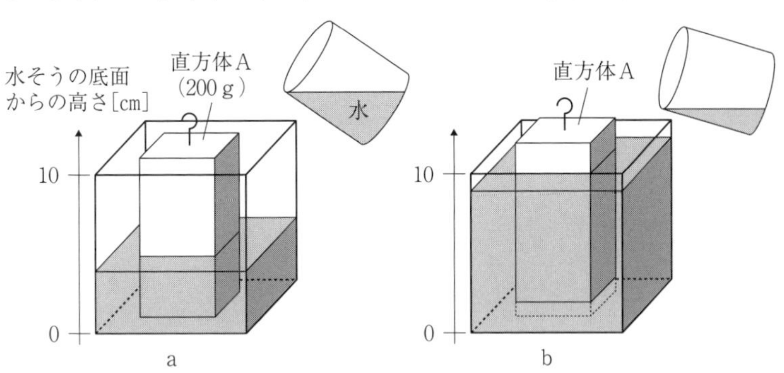

図4　直方体Aを入れた水そうに水を注いでいる途中のようす
直方体Aの底面が水そうの底面についているとき（a）と離れているとき（b）

(3)　次の表は，水そうに水を注いでいく途中の，注いだ水の量，水面および直方体Aの底面の高さ，直方体Aが受ける浮力の大きさを表しています。表の（ あ ），（ い ）に入る数値を答えなさい。

あ(　　　　)　い(　　　　)

	注いだ水の量	水面の高さ	直方体Aの底面の高さ	浮力の大きさ
水を入れる前	0g	—	0cm	0g
図4a	（ あ ）g	4cm	0cm	100g
図4b	700g	9cm	1cm	（ い ）g
水そうが水で満ちた時	800g	10cm	2cm	200g

【実験3】　水そうに直方体Bと600gの水を入れたところ，直方体Bの底面は水そうの底面についていました。直方体Bの上面にばねをとりつけ，ばねの上端を上方に引いていくと，ばねがある長さをこえたときに，直方体Bは水そうの底面を離れて上昇をはじめ，やがて直方体Bは完全に水面の外に出ました。図5は直方体Bが水そうの底面を離れ上昇している途中のようすです。

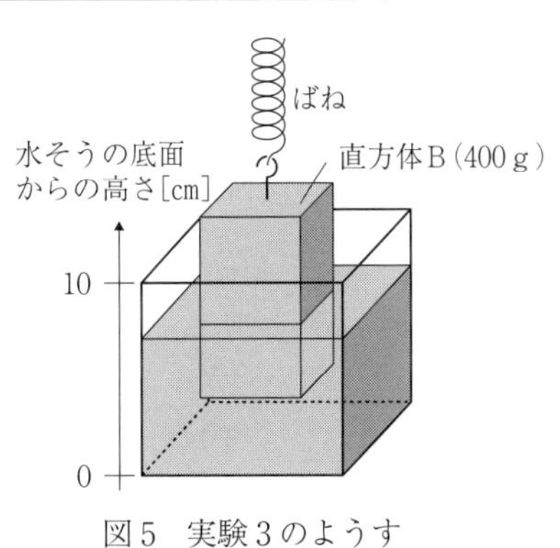

図5　実験3のようす

次の会話文は【実験3】を行った花子さんと太郎さんの会話です。

花子「水そうに直方体Bと600gの水を入れたとき，直方体Bは水そうの底面についていて，水面の高さは［あ］cmになっているわね。この後，ばねを引き上げていくときには，直方体Bにはどんな力がかかるのかしら。」

太郎「重力と，ばねが引く力と水そうの底面が支える力があるね。あとは……水中にあるのだから浮力もはたらくはずだよ。」

花子「ばねを持つ手を引き上げても，直方体Bはすぐには水そうの底面を離れないわね。直方体Bが水そうの底面を離れるときは，水そうの底面が支える力が0gになったときと言えそうね。」

太郎「直方体Bにつけたばねを持つ手を上に引き上げていくと，ばねののびが［い］cmをこえたところで，直方体Bが水そうの底面を離れたよ。」

花子「そうね。直方体Bが水そうの底面を離れたところから，さらにばねを持つ手を引き上げていくと，直方体Bが持ち上がると同時に，水面は少しずつ下がるのね。水中にある直方体Bの体積が変わるから，浮力の大きさも変化するはずね。」

太郎「さらにばねを引き上げて，直方体Bの底面が水面を離れるときには，浮力は0gになるから，ばねののびは［う］cmになるね。」

花子「ばねの長さが自然の長さのときから，直方体Bの底面が水面を離れるまでに，ばねを持つ手を引き上げた距離(きょり)は［え］cmね。水面の高さが最初と変わっている所がポイントね。」

太郎「よし，ばねを持つ手を引き上げた距離とばねののびの関係をグラフにしてみようか。」

(4) 文中の［あ］～［え］に入る適切な数値を答えなさい。

あ（　　　）　い（　　　）　う（　　　）　え（　　　）

(5) 図6のように，ばねが自然の長さ（20cm）のときから，ばねの上端を25cm引き上げたときの，ばねの上端を引き上げる距離とばねののびについて，グラフを描きなさい。

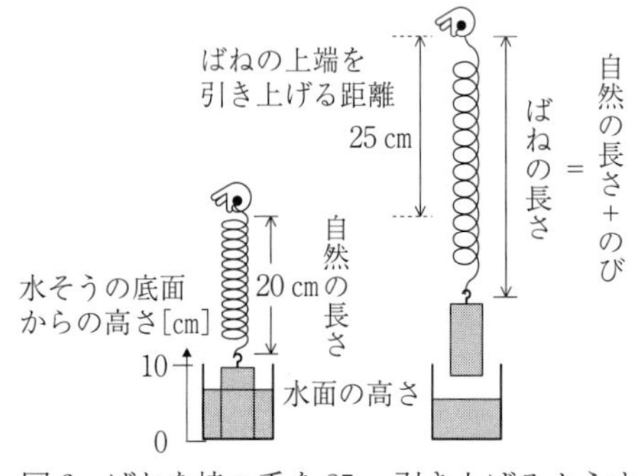

図6　ばねを持つ手を25cm引き上げるようす

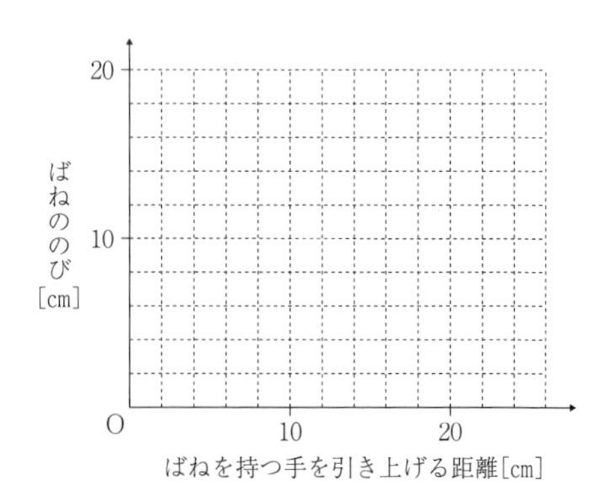

2 電流のはたらきと磁石

[1] ≪回路≫　次の文章を読み，下の各問いに答えなさい。　(清風中)

図1のように，豆電球，乾電池(かんでんち)をいくつか用いて，ア～カの回路をつくりました。豆電球，乾電池はそれぞれすべて同じものです。また，1つの回路に豆電球が複数ある場合，それぞれの回路ごとに，豆電球の明るさは同じものとします。

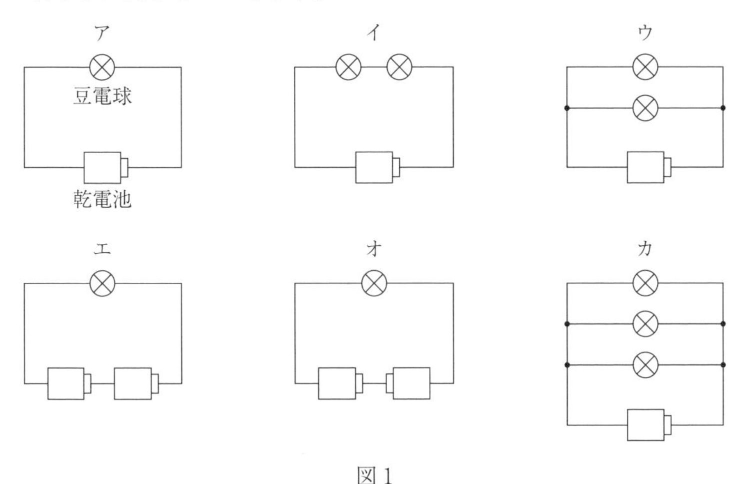

図1

問1　豆電球が光らない回路はどれですか。適するものを，図1のア～カのうちから1つ選び，記号で答えなさい。(　　　)

問2　豆電球の光り方がもっとも暗い回路はどれですか。適するものを，図1のア～カのうちから1つ選び，記号で答えなさい。ただし，問1で選んだ回路は考えないものとします。(　　　)

問3　豆電球の光り方がもっとも明るい回路はどれですか。適するものを，図1のア～カのうちから1つ選び，記号で答えなさい。(　　　)

問4　図1のアの回路の豆電球に流れる電流の大きさと同じ大きさの電流が流れる豆電球を含(ふく)む回路はどれですか。適するものを，図1のイ～カのうちからすべて選び，記号で答えなさい。

(　　　)

次に，図1と同じ乾電池と同じ豆電球3つを用いて，図2のような回路をつくりました。3つの豆電球は，図2のようにX，Y，Zとします。

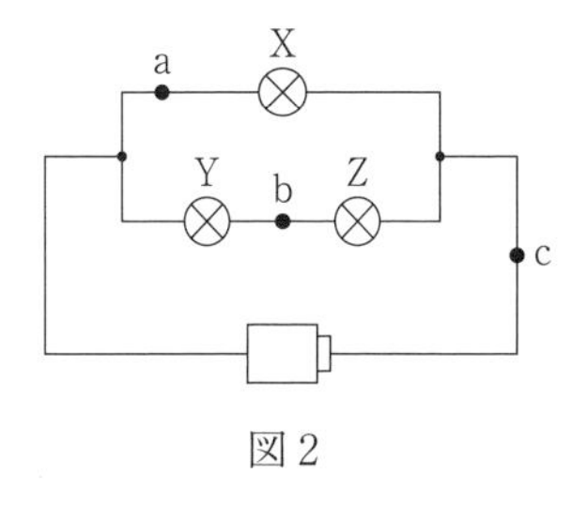

図2

問5　次の文章中の空欄(くうらん)（①），（②）にあてはまる数値をそれぞれ答えなさい。また，空欄（③）にあてはまる記号として適するものを，図2のX，Y，Zのうちから1つ選び，記号で答えなさい。

①(　　　)　②(　　　)　③(　　　)

図2の点aに流れる電流の大きさを1とすると，図2の点bに流れる電流の大きさは（①）と表され，点cに流れる電流の大きさは（②）と表されます。また，豆電球の光り方がもっとも明るい豆電球は（③）になります。

2 ≪回路≫　図１のような豆電球とソケットを使って図２のような回路を作り，表１のようにスイッチを切り替(か)えた。表１の〇はスイッチを閉じ，×はスイッチを開くことを表している。また，図２のかん電池と豆電球はそれぞれ同じものを複数使っている。下の各問いに答えなさい。

（帝塚山学院泉ヶ丘中）

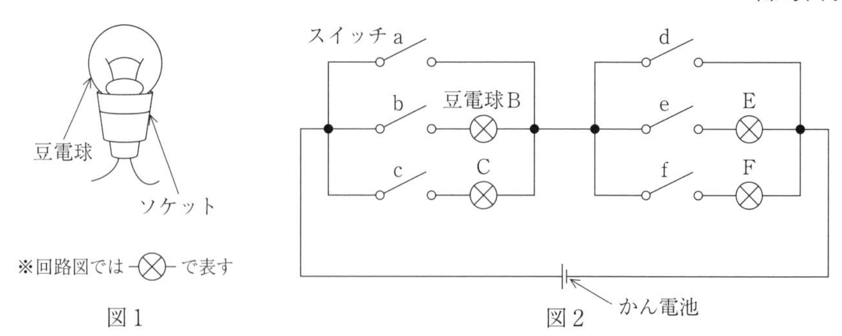

図１　　図２

表１

		スイッチ					
		a	b	c	d	e	f
回路	あ	×	〇	×	〇	×	×
	い	×	〇	×	×	〇	×
	う	〇	×	×	〇	×	×
	え	×	〇	〇	〇	×	×
	お	×	〇	〇	×	〇	〇
	か	×	〇	×	×	〇	〇

⑴　表１の中には，実際に電流を流すと熱くなって危険な回路が含まれている。その回路を１つ選び，解答らんの記号を〇で囲みなさい。（ あ　い　う　え　お　か ）

⑵「回路あ」の豆電球Ｂの明るさを１としたとき，「回路い」の豆電球Ｂの明るさはどうなるか。もっとも適当なものを１つ選び，解答らんの記号を〇で囲みなさい。（ ア　イ　ウ ）

ア．明るくなる　　イ．暗くなる　　ウ．変わらない

⑶「回路あ」の豆電球Ｂと同じ明るさになるものをすべて選び，解答らんの記号を〇で囲みなさい。（ ア　イ　ウ　エ　オ ）

ア．「回路い」のＥ　　イ．「回路え」のＢ　　ウ．「回路え」のＣ　　エ．「回路お」のＣ

オ．「回路か」のＦ

⑷「回路い」の豆電球Ｅと同じ明るさになるものをすべて選び，解答らんの記号を〇で囲みなさい。（ ア　イ　ウ　エ　オ　カ ）

ア．「回路い」のＢ　　イ．「回路え」のＢ　　ウ．「回路え」のＣ　　エ．「回路お」のＢ

オ．「回路お」のＥ　　カ．「回路か」のＢ

⑸「回路か」の豆電球Ｅをもっと明るくしたい。そのために追加で行う実験操作としてもっとも適当なものを１つ選び，解答らんの記号を〇で囲みなさい。（ ア　イ　ウ　エ ）

ア．スイッチｄを閉じる。

イ．豆電球Ｂをソケットから取り外す。

ウ．かん電池をもうひとつ，「回路か」の電池とプラス極・マイナス極の向きをそろえて並列につなぐ。

エ．かん電池をもうひとつ，「回路か」の電池とプラス極・マイナス極の向きをそろえて直列につなぐ。

3 ≪回路≫ 次の文を読み，以下の問いに答えなさい。ただし，以下の実験では電池，電流計，豆電球はどれも同じものを用いました。（高槻中）

太さが均一で長さが15cmの金属の抵抗（ていこう）線ABがあります。抵抗線には電流を流しにくくするはたらき（抵抗）があり，その長さが長くなるほど抵抗は大きくなり，回路を流れる電流の値は小さくなります。

抵抗線の端Aを図1のように電流計と電池が接続された回路につなぎました。抵抗線の接点Cを端AからBに向かって動かすことで抵抗を変化させることができます。表1はAC間の距離（きょり）（Aから接点Cまでの距離）と電流計の示す値をまとめたものです。

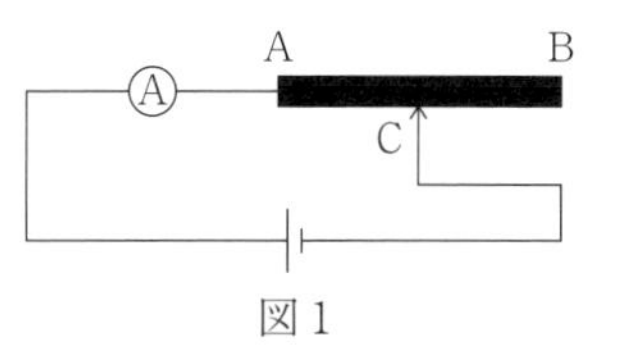

図1

表1　AC間の距離と電流計の値

AC間の距離〔cm〕	5	10	15
電流計の値〔mA〕	150	75	50

問1　AC間の距離が3cmのとき，電流計の示す値は何mAですか。（　　　mA）

問2　抵抗線ABと同じ金属で長さが5cmの抵抗線を用いて下の4つの回路を作りました。電流計の示す値がAC間の距離が6cmのときと等しいものを次から一つ選び，あ～えの記号で答えなさい。（　　　）

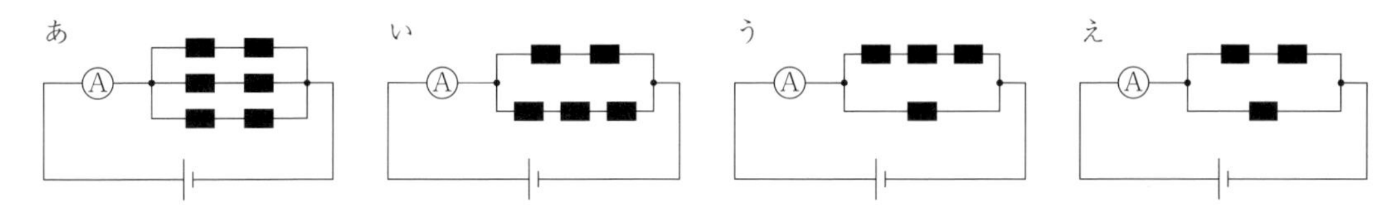

次に，図2のように回路内に豆電球をつなぎ，接点Cを端AからBに向かって動かし，電流計の示す値と豆電球の明るさを表2に示しました。ここでは，豆電球の明るさは100mAのときに1であるとし，電流の大きさのみに比例するものとします。また，豆電球にも抵抗があり，そのはたらきは以下の問題では一定とします。

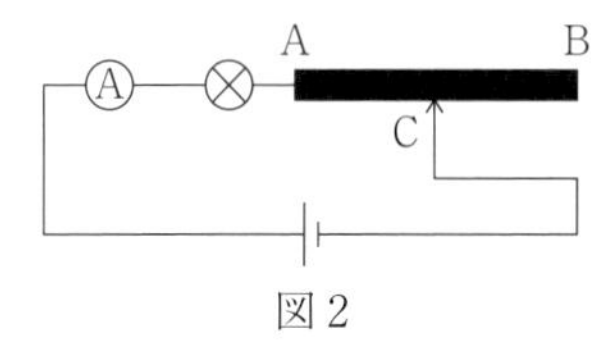

図2

表2　AC間の距離と電流計の値，豆電球の明るさ

AC間の距離〔cm〕	5	10	15
電流計の値〔mA〕	100	60	42.9
明るさ	1	$\frac{3}{5}$	$\frac{3}{7}$

問3　豆電球1個は何cmの抵抗線と同じはたらきをしますか。（　　　cm）

図3のように，豆電球2個を直列につないだところ，それぞれ明るさが $\frac{3}{5}$ になりました。

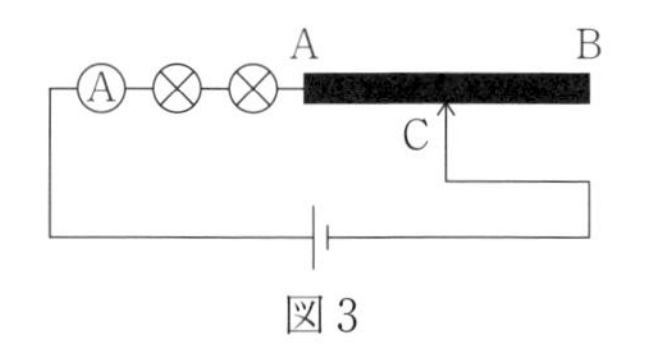

図3

問4　図3におけるAC間の距離は何cmですか。(　　　cm)

図4のように，抵抗線ABと豆電球3個を並列につないだところ，すべての豆電球が同じ明るさで光りました。

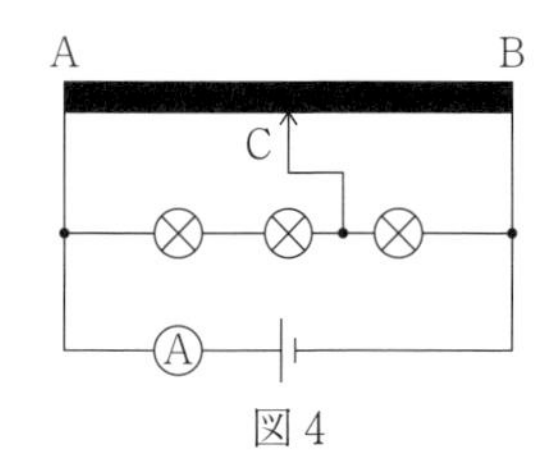

図4

問5　豆電球の明るさを求めなさい。(　　　)

問6　図4におけるAC間の距離は何cmですか。次から一つ選び，あ～え の記号で答えなさい。(　　　)

あ　0cm　　い　5cm　　う　10cm　　え　15cm

4　≪回路≫　次の文を読んで後の問いに答えなさい。　(大阪桐蔭中)

(図1) のように，同じ電池と電球でいろいろな回路を作って，電球の光り方について調べました。電球［あ］と同じ明るさのものは，電球（ ① ）で，電球[あ]～[う]が光り続ける時間の長さは（ ② ）の関係です。電球[え]～[か]について，［お］と［か］は（ ③ ）に接続されていて，［お］と［か］を1つと見た電球［おか］と［え］は（ ④ ）に接続されています。これより，電球［え］と［お］では（ ⑤ ）の方が明るく，（ ⑥ ）消えます。

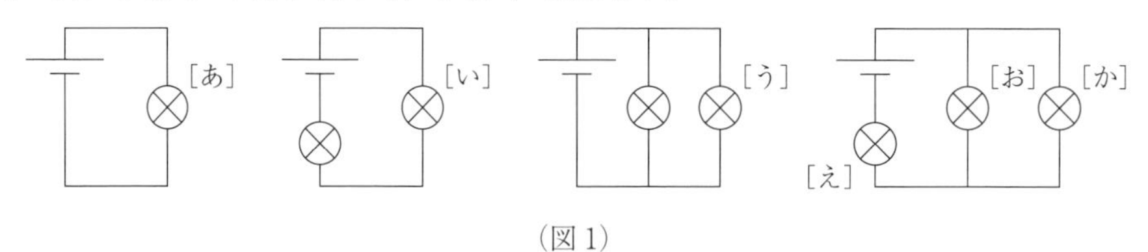

(図1)

(図2) のように，机の上に同じ電球ABCDを取りつけた導線を置きました。磁石をある一定の速さで図のように動かすと，電球が光りました。(図3) はこれを真上から見た図です。ちょうどこのとき，回路には時計回りの電流が流れています。また，磁石が導線の上を一定の速さで通過しているときは (図4) のように電池がついた状態と同じと考えられます。(図3) で電球の明るさは（ ⑦ ）です。また，このとき（ ⑧ ）と電球がより明るくなります。

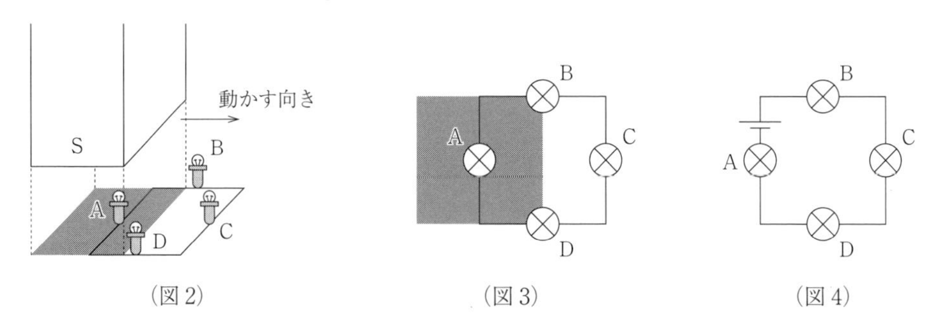

(図2)　　(図3)　　(図4)

最後に，はしご状の回路を組んで，磁石を一定の速さで動かしました。(図5) のように磁石がAの上を通過しているときの各電球と (図6) のように磁石がCの上を通過しているときの各電球について，（ ⑨ ）と言えます。

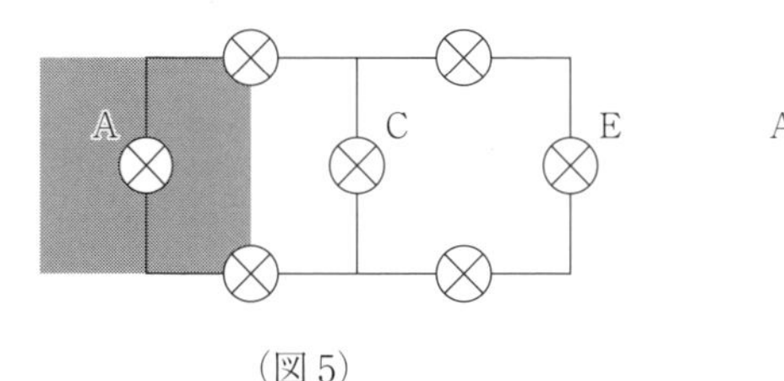

（図5）

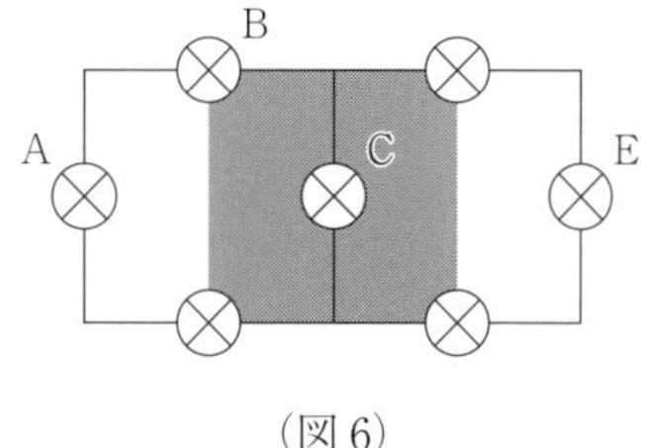

（図6）

（問1） 文中の空らん①に入る電球を，［い］～［お］から選び答えなさい。（　　　）

（問2） 文中の空らん②に入るものとして正しいものを，次の中から選び記号で答えなさい。
（　　　）

ア．［あ］＞［い］＞［う］　イ．［あ］＞［う］＞［い］　ウ．［い］＞［あ］＞［う］
エ．［い］＞［う］＞［あ］　オ．［う］＞［あ］＞［い］　カ．［う］＞［い］＞［あ］

（問3） 文中の空らん③，④に入る語句の組み合わせとして正しいものを，次の中から選び記号で答えなさい。（　　　）

ア．③　直列　④　並列（へいれつ）　イ．③　直列　④　直列　ウ．③　並列　④　並列
エ．③　並列　④　直列

（問4） 文中の空らん⑤，⑥に入る語句の組み合わせとして正しいものを，次の中から選び記号で答えなさい。（　　　）

ア．⑤　［え］　⑥　3つ同時に
イ．⑤　［え］　⑥　［お］と［か］が消えてから［え］が
ウ．⑤　［え］　⑥　［え］が消えてから［お］と［か］が
エ．⑤　［お］　⑥　3つ同時に
オ．⑤　［お］　⑥　［お］と［か］が消えてから［え］が
カ．⑤　［お］　⑥　［え］が消えてから［お］と［か］が

（問5） 文中の空らん⑦に入る語句として正しいものを，次の中から選び記号で答えなさい。
（　　　）

ア．ABCDすべて同じ
イ．Aがもっとも明るく，BとCとDが同じ明るさでAより少し暗い
ウ．Aがもっとも明るく，BとDが同じ明るさでAより少し暗く，Cがもっとも暗い

（問6） 文中の空らん⑧に入る語句として正しいものを，次の中から選び記号で答えなさい。
（　　　）

ア．ABCDを全て磁石の下になるように置く　イ．S極とN極を入（い）れ替（か）える
ウ．磁石を速く動かす　エ．磁石を回路から遠ざけてから同じ速さで動かす

（問7） 文中の空らん⑨に入る語句として正しいものを，次の中から選び記号で答えなさい。
（　　　）

ア．（図6）のAは（図6）のEより明るい　イ．（図6）のAは（図6）のCより明るい
ウ．（図6）のCは（図5）のCより明るい　エ．（図6）のAは（図5）のAより明るい

5　≪電磁石≫　以下の各問いに答えなさい。　(大谷中－大阪－)

(1)　次の文章の(①)～(③)のそれぞれにあてはまる語句や記号を答えなさい。

①(　　　)　②(　　　)　③(　　　)

方位磁針のN極が（ ① ）の方角を指すのは，地球が大きな磁石になっているからで，北極は磁石の（ ② ）極になっていて（ ③ ）とよばれる力がはたらくからです。

(2)　図1のように，南北の方向にピンと張った導線の下に方位磁針を置き，かん電池をつないで導線に電流を流すと方位磁針はどのようになりますか。次のア～クから1つ選び記号で答えなさい。

(　　　)

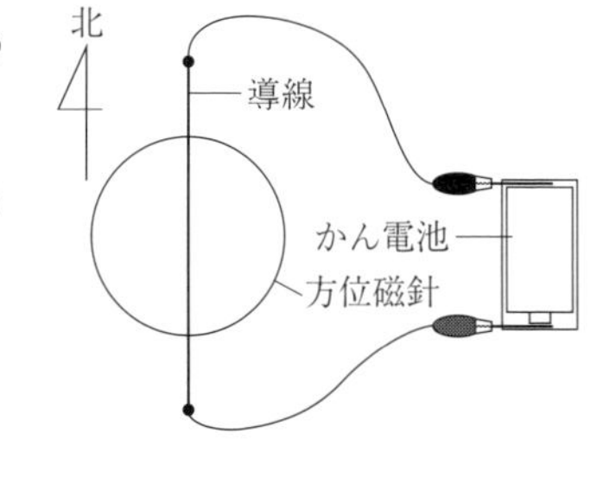

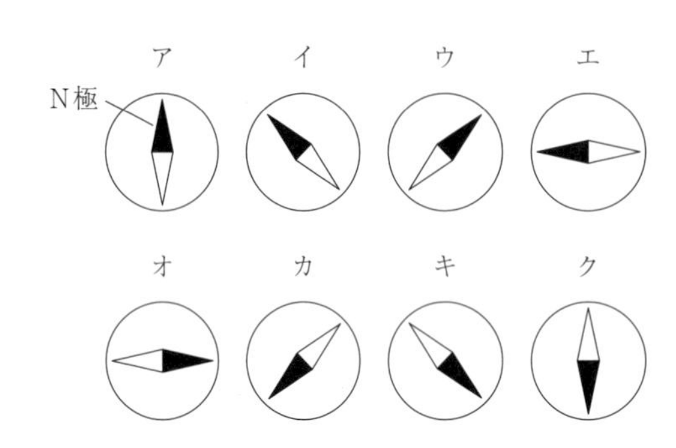

(3)　図2のように，東西の方向にピンと張った導線の下に方位磁針を置き，かん電池をつないで導線に電流を流すと方位磁針はどのようになりますか。(2)のア～クから1つ選び記号で答えなさい。(　　　)

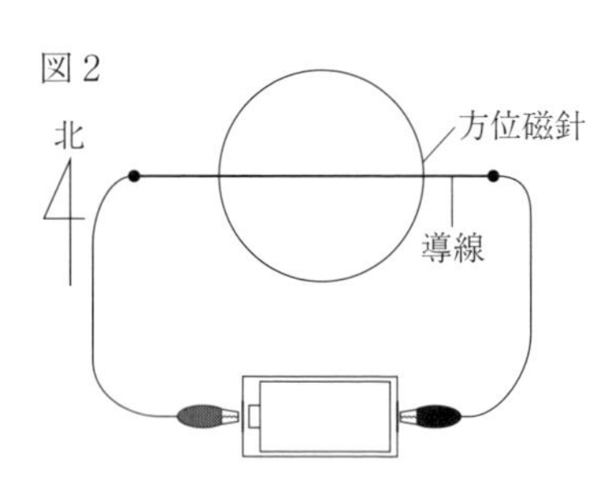

(4)　図3のように，水平な台の上に方位磁針を置き，台と垂直になるようにピンと張った導線とかん電池をつないで電流を流しました。電池の数を増やして電流を大きくしても全く変化が見られない方位磁針はどれですか。A～Dから1つ選び記号で答えなさい。(　　　)

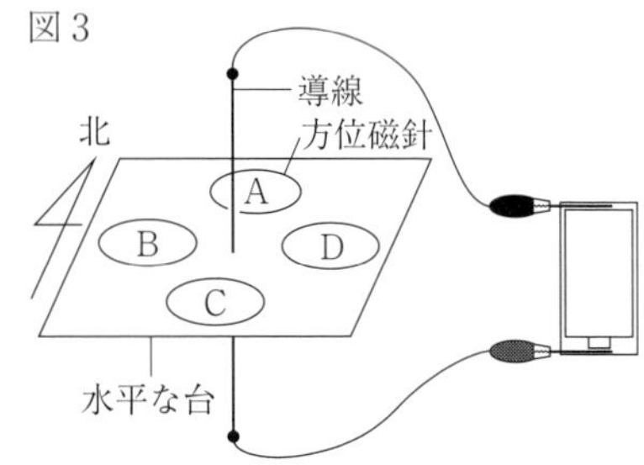

6　≪電磁石≫　鉄心を入れたストローにエナメル線を巻いたいろいろなコイルに電流を流してできる電磁石について，下の問いに答えなさい。　(奈良学園中)

(1)　同じ電池2個，コイル，スイッチを用いて作った回路を机の上に置き，鉄心の左端(はし)の近くに方位磁針を置きました。図1はそれらを机の真上から見た様子を表しています。スイッチが切れているとき，方位磁針の針は図1の向きを示していましたが，スイッチをX側に入れると，方位磁針の針は図2の向きを示して止まりました。

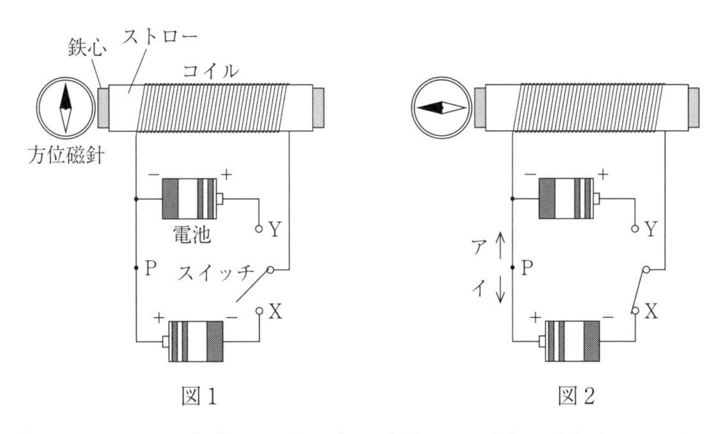

図1　　　　図2

① スイッチをX側に入れたとき，回路の点Pを流れる電流の向きとして正しいものはどれですか。図2のアまたはイから1つ選び，記号で答えなさい。(　　　)

② 同じ方位磁針を鉄心の右端の近くにも置いて，スイッチをY側に入れました。このとき，2つの方位磁針の針はどの向きを示して止まりますか。次のア～エから1つ選び，記号で答えなさい。(　　　)

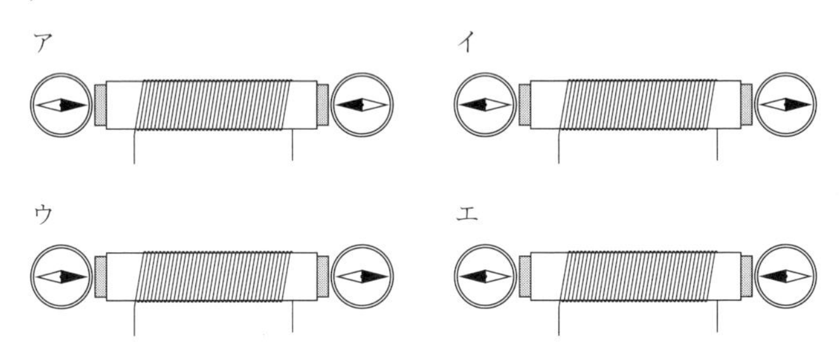

(2) コイルを流れる電流の強さを電流計ではかることにします。電流計を正しくつないだ回路はどれですか。次のア～エから1つ選び，記号で答えなさい。ただし，電流計は－端子を黒く塗ってあります。(　　　)

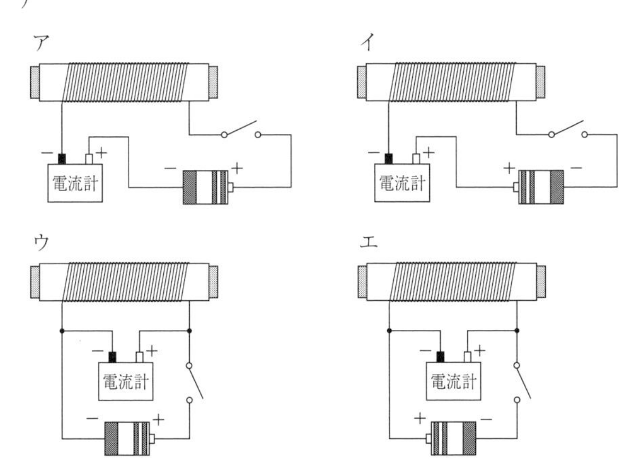

(3) 同じ電池と巻き数が100回と200回のコイルを用いて作った次のA～Dの回路があります。ただし，鉄心，ストロー，エナメル線の長さや太さはどれも同じで，余ったエナメル線は切らずに束ねてあります。また，どれもストローのエナメル線が巻かれた部分の長さは同じです。

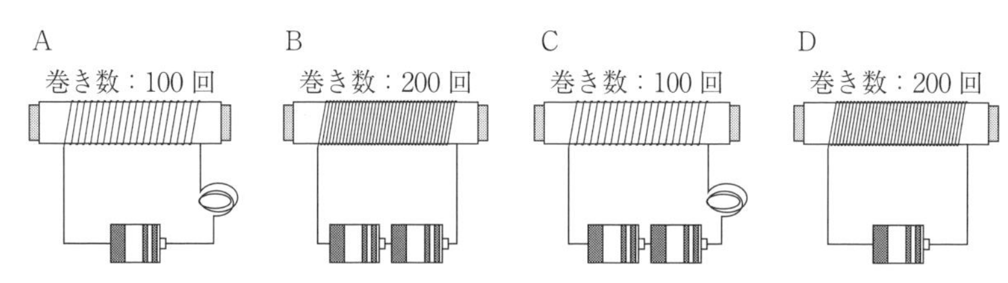

①　コイルの巻き数と電磁石の強さの関係は，どの２つの回路を比べればわかりますか。次のア～カから２つ選び，記号で答えなさい。(　　　)(　　　)

ア　AとB　　イ　AとC　　ウ　AとD　　エ　BとC　　オ　BとD　　カ　CとD

②　電磁石の強さがほぼ同じであるのは，どの回路とどの回路ですか。①のア～カから１つ選び，記号で答えなさい。(　　　)

③　電磁石の強さが最も強いのは，どの回路ですか。図のA～Dから１つ選び，記号で答えなさい。(　　　)

7　**≪電磁石≫**　電磁石を使った実験について，あとの問いに答えなさい。　**(立命館中)**

【実験１】　コイルの中に棒を入れて，図１のような電磁石をつくり，スイッチを入れて棒の先につくゼムクリップの数を調べました。表１は，かん電池の数とつなぎ方，コイルの巻き数をいろいろ変えて行ったときの結果をまとめたものです。

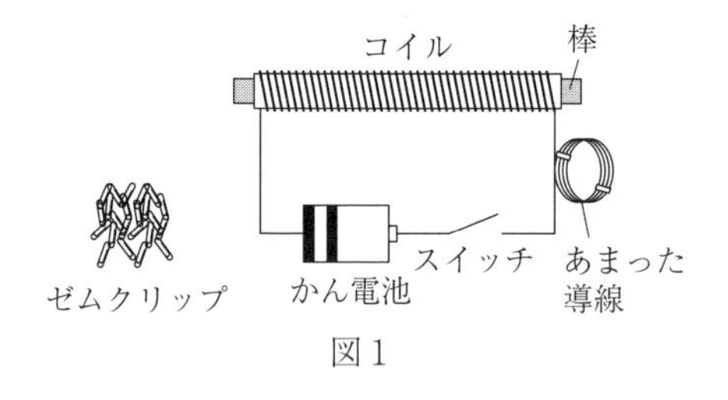

図１

表１

	A	B	C	D	E	F
かん電池の数〔個〕	1	1	2	4	2	3
かん電池のつなぎ方	—	—	直列つなぎ	直列つなぎ	並列つなぎ	並列つなぎ
コイルの巻き数〔回〕	100	200	50	100	（ あ ）	100
棒の先についたゼムクリップの数〔個〕	6	12	6	（ い ）	9	6

⑴　実験１で，コイルの中に入れた棒の材料として最も適切なものを，次のア～エから１つ選び，記号で答えなさい。(　　　)

ア　プラスチック　　イ　木　　ウ　鉄　　エ　ガラス

⑵　実験１で，表１の（ あ ），（ い ）にあてはまる数字をそれぞれ答えなさい。

あ(　　　)　い(　　　)

⑶　実験１で，棒の先についたゼムクリップの数が18個になったとき，かん電池は２個～4個の直列つなぎ，コイルの巻き数は200回以下でした。このときのかん電池の数とコイルの巻き数の組

み合わせを3組答えなさい。

（　　　個）（　　　回）（　　　個）（　　　回）（　　　個）（　　　回）

【実験2】 図2のように，電磁石のまわりに方位磁針を置いて，スイッチを入れるとXの位置に置いた方位磁針のN極が西をさしました。

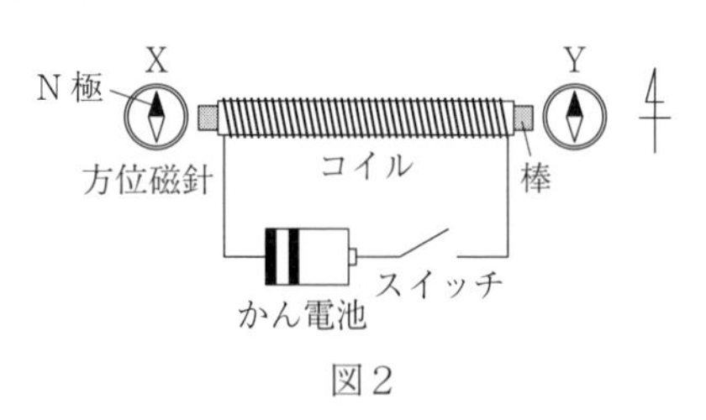

図2

(4) 実験2の方位磁針の針のさす向きについて述べた次の文の①，②にあてはまる言葉を，ア，イからそれぞれ1つずつ選び，記号で答えなさい。①（　　　）②（　　　）

実験2のとき，Yの位置に置いた方位磁針のN極は①（ア 東　イ 西）をさす。また，図2のかん電池の向きを入れかえてスイッチを入れると，Xの位置に置いた方位磁針のN極は②（ア 東　イ 西）をさす。

【実験3】 磁石とコイルを用いて，図3のような装置をつくりました。図3の整流子とブラシは，コイルが同じ向きに回転するように，コイルに流れる電流の向きを切りかえる役割をしています。図3のとき，スイッチを入れると，コイルに➡の向きに電流が流れました。

(5) 実験3で，図3のようにコイルに➡の向きに電流が流れたとき，Pの部分はN極，S極のどちらになり，コイルはQ，Rのどちらの向きに回りますか。実験2を参考にして，適切なものを，次のア～エから1つ選び，記号で答えなさい。（　　　）

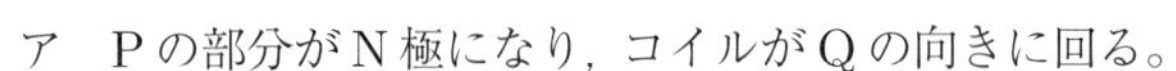

ア Pの部分がN極になり，コイルがQの向きに回る。
イ Pの部分がN極になり，コイルがRの向きに回る。
ウ Pの部分がS極になり，コイルがQの向きに回る。
エ Pの部分がS極になり，コイルがRの向きに回る。

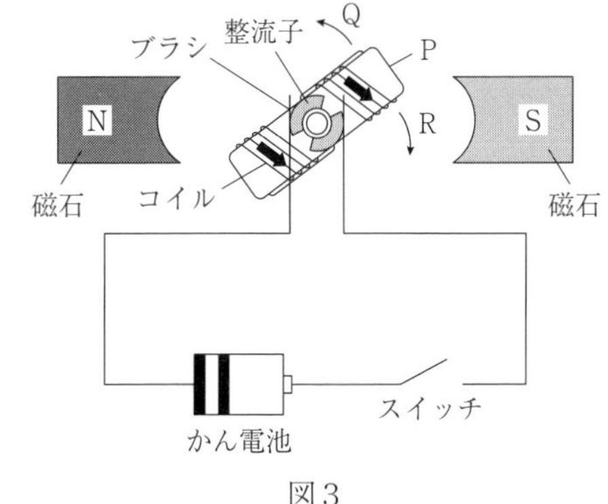

図3

(6) 実験3で，図3の装置を次のア～クのように変えたとき，コイルの回転が最も速くなるものはどれですか。ア～クから1つ選び，記号で答えなさい。（　　　）

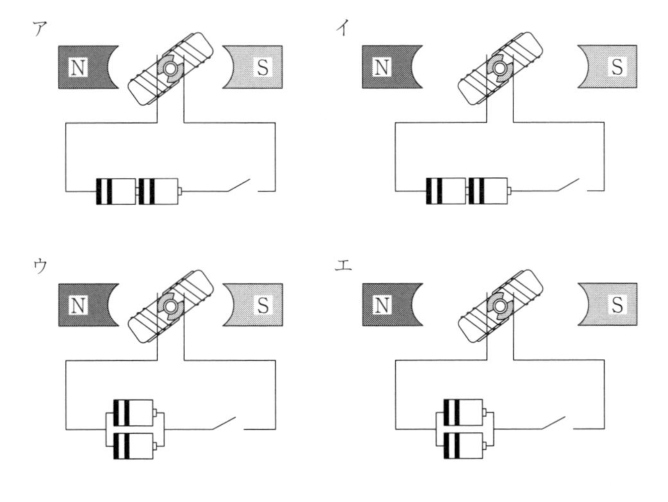

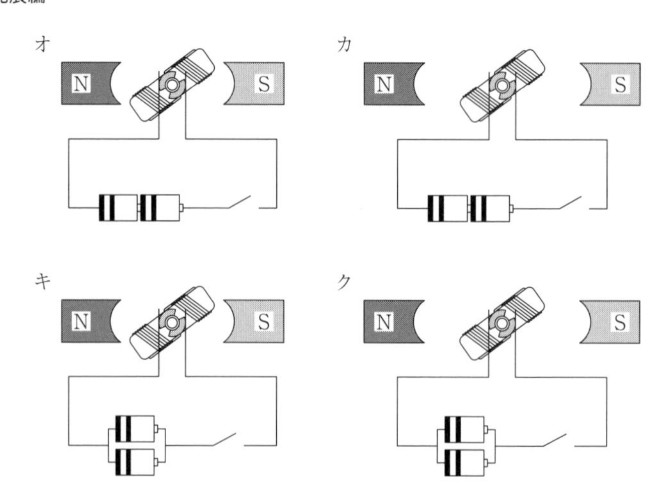

8 ≪発熱≫　電気の利用について，次の問いに答えなさい。　(神戸海星女中)

(1) 身の回りには，電気を音・光・熱などに変えて利用する道具がたくさんあります。次のア～カの道具のうち，①電気をおもに音に変かんしているもの，②電気をおもに光に変かんしているもの，③電気をおもに熱に変かんしているものをそれぞれすべて選び，記号で答えなさい。

①(　　　) ②(　　　) ③(　　　)

ア．スピーカー　イ．アイロン　ウ．ホットプレート　エ．信号機
オ．電子オルゴール　カ．かい中電灯

(2) 電気を熱に変かんするものの1つに電熱線があります。図のような装置で，水の温度上昇(じょうしょう)を調べる実験を行いました。ただし，電熱線からの熱は，すべて水温上昇に使われるものとします。

まず，ビーカーに18.0℃の水120gと電熱線Aを入れ，電流を流しました。電流を流した時間と水温の関係は表1のようになりました。

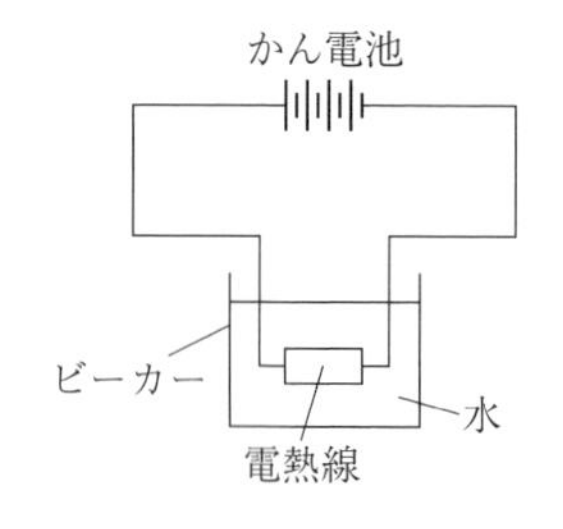

表1

電流を流した時間[分]	0	1	2	3	4	5
水温[℃]	18.0	18.6	19.2	19.8	20.4	21.0

① 電流を流し始めてから8分後の水温は何度になりますか。(　　　℃)

次に，ビーカーに18.0℃の水240gと電熱線Aを入れ，電流を流したところ，電流を流した時間と水温の関係は表2のようになりました。

表2

電流を流した時間[分]	0	1	2	3	4	5
水温[℃]	18.0	18.3	18.6	18.9	19.2	19.5

② 水温が24.0℃になるのは，電流を流し始めてから何分後ですか。(　　　分)

③ 水の量を60gにして，3分間電流を流すと，水温は何度上昇しますか。(　　　℃)

続いて，材質が電熱線Aと同じ電熱線B～Fを用いて同様の実験を行いました。断面積がAと

同じで長さがAの3倍の電熱線Bと，断面積がAの3倍で長さがAと同じ電熱線Cを，18.0℃の水120gが入っているビーカーにそれぞれ入れて電流を流したところ，電流を流した時間と水温の関係は表3のようになりました。

表3

電流を流した時間[分]	0	1	2	3	4	5
電熱線Bを入れたビーカーの水温[℃]	18.0	18.2	18.4	18.6	18.8	19.0
電熱線Cを入れたビーカーの水温[℃]	18.0	19.8	21.6	23.4	25.2	27.0

④　表3からわかることを述べた次の文の空らんX，Yにあてはまる数値を答えなさい。

X（　　　）　Y（　　　）

電熱線Bを用いると電熱線Aに比べて水温上昇が（ X ）倍になり，電熱線Cを用いると電熱線Aに比べて水温上昇が（ Y ）倍になった。

⑤　断面積がAと同じで長さがAの6倍の電熱線Dを，水が120g入っているビーカーに入れて5分間電流を流すと，水温は何度上昇しますか。（　　　℃）

⑥　断面積がAの5倍で長さがAと同じ電熱線Eを，水が360g入っているビーカーに入れて5分間電流を流すと，水温は何度上昇しますか。（　　　℃）

⑦　断面積がAの2倍で長さがAの4倍の電熱線Fを，水が240g入っているビーカーに入れて10分間電流を流すと，水温は何度上昇しますか。（　　　℃）

9　≪発熱≫　以下の2つの実験について，後の各問いに答えなさい。　（金蘭千里中）

〈実験1〉　図1のAとBの間に，いろいろなものをつなぎ，電気を通すものと，通さないものを調べた。

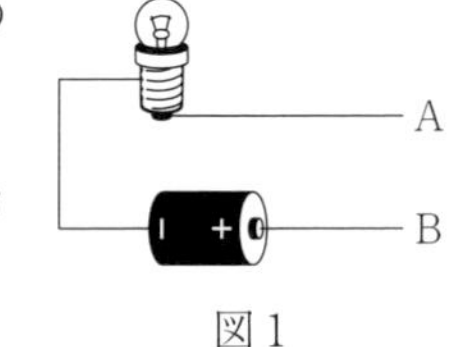

図1

(1)　豆電球に明かりがつくものを，次のア～カからすべて選び，記号で答えなさい。（　　　）

ア．割りばし　　イ．1円玉　　ウ．10円玉　　エ．ガラスのコップ

オ．マッチ棒　　カ．発ぽうポリスチレンの板

〈実験2〉　図2のような回路を作り，図3のように電熱線の上に発ぽうポリスチレンの板をおき，発ぽうポリスチレンの板が切れるまでの時間と電流の大きさを調べた。

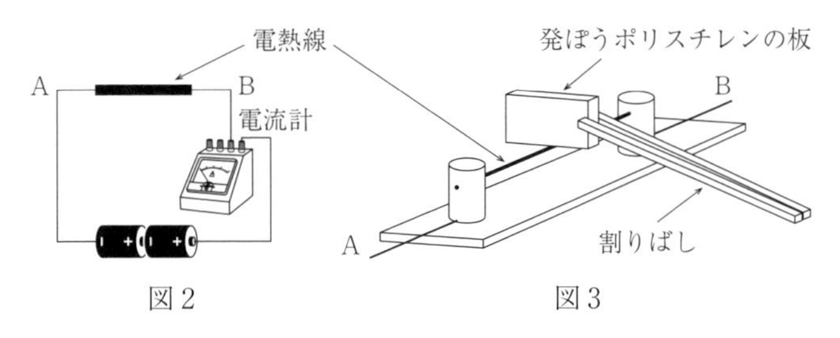

図2　　図3

(2)　次の文章の（　　）に当てはまる最も適切な語句を，ア～ウから選び，記号で答えなさい。

（　　）

電熱線の太さだけを変えて，発ぽうポリスチレンの板が切れるまでの時間を調べると，電熱線を太くすると切れるまでの時間は（ア．短くなる　　イ．変わらない　　ウ．長くなる）。

同じ太さの電熱線を使って，「電熱線の長さ」と「直列つなぎにした電池の個数」を変えて，流れる電流の大きさと，発ぽうポリスチレンの板が切れるまでの時間を調べると，結果は表のようになった。

流れる電流の大きさ

電熱線の長さ	電池１個	電池２個	電池３個
5 cm	1.5A	3.0A	4.5A
10cm	0.75A	1.5A	2.25A
15cm	（ a ）A	1.0A	（ b ）A

発ぽうポリスチレンの板が切れるまでの時間

電熱線の長さ	電池１個	電池２個	電池３個
5 cm	28.4 秒	8.7 秒	3.8 秒
10cm	65.2 秒	19.9 秒	8.4 秒
15cm	98.3 秒	29.9 秒	11.6 秒

(3) 表の（ a ）と（ b ）にあてはまる値を答えなさい。a（　　　）　b（　　　）

(4) 以下の文章の（ i ）～（ iii ）にあてはまる値を答えなさい。

i（　　　）　ii（　　　）　iii（　　　）

電熱線からの発熱量が１秒あたり最も大きいのは，電池（ i ）個，電熱線の長さ（ ii ）cm で，流れる電流の大きさ（ iii ）A のときである。

(5) 電熱線の長さを変えたとき，「直列つなぎにした電池の個数」と「流れる電流の大きさ」の関係を表したグラフの形として，最も適切なものを次のア～クから選び，記号で答えなさい。ただし，直列つなぎにした電池の個数を横じく，流れる電流の大きさを縦じくとし，①は 5 cm の電熱線，②は 10cm の電熱線，③は 15cm の電熱線とする。（　　　）

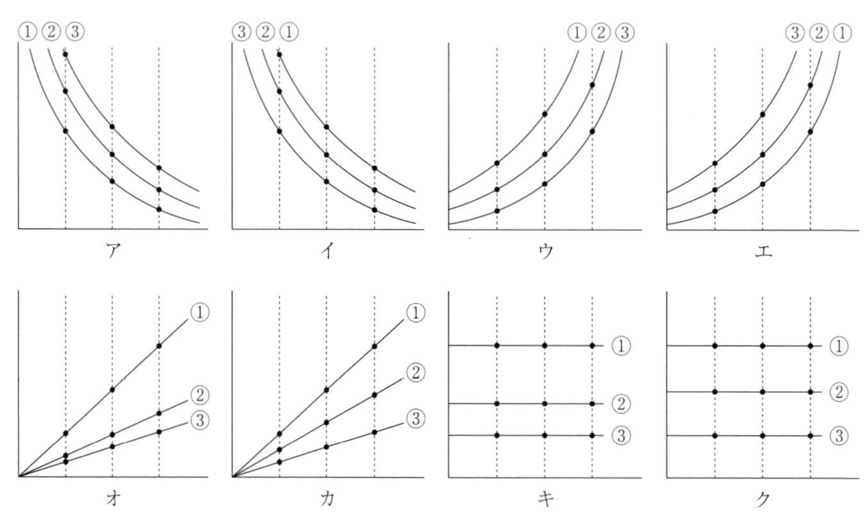

(6) 直列つなぎにした電池の個数を５個，電熱線の長さを 35cm にしたとき，流れる電流の大きさは何 A になるか。割り切れない場合は，小数第２位を四捨五入して小数第１位まで答えなさい。

（　　　A）

10 ≪電流総合≫　電球を電池につなげて光らせるとき，つなぎ方によって流れる電流の大きさが変わり，それによって明るさも異なります。問題中の電球，電池，電熱線はすべて同じものとし，電池は新しいものを使用します。電球は流れる電流が大きくなって発熱しても，電池の数と流れる電流の大きさの比率は変わらないものとします。電球と電池を用いて回路①～⑥をつくりました。

（西大和学園中）

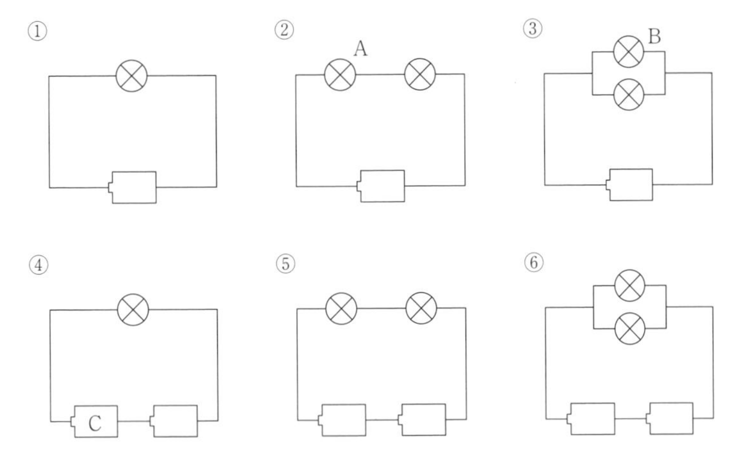

(1)　危険であるためやってはいけない操作を次の中から一つ選び，記号で答えなさい。(　　　)

ア．回路①で，電池の＋極と－極の向きを入れ替えること。

イ．回路②で電球Aのみを取り除き，電球Aにつながっていた導線どうしをつなぐこと。

ウ．回路③で電球Bのみを取り除き，電球Bにつながっていた導線どうしをつなぐこと。

エ．回路④で，電池Cのみ＋極と－極の向きを入れ替えること。

(2)　回路①～⑥のうち，電球が最も明るく光る回路はどれですか。また，最も暗く光る回路はどれですか。同じ明るさのものが2つ以上ある場合は，すべて答えなさい。

明るい(　　　)　暗い(　　　)

電球をつけたままにしておくと，やがて電池を使い切り，電球はつかなくなりました。回路①～④について，電球をつけ始めてから，つかなくなるまでの時間は次の表のようになりました。

回路	①	②	③	④
電球をつけ始めてから，つかなくなるまでの時間	120分	240分	60分	60分

(3)　電球をつけ始めてからつかなくなるまでの時間について，正しいものを次の中から一つ選び，記号で答えなさい。(　　　)

ア．回路中の電池の数が多いほど長い。　イ．回路中の電池の数が多いほど短い。

ウ．電球に流れる電流が大きいほど長い。　エ．電球に流れる電流が大きいほど短い。

オ．電池に流れる電流が大きいほど長い。　カ．電池に流れる電流が大きいほど短い。

キ．ア～カに正しいものはない。

(4)　回路⑤と回路⑥について，電球をつけ始めてから，つかなくなるまでの時間は何分間ですか。

回路⑤(　　　分間)　回路⑥(　　　分間)

電熱線は，電流を流すことで発熱し，ものを温めることができます。その温まり方は，流れる電流の大きさで変わります。電熱線と電池を用いて回路⑦～⑨をつくり，電熱線をいずれも 25 ℃で 100g の水を入れたビーカーに入れました。電流を流し始めてからの時間と水温を測ると，下のグラフのようになりました。⑨は 60 分で電池を使い切り，使い切ると同時に水温は下がり始めました。

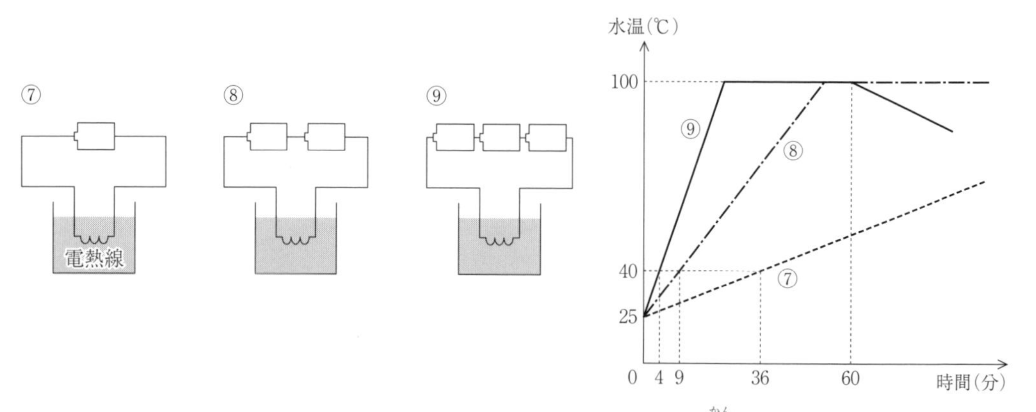

回路①～⑥の電球をすべて電熱線に替え，電池を新しいものに交換(かん)し，それぞれの電熱線を 25 ℃で 100g の水を入れたビーカーに入れました。

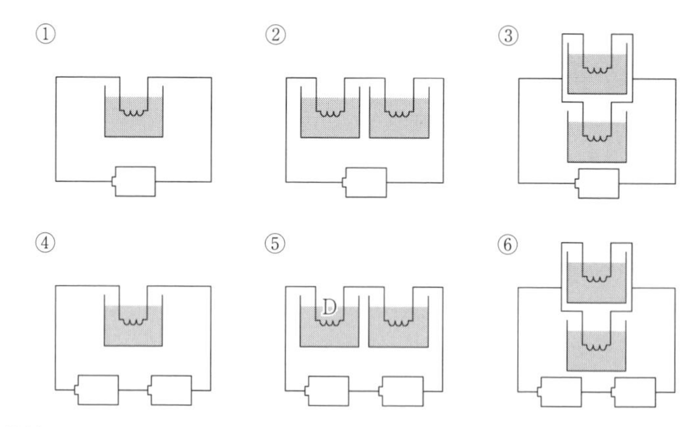

⑸　回路⑤の電熱線 D をビーカーに入れたとき，水温が 100 ℃になるまでの時間は何分間ですか。

（　　　分間）

⑹　回路①～⑥のうち，電熱線を入れたビーカーの水温が 100 ℃にならないのは，どの回路ですか。すべて選び，記号で答えなさい。すべての回路においてビーカーの水温が 100 ℃になる場合は，「なし」と答えなさい。（　　　）

⑺　回路①～⑥のうち，電熱線を入れたビーカーの水温が 100 ℃である時間が最も長いのは，どの回路ですか。また，その時間は何分間ですか。回路（　　　）（　　　分間）

3　光・音

1　≪光≫　光の性質に関する次の文を読み，あとの各問いに答えなさい。　　(関西大学北陽中)

光は，同じ物質中ではまっすぐに進む性質をもっており，これを光の直進といいます。また，光は鏡などに当たるとはね返り，進む向きが変わります。これを，光の[　　]といいます。右の図1は，光が鏡に当たり[　　]する様子を表したものです。

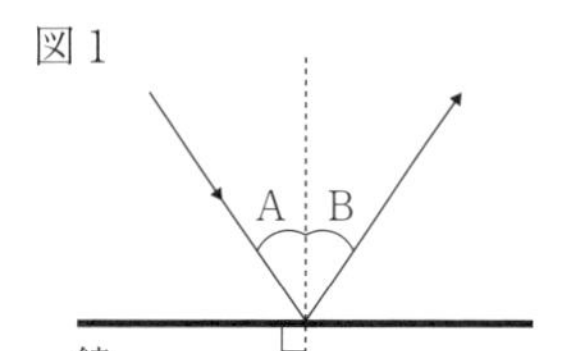

物体を鏡の前に置くと，鏡の奥(おく)にも物体があるように見え，これを物体の像といいます。鏡の奥に物体の像が見えるのは，図2に示すように，物体から出た光が鏡で[　　]して，目に届いているためです。物体の像は，鏡の面に対して物体と対しょうの位置にできます。

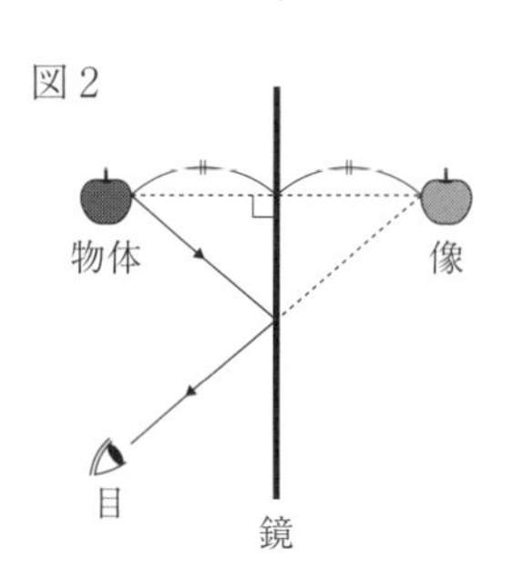

(1)　上の文中の[　　]に共通して当てはまる語句は何ですか。漢字2文字で答えなさい。(　　　)

(2)　図1の角Aと角Bの大きさの関係について，正しいものはどれですか。次の(ア)～(ウ)から選び，記号で答えなさい。(　　　)

(ア)　角A＞角B　　(イ)　角A＝角B　　(ウ)　角A＜角B

(3)　図3は，鏡の前に4つの物体(ア)～(エ)が置いてある様子を真上から見たものです。Ⓐの位置に立った人から鏡にうつって見える物体はどれですか。(ア)～(エ)からすべて選び，記号で答えなさい。(　　　)

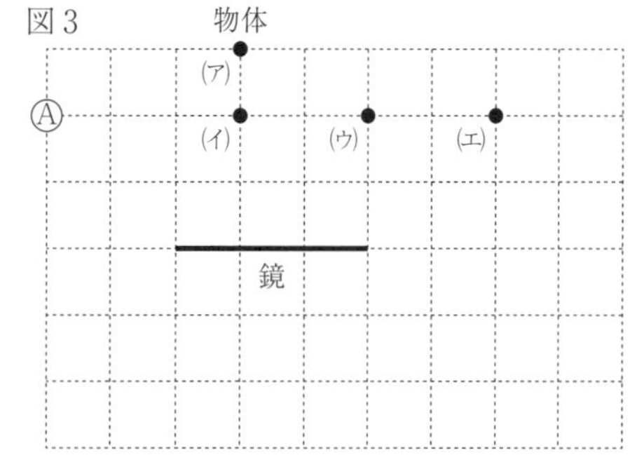

鏡を2枚使ったとき，物体の像はどのようにできるのかを考えます。

図4は，2枚の鏡（鏡P，鏡Q）を，間の角度が90°になるようにしてゆかに垂直に立て，鏡の前に物体を1つ置いた様子を真上から見たものです。このとき，鏡Pにうつってできる像1，鏡Qにうつってできる像2のほかに，鏡にうつった像1，像2がさらにもう一方の鏡の像にうつって像3ができるため，物体の像は全部で3つできます。

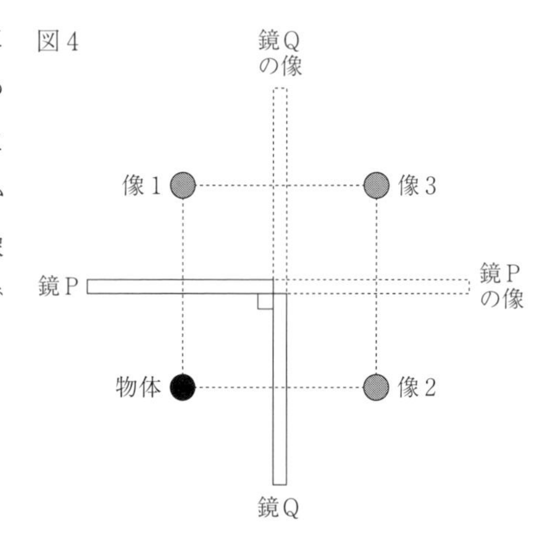

⑷　図5は，2枚の鏡を，間の角度が90°になるようにしてゆかに垂直に立て，鏡の前に物体を1つ置いた様子を真上から見たものです。Ⓑの位置に立った人からは，物体の像は鏡の面のどの部分に見えますか。次の㈠～㈥から3つ選び，記号で答えなさい。(　　　)

㈠　aとbの間　㈡　bとcの間
㈢　cとdの間　㈣　dとeの間
㈤　eとfの間　㈥　fとgの間

図5
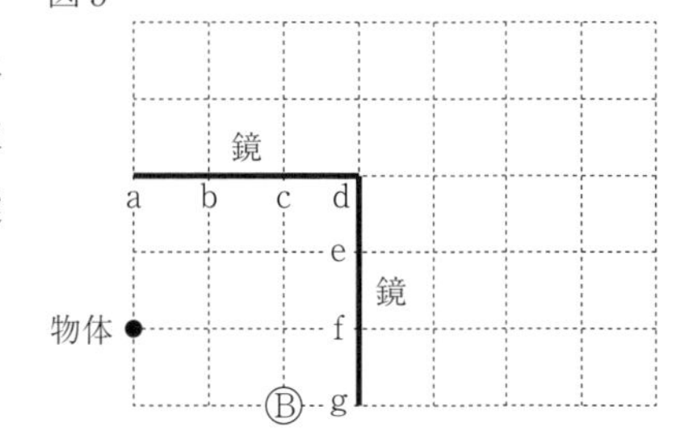

⑸　図6は，2枚の鏡をゆかに垂直に立て，間の角度が60°になるようにして，鏡の前に物体を1つ置いた様子を真上から見たものです。このとき，物体の像は全部でいくつできるか答えなさい。(　　　個)

図6
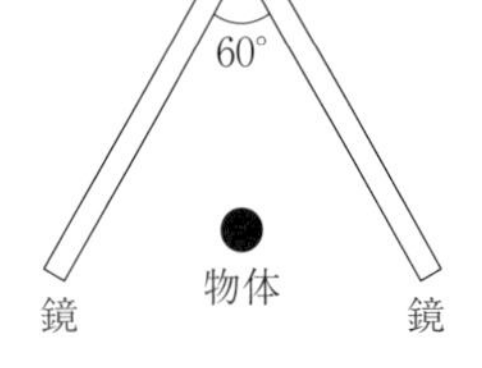

2　≪光≫　次の文章は，光の進み方について説明したものです。あとの問いに答えなさい。

(近大附中)

太陽や電球などから出た光は（①　ア：曲がって　イ：まっすぐ）進むという性質があります。光の進み方は，物体に光を当てたときにできる，かげのようすから調べることができます。図1のように，電球とかべの間に物体をおき，物体を電球に近づけ光を当てると，物体のかげは（②　ア：大きく　　イ：小さく）かべにうつり，物体を電球から遠ざけて光を当てるとかげの大きさは（③　ア：大きく　　イ：小さく）かべにうつります。

図1

また，空の箱のかべのひとつに3つの切れ目を入れて，箱の右側に電球をおき，図2のように箱の近くから電球の光を当てると，図（④）のように光が進みます。電球を図2より遠くにおき，図3のように箱の遠くから電球の光を当てると図（⑤）のように光が進みます。

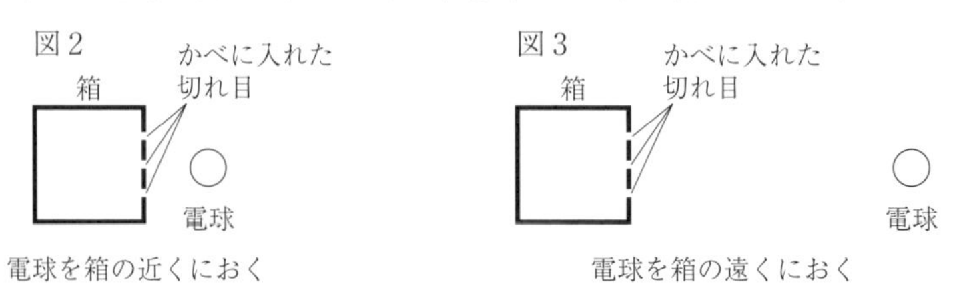

問い

⑴　文章中の（①）・（②）・（③）に当てはまる言葉をア・イからそれぞれ1つずつ選び，記号で答えなさい。①(　　　)　②(　　　)　③(　　　)

⑵　文章中の（④）・（⑤）に当てはまる図を次のア～エからそれぞれ1つずつ選び，記号で答えなさい。④(　　　)　⑤(　　　)

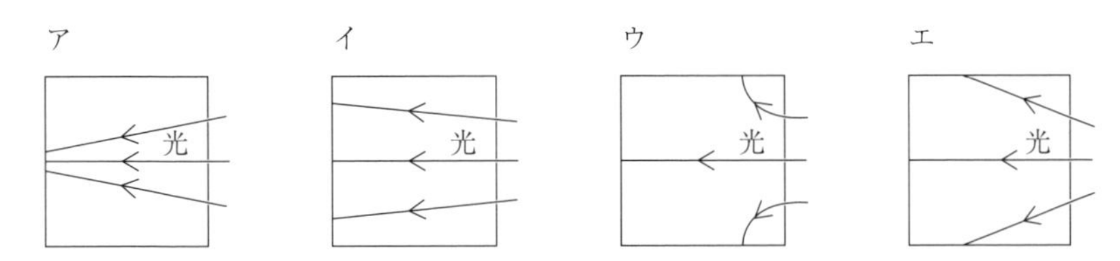

(3) 太陽の位置を調べるために，まっすぐな棒を地面に垂直に立て，棒のかげを時間ごとに記録していきました。午前10時では棒のかげが北西にでき，午後2時には北東にかげができました。このことから，午前10時と午後2時の太陽の方角を八方位でそれぞれ答えなさい。

午前10時（　　　）　午後2時（　　　）

(4) 光の明るさは1 m^2 あたりの面積に当たる光の量で比べることができます。次の表は，電球の明るさと電球からのきょりの関係を表したもので，電球からのきょりが1 m での明るさを1としています。表のア・イに当てはまる値を答えなさい。ア（　　　）　イ（　　　）

表

電球からのきょり〔m〕	$\frac{1}{2}$	1	2	3	4
明るさ	ア	1	$\frac{1}{4}$	イ	$\frac{1}{16}$

次の文章は，鏡や虫めがねを使い光の性質を説明したものです。あとの問いに答えなさい。

図4のように，太陽の光を鏡に当てました。鏡に当たり，はね返る光は図（⑥）のように進みます。鏡の枚数を増やして，鏡ではね返した太陽の光を重ねるほど，光が重なったところは（⑦）なります。また，虫めがねを通る太陽の光は図（⑧）のように進みます。

図4

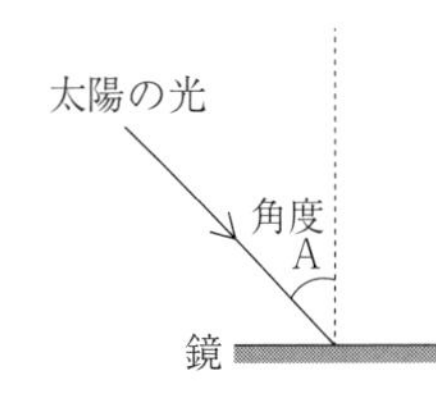

問い

(5) 文章中の（⑥）に当てはまる光の進み方を次のア～ウから1つ選び，記号で答えなさい。

（　　　）

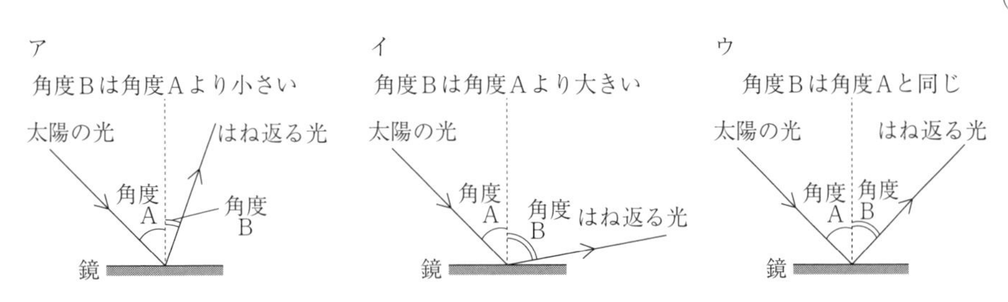

(6) 文章中の（⑦）に当てはまるものを次のア～エから1つ選び，記号で答えなさい。（　　　）

ア：明るく，温度が高く　　イ：明るく，温度が低く　　ウ：暗く，温度が高く

エ：暗く，温度が低く

(7) 文章中の（⑧）に当てはまる光の進み方を次のア～エから1つ選び，記号で答えなさい。

（　　　）

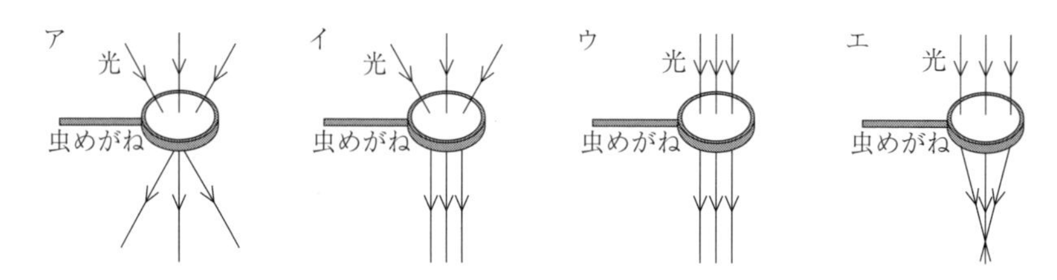

3　≪光≫　Aさんは，自動車の車内に設置されているバックミラーに興味をもち，その仕組みをBさんといっしょに考えました。次のAさんとBさんの会話文を読み，あとの各問いに答えなさい。

（大谷中－京都－）

A：バックミラーは，ふつうの鏡と同じようにものの像を映すけど，実物よりも小さいサイズでものが映っているよ。その分，視野が広くなっているね。どうしてだろう。

B：そのままの像でないということは，鏡が曲がっているんじゃないかな。ほら，スプーンの表面に映る自分の顔も，ゆがんで見えるよ。

A：なるほど。どんなふうに曲がっているのか，考えてみよう。

B：じゃあまず，ふつうのまっすぐな鏡がはね返す光の進み方を考えてみたらどうかな。

A：まっすぐな鏡を見たときの光の反射は図1のようになるね。これなら，鏡を使って㋐の範囲(はんい)の景色が見えるよ。㋐より外側の景色は，鏡で反射しても図2のように目に入ってくる方向には進んでこないね。

B：より広い範囲の景色を鏡に映すには，鏡がどう曲がっていれば良いかな。

A：図1の光線2に注目して考えてみよう。図3のように，より外側から進んできた光線2′を目に入ってくる方向に反射できれば，㋐の範囲よりも広い㋐′の範囲を鏡に映すことができるね。

B：じゃあ，光線2′が反射する場所には，図1よりも［　X　］側にかたむけたまっすぐな鏡があると考えればいいんじゃない？

A：なるほど！　つまり，曲がった鏡を，少しずつかたむけて置いたまっすぐな鏡の集まりだと考えたら，より広い視野を鏡に映すには図Yのような鏡が必要だね！

B：車内のバックミラーも，図Yのような鏡だったんだね。

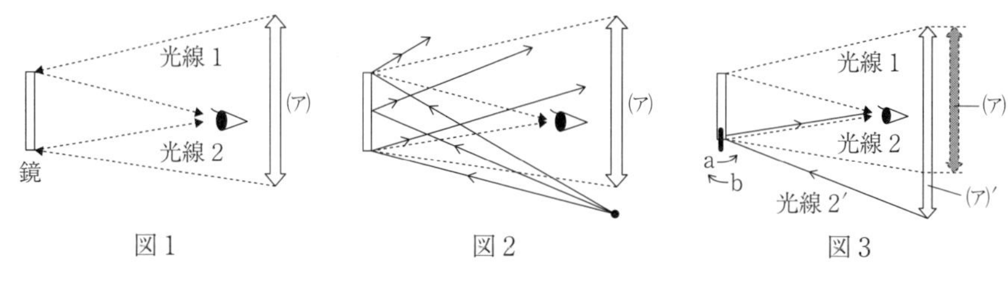

図1　　図2　　図3

問1　まっすぐな鏡で反射する光について，図4の角aと同じ大きさの角を図4中のb～dから1つ選び，記号で答えなさい。（　　　）

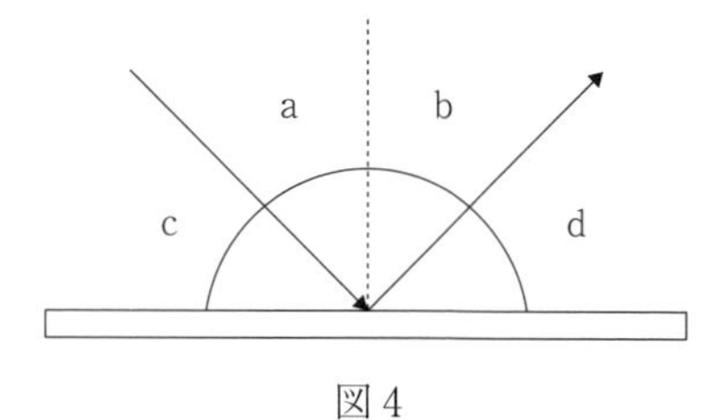

図4

問2　まっすぐな鏡を使って，図5のように物体を見るとき，物体から出た光はa～fのどの点で反射すると考えられますか。正しいものを1つ選び，記号で答えなさい。ただし，光は図の鏡面と書かれた部分で反射するものとします。(　　　)

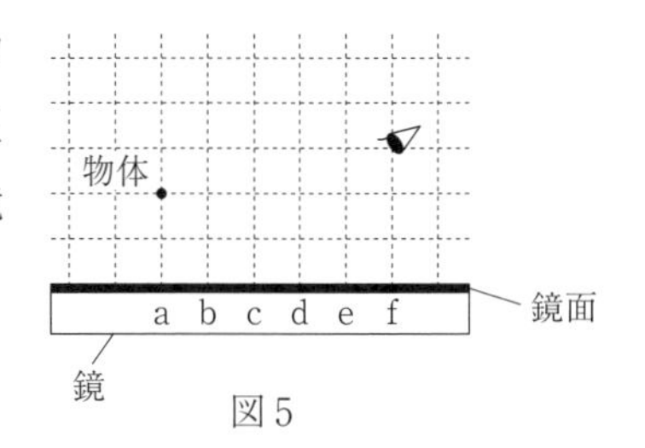

図5

問3　車内前方中央のバックミラーがまっすぐな鏡であるとした場合，図6の運転者にはバックミラーで図中のどの点が見えますか。点A～Gからすべて選び，記号で答えなさい。ただし，自動車の窓わくなどのかげになって見えなくなることはないものとします。(　　　)

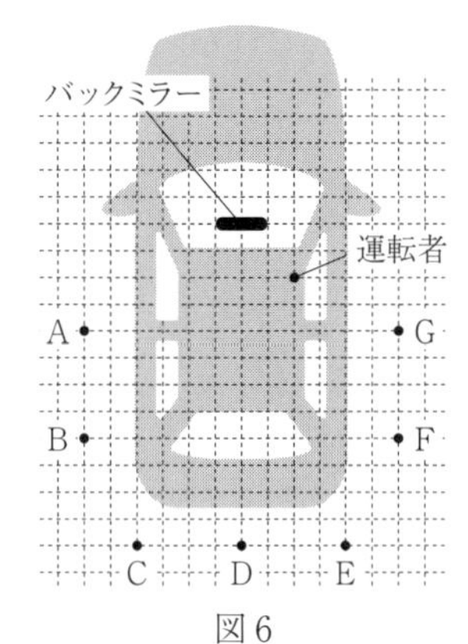

図6

問4　図3中のa，bのうち，文中のXにあてはまる向きとして正しい方を選び，記号で答えなさい。(　　　)

問5　文中の下線部の図Yとして，最も適当な図を次のア～エから1つ選び，記号で答えなさい。ただし，鏡の反射する面はすべての図において右側とします。(　　　)

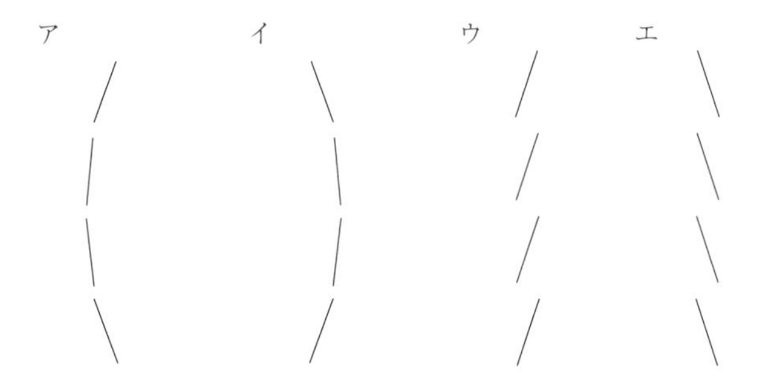

4　≪音≫　音について，以下の各問いに答えなさい。　(プール学院中)

(A)　糸電話を使って，どのようなときに音が伝わるかを調べました。

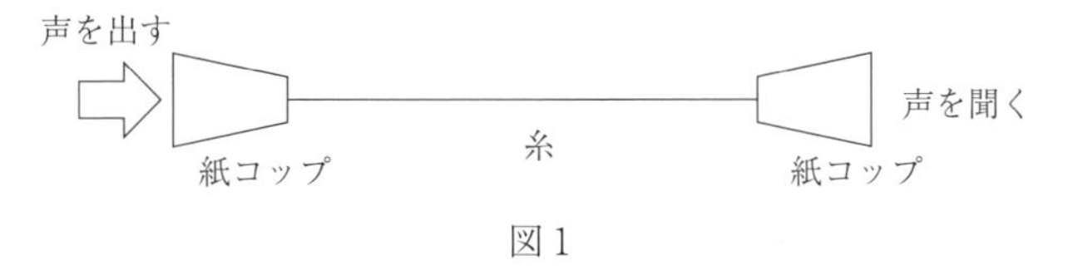

図1

問1　図1のように糸をピンとはって，一方の紙コップに向かって声を出すと，もう一方の紙コップからその声が聞こえました。次に糸をたるませてから，一方の紙コップに向かって同じように声を出しました。このとき，もう一方の紙コップからの声の聞こえ方は，糸をピンとはったときと比べてどうなりますか。最もよくあてはまるものを次のア～ウから1つ選び，記号で答えなさい。(　　　)

ア　より大きく聞こえるようになった。

イ　ほとんど聞こえなくなった。

ウ　聞こえ方は変わらなかった。

問２　図２と図３のように糸電話の糸を指で強くつまんだり，新しい紙コップをつないだりして，紙コップＡ～Ｃからそれぞれ声が聞こえるかどうかをたしかめました。結果は，紙コップＡ，Ｂから声が聞こえませんでしたが，紙コップＣから声が聞こえました。ただし，糸はピンとはっており，図中の◆は糸を指で強くつまむ場所を示しています。

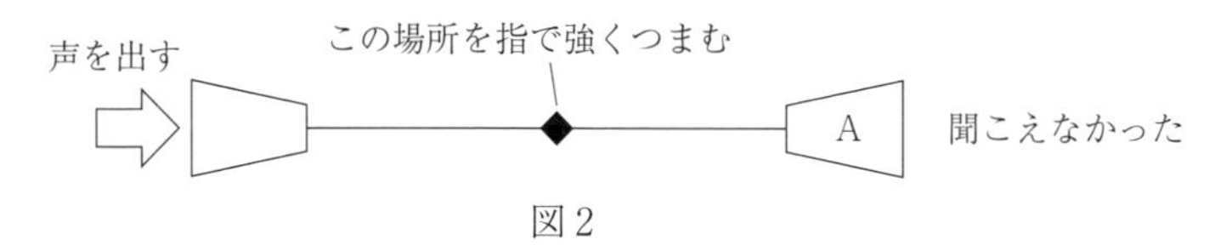

図２

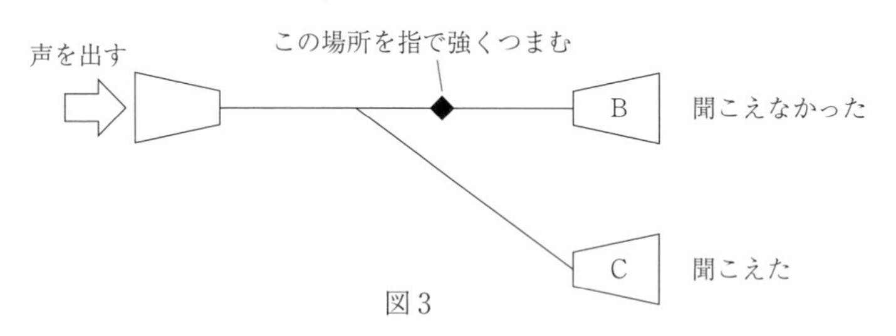

図３

次に図４のように，糸を指で強くつまむ場所を図３のときと変えて声を出しました。図４の紙コップＤ，Ｅからの声の聞こえ方として，（ ① ），（ ② ）の正しい組み合わせをあとのア～エから１つ選び，記号で答えなさい。（　　　）

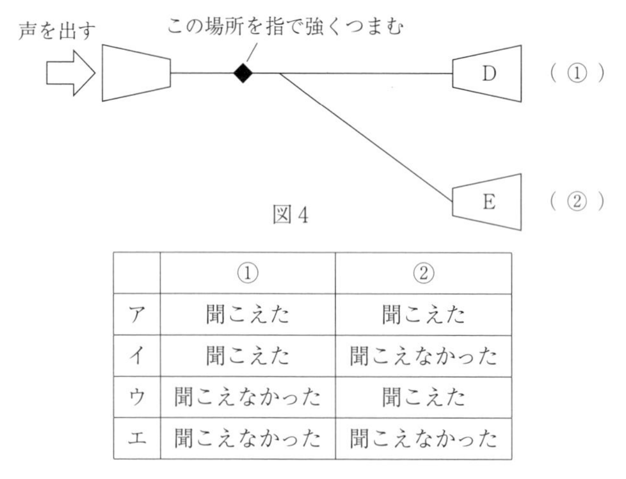

図４

	①	②
ア	聞こえた	聞こえた
イ	聞こえた	聞こえなかった
ウ	聞こえなかった	聞こえた
エ	聞こえなかった	聞こえなかった

問３　図５のように紙コップを糸でつなげて，紙コップＦから声を出すと，残りすべての紙コップＧ～Ｋから声が聞こえましたが，糸のウの場所を指で強くつまんでから声を出すと，紙コップＧ，Ｈからは声が聞こえて，紙コップＩ，Ｊ，Ｋからは声が聞こえませんでした。ア～キのうちいずれか１カ所を指で強くつまんで，紙コップＪから声を出して，そのほかの紙コップからその声が聞こえるかをためしてみました。すると，３つの紙コップからその声が聞こえました。どこを指で強くつまんだでしょうか。最もよくあてはまるものを図５のア～キから１つ選び，記号で答えなさい。（　　　）

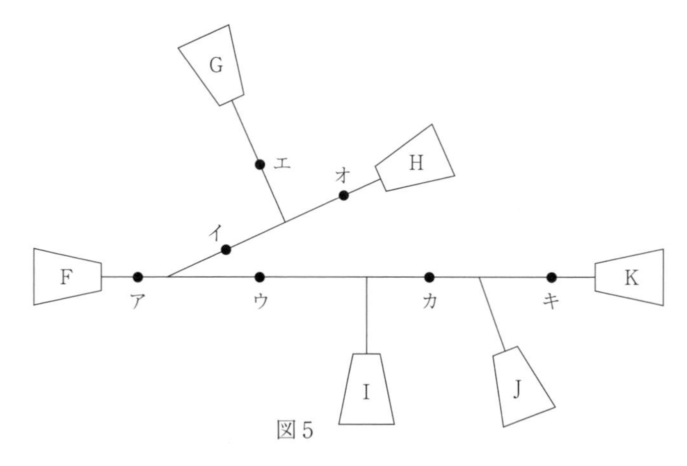

図５

(B)　花火大会に行くと，花火の光が見えてから，少しおくれて音が聞こえることがあります。これは一瞬（いっしゅん）で伝わる光と比べて，音は速く伝わらないので，音がおくれて聞こえるためです。

問４　花火大会に行ったあきさんは，花火の光が見えてから音が聞こえるまでの時間をストップウォッチではかりました。この時間がちょうど３秒だとすると，花火が光を出したところから，あきさんまでのきょりは何mですか。ただし，空気中を伝わる音の速さを秒速340mとします。

（　　　m）

問５　以下の先生とあきさんの会話文を読み，（ ① ）～（ ④ ）にあてはまる数字を答えなさい。

①（　　　）　②（　　　）　③（　　　）　④（　　　）

先生　　：空気中を伝わる音の速さは秒速340mですが，この速さが時速何kmになるかを考えてみましょう。

あきさん：ちょっと難しいですね。

先生　　：速さの意味を理解すると，それほど難しくはありません。秒速340mとは，１秒間に340m進む速さですね。これが時速何kmになるかを考えるために，まず１時間が何秒かを考えます。１時間は何秒ですか。

あきさん：１時間は60分で，１分は60秒なので，１時間は（ ① ）秒です。

先生　　：そうですね。では，次に１kmが何mかを考えましょう。

あきさん：１kmは（ ② ）mです。

先生　　：その通り。１kmのk（キロ）と，１kgのkは同じ意味で，kは（ ② ）倍を表します。

あきさん：なるほど。

先生　　：では，秒速340mが時速何kmになるかを考えていきましょう。秒速340mなので，１時間では340mの（ ① ）倍のきょりを進みますね。ということは１時間で何m進みますか。

あきさん：（ ③ ）mです。

先生　　：そうですね。では（ ③ ）mは何kmになりますか。

あきさん：（ ④ ）kmです。

先生　　：よくできました。よって，秒速340mは時速（ ④ ）kmですね。

5 **≪音≫**　音について，次の問いに答えなさい。ただし，空気中を伝わる音の速さを毎秒 340m とする。　　　　　　　　　　　　　　　　　　　　　　　　　　　　　　　　　　　　　(明星中)

図 1 のように，A 君が壁に向かって太鼓を 1 回たたいたところ，A 君には 6.6 秒後に壁で反射した太鼓の音が聞こえた。

図 1

問 1　太鼓と壁のあいだの距離は何 m ですか。(　　　　m)

次に，図 1 の位置にあった壁を，図 2 のように左右に動くことができるようにした。A 君が太鼓を 1 回たたくと同時に，壁を一定の速さで左右のどちらかに動かしたところ，A 君には 6 秒後に壁で反射した太鼓の音が聞こえた。

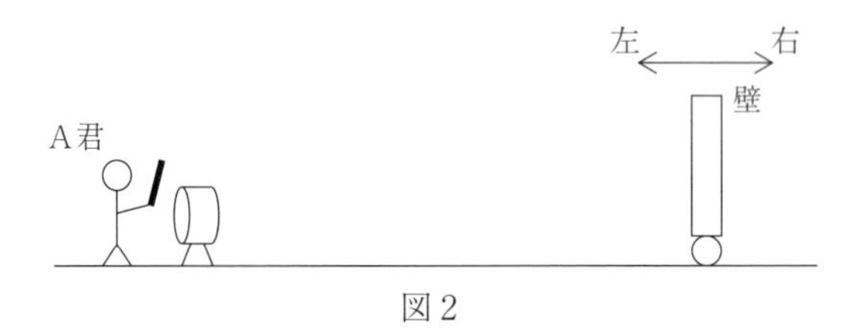

図 2

問 2　このとき，壁を左右のどちら向きに毎秒何 m で動かしましたか。向きは「左」か「右」で答えること。(　　　向きに毎秒　　　m)

図 3 のように，A 君が毎秒 20m の速さで右向きに進んでいる車の上に乗って太鼓をたたき，その音を B 君が聞くことにした。A 君は，太鼓の位置が B 君から 1700m はなれた位置にきたときに太鼓をたたき始め，合計 35 回たたいた。ただし，A 君は太鼓を 0.5 秒ごとに 1 回たたいたとする。

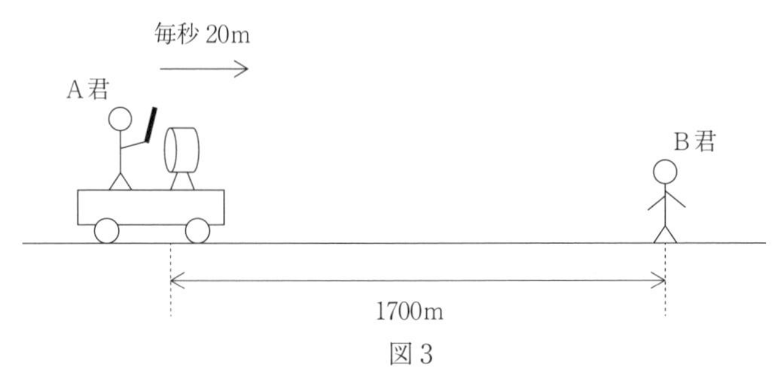

図 3

問 3　次の文中の(①)～(⑤)に入る数を答えなさい。

①(　　　)　②(　　　)　③(　　　)　④(　　　)　⑤(　　　)

太鼓が動いても空気中を伝わる音の速さは毎秒 340m で変わらないので，B 君が太鼓の音を最初に聞くのは，A 君が太鼓を 1 回目にたたいてから (①) 秒後である。

A 君は太鼓を 0.5 秒ごとに 1 回たたいたので，A 君が 35 回たたくのに 17 秒かかる。その 17 秒の間で，車は右向きに (②) m 進むので，B 君が太鼓の音を最後に聞くのは，A 君が 35 回目にたたいてから（ ③ ）秒後である。つまり，B 君が太鼓の音を最後に聞くのは，A 君が 1 回目にたたいてから（ ④ ）秒後である。

したがって，A 君が太鼓を 17 秒間たたいたのに対し，B 君は太鼓の音を（ ⑤ ）秒間，聞くことになる。

問 4　B 君は何秒ごとに太鼓の音を 1 回聞くことになりますか。小数第 3 位を四捨五入し，小数第 2 位までで答えなさい。（　　　秒）

ある高さの音を一定時間鳴らしたときに，鳴らした時間よりも短い時間でその音を聞くと，音は高く聞こえる。また，鳴らした時間よりも長い時間で聞くと，音は低く聞こえる。この現象を「ドップラー効果」という。図 4 のように，救急車が一直線上の道路を毎秒 20m で進んでおり，点 P から点 Q までサイレンを鳴らしながら進んだ。PQ 間の距離は 340m である。このとき，P 点から 425m，Q 点から 255m の場所にいる C 君が救急車のサイレンの音を聞いた。

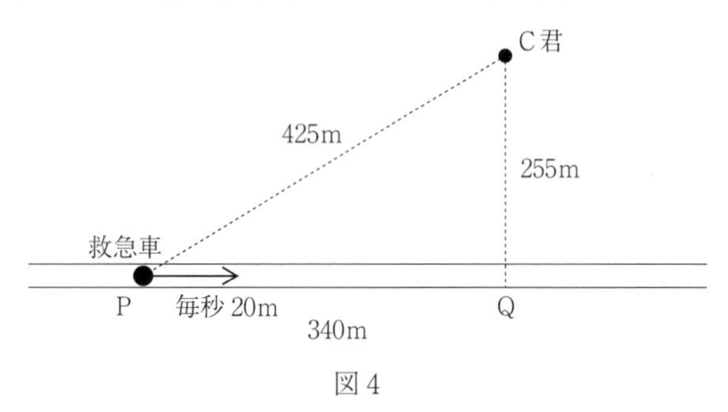

図 4

問 5　救急車が点 P から点 Q まで進むあいだに鳴らしたサイレンの音を，C 君は何秒間聞くことになりますか。（　　　秒）

問 6　この間，C 君が聞いた救急車のサイレンの音は，救急車が PQ 間で鳴らした音よりも高いですか，低いですか。（　　　）

4 もののあたたまり方

きんきの中入 発展編

1 ≪もののあたたまり方≫ ものの温まり方について，以下の問いに答えなさい。 (甲南中)

(1) 水の温まり方を調べるために，ビーカーに水を入れ，その中にけずりぶしを入れて，図のようにビーカーの左下を加熱しました。けずりぶしの動きとして最も適当なものを次のア～ウより1つ選び，記号で答えなさい。(　　)

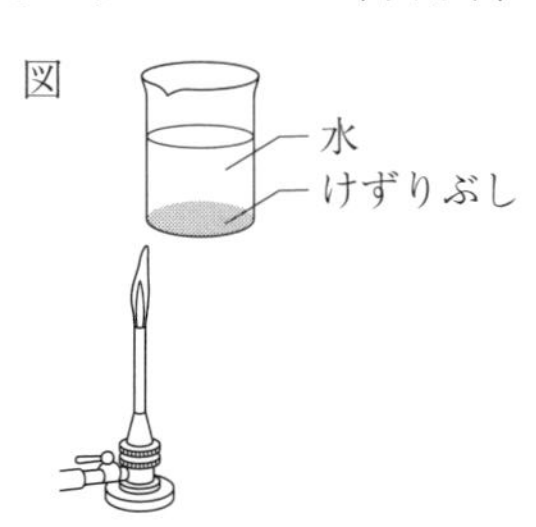

ア 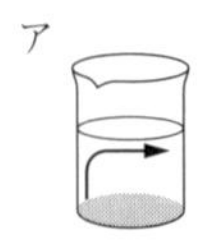
イ 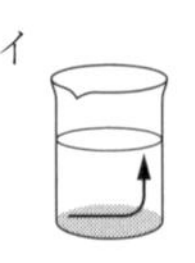
ウ 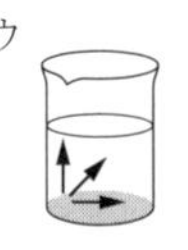

(2) 冷たい水の動き方を調べるために，インクで色を付けた氷を室温の水に入れ，観察しました。観察結果として，最も適当なものを次のア～エより1つ選び，記号で答えなさい。(　　)

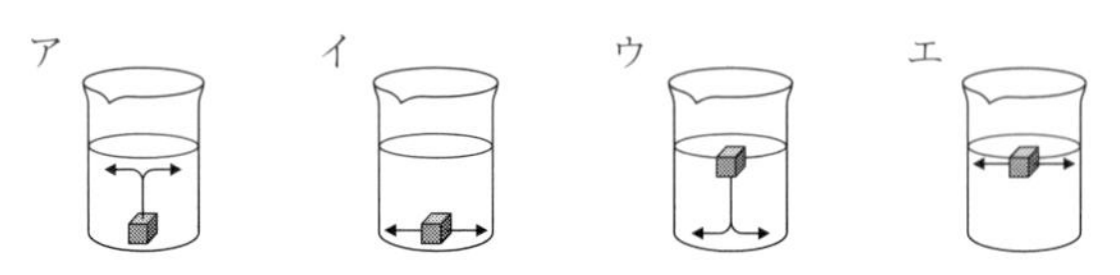

(3) 次の文中の（　）において，正しいものを1つずつ選び，記号で答えなさい。

①(　　) ②(　　)

海水には流れがあり，世界中をめぐる。なぜ海水は動くのだろうか，その理由の一つにグリーンランドや南極での海水の動きがある。グリーンランドや南極の空気の温度は低く，海水は①(ア．冷やされる　イ．温められる)。その結果，海水が②(ア．海底から水面に向けて浮き上がる　イ．水面から海底に向けて沈み込む)。このようにして海水が動く。

(4) 空気は温度が上がると軽くなります。熱気球は球皮の中の空気が温められ，浮かび上がります。熱気球が持ち上げることのできる重さは，「球皮の中の空気が，同じ体積の外の空気と比べて軽くなった分」です。球皮の中の空気の体積が $2000 m^3$，球皮・機材・ボンベ合わせて300kgの熱気球に，60kgの人が1人乗って，球皮内の空気を加熱したところ，ある温度になったところで浮き上がりました。「ある温度」として最も適当なものを次のア～オより1つ選び，記号で答えなさい。ただし，外の空気の温度は20℃とします。(　　)

表　空気の温度と重さの関係

温度(℃)	20	30	40	50	60	70	80	90
$1 m^3$ の重さ(kg)	1.19	1.15	1.11	1.08	1.05	1.02	0.99	0.96

ア．40℃と50℃の間　イ．50℃と60℃の間　ウ．60℃と70℃の間
エ．70℃と80℃の間　オ．80℃と90℃の間

(5) (4)の下線部とありますが，無重力状態ではろうそくはどのように燃えるのでしょうか。最も適当なものを次のア～エより1つ選び，記号で答えなさい。(　　)

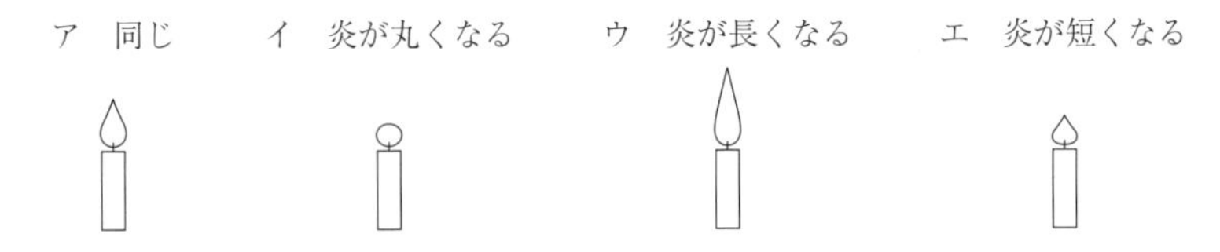

2 ≪比熱≫　ものが熱を受け取るとあたたまる（温度が上がる）。逆に，ものが熱を放出するとそのものは冷える（温度が下がる）。このときにやり取りする熱の量を「熱量」といい，その単位は「J（ジュール）」で表す。

例えば，アルミニウム1gの温度が1℃上がる（下がる）ときに，アルミニウムが受け取る（放出する）熱量は0.9Jである。また，この「あるもの1gの温度を1℃変化させるために必要な熱量」のことを「比熱」といい，アルミニウムの場合，その比熱の値は「0.9」ということになる。

次の表は様々なものの比熱の値を示したものである。後の各問いに答えなさい。　(同志社女中)

表．様々なものの比熱

アルミニウム	鉄	銅	銀	水
0.9	0.45	0.38	0.24	4.2

問1　水300gの温度を10℃上げるために必要な熱量は何Jか，答えなさい。(　　　J)

問2　25℃の鉄100gを熱して，温度を40℃にするために必要な熱量は何Jか，答えなさい。

(　　　J)

問3　様々なものの比熱について述べた次の文X，Yは正しいか，間違(ちが)っているか。その組み合わせとして，最も適当なものを後のア～エから一つ選び，記号で答えなさい。(　　　)

X．水は銅に比べてあたたまりやすく，冷えやすいといえる。

Y．アルミニウム1gの温度を10℃上げるために必要な熱量は，鉄2gの温度を5℃上げるために必要な熱量と等しい。

	X	Y
ア	正しい	正しい
イ	正しい	間違っている
ウ	間違っている	正しい
エ	間違っている	間違っている

問4　表中のある金属100gを用意し，温度を86℃にした。この金属を，26℃で150gの水の中に入れて，金属と水の温度が等しくなるまでしばらく待ち，温度を測ったところ，金属と水の温度は30℃になった。なお，熱のやり取りは金属と水の間だけで行われ，「金属が放出した熱量」と「水が受け取った熱量」は等しいものとする。

(1)「水が受け取った熱量」は何Jか，答えなさい。(　　　J)

(2) ある金属とは何か。最も適当なものを次のア～エから一つ選び，記号で答えなさい。

(　　　)

ア．アルミニウム　　イ．鉄　　ウ．銅　　エ．銀

問5　問4と同じ実験を表中のすべての金属で行った。このとき，金属を水の中に入れて全体の温度が等しくなったときの温度について述べた文として，最も適当なものを次のア～オから一つ選び，記号で答えなさい。(　　　)

ア．アルミニウムを使ったとき，温度が最も低くなった。

イ．鉄を使ったとき，温度が最も低くなった。

ウ．銅を使ったとき，温度が最も低くなった。

エ．銀を使ったとき，温度が最も低くなった。

オ．どの金属を使っても，すべて同じ温度になった。

問6　熱量を表す単位には「J」のほかに「cal（カロリー）」というものもある。1 cal は水 1 g の温度を 1 ℃変化させるために必要な熱量である。このことから，1 J は約何 cal といえるか。最も近い値を次のア～エから一つ選び，記号で答えなさい。(　　　)

ア．0.24　　イ．0.42　　ウ．2.4　　エ．4.2

3　**≪温度ともののの体積≫**　水は，加熱すると体積が変化します。図1は，－40 ℃～100 ℃の 1 g の水（氷も含む）の体積，図2は図1の一部分を拡大したものです。　**(神戸女学院中)**

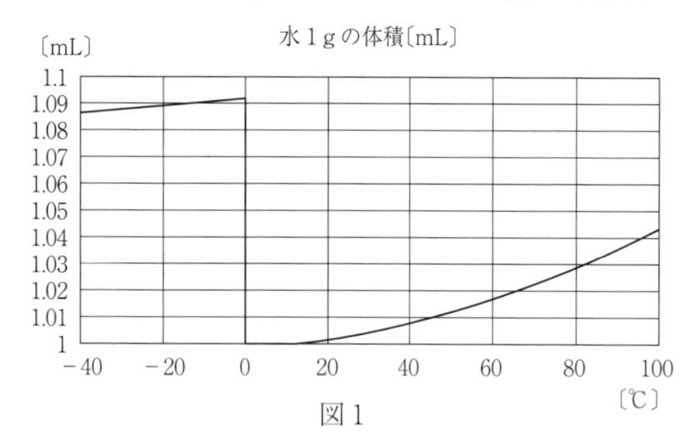

図1

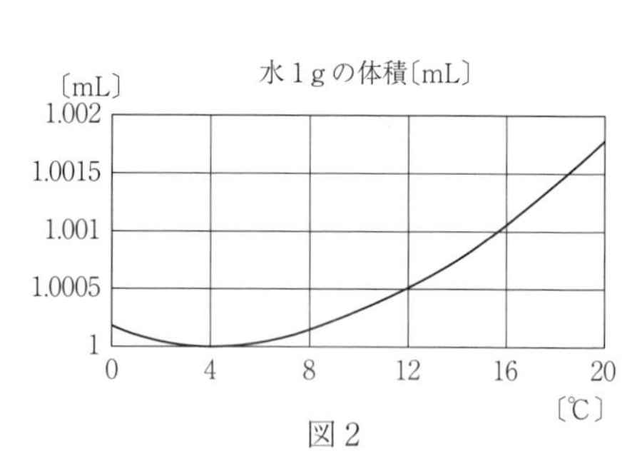

図2

(1)　水の 1 mL あたりの重さが最も大きいのは何℃のときですか。整数で答えなさい。(　　　℃)

(2)　0 ℃の氷がとけて 0 ℃の水になるとき体積はどうなりますか。次の①～③から適切なものを選び，答えなさい。(　　　)

①　大きくなる　　②　変わらない　　③　小さくなる

(3)　0 ℃の氷 1 mL の重さを求めなさい。ただし，グラフを小数第2位まで読み取って計算し，割り切れないときは四捨五入によって小数第3位まで答えなさい。その際の計算式も書きなさい。

(　　　g)(式　　　　　　　　　　)

(4)　10 ℃の水を図3のような熱を伝えない容器に入れて，ふたをせずに氷点下（0 ℃以下）に放置します。この水の温度が，こおる直前まで下がっていくとき，水の様子はどうなりますか。次の①～④から適切なものを選び，答えなさい。

(　　　)

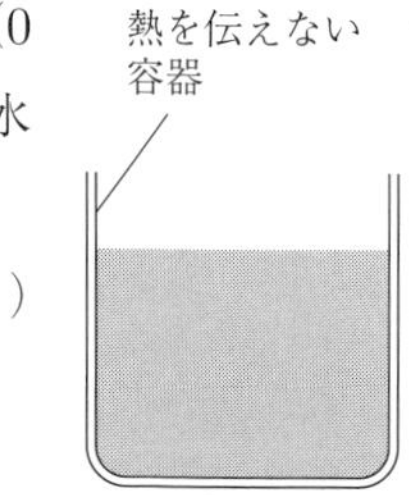

図3

①　水はずっと動いている。

②　最初は動いているが，途中で止まる。

③　最初は止まっているが，途中から動く。

④　水はずっと止まっている。

(5)　(4)の後，水はどこからこおり始めますか。(　　　　)

(6)　ある食用油の1mLあたりのおよその重さは，

1mLあたりのおよその重さ〔g〕＝0.935－温度〔℃〕÷500

で表されます。20℃のとき，この食用油1mLの重さを求めなさい。(　　　　g)

(7)　0℃の氷を0℃，20℃，40℃の食用油に入れた場合，氷は浮(う)かびますか，それとも沈(しず)みますか。浮かぶ場合は○，沈む場合は×を解答欄(らん)の表に書きなさい。ただし，氷がとける前の状態について答えなさい。

温度	0℃	20℃	40℃
氷			

(8)　0℃の液体の水，0℃の液体の油，0℃の氷を同じ容器に入れると，これらは下から上へどのような順番で並びますか。次の①～⑥から適切なものを選び，答えなさい。(　　　　)

①　0℃の水　0℃の氷　0℃の油　②　0℃の水　0℃の油　0℃の氷

③　0℃の氷　0℃の水　0℃の油　④　0℃の氷　0℃の油　0℃の水

⑤　0℃の油　0℃の水　0℃の氷　⑥　0℃の油　0℃の氷　0℃の水

(9)　(8)で入れる油の温度を変えると並ぶ順番がかわります。この変化は油の温度が何℃のところで起きますか。割り切れないときは四捨五入によって整数で答えなさい。(　　　　℃)

4　**≪温度とものの体積≫**　いろいろな金属の棒の温度を変えながら，その長さをはかったところ，次の表のような結果が得られました。　**(甲陽学院中)**

温度(℃)	－20	－5	0	10	25	30
金属Aの棒の長さ(cm)	99.960	99.990	100	①	100.050	100.060
金属Bの棒の長さ(cm)	149.880	②	150	150.060	150.150	150.180
金属Cの棒の長さ(cm)	39.976	39.994	40	40.012	③	40.036

問1　表の①～③に適当な数値を答えなさい。①(　　　　)　②(　　　　)　③(　　　　)

問2　温度0℃の金属Bの球（直径3cm）と金属Dの輪（内側の直径3.01cm）があり，これらをアルコールランプで加熱します。このとき，金属Bの球の直径は表と同じ割合で増加し，金属Dの輪の内側の直径は温度が1℃上がるごとに0.00003cmずつ増加するものとします。

(1)　アルコールランプの使い方として適当でないものを次から2つ選び，記号で答えなさい。

(　　　　)(　　　　)

ア．ガラスにひびわれがないか調べる。

イ．アルコールを入れる量は容器の半分よりも少なくする。

ウ．しんの火をつける部分の長さは5mmくらいにする。

エ．火をつけるとき，火は横から近づけるようにする。

オ．火を消すとき，ふたは真上からかぶせる。

カ．火を消した後，一度ふたをとり，冷えてからもう一度ふたをし直す。

(2) 金属Bの球だけを加熱すると，温度が何℃になったとき，直径が3.01cmになりますか。小数第1位を四捨五入し，整数で答えなさい。(　　　℃)

(3) 金属Bの球と金属Dの輪の温度が常に同じになるようにともに加熱すると，金属Bの球が金属Dの輪を通るのは何℃までですか。整数で答えなさい。(　　　℃)

問3　温度0℃のときに正しい長さを示す金属Aの定規と金属Bの定規があります。温度20℃のときに金属Cの棒の長さを金属Aの定規ではかると，目盛りは50cmを示していました。

(1) 温度20℃のとき，金属Aの定規の目盛り1cmの正しい長さは何cmですか。(　　　cm)

(2) 温度20℃のときの金属Cの棒の正しい長さは何cmですか。(　　　cm)

(3) 温度20℃のときに金属Cの棒の長さを金属Bの定規ではかると，目盛りは何cmを示しますか。小数第3位を四捨五入し，小数第2位まで答えなさい。(　　　cm)

5 ≪温度とものの体積≫　次の文章を読み，以下の問いに答えなさい。　(洛星中)

太郎君と次郎君は次のような実験を行い，その実験結果から以下のように話をしました。

【実験Ⅰ】 断面が半径1mmの円形で太さが一様な鉄の棒(ぼう)を温度が調節できる炉(ろ)の中に入れて，この鉄の棒がある温度になったときの長さをはかりました。その測定結果は表1のようになりました。

表1

棒の温度	0℃	5℃	20℃	80℃	150℃	300℃
鉄の棒の長さ	1000.00mm	1000.06mm	1000.24mm	1000.96mm	1001.80mm	1003.60mm

太郎：この実験からまず温度を高くすると鉄は膨張(ぼうちょう)することがわかるね。

次郎：この鉄の棒は10℃上げると（　ア　）mm伸(の)びると計算できるね。だから100℃のときのこの棒の長さは（　イ　）mmになるはずだね。

太郎：まあ，100℃でその程度の長さしか伸びないのだから大きな変化とは言えないね。でも電車のレールの継ぎ目には見てわかるほどの大きさの隙間(すきま)があけてあるって教科書に写真が載(の)っていたけど，本当にその必要はあるのかな。

次郎：この実験では長さ1m程度の鉄の棒を使ったけど，もっと長い鉄の棒で同じ実験をすると棒の伸びる長さは大きくなるんじゃないかな。

太郎：そうか，もとの長さによって伸びる長さは変化するんだね。

次郎：そうなんだよ。この前，本で読んだところによると，0℃での長さが2倍のものなら，同じ温度上昇で伸びる長さも2倍になるらしいよ。直方体のものは温度を高くすると，たて，横，長さのどの方向にも同じ比率で伸びるはずだよね。だから，実験Ⅰで鉄は半径の方向にも膨張して伸びているはずだよね。つまり，半径が2倍の鉄の棒で同じ実験をすると（　ウ　）だね。

太郎：なるほど。じゃあ電車のレールほどの長さになると，氷点下に冷えた状態と炎天下(えんてんか)で熱せられた状態では長さが大きく変わってくるのかな。例えば0℃で長さ25m，断面積50cm^{2}の鉄製のレールが炎天下で60℃まで熱せられたら（ エ ）mm伸びるのだから，やっぱり目に見えるほどの隙間を開けておかないとだめだね。つまり，ある温度での鉄の棒の長さは（ オ ）という形の式にそれぞれの値をあてはめると求められるね。

次郎：そうだね。その式は前に本で見たことがあるよ。その式で膨張する割合を表す0.000012の値を線膨張率（せんぼうちょうりつ）というらしいよ。その本にはある温度での鉄の棒の体積についても（ オ ）の式と同じような形の式で表すことができるって書いてあったよ。たしか，（ オ ）の式の「ある温度での鉄の棒の長さ」を「ある温度での鉄の棒の体積」にかえて，「0℃での長さ」を「0℃での体積」にかえて，線膨張率を表す「0.000012」を体積の膨張する割合を表す値にかえた式で表すことができるって書いてあったよ。その体積の膨張する割合を表す値を体膨張率（たいぼうちょうりつ）というらしいよ。

太郎：じゃあ同じ種類の金属なら，体膨張率は線膨張率と同じ値になるのかな。

次郎：（ カ ）って書いてあったよ。また，金属の種類がちがっても膨張率の値が変わるだけで，同じように膨張することは本で読んだことがあるね。

問1　文章中の（ ア ），（ イ ）にあてはまる数値をそれぞれ答えなさい。

(ア)(　　　)　(イ)(　　　)

問2　文章中の（ ウ ）にあてはまる文として正しいものを以下の1～4から一つ選び，番号で答えなさい。(　　　)

1．実験Ⅰより棒の太さの変化量が大きくなり，同じ温度変化での長さの変化量は2倍になるはず
2．実験Ⅰより棒の太さの変化量が大きくなり，同じ温度変化での長さの変化量は0.5倍になるはず
3．実験Ⅰより棒の太さの変化量が大きくなるだけで，同じ温度変化での長さの変化量は同じになるはず
4．実験Ⅰと棒の太さの変化量は同じなので，同じ温度変化での長さの変化量は同じになるはず

問3　文章中の（ エ ）にあてはまる数値を答えなさい。(　　　)

問4　文章中の（ オ ）にあてはまる式として正しいものを以下の1～4から一つ選び，番号で答えなさい。(　　　)

1．(ある温度での鉄の棒の長さ)＝(0℃での長さ)＋{1 ＋ 0.000012 ×(ある温度)}
2．(ある温度での鉄の棒の長さ)＝(0℃での長さ)＋ 0.000012 ×(0℃での半径)×(ある温度)
3．(ある温度での鉄の棒の長さ)＝(0℃での長さ)×{1 ＋ 0.000012 ×(ある温度)}
4．(ある温度での鉄の棒の長さ)＝(0℃での長さ)×{0.000012 ×(ある温度)÷(0℃での半径)}

問5　文章中の（ カ ）にあてはまる文として正しいものを以下の1～5から一つ選び，番号で答えなさい。(　　　)

1．そのとおり。体膨張率は線膨張率と同じ値になる
2．長さと半径が反比例するのだから，体膨張率は線膨張率より小さな値になる
3．長さと半径がそれぞれ同じ割合で膨張するのだから，体膨張率は線膨張率より大きな値になる
4．長さの方が半径に比べて大きく膨張するのだから，体膨張率は線膨張率より小さな値になる
5．半径の方が長さに比べて大きく膨張するのだから，体膨張率は線膨張率より大きな値になる

問6　0℃での長さが2m，断面が半径20mmの円形の太さが一様なアルミニウムの棒を100℃に温めると長さは何mmになりますか。アルミニウムの線膨張率を0.000024として計算しなさい。

（　　　mm）

問7　0℃で同じ長さの断面積60cm^{2}の鉄製のレールを12mmの隙間をあけて長さ方向に並べます。炎天下で50℃に熱せられても膨張によってレールどうしが押(お)し合って曲がったりせず安全に電車が走行するためには，0℃でのレールの長さは何mより短くなければなりませんか。

（　　　m）

6　≪もののあたたまり方総合≫　次の文章を読み，問1～問7に答えなさい。　（清風南海中）

ガスバーナーを使って，氷の入ったビーカーを一定の火力で加熱して，温度変化を調べる実験をしました。図1は，加熱時間とビーカー内の温度をグラフにまとめたものです。

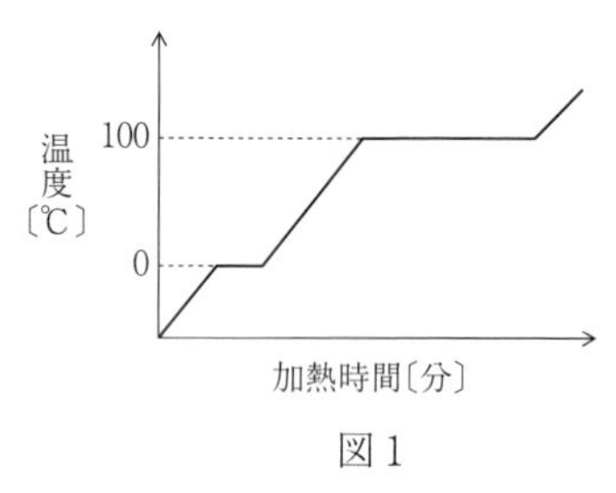

図1

加熱後しばらくすると，氷はとけはじめ，すべてが水へと変化する現象が観察されました。さらに加熱を続けていくと，はじめは小さな泡(あわ)がでてきて，さらには大きな泡が（ あ ）から出てくる現象が観察されました。このように，氷や水の温度が変化したのは，熱が与(あた)えられたからです。この量を熱量といい，J（ジュール）という単位で表されます。水1gの温度を1℃上げるのに必要な熱量は4.2Jです。

問1　図1の0℃のとき，ビーカー内にある水のすがたとして考えられるものを，次のア～ウの中からすべて選び，記号で答えなさい。（　　　）

ア　氷　　イ　水　　ウ　水蒸気(すいじょうき)

問2　文章中の（ あ ）に入る語句として最も適しているものを，次のア～ウの中から1つ選び，記号で答えなさい。（　　　）

ア　ビーカーの底　　イ　ビーカーの側面　　ウ　水面付近

問3　25℃で200gの水を30℃で200gの水にするには，熱量は何J必要か求めなさい。熱量は水の温度変化のみに使われるとします。（　　　J）

温度の異(こと)なるものを混ぜると，高温のものは熱を放出して温度は下がり，低温のものは熱を吸収(きゅうしゅう)して温度は上がります。このとき，放出される熱量と吸収される熱量は等しくなります。

問4　10℃で100gの水と70℃で50gの水を混ぜると，やがて均一の温度になりました。熱量は水の温度変化のみに使われるとして，この温度を求めなさい。（　　　℃）

身のまわりのものは温度によって，固体や液体，気体へとすがたを変えます。温度を上げていったときに，固体が液体になる温度を融点(ゆうてん)，液体が気体になる温度を沸点(ふってん)といいます。表1は，ものA～Dの融点と沸点を示したものです。

表1

もの	融点〔℃〕	沸点〔℃〕
A	44	281
B	39	688
C	98	883
D	113	445

問5　ものAが20℃のときのすがたを，次のア～ウの中から1つ選び，記号で答えなさい。

（　　）

ア　固体　　イ　液体　　ウ　気体

問6　同じ重さのものAとDの温度を，図1の氷のときと同じようにガスバーナーを使って，それぞれ20℃から100℃まで上げていきました。その間の加熱時間と温度の関係を表したグラフとして最も適しているものを，次のア～オの中からそれぞれ1つずつ選び，記号で答えなさい。

A（　　）　D（　　）

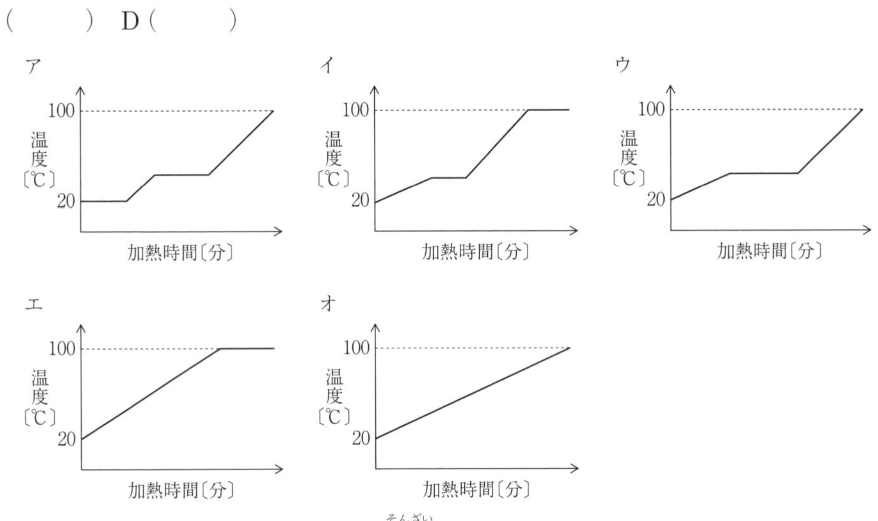

問7　ものA～Dがすべて液体のすがたで存在（そんざい）する温度を，次のア～オの中から**すべて**選び，記号で答えなさい。（　　）

ア　69℃　　イ　122℃　　ウ　267℃　　エ　332℃　　オ　424℃

7　**≪もののあたたまり方総合≫**　試験管に入れた水を冷やして，水の温度変化と水のようすを調べました。その結果，冷やした時間と水の温度の関係は図1のようになりました。　**（灘中）**

問1　水がこおりはじめる（試験管内に固体が生じはじめる）のは，図1の点A～Eのいずれの点か，記号で答えなさい。

（　　）

図1

問2　点Cでの試験管内の水のすがたを答えなさい。（　　　　）

次に，試験管に食塩水を入れ，水と同じように冷やしたときの温度変化とそのようすを調べました。食塩水について，水20gに溶（と）かす食塩の量を変えて，4種類の異なる水溶（よう）液を用意し，それぞれについてこおりはじめる温度を調べると，表のような結果になりました。

水20gに溶かした食塩の重さ(g)	0.5	1.0	1.5	2.0
水溶液がこおりはじめる温度（℃）	－1.6	－3.2	－4.8	－6.4

また，食塩0.5gを溶かした水溶液について，こおりはじめてから図1の点Cにあたるところまで実験を続けると，水溶液の温度は図2のように変化しました。

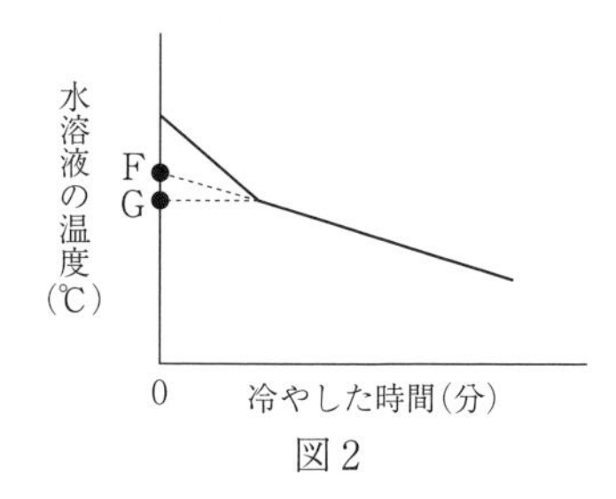

図2

問3　水100gに食塩6gを溶かした水溶液を冷やしたとき，何℃でこおりはじめますか。（　　　℃）

問4　図2で，こおりはじめる温度の－1.6℃は点F，Gのいずれの点の値か，記号で答えなさい。（　　　）

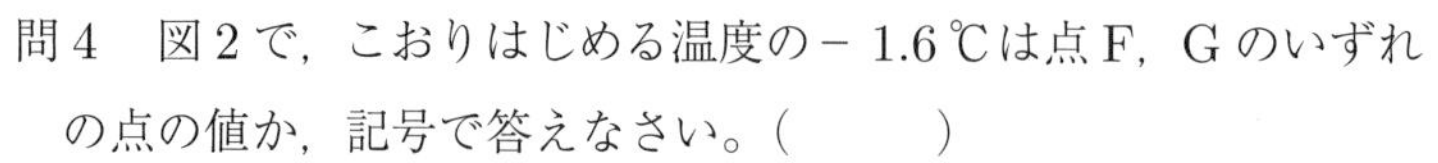

問5　図2から，水溶液がこおりはじめてから試験管内で何が起こっていると考えられますか。次のア～ウから選び記号で答えなさい。（　　　）

ア　水と食塩が混ざった，食塩水がこおっている。　　イ　水だけがこおっている。

ウ　食塩だけが固体となって出てきている。

問6　水20gに食塩0.5gを溶かした水溶液を－5℃まで冷やしたとき，試験管内に固体は何g生じていますか。（　　　g）

5 ものの燃え方と気体の性質

きんきの中入 発展編

1 ≪金属≫ アルミニウム，マグネシウム，銅の粉を燃焼(ねんしょう)させると，一定量の酸素と結びつき，それぞれ酸化アルミニウム，酸化マグネシウム，酸化銅とよばれる「酸化物」になる。下のグラフは，それぞれの金属の重さを変えて燃焼させたときの実験結果を示している。これについて，後の各問いに答えなさい。 (金蘭千里中)

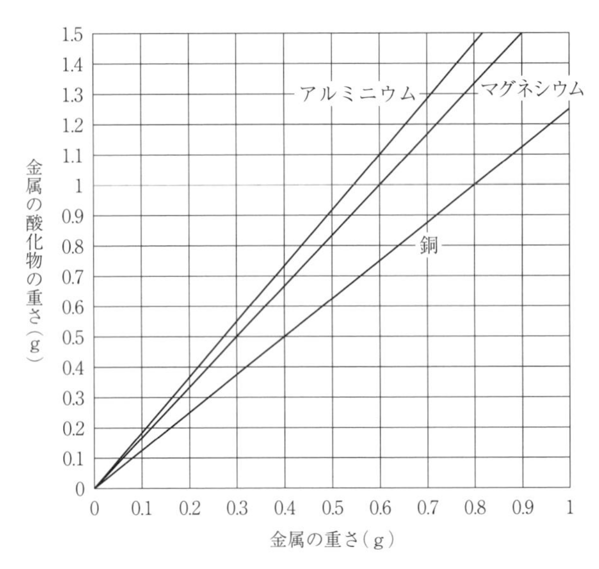

(1) アルミニウムの性質について，正しいものを次のア～オから1つ選び，記号で答えなさい。

( )

ア．磁石にくっつく。　イ．電気を流さない。　ウ．熱を伝えにくい。

エ．水酸化ナトリウム水溶(よう)液に溶(と)ける。　オ．5円玉にふくまれる。

(2) 1.2gのアルミニウムと結びつく酸素の重さは何gですか。(g)

(3) 酸化アルミニウムにふくまれるアルミニウムと酸素の重さの比を最も簡単な整数比で答えなさい。アルミニウム：酸素＝(：)

(4) 一定量の酸素と結びつくアルミニウムと銅の重さの比を最も簡単な整数比で答えなさい。

アルミニウム：銅＝(：)

(5) 6gのマグネシウムに，アルミニウムと銅を加え，均一に混ぜ合わせたもの（混合物）を用意した。この混合物を2等分し，一方を燃焼し，酸素と十分に結びつけると重さは21gになった。また，残りのもう一方を十分な量の塩酸に溶かせるだけ溶かし，溶けずに残った固体の重さをはかると4gであった。2等分する前の混合物中にふくまれるアルミニウムの重さは何gですか。

(g)

2 ≪金属≫ 空気のあるところで銅を加熱して変化させる実験を，次に示した実験1～実験4のように条件を変えて行いました。これについて後の問1～問3に答えなさい。 (洛星中)

（実験１）　丸底フラスコに銅の粉 0.4g を入れて密閉し，ある時間ガスバーナーで加熱したところ銅は全て別のものに変化した。加熱をやめてフラスコの中にある固体を取り出し重さを量ったところ 0.5g であった。重さを量った後それを全て再びフラスコに入れて同じように加熱しても，その重さは増えなかった。

（実験２）　実験１で用いたものと同じ容積のフラスコに銅の粉 0.2g を入れて密閉し，ある時間ガスバーナーで加熱した後，加熱をやめてフラスコの中にある固体を取り出し重さを量ったところ（　A　）g であった。重さを量った後それを全て再びフラスコに入れて同じように加熱しても，その重さは増えなかった。

（実験３）　実験１で用いたものの２倍の容積のフラスコに銅の粉 0.4g を入れて密閉し，ある時間ガスバーナーで加熱した後，加熱をやめてフラスコの中にある固体を取り出し重さを量ったところ（　B　）g であった。重さを量った後それを全て再びフラスコに入れて同じように加熱しても，その重さは増えなかった。

（実験４）　実験１で用いたものより容積の小さいフラスコを２つ用意し，それぞれに銅の粉 0.5g を入れて密閉し，一方は実験１の初めの加熱と同じ時間，もう一方はその倍の時間加熱した。それぞれ加熱をやめてフラスコの中にある固体を取り出し重さを量ったところ，どちらも 0.6g であった。

これらの実験で見られる銅の変化は，銅が空気中の酸素と結びついて別のものになったと説明されています。

問１　酸素は空気中に何％ふくまれるか，次の あ～え から最も近い数値を１つ選び，記号で答えなさい。(　　　)

あ　80％　　い　20％　　う　4％　　え　0.04％

問２　文中の（　A　），（　B　）に当てはまる数値をそれぞれ答えなさい。

A (　　　)　B (　　　)

問３　実験４での加熱前のフラスコ内の酸素の量について正しいものを次の あ～う から１つ選び，記号で答えなさい。(　　　)

あ　フラスコ内の銅を全て変化させられる量より多かった。

い　フラスコ内の銅を全て変化させるのに過不足ない量であった。

う　フラスコ内の銅を全て変化させられる量より少なかった。

３　≪気体≫　次の文と【実験１】～【実験３】の結果から，以下の問いに答えなさい。　（高槻中）

家庭で使われている燃料には，メタンを主成分とする天然ガスやプロパンを主成分とする LP ガスがあります。家庭ではそれらの燃料を燃やしたときに発生する熱を，暖房（ぼう）や調理などに利用しています。

メタンやプロパンは，炭素と水素という成分からできているので炭化水素と呼ばれています。炭化水素を酸素と過不足なく燃やすと液体の水とある気体Ａの２種類の物質ができます。

メタンとプロパンを燃やすときに，過不足なく必要な酸素の量を調べるために，次の【実験１】～【実験３】を行いました。

【実験１】 メタンと酸素，プロパンと酸素を混ぜた気体を，それぞれちがう容器に入れて燃やした。

【実験２】 容器の温度が25 ℃になるまで待ってから，容器の中に石灰水を入れて，気体Aをとかしたところ，石灰水が白くにごった。

【実験３】 【実験２】のあと，容器の中に残っている気体の体積をはかった。

〔実験結果〕

メタンと酸素，プロパンと酸素の体積をそれぞれ変えて【実験１】～【実験３】を行ったところ，表１と表２の結果となりました。それぞれの数値は気体の体積〔L〕を表しています。ただし，体積は温度と圧力を同じにしてはかっています。また，メタンもプロパンも燃やすと，すべての場合で液体の水と気体A以外の物質はできなかったものとします。

表１

メタンの体積〔L〕	1	2	3
酸素の体積〔L〕	4	5	10
残った気体の体積〔L〕	2	1	4

表２

プロパンの体積〔L〕	1	2	3
酸素の体積〔L〕	4	5	10
残った気体の体積〔L〕	0.2	1	1

問１ 気体Aは何ですか。漢字で答えなさい。(　　　)

問２ メタン５Lと酸素９Lを混ぜて，【実験１】～【実験３】を行ったとき，容器に残った気体は何ですか。また，その気体は何L残っていますか。小数第１位まで答えなさい。

残った気体(　　　)(　　　L)

問３ プロパンを酸素と過不足なく燃やすためには，プロパンと酸素の体積をどのような比で混ぜればよいですか。最も簡単な整数比で答えなさい。プロパン：酸素＝(　　：　　)

問４ 同じ体積のメタンとプロパンを酸素と過不足なく燃やすとき，メタンが必要とする酸素の体積は，プロパンが必要とする酸素の体積の何倍ですか。小数第１位まで答えなさい。(　　　倍)

問５ メタンとプロパンが合わせて50cm^{3}の気体をすべて燃やすために酸素が184cm^{3}必要でした。メタンとプロパンの体積比を最も簡単な整数比で答えなさい。

メタン：プロパン＝(　　：　　)

問６ 天然ガスやLPガスを利用している家庭では，ガスもれによる事故を防ぐためにガスもれ警報器を取り付けることがあります。天然ガスを利用する家庭では，ガスもれ警報器を天井(じょう)近くに取りつけ，LPガスを利用する家庭では床近くの壁に取りつけます。ガスもれ警報器を取りつける位置のちがいからわかるメタンとプロパンの性質のちがいを，25字以上35字以内で説明しなさい。

4 ≪気体の性質≫ 文章を読み，以下の問いに答えなさい。 (関西大倉中)

気体の性質を調べるために，５つの気体（酸素・アンモニア・塩素・二酸化炭素・ちっ素）を発生させ，それぞれ集気びんの中に集めました。しかし，その集気びんに何を集めたかを忘れてしまい，A，B，C，D，Eのラベルを付けました。そして，それぞれの気体が何かを調べるために下の実験を行いました。

実験①：しめった青色リトマス試験紙を集気びんAの中に入れる。

結果①：Aの気体は黄緑色で，集気びんの中ではリトマス紙の色が変わった。

実験②：緑色のBTBよう液をB，Dの集気びんの中に入れる。

結果②：BのBTBよう液の色は黄色に変わり，DのBTBよう液の色は青色に変わった。

実験③：Cの集気びんに火のついた線香を入れる。

結果③：線香の火が大きくなった。

問1　A，C，Eの集気びんに集めた気体の名前をそれぞれ答えなさい。

A（　　　）C（　　　）E（　　　）

問2　Bの集気びんに集めた気体を発生させる方法として適切なものを次のア～エの中から1つ選び，記号で答えなさい。（　　　）

ア　塩化アンモニウムと水酸化カルシウムを混ぜて加熱する。

イ　二酸化マンガンにオキシドール（うすい過酸化水素水）を加える。

ウ　亜鉛(あえん)にうすい塩酸を加える。

エ　石灰石にうすい塩酸を加える。

問3　A，B，C，D，Eの集気びんに集めた気体の中で，上方置換(ちかん)で集めることに適したものをA～Eから1つ選び，記号で答えなさい。（　　　）

5　**≪気体の性質≫**　おふろやトイレ用の洗剤(ざい)には，「まぜるな危険！」と書かれたものがあります。これらの洗剤は「塩素系洗剤」と「酸性洗剤」の2種類に分類され，それら2種類の洗剤が混ざると，「塩素」という人体に有害な気体が発生します。塩素および他の気体について，以下の各問いに答えなさい。　　　　**（大谷中－大阪－）**

(1)　塩素は，黄緑色の気体です。色がある（無色ではない）気体を，次のア～エから1つ選び記号で答えなさい。ただし，あてはまるものがない場合は「なし」と答えなさい。（　　　）

ア．酸素　　イ．水素　　ウ．二酸化炭素　　エ．アンモニア

(2)　塩素は，プールの水のようなにおいのある気体です。においのある気体を，次のア～オから1つ選び記号で答えなさい。ただし，あてはまるものがない場合は「なし」と答えなさい。（　　　）

ア．酸素　　イ．水素　　ウ．ちっ素　　エ．二酸化炭素　　オ．アンモニア

(3)　塩素は，水にとけやすく，空気よりも重い気体です。塩素を発生させる実験を行ったとき，塩素を集める方法を表した図として最も適切なものを，次のア～ウから1つ選び記号で答えなさい。また，その方法の名前を答えなさい。図（　　　）　方法（　　　）

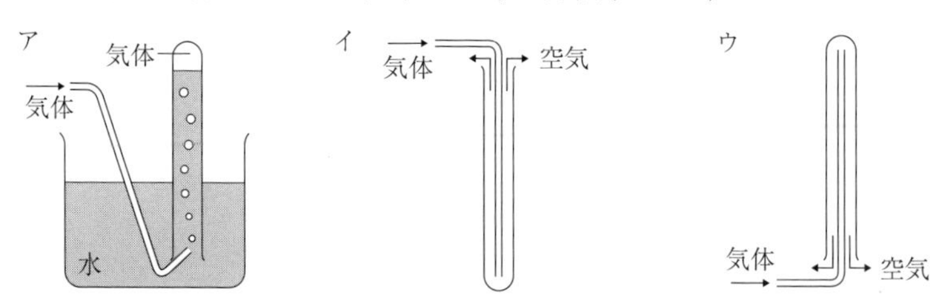

(4)　塩素は人体に有害な気体ですが，消毒効果があるため，水道水やプールの水の消毒に用いられています。気体の利用に関する次の文章のうち，まちがいをふくむものを，次のア～エから1つ選び記号で答えなさい。（　　　）

ア．水素は燃えても二酸化炭素を出さず，次世代エネルギー源として期待されている

イ．ちっ素は空気中に最も多くふくまれる気体であり，食品をいたみにくくするため，おかしのふくろにつめる気体として用いられている

ウ．酸素にはものを燃やすはたらきがないため，消火器につめるガスに用いられている

エ．二酸化炭素は強く冷やすとドライアイスとよばれる固体になり，保冷剤に用いられている

6 ≪気体の性質≫　各問いに答えなさい。　（須磨学園中）

物質は「原子」と呼ばれる非常に小さい粒子（りゅうし）からできています。原子は約120種類あり，その中には，2016年に森田浩介（こうすけ）らによって発表された（ ア ）があります。原子には，（表1）のように，ひとつひとつ固有の名前とアルファベットが決められています。

原子を組み合わせることで非常に多くの種類の物質を作ることができます。これは，複数の原子が，お互（たが）いの「手」を出し合って結びつくからです。（表1）に，それぞれの原子から出ている手の本数を表しました。物質を作る場合，基本的に，すべての原子の，すべての手を使うことになります。このため，手が余ることはありません。

例えば，水素という物質は，水素原子2個からなり，（図1）のように，互いの手を取り合うことで結びつきます。このような結びつきを「単結合」といいます。また，酸素という物質は，酸素原子2個からなり，（図2）のように結びつき，このような結びつきを「二重結合」といいます。

炭素原子3個，水素原子8個からなる物質には，（図3—A）～（図3—C）のように3種類の結びつきの方法があるように見えます。しかし，いずれの結びつきも炭素原子3個を矢印の方向に一続き（ひと）でなぞることができるため，すべて同じ物質とみなします。したがって，炭素原子3個，水素原子8個からなる物質は，1種類しかないことになります。同じように考えると，炭素原子4個，水素原子10個からなる物質には，（図4）のように2種類あることがわかります。

（表1）

原子の名前	アルファベット	手の本数
水素原子	H	1
炭素原子	C	4
酸素原子	O	2
ちっ素原子	N	3

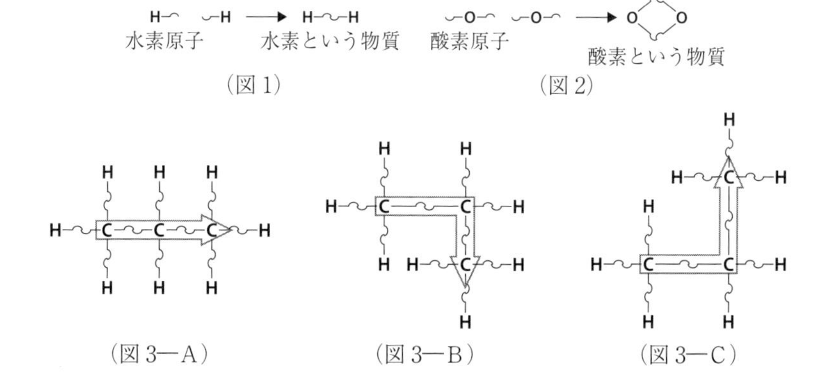

（図1）　（図2）

（図3—A）　（図3—B）　（図3—C）

（図4）

問1　空らん（ ア ）にあてはまる語句を答えなさい。（　　　）

問2　水は，水素原子2個と酸素原子1個からなる物質です。どのように結びついていると考えられますか。（図1）や（図2）にしたがって描（か）きなさい。

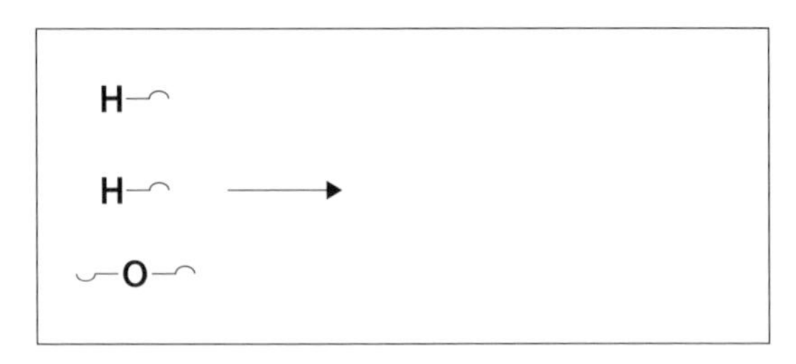

問3　（表2）は，①～④の物質が，どのような原子からできているかを表したものです。物質中に二重結合をもつものを①～④より<u>すべて</u>選び，記号で答えなさい。（　　　）

（表2）

物質	水素原子	炭素原子	酸素原子	ちっ素原子
①　メタン	4個	1個	0個	0個
②　アンモニア	3個	0個	0個	1個
③　二酸化炭素	0個	1個	2個	0個
④　過酸化水素	2個	0個	2個	0個

問4　（表2）の物質①～④のうち，物質中にもつ単結合の数が等しいものを<u>すべて</u>選び，①～④の記号で答えなさい。（　　　）

問5　炭素原子5個，水素原子12個からなる物質は全部で何種類あるか答えなさい。（　　　種類）

問6　炭素原子100個が単結合のみで横につながった物質があります。この物質には最大で何個の水素原子を結びつけることができますか。ただし，この物質は炭素原子と水素原子のみからなる物質とします。（　　　個）

7　**≪ものの燃え方総合≫**　空気中でいろいろなものを燃やす実験1～4をしました。あとの問いに答えなさい。ただし，表中の二重線の上には燃やす前のものの重さと，燃やすときに使われた空気中の酸素の重さを，二重線の下には燃やした後にできたものの重さを表しています。（智辯学園和歌山中）

実験1　いろいろな重さの粉の炭素をすべて燃やした。

粉の炭素を燃やすと，空気中の酸素と結びついて，二酸化炭素ができた。

炭素と結びついた空気中の酸素の重さと，でき

表1

炭素（g）	0.3	0.6	0.9
酸素（g）	0.8	1.6	（ ア ）
二酸化炭素（g）	1.1	2.2	3.3

た二酸化炭素の重さを調べた。表1はその結果を表している。この結果から，炭素の重さ，結びついた酸素の重さ，できた二酸化炭素の重さの比はつねに同じになることがわかった。

実験2　いろいろな重さの気体の水素をすべて燃やした。気体の水素を燃やすと，空気中の酸素と結びついて，水ができた。

水素と結びついた空気中の酸素の重さと，できた水の重さを調べた。表2はその結果を表している。この結果から，水素の重さ，結びついた酸素の重さ，できた水の重さの比はつねに同じになることがわかった。

表2

水素(g)	0.1	0.2	0.3
酸素(g)	0.8	1.6	2.4
水(g)	0.9	1.8	(イ)

問1　表1の（ ア ）と表2の（ イ ）にあてはまる数字はそれぞれ何ですか。

ア(　　　)　イ(　　　)

わたしたちの身の回りにはプラスチックでできた製品がいろいろあります。ペットボトル容器はプラスチックでできていますが，図のようにフタの部分と本体の部分はちがう種類のプラスチックです。フタの部分はポリプロピレン（PPと呼ぶことにします），本体の部分はポリエチレンテレフタラート（PETと呼ぶことにします）というプラスチックでそれぞれできています。PPとPETは，どちらもすべて燃やすと二酸化炭素と水だけができます。

図

問2　プラスチックでできた製品はどれですか。次の(あ)～(え)から1つ選び，記号で答えなさい。

(　　　)

(あ)　ガラスのコップ　(い)　発泡(はっぽう)スチロールの食品トレイ　(う)　ティッシュペーパー

(え)　えんぴつのしん

実験3　いろいろな重さのPPをすべて燃やした。PPと結びついた空気中の酸素の重さと，できた二酸化炭素の重さと水の重さを調べた。表3はその結果を表している。

表3

PP (g)	1.4	2.8	4.2
酸素(g)	4.8	9.6	14.4
二酸化炭素(g)	4.4	8.8	13.2
水(g)	1.8	3.6	5.4

問3　実験3の結果から，PPをすべて燃やすと，PPの重さ，結びついた空気中の酸素の重さ，できた二酸化炭素の重さ，水の重さの比はつねに次のようになっていることがわかります。（ ウ ），（ エ ）にあてはまる数字は何ですか。

ウ(　　　)　エ(　　　)

PP：酸素：二酸化炭素：水＝7：24：（ ウ ）：（ エ ）

問4　ガラス容器に酸素96gとPP21gだけを入れて密閉しました。ガラス容器内でPPを燃やすと，PPはすべて二酸化炭素と水になりました。ガラス容器に残った酸素で，あと何gのPPを燃やすことができますか。(　　　g)

問5　次の文は実験3の結果から考えたものです。文中の(オ)～(ク)にあてはまる数字は何ですか。オ(　　　)　カ(　　　)　キ(　　　)　ク(　　　)

PP 1.4gを燃やすと二酸化炭素が4.4gできた。できた二酸化炭素4.4gと同じ量の二酸化炭素を，粉の炭素と酸素だけから作るためには，表１から粉の炭素（ オ ）g と酸素（ カ ）g が必要である。つまり，PP 1.4g には粉の炭素（ オ ）g と同じ役割をするものが同じ量だけふくまれていることがわかる。これを炭素分（たんそぶん）と呼ぶことにする。

同じように考えると，PP 1.4g を燃やしてできた水 1.8g と同じ量の水を，気体の水素と酸素だけから作るためには，表２から気体の水素（ キ ）g と酸素（ ク ）g が必要である。つまり，PP 1.4g には気体の水素（ キ ）g と同じ役割をするものが同じ量だけふくまれていることがわかる。これを水素分（すいそぶん）と呼ぶことにする。

よって，PP 1.4g には炭素分（ オ ）g と水素分（ キ ）g がふくまれているといえる。

問６　PP 4.9g にふくまれている炭素分と水素分はそれぞれ何 g ですか。

炭素分（　　　g）　水素分（　　　g）

実験４　PET 2.4g をすべて燃やすと，空気中の酸素 4 g と結びつき，二酸化炭素 5.5g と水 0.9g ができた。また，いろいろな重さの PET をすべて燃やしたところ，PET の重さ，結びついた空気中の酸素の重さ，できた二酸化炭素の重さ，水の重さの比は，PET 2.4g をすべて燃やしたときと同じだった。

問７　次の文は実験４の結果から考えたものです。文中の（ ケ ）～（ シ ）にあてはまる数字は何ですか。ケ（　　　）　コ（　　　）　サ（　　　）　シ（　　　）

PET 2.4g をすべて燃やすと二酸化炭素 5.5g と水 0.9g ができた。問５と同じように考えると，PET 2.4g には炭素分（ ケ ）g と水素分（ コ ）g がふくまれていることがわかる。二酸化炭素 5.5g と水 0.9g がどちらもできるためには，表１，表２から合わせて酸素（ サ ）g が必要だと考えられる。しかし，実際に結びついた空気中の酸素は 4 g であり，（ サ ）g よりも（ シ ）g 少ない。これは PET 2.4g には炭素分と水素分だけでなく，（ シ ）g 分の空気中の酸素と同じ役割をするものが同じ量だけふくまれていると考えることができる。これを酸素分（さんそぶん）と呼ぶことにする。よって，PET 2.4g には炭素分（ ケ ）g，水素分（ コ ）g，酸素分（ シ ）g がふくまれているといえる。

問８　空のペットボトル容器１本をすべて燃やしました。このペットボトル容器１本は PP 2.1g のフタと PET 21.6g の本体でできています。次の⑴，⑵の重さは何 g ですか。

⑴　空のペットボトル容器１本にふくまれている，酸素分の重さ（　　　g）

⑵　空のペットボトル容器１本をすべて燃やしてできた二酸化炭素の重さ（　　　g）

問９　PP と PET だけでできた容器をすべて燃やすと，二酸化炭素 46.2g と水 10.8g ができました。この容器の PP と PET の重さはそれぞれ何 g ですか。PP（　　　g）　PET（　　　g）

8　≪ものの燃え方総合≫　次の文を読み，以下の問いに答えなさい。　（西大和学園中）

一度使った使い捨てカイロ（以下，「カイロ」は全て使い捨てカイロを指す）を，振（ふ）っても温かくならないことに疑問をもった大和君は，先生と相談しながら，次のような実験を行いました。以下は，大和君と先生とのやりとりです。

大和君：先生，一度使ったカイロは，いくら一生懸（けん）命振っても二度と温かくならないですよね。なぜですか？

先　生：一度使ったカイロと未使用のカイロでは何がちがうのか，実験して確かめてみましょう！

【実験１】　未使用のカイロと，一度使って冷たくなったカイロに，磁石を近づけた。

大和君：未使用のカイロは，磁石にくっついたけど，一度使ったカイロはくっつきません！未使用のカイロには，［あ］が含(ふく)まれているのですね。一度使ったカイロの［あ］はどうなってしまったのですか？

先　生：一度使ったカイロの［あ］は別の物質に変わってしまったのです。では，もう１つ実験をしてみましょう。

【実験２】　温かくなったカイロを集気びんの中にはりつけて，図１のように水の入った水槽(そう)内に逆さに立てて固定し，１日放置した。

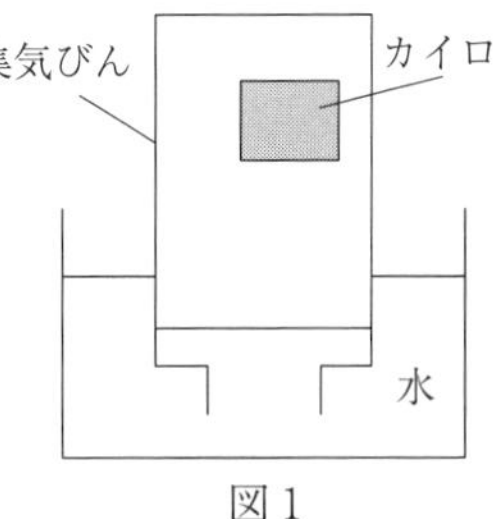

図１

〈次の日〉

大和君：昨日より，集気びんの中の水面が［い］いますね！集気びんの中の気体が，［あ］と結びついてなくなってしまったということでしょうか？何が［あ］と結びついたのですか？

先　生：集気びんの中の酸素と［あ］が結びついたのです。集気びんの中の酸素がなくなってしまったことを確かめるには，どのような実験をして，どのような結果が得られればよいでしょうか？

大和君：［う］実験をして，［え］という結果が得られればいいと思います。

先　生：そうですね。実はカイロは，酸素と［あ］が結びつくときに熱が発生することを利用したもので，酸素と［あ］が結びついてできた物質は，それ以上酸素と結びつかないので，一度使ったカイロは，もう二度と温かくならないのです。

大和君：そうなんですね。カイロは，どれくらいの熱を発生しているのですか？

先　生：カイロ１個の一般(ぱん)的な発熱量は約 5000cal（カロリー）です。カロリーとはエネルギーの単位で，1 cal の発熱量で，1 g の水を１℃上昇させることができます。では，カイロ１個で水 100g を，何℃上昇(しょう)させることができるでしょうか？

大和君：100g の水であれば，［お］℃上昇させることができると思います。そんなに熱が発生するのですか！

先　生：その通りです。ただし，5000cal というのは，10 時間以上かけて発生する熱量なので，たくさんのカイロを使っても，すぐにお湯をわかすことはできません。

大和君：そういえば，僕(ぼく)の家では※1プロパンガスを使っていますが，プロパンガスって，どれくらいの熱が発生するのですか？

先　生：気体のプロパンガス 1 m^3 を燃焼させると，だいたい 24000kcal の熱が発生しますよ。1 kcal が 1000cal だから，24000000cal ですね。

大和君：やっぱり，カイロとは全然ちがうのですね。母が，最近はガス代が高くて家計が苦しいといっていました。プロパンガスを使うことで，お風呂(ろ)をわかすのに，１回あたりいくらくらいかかるのでしょうか？やっぱり，※2都市ガスの方が安いのかな？

先　生：では，実際に計算してみましょうか！

※1プロパンガス，※2都市ガス…日本の多くの家庭で使われている2種類のガス。発熱量や供給方法，ガス料金などに差がある。

(1) [あ] に適する金属を漢字1文字で書きなさい。(　　　)

(2) [い] に適する言葉を次から一つ選び，記号で答えなさい。ただし，水は蒸発しなかったものとします。(　　　)

ア．あがって　　イ．さがって

(3) [う] に適する言葉を下のア～オから選び，[え] に入る実験結果を答えなさい。

う(　　　)　え(　　　　　　　　　)

ア．集気びんの中に水で湿(しめ)らせた青色リトマス紙を入れる

イ．集気びんの中の気体をBTB溶(よう)液に通す

ウ．集気びんの中に火のついたろうそくを入れる

エ．集気びんの中の気体を石灰水に通す

オ．集気びんの中の気体のにおいをかぐ

(4) カイロの発熱量が5000calで，温めているうちに水が冷めないとしたとき，[お] に適する数値を答えなさい。(　　　)

(5) 未使用のカイロの中身を丸底フラスコにすべて入れ，ゴム栓(せん)でふさいで密閉し，全体の重さを測定しました。このときの重さをA〔g〕とします。丸底フラスコを5分おきに軽く振り，30分してから全体の重さをはかりました。このときの重さをB〔g〕とします。ゴム栓をゆっくりとはずすと，丸底フラスコの中に空気が吸いこまれるのがわかりました。再びゴム栓でふさぎ，全体の重さをはかりました。このときの重さをC〔g〕とします。

A，B，Cの重さの関係はどのようになっていると考えられますか。例のように，不等号を用いて答えなさい。(　　　　　)

例：DよりEの方が重く，EとFは同じ重さの場合：D < E = F

気体のプロパンガス1m^3を燃焼させると，24000kcalの熱が発生しますが，※3熱効率は90％です。お風呂のお湯200Lをわかすとき，次の各問いに答えなさい。ただし，1kcal = 1000calとし，水は温度によらず1L = 1kg = 1000g，わかす前の水温を20℃，わかした後の水温を40℃とします。

※3熱効率…発生した熱のうち，温度上昇に使われる熱の量のこと。例えば，熱効率が90％というのは，1000kcalの熱が発生したときに，温度上昇に使われた熱が900kcalで，100kcalの熱は失われてしまったということ。

(6) お風呂のお湯をわかすために必要なプロパンガスは，何m^3ですか。小数第3位を四捨五入して小数第2位まで答えなさい。(　　　m^3)

(7) お風呂のお湯をわかすのに必要なプロパンガスを燃焼させるためには，空気は何m^3必要ですか。小数第2位を四捨五入して，小数第1位まで答えなさい。ただし，プロパンガス1Lを燃焼させるためには酸素が5L必要で，空気中には酸素が体積の割合で20％含まれているものとします。(　　　m^3)

(8) 都市ガス1m^3を燃焼させると，10750kcalの熱が発生しますが，熱効率は90％です。都市ガ

ス 1 m^3 あたりのガス代が 180 円，プロパンガス 1 m^3 あたりのガス代が 540 円としたとき，お風呂のお湯をわかすためには，どちらのガスを使った方がいくら安くなりますか。解答らんの都市ガス・プロパンガスのどちらかに〇をし，安くなるガス代は小数第 1 位を四捨五入して整数で答えなさい。（ 都市ガス・プロパンガス ）を使った方が（　　　）円安くなる。

プロパンガスと都市ガスのちがいについて調べた大和君は，それぞれのガスが燃焼するときに必要な酸素の量や，燃焼した後に出す二酸化炭素の量のちがいに興味を持ちました。以下は，大和君と先生とのやりとりです。これを読んで，以下の問いに答えなさい。

大和君：プロパンガスが燃えると，二酸化炭素ができますよね。他に，何かできるものはありますか？

先　生：水も同時にできますよ。プロパンガスには，プロパンのほかにもいろいろなものが含まれていますが，純粋（すい）な気体のプロパン 10L は，ちょうど 50L の酸素と反応します。そのとき，水は 32.2g できます。

大和君：二酸化炭素はどれくらいできますか？

先　生：燃える前のプロパンと酸素の重さの合計と，燃えた後にできた二酸化炭素と水の重さの合計は，等しくなります。ここから，計算してみてください。

大和君：プロパンと都市ガスでは，同じ量を燃やした時にできる二酸化炭素の量はどれくらいちがうのですか？

先　生：都市ガスは，主成分がメタンという気体です。メタン 10L は，ちょうど 20L の酸素と反応して，10L の二酸化炭素ができます。

大和君：それなら計算して比べることができそうです！でも，燃やした時にできる二酸化炭素の量がちがうし，発生する熱量もちがいますよね。お風呂をわかしたときに発生する二酸化炭素の量も，どちらが少ないか，計算してみようっと！

先　生：計算するときは，プロパン 1 m^3 を燃焼させたときに発生する熱量を 24000kcal，メタン 1 m^3 を燃焼させたときに発生する熱を 10750kcal として考えてみてください。

(9)　次の表は，プロパン，酸素，二酸化炭素の 10L の重さです。これをふまえて，次のうちから正しいものを一つ選び，記号で答えなさい。（　　　）

気体名	プロパン	酸素	二酸化炭素
気体 10L の重さ〔g〕	19.6	14.28	19.6

ア．プロパン 10L とメタン 10L をそれぞれ燃やしたとき，発生する二酸化炭素の量はプロパンの方が少ない。

イ．プロパンとメタンそれぞれを，ちょうど 10L の酸素と燃える分だけ燃やしたとき，発生する二酸化炭素の量はプロパンの方が少ない。

ウ．プロパンとメタンでそれぞれお風呂のお湯をわかすとき，メタンよりもプロパンの方が二酸化炭素が多く発生する。

エ．プロパンとメタンでそれぞれお風呂のお湯をわかすとき，プロパンよりもメタンの方が酸素が多く必要になる。

9　≪ものの燃え方総合≫　次の文章を読み，下の各問いに答えなさい。　(清風中)

純粋(じゅんすい)な(i)鉄は，自然界にはほとんど存在しません。自然界では，鉄は(ii)酸素と結びついて存在していることが多く，酸素と結びついている鉄を酸化鉄とよびます。酸化鉄を含(ふく)む石を鉄鉱石とよび，この鉄鉱石を主に炭素からできているコークスとよばれるものと一緒(いっしょ)に加熱して，鉄鉱石から鉄を取り出します。

実際に鉄鉱石から鉄を取り出す過程は複雑なので，簡単にして考えてみましょう。酸化鉄を炭素と一緒に加熱することで，酸化鉄の鉄から酸素が離(はな)れ，鉄が取り出されます。このとき，鉄から離れた酸素は炭素と結びついて二酸化炭素になります（図1）。ただし，この段階では，炭素は鉄から離れた酸素とのみ結びつくものとして考えます。

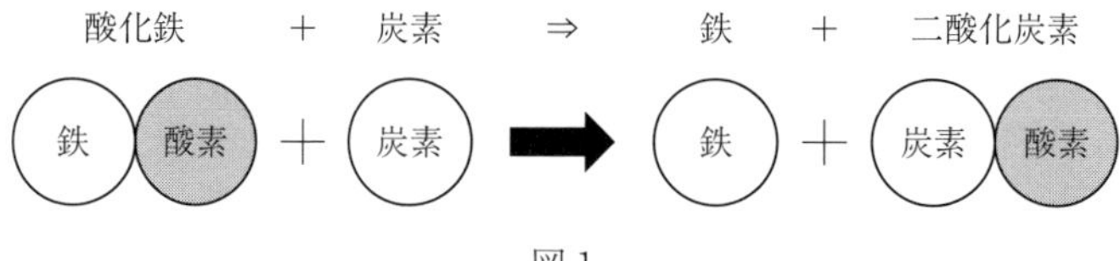

図1

また，図1の過程で炭素が残っている場合，その炭素はすべて空気中の酸素と結びついて二酸化炭素になるものとします（図2）。

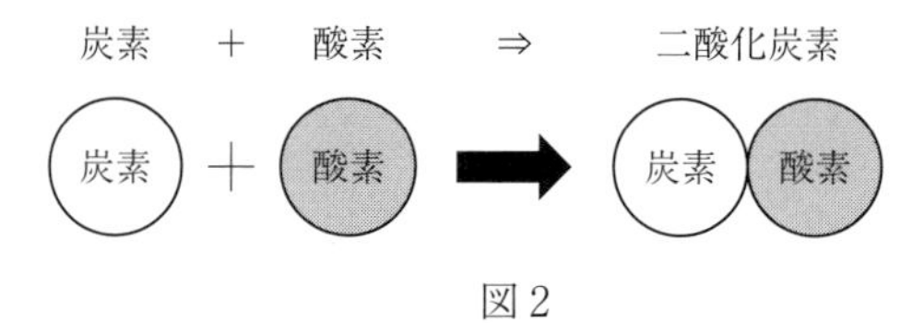

図2

この図1，図2の過程について調べるために，酸化鉄480gをいくつか用意し，これらを重さのちがう炭素とそれぞれ一緒に加熱しました。表は，酸化鉄480gと一緒に加熱した炭素の重さと取り出された鉄の重さ，発生した二酸化炭素の体積との関係をまとめたものです。

表

炭素の重さ〔g〕	9	18	36	54	72	90
取り出された鉄の重さ〔g〕	56	（ ① ）	224	336	336	336
発生した二酸化炭素の体積〔L〕	18	36	72	108	144	180

問1　下線部(i)について，塩酸に鉄を加えたときに発生する気体は何ですか。(　　　)

問2　下線部(ii)について，酸素が発生する操作として適するものを，次のア～エのうちから1つ選び，記号で答えなさい。(　　　)

ア　オキシドールに二酸化マンガンを加える。

イ　水酸化ナトリウム水溶液(すいようえき)にアルミニウムを加える。

ウ　塩酸に石灰石を加える。

エ　ろうそくを燃やす。

問3　表の空欄(くうらん)（ ① ）にあてはまる数値を答えなさい。(　　　)

問4　酸化鉄に含まれる鉄と酸素の重さの比はどうなりますか。もっとも簡単な整数で答えなさい。

鉄：酸素＝(　　：　　)

問5　図1の過程で，酸化鉄と炭素がどちらも余らないとき，酸化鉄と炭素の重さの比はどうなりますか。もっとも簡単な整数で答えなさい。酸化鉄：炭素＝（　　：　　）

問6　図1の過程で，酸化鉄と炭素がどちらも余らずに鉄672gが取り出されたとき，発生した二酸化炭素の体積は何Lですか。（　　　L）

問7　酸化鉄800gを炭素100gと一緒に加熱したとき，図1，図2の過程について，次の(1)，(2)に答えなさい。

(1)　取り出された鉄の重さは何gですか。（　　　g）

(2)　図2の過程で，発生した二酸化炭素の体積は何Lですか。（　　　L）

6　もののとけ方と水よう液の性質

きんきの中入〔発展編〕

1　≪もののとけ方≫　右の図は，水の温度と 3 種類の物質が水 100g に何 g までとけることができるかを表したグラフです。これについて，あとの問いに答えなさい。　（関大第一中）

(1)　ビーカーを 3 つ用意し，60 ℃の水 100g を入れました。

それぞれのビーカーの水の中に硝酸カリウム，食塩，ミョウバンを別々にとけるだけとかしました。

この時，とける量が 2 番目に多いものはどれですか。

(2)　次の①，②で，すべての固体がとける場合には○，とけ残る固体がある場合には×と答えなさい。

①　50 ℃の水 50g に，硝酸カリウム 50g を入れて十分にかき混ぜました。(　　　)

②　40 ℃の水 200g に，ミョウバン 40g を入れて十分にかき混ぜました。(　　　)

(3)　67 ℃のミョウバンの飽和水溶液 180g を 35 ℃まで冷やした時，結晶としてミョウバンは何 g 出てきますか。

ただし，飽和水溶液とは，これ以上は溶かすことのできない量まで物質をとかした水溶液のことです。(　　　g)

(4)　水 50g を入れたビーカーに硝酸カリウムを入れて 44 ℃の飽和水溶液をつくりました。この飽和水溶液を 20 ℃まで冷やした時，結晶として硝酸カリウムは何 g 出てきますか。(　　　g)

2　≪もののとけ方≫　ある固体を 100g の水に溶かすことができる最大の重さ（g）を溶解度といいます。溶解度は温度によって変わります。表はさまざまな温度でのホウ酸の溶解度を示しています。また，溶解度まで溶かした水溶液を飽和水溶液といいます。　（洛星中）

表

温度(℃)	溶解度(g)
20	5
40	9
60	15
80	24

問 1　60 ℃の水 80g にホウ酸は何 g 溶けますか。(　　　g)

問 2　20 ℃の水 200g にホウ酸を溶かした飽和水溶液があります。この水溶液を 40 ℃まで温めると，あと何 g のホウ酸を溶かすことができますか。ただし，温める前と温めた後で，この水溶液中の水の重さは変わらないものとします。(　　　g)

問 3　80 ℃で 100g のホウ酸の飽和水溶液があります。これを 20 ℃まで冷やすと，溶けていたホウ酸の一部が溶けきれずに出てきました。何 g のホウ酸が出てきたでしょうか。小数第 2 位を四捨五入し，小数第 1 位まで答えなさい。(　　　g)

3　≪もののとけ方≫　硝酸カリウムと食塩が水 100g にとけきることのできる最大の重さ〔g〕を次の表にまとめました。　（高槻中）

温度	10℃	20℃	30℃	40℃	60℃
硝酸カリウム〔g〕	22.0	31.6	45.6	63.9	109.0
食塩〔g〕	35.7	35.8	36.1	36.3	37.1

問1　60℃の水100gに70.0gの硝酸カリウムを加えてよくかき混ぜると，硝酸カリウムはすべてとけました。この水溶液を20℃まで冷やすと，何gの硝酸カリウムがとけのこりますか。小数第1位まで答えなさい。（　　　g）

問2　硝酸カリウムと食塩が混ざった粉末があります。60℃の水溶液を20℃まで冷やす方法によって，この粉末から硝酸カリウムだけをできるだけ多く取り出したいのですが，含まれる食塩の量が多すぎると，とけのこりの中に食塩が混ざるようになります。硝酸カリウムを最大量取り出したとき，とけのこりに食塩が含まれないようにするためには，食塩の重さは粉末全体の何％以下でなければなりませんか。小数第2位を四捨五入して小数第1位まで答えなさい。（　　　％以下）

4　≪もののとけ方≫　次の会話文を読んで，以下の問いに答えなさい。　（帝塚山中）

先生：水にとけるものの量には，どのような性質がありましたか。

生徒：水にものがとける量には，限界があることを学習しました。

先生：そうですね。ふつうは，水100gにとけるものの限界の重さのことを溶解度（ようかいど）といい，限界までとけている水溶液（すいようえき）のことを飽和（ほうわ）水溶液といいます。では，水の温度が上がると，溶解度はどうなりますか。

生徒：溶解度は大きくなります。

先生：よく覚えていますね。ただし，温度が上がると溶解度が小さくなるものや，食塩のように温度が変わっても溶解度が変化しにくいものもあります。表1は温度による食塩の溶解度の変化を示しています。表1から，80℃の飽和食塩水35.0gには水（ A ）gに食塩（ B ）gがとけていることになりますが，これを30℃に冷やしても，食塩は（ C ）gしか得られません。つまり，飽和食塩水を冷やしていっても，とけた食塩をたくさん取り出すことは難しいことがわかります。それでは，とけた食塩をたくさん取り出すにはどうすればよいでしょうか。

生徒：食塩水から水を蒸発させればいいと思います。

先生：そうですね。たとえば，先ほどの80℃の飽和食塩水35.0gを，温度を変えずに水を半分蒸発させると（ D ）gの食塩が得られます。確かに，食塩水から食塩をたくさん取り出すには，温度を下げるより，水を蒸発させるほうがよいですね。

表1

水の温度(℃)	10	20	30	40	60	80
食塩の溶解度(g)	37.7	37.8	38.0	38.3	39.0	40.0

生徒：食塩を水にとかすとき，水の体積と食塩の体積の和が，食塩水の体積になるのでしょうか。

先生：ものを混ぜる前後での，体積の変化については教科書に書かれていませんので，実際に実験してみましょう。まずは，水を50.0cm^3はかりとり，食塩3.0cm^3を加えてよくかき混ぜた後，食塩水の体積をはかってみましょう。

生徒：食塩は固体なので，体積がはかりにくいです。どのようにすればよいでしょうか。

先生：1 cm^3 あたりのものの重さのことを密度といい，「g/cm^3」という単位を使います。食塩の密度は $2.2g/cm^3$ ですので，（ E ）g をはかりとれば，食塩 $3.0cm^3$ をはかりとったことになりますよ。

生徒：わかりました。食塩（ E ）g をはかりとって，水 $50.0cm^3$ にとかしてみます。

生徒：先生，食塩水の体積が $52.0cm^3$ になりました。

先生：そうですか。それでは，さらにその食塩水に食塩 $3.0cm^3$ ずつ加えてよくかき混ぜ，全体の体積をはかっていきましょう。

生徒：はい。やってみます。

生徒：先生，実験の結果をまとめると表2のようになりました。ただし，実験の途中から食塩のとけ残りが観察されました。

先生：そうでしょうね。それでは，このような結果になった理由を考えてみましょう。

表2

水の体積（cm^3）	50.0	50.0	50.0	50.0	50.0	50.0
加えた食塩の体積（cm^3）	3.0	6.0	9.0	12.0	15.0	18.0
全体の体積（cm^3）	52.0	54.0	56.4	59.4	62.4	65.4

問1　文中の下線部のように，液体の体積を正確にはかる器具として，最も適当なものを選びなさい。（　　　）

ア　ろうと　　イ　試験管　　ウ　メスシリンダー　　エ　スポイト　　オ　上皿てんびん

問2　水にとけにくいものとして，適当なものを**すべて**選びなさい。（　　　）

ア　アルミニウム　　イ　さとう　　ウ　でんぷん　　エ　ミョウバン　　オ　ろう

問3　文中の（ A ）～（ E ）にあてはまる適当な数字をそれぞれ答えなさい。

A（　　　）B（　　　）C（　　　）D（　　　）E（　　　）

問4　生徒の行った実験で，食塩のとけ残りがはじめて観察されたのは，食塩を何 cm^3 加えたときですか。最も適当なものを選びなさい。（　　　）

ア　$3.0cm^3$　　イ　$6.0cm^3$　　ウ　$9.0cm^3$　　エ　$12.0cm^3$　　オ　$15.0cm^3$　　カ　$18.0cm^3$

問5　表2から考えると，食塩のとけ残りがはじめて生じるのは，食塩を何 cm^3 加えたときですか。ただし，食塩のとけ残りが生じる前後では，体積の増える変化の割合はそれぞれ一定であるとします。（　　　cm^3）

問6　生徒が今回の実験の結果について考察した文の空らん（ F ）～（ H ）の語句の組み合わせとして，最も適当なものを選びなさい。（　　　）

今回の実験では，食塩を加えた後の全体の体積は，食塩の体積と水の体積の和よりも常に（ F ）なった。

水は分子（ぶんし），食塩はイオンという目に見えないとても小さいつぶがたくさん集まってできている。また，水の分子どうしはすき間の（ G ）構造をしている。食塩が水にとけると，食塩のイオンの一部が水の分子のすき間に入りこむ

	F	G	H
ア	大きく	多い	引きつけあう
イ	大きく	多い	しりぞけあう
ウ	大きく	少ない	引きつけあう
エ	大きく	少ない	しりぞけあう
オ	小さく	多い	引きつけあう
カ	小さく	多い	しりぞけあう
キ	小さく	少ない	引きつけあう
ク	小さく	少ない	しりぞけあう

ため体積が（ F ）なると考えられる。また，食塩のイオンと水の分子は強く（ H ）性質があることも体積が（ F ）なる理由であると考えられる。

5 ≪もののとけ方≫ アルコールの一種であるエタノールは，殺菌（きん）作用があり，すぐに蒸発するので，手指消毒などに使用されます。甲陽君は，エタノールと水の性質のちがいを見るため，25℃のエタノールと水を混ぜた混合液100gに，食塩を混ぜて，どれだけ溶（と）けるかを調べました。その結果を次の表に示します。例えば，エタノールの量が30gの場合，混合液100gの中にエタノール30gと水70gがふくまれており，その混合液に食塩を混ぜると18gまで溶けるということです。このとき，水，エタノール，食塩を混ぜる順番を変えても，溶ける食塩の量は変わりませんでした。問5の加熱時以外は25℃で行い，25℃での液体の蒸発は考えないものとします。 (甲陽学院中)

エタノールの量（g）	0	10	20	30	40	100
溶ける食塩の量（g）	36	29	23	18	14	0

問1 次の文の（ ① ）～（ ③ ）に適当な数値を答えなさい。また，（ ④ ）に入る語句として最も適当なものを選び，記号で答えなさい。①（　　） ②（　　） ③（　　） ④（　　）

甲陽君は，「100gの純すいなエタノールと水に溶ける食塩の量は，それぞれ（ ① ）gと（ ② ）gだから，10gのエタノールと90gの水の混合液には，食塩が（ ③ ）g溶けるはず。」と予測しました。しかし実際には（ ③ ）gよりも少ない29gだったので，甲陽君は「エタノールは水に対して，食塩が溶ける量を（ ④ ）。」と考えました。

ア．変えるはたらきはない　イ．減らすはたらきがある　ウ．増やすはたらきがある

問2 100gの水に35gの食塩を溶かしました。この水溶（よう）液にエタノールを25g加えると，溶けずに出てくる食塩は何gですか。（　　g）

問3 エタノール10gと水90gを混ぜた混合液の一部をビーカーに注ぎました。このビーカーに食塩を加えてすべて溶かすと，ビーカー内の水溶液は43gになりました。さらにビーカーにエタノールを少しでも注ぐと，食塩が溶けずに出てきました。このとき，ビーカーの中にある水は何gですか。（　　g）

問4 60gのエタノールにある量の水を加えた混合液に，食塩を溶かしていったところ，21gまで溶けました。加えた水は何gですか。（　　g）

問5 純すいなエタノールは水よりも蒸発しやすいですが，混合液になった場合はどうなるか分かりません。そこで，エタノール30gと水70gを混ぜた混合液を，一度加熱して温度を上げたあと，冷やして25℃までもどし，食塩が溶ける量を調べました。溶ける量を調べる前に甲陽君は「加熱により蒸発した分だけ混合液の量が減るので，食塩が溶ける量は18gより減るはず。」と予測しましたが，実際には，食塩が溶ける量は18gより増えていました。また，蒸発した気体を集めて冷やし，得られた液体に食塩を加えると，食塩が少しだけ溶けました。

(1) 加熱して冷やした後，食塩の溶ける量が18gより増えていたことから，混合液がどのようになったと考えられますか。（　　）

(2) 蒸発した気体の重さの何％がエタノールですか。最も適当なものを選び，記号で答えなさい。（　　）

ア．0％　　イ．0％より多く，30％より少ない　　ウ．30％

エ．30％より多く，100％より少ない　　オ．100％

6 ≪もののとけ方≫　次の文を読んで後の問いに答えなさい。　(大阪桐蔭中)

何かを水にとかしたものを水よう液といいます。(1)水よう液には，固体が水にとけたものや，(2)気体が水にとけたものなどがあります。ものが水にとけることができる量には限りがあり，限界までとけている水よう液をほう和水よう液とよびます。100g の水にとけることができるものの最大の量を溶解度(ようかいど)といい，溶解度は水の温度によって変化します。固体は温度が（ ① ）くなるほどとけやすく，気体は温度が（ ② ）くなるほどとけやすい傾向(けいこう)があります。

（図1）は，硫酸銅(りゅうさんどう)，ミョウバン，食塩の溶解度〔g〕と水の温度〔℃〕との関係を表したグラフです。

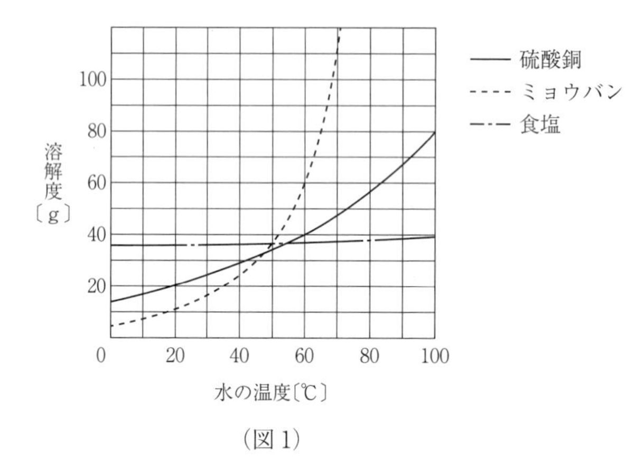

（図1）

（図1）より，40℃のときにもっとも水にとけやすいものは（ ③ ）だということがわかります。60℃のとき，ミョウバンのほう和水よう液の濃(こ)さは（ ④ ）％です。

また，硝酸(しょうさん)カリウムの溶解度は，40℃のとき 64g，20℃のとき 32g です。40℃の硝酸カリウムのほう和水よう液 328g を 20℃まで冷やすと，硝酸カリウムの結晶(けっしょう)が（ ⑤ ）g でてきます。

硫酸銅(りゅうさんどう)の結晶は，水を含(ふく)みながら大きな結晶に成長することもあります。これを水和物とよび，（図2）は水和物のイメージ図です。実際，16g の硫酸銅は，水を 9g 取(と)り込(こ)むことで 25g の水和物として存在しており，この重さの比は，常に一定です。水和物を水にとかすと，含まれていた水は水よう液の水の一部になります。このことから，60℃の水 100g に硫酸銅の水和物は最大（ ⑥ ）g とかすことができます。

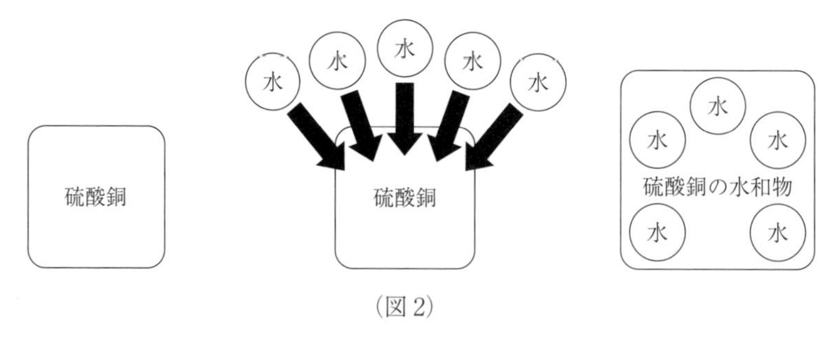

（図2）

（問1） 文中の下線部(1)について，とけているものが固体でも気体でもないものを次の中から選び記号で答えなさい。（　　　）

ア．食塩水　　イ．ホウ酸水　　ウ．炭酸水　　エ．アルコール水

（問2） 文中の下線部(2)について，塩化水素が水にとけている水よう液を何といいますか。漢字2字で答えなさい。（　　　）

（問3） 文中の空らん①，②に入る語句の組み合わせとして正しいものを，次の中から選び記号で答えなさい。（　　　）

ア．① 高　② 高　イ．① 高　② 低　ウ．① 低　② 高

エ．① 低　② 低

（問4） 文中の空らん③に入るものとして正しいものを，次の中から選び記号で答えなさい。

（　　　）

ア．硫酸銅　　イ．ミョウバン　　ウ．食塩

（問5） 文中の空らん④～⑥に入る数値をそれぞれ答えなさい。必要であれば四捨五入して小数第1位まで答えなさい。④（　　　）⑤（　　　）⑥（　　　）

7 **≪水よう液の性質≫** 水よう液A～Eがあります。これらが何であるかを調べることにしました。次の各問いに答えなさい。 **（大阪女学院中）**

【操作1】 水よう液A～Eは食塩水，石灰水，うすい塩酸，アンモニア水，炭酸水のいずれかです。それぞれの水よう液をリトマス紙につけると表のようになりました。

表

水よう液	A・B	C・D	E
青色リトマス紙	赤色に変化	変化しない	変化しない
赤色リトマス紙	変化しない	青色に変化	変化しない

【操作2】 A，Bを区別するために，それぞれの水よう液を加熱してにおいをかぎました。するとAの水よう液からにおいがしました。

（問1） 水よう液Aは何ですか。正しいものを次の中から選び，記号で答えなさい。（　　　）

(あ) 食塩水　(い) 石灰水　(う) うすい塩酸　(え) アンモニア水　(お) 炭酸水

（問2） 他の操作でも水よう液A，Bを区別することができます。そのための操作として正しいものを次の中から選び，記号で答えなさい。また，その操作をしたときのBの結果を答えなさい。

記号（　　　）　結果（　　　　　　　　　　）

(あ) 蒸発皿に少しとり，水よう液をすべて蒸発させたあとのようすをくらべる

(い) BTBよう液を加えて色の変化をくらべる

(う) 加熱して出てきた気体を集めて，石灰水に通したときのようすをくらべる

【操作3】 C，Dを区別するために，それぞれの水よう液を加熱してにおいをかぎました。するとCの水よう液からにおいがしました。

（問3） 水よう液Cは何ですか。正しいものを次の中から選び，記号で答えなさい。（　　　）

(あ) 食塩水　(い) 石灰水　(う) うすい塩酸　(え) アンモニア水　(お) 炭酸水

（問４）　他の操作でも水よう液C，Dを区別することができます。そのための操作として正しいものを次の中から選び，記号で答えなさい。また，その操作をしたときのDの結果を答えなさい。

記号（　　　）　結果（　　　　　　　　　　）

(あ)　蒸発皿に少しとり，水よう液をすべて蒸発させたあとのようすをくらべる

(い)　BTBよう液を加えて色の変化をくらべる

(う)　加熱して出てきた気体を集めて，色をくらべる

（問５）　水よう液Eを25gとり，加熱して蒸発させたところ1gの白い固体だけが残りました。水よう液Eのこさは何％ですか。（　　　％）

8　**≪水よう液の性質≫**　5つのビーカーA～Eにそれぞれ，あ 塩酸，い 炭酸水，う 石灰水，え 食塩水，お アンモニア水のいずれかが入っています。　**（灘中）**

実験1　A～Eの水溶(よう)液に赤色リトマス紙をつけたところ，AとCでは青色に変化した。

実験2　A～Eの水溶液に青色リトマス紙をつけたところ，DとEでは赤色に変化した。

問1　実験1と実験2の結果から，Bの水溶液はどの水溶液とわかるか，あ～お から選び記号で答えなさい。（　　　）

問2　A，Cの水溶液を区別するための実験を考えました。

(1)　実験の方法と結果として正しいものを次のア～エから1つ選び記号で答えなさい。（　　　）

ア　見た目を観察したところ，Aは泡(あわ)が出ていたが，Cは泡が出ていなかった。

イ　においをかぐと，Aからはつんとしたにおいがしたが，Cは何もにおいがしなかった。

ウ　加熱して水分を蒸発させると，Aは黄色の固体が残り，Cは何も残らなかった。

エ　鉄くぎを加えたところ，Aからは勢いよく泡が出たが，Cは何も変化がなかった。

(2)　(1)で選んだことから，A，Cの水溶液はそれぞれどの水溶液とわかるか，あ～お から選び記号で答えなさい。A（　　　）　C（　　　）

問3　D，Eの水溶液を区別するための実験の方法として次のア～ウがあります。ア～ウから好きな方法を1つ選び，D，Eの水溶液をどのように区別するか，例にならって簡潔に答えなさい。

方法（　　　）　区別のしかた（　　　　　　　　　　　　　　　）

ア　見た目を観察する。　　イ　においをかぐ。　　ウ　鉄くぎを加える。

（例　無色の方が水，色がついている方が黒砂糖の水溶液。）

2つのビーカーF，Gにそれぞれ，あ 塩酸，い 炭酸水，う 石灰水，え 食塩水のうちいずれかが入っています。

実験3　F，Gの水溶液をいろいろな割合で混ぜたところ，いずれも透(とう)明で，泡が出ていた。

実験4　F，Gを混ぜて作った水溶液はいずれも，加熱して水分を蒸発させると，固体が残った。

問4　実験3の結果から，ビーカーF，Gのどちらにも入っていないとわかる水溶液を，あ～え からすべて選び記号で答えなさい。（　　　）

問5　実験3と実験4の結果から，F，Gの水溶液はどの2つの水溶液とわかるか，あ～え から2つ選び記号で答えなさい。（　　，　　）

9 ≪物質との反応≫ 次の文章を読んで，あとの(1)～(4)の問いに答えなさい。 (洛南高附中)

ホタテ貝の生産量は，日本が中国に次ぎ世界の約25％をしめています。北海道では国内の約8割に当たる年間約40万トンが生産されています。ホタテ貝の多くは貝がらをとった状態で出荷されることから，毎年約20万トンの貝がらが捨てられていました。そこで，その捨てられていた貝がらを原料とするチョークが作られるようになりました。

ある中学校で使われているチョークに，貝がらと同じ成分がどれくらいふくまれているかを調べるため，同じ濃(こ)さのうすい塩酸を使って，次の〈実験1〉・〈実験2〉をおこないました。貝がらは，1つの成分のみからできているものとします。

〈実験1〉 100gのうすい塩酸をビーカーにとり，図のように電子てんびんにのせて値を0.00gに合わせました。次に，ビーカーを下ろし，くだいた貝がらを少し加えてかき混ぜたところ，とけて㋐気体が発生しました。気体の発生が止まってから，ビーカーを電子てんびんにのせて値を読み取りました。

さらに同じビーカーに，くだいた貝がらを少し加えてかき混ぜた後，気体の発生が止まってから，電子てんびんにのせて値を読み取りました。この操作を何度もおこない，結果の一部を表のようにまとめました。なお，㋑加えた貝がらが，ある重さをこえると，とけずに残るようになりました。

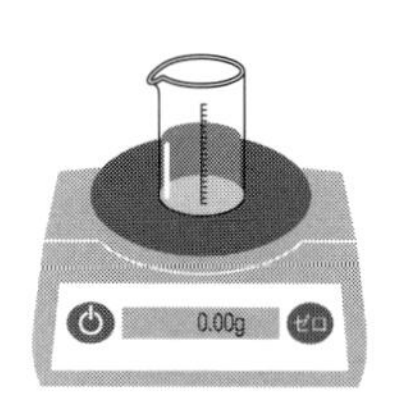

図

表

ビーカーに加えた貝がらの合計の重さ〔g〕	1	2	3	4	5
電子てんびんの値〔g〕	0.57	1.14	1.71	2.46	3.46

(1) 下線部㋐について，次の①・②に答えなさい。

① この気体を石灰水(せっかいすい)に加えると，白くにごりました。この気体の名前を答えなさい。(　　　)

② この気体の説明として適当なものを，次のア～ケの中から**2つ**選んで，記号で答えなさい。

(　　　)(　　　)

ア 黄緑色である。

イ 試験管にとり火のついたマッチを近づけると，火が消える。

ウ かわいた空気にふくまれる気体の中で，体積の割合が3番目に大きい。

エ 卵がくさったようなにおいである。

オ 水にとけたとき，BTBよう液が青色になる。

カ ドライアイスから出る白いけむりの成分である。

キ 水酸化ナトリウム水よう液に吸収される。

ク うすい塩酸に銅を加えると，発生する。

ケ 水酸化ナトリウム水よう液にアルミニウムを加えると，発生する。

(2) 〈実験1〉で発生する気体の重さは，最大何gですか。(　　　g)

(3) 下線部㋑について，次の①・②に答えなさい。

① くだいた貝がらが残らずとけることができる重さは，最大何gですか。小数第3位を四捨五入して，小数第2位まで答えなさい。(　　　g)

② くだいた貝がらを6g加えたとき，貝がらの一部がとけずに残っていました。とけ残った貝がらをすべてとかすには，うすい塩酸を少なくとも何g加える必要がありますか。切り上げて，整数で答えなさい。また，そのときに発生する気体の重さは，何gですか。小数第3位を四捨五入して，小数第2位まで答えなさい。

うすい塩酸(　　　g)　発生する気体(　　　g)

〈実験2〉 うすい塩酸200gが入ったビーカーを，電子てんびんにのせて値を0.00gに合わせました。このビーカーに，くだいたチョーク6gを加えてかき混ぜた後，気体の発生が止まってから，電子てんびんにのせて値を読み取ると，4.32gでした。

(4) チョークには，貝がらと同じ成分が何%ふくまれていますか。小数第1位を四捨五入して，整数で答えなさい。なお，〈実験2〉では，チョークにふくまれる貝がらと同じ成分のみが塩酸にとけるものとします。(　　　%)

10 ≪中和≫ 次の文を読み，あとの問いに答えなさい。 (明星中)

塩酸は塩化水素という気体が水にとけている水溶(よう)液である。この塩酸を蒸発皿に入れ，加熱すると塩化水素，水の順で蒸発し，最後には何も残らない。一方，水酸化ナトリウム水溶液を加熱すると，水が蒸発した後，水酸化ナトリウムの固体が残る。

あるこさの塩酸（水溶液A）と，水酸化ナトリウム40gを水にとかし1000mLにした水酸化ナトリウム水溶液（水溶液B）を用意した。100mLのAと100mLのBを混ぜると，中性の水溶液になった。この中性の水溶液を加熱したところ，固体が5.9g残った。

問1 塩化水素，水，水酸化ナトリウムのうち，気体になる温度がもっとも高いものはどれですか。(　　　)

問2 水酸化ナトリウムの固体の色を答えなさい。(　　　色)

問3 Aにムラサキキャベツの葉のしるを加えると，何色に変化しますか。(　　　色)

問4 150mLのAと80mLのBを混ぜた水溶液をつくり，十分に加熱すると，最後に固体が何g残りますか。(　　　g)

問5 50mLのAと100mLのBを混ぜた水溶液をつくり，十分に加熱すると，最後に固体が何g残りますか。(　　　g)

A，Bを使って，次の水溶液C～Fをつくった。

水溶液C…100mLのAに水を加えて量を200mLにした塩酸

水溶液D…100mLのAを加熱して量を50mLにした塩酸

水溶液E…100mLのBに水を加えて量を200mLにした水酸化ナトリウム水溶液

水溶液F…100mLのBを加熱して量を50mLにした水酸化ナトリウム水溶液

問6 200mLのCにFを加えて中性にした。Fは何mL必要でしたか。(　　　mL)

問7 50mLのDにFを加えて中性にした。Fはどれくらい必要でしたか。次の(ア)～(ウ)から1つ選び，記号で答えなさい。(　　　)

(ア) 50mLより少ない　(イ) ちょうど50mL　(ウ) 50mLより多い

問8　50mLのB，100mLのE，25mLのFにとけている水酸化ナトリウムの量の関係を正しく表しているものを，次の(ア)〜(エ)から1つ選び，記号で答えなさい。(　　　)

(ア)　50mLのB = 100mLのE = 25mLのF　　(イ)　50mLのB > 100mLのE > 25mLのF

(ウ)　25mLのF > 50mLのB > 100mLのE　　(エ)　100mLのE > 50mLのB > 25mLのF

11　≪中和≫　酸性の水よう液とアルカリ性の水よう液を混ぜ合わせてできた水よう液に，BTBよう液を加えて水よう液の性質を調べる実験をしました。実験から，混ぜ合わせる割合によって，酸性，アルカリ性，中性となることがわかりました。

表1は，そのときの実験の結果です。これをもとに以下の問に答えなさい。　(三田学園中)

表1

	A	B	C	D	E
うすい塩酸(cm^3)	5	10	15	20	25
うすい水酸化ナトリウム水よう液(cm^3)	15	15	15	15	15
BTBよう液を加えたときの色	①	②	緑	③	④

(1)　混ぜ合わせてできたAの水よう液にBTBよう液を加えたときの色，①を答えなさい。

(　　　色)

(2)　混ぜ合わせてできたEの水よう液を中性にする方法として適切なものをア〜エから1つ選び，記号で答えなさい。(　　　)

ア：うすい塩酸を10cm^3加える。　　イ：うすい塩酸を15cm^3加える。

ウ：うすい水酸化ナトリウムを10cm^3加える。　　エ：うすい水酸化ナトリウムを15cm^3加える。

次にうすい塩酸のこさを変えて実験をすると表2のような結果になりました。

表2

	F	G	H	I	J
うすい塩酸(cm^3)	5	10	15	20	25
うすい水酸化ナトリウム水よう液(cm^3)	15	15	15	15	15
BTBよう液を加えたときの色	⑤	緑	⑥	⑦	⑧

(3)　うすい塩酸のこさは何倍になりましたか。適切なものをア〜カから1つ選び，記号で答えなさい。(　　　)

ア：2倍　　イ：$\frac{3}{2}$倍　　ウ：$\frac{4}{3}$倍　　エ：$\frac{3}{4}$倍　　オ：$\frac{2}{3}$倍　　カ：$\frac{1}{2}$倍

(4)　混ぜ合わせてできたHの水よう液にBTBよう液を加えたときの色，⑥を答えなさい。

(　　　色)

(5)　混ぜ合わせてできたIの水よう液を中性にするにはア，イのどちらの水よう液を加えるとよいですか。記号で答えなさい。(　　　)

ア：うすい塩酸　　イ：うすい水酸化ナトリウム水よう液

(6)　混ぜ合わせてできたIの水よう液を中性にするには(5)の水よう液を何cm^3加えるとよいですか。ただし，加える水よう液のこさは表1の実験のものとします。(　　　cm^3)

(7)　図１は，表１の実験のＣの水溶液ができる過程の様子を粒子(りゅうし)をつかったモデルで表したものです。うすい塩酸中には○と●の粒子があり，うすい水酸化ナトリウム水よう液中には□と■の粒子があります。○■は，うすい塩酸中の○とうすい水酸化ナトリウム水よう液中の■を混ぜ合わせたときに結びついてできる水を表しています。

図１

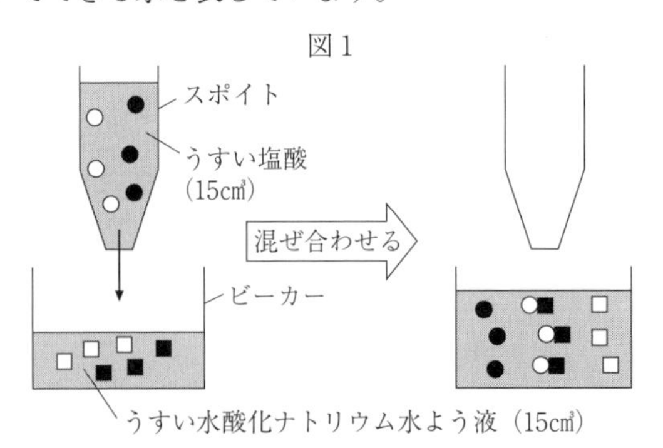

表１の実験のうすい水酸化ナトリウム水よう液 $15cm^3$ を入れたビーカーに，表１の実験のうすい塩酸を少しずつ加えていきました。このときのビーカーの中の様子を図１のモデルで考えた場合，ビーカーの中にある，他の粒子と結びついていない○の数の変化は，図２のようになります。これを参考にビーカーの中の他の粒子と結びついていない□，■の数の変化を表したグラフとして，最も適当なものを次のア～オからそれぞれ選び，記号で答えなさい。□(　　　)　■(　　　)

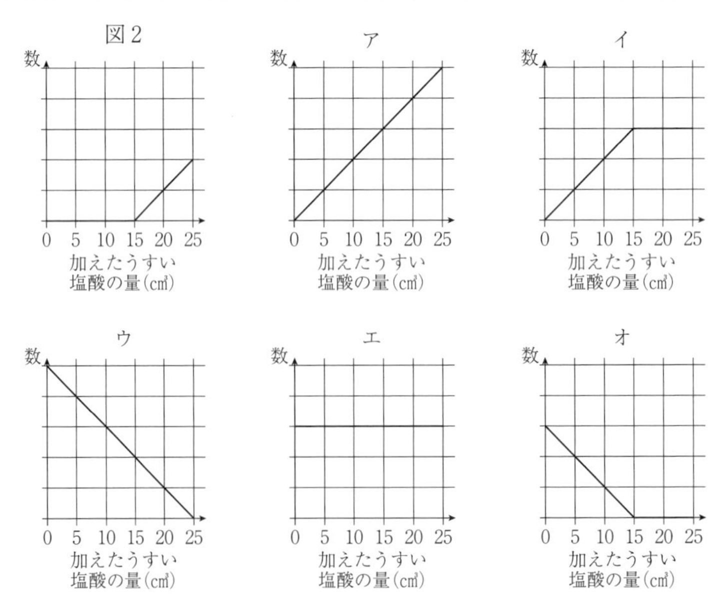

12　≪密度≫　次の文章を読み，問１～問６に答えなさい。　（清風南海中）

３種類の金属Ａ，Ｂ，Ｃがあります。それぞれの重さを右の表１にまとめました。

表１

	金属Ａ	金属Ｂ	金属Ｃ
重さ	40.5g	72.0g	86.9g

メスシリンダーを用いて金属Ａの体積を測定しました。まず，図１のようにメスシリンダーに水を $20cm^3$ 入れました。次に，そのメスシリンダーに金属Ａを入れ，完全に沈(しず)めると図２のようになりました。同じように図１の状態から金属Ｂを入れ，完全に沈

めたのが図3，金属Cを入れ，完全に沈めたのが図4とします。ただし，このメスシリンダーの単位はcm^3とします。

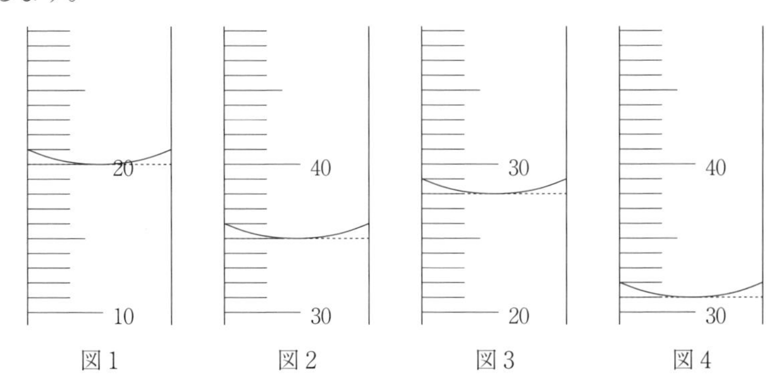

図1　図2　図3　図4

問1　金属Aの体積を求めなさい。（　　　cm^3）

問2　金属Aの$1cm^3$あたりの重さを求めなさい。（　　　g）

問3　$1cm^3$あたりの重さが大きい順に金属A，B，Cを並べました。その結果として最も適しているものを，次のア～カの中から1つ選び，記号で答えなさい。（　　　）

ア　A＞B＞C　　イ　A＞C＞B　　ウ　B＞A＞C　　エ　B＞C＞A　　オ　C＞A＞B
カ　C＞B＞A

$1cm^3$あたりの重さに興味をもった南海さんは先生にたずねてみることにしました。

先生　　「$1cm^3$あたりの重さのことを密度といい，ものによって決まった値をとります。また，温度によって密度の値は変化します。」

南海さん「温度によって密度が変化することは知っています。例えば，金属を熱すると体積が［あ］なるんですよね。なので，密度は［い］なります。」

先生　　「その通りです。ただし，水の密度の温度による変化は少し特殊です。図5（g/cm^3は密度の単位を示す）を見てください。水の密度は4℃で最大になります。」

南海さん「水の密度が4℃で最大になることは重要ですか。」

先生　　「もちろんです。このおかげで池や湖の水は底まで凍らず，魚は冬を越すことができます。」

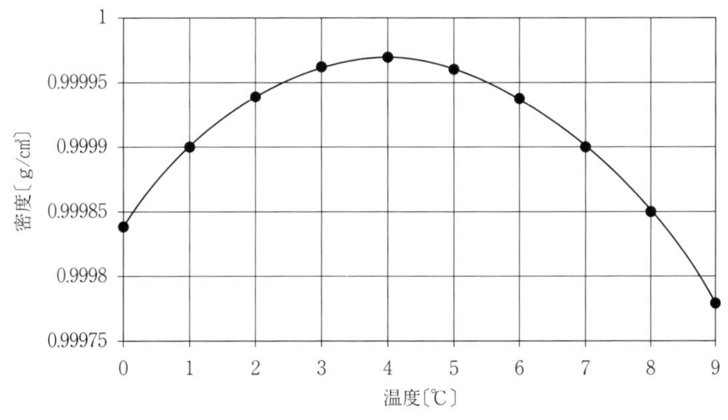

図5　温度による水の密度の変化

問４　会話文の［あ］と［い］に当てはまる語句の組み合わせを，次のア～エの中から１つ選び，記号で答えなさい。（　　　）

	ア	イ	ウ	エ
あ	大きく	大きく	小さく	小さく
い	大きく	小さく	大きく	小さく

問５　次の文章は下線部について述べたものです。文章中の［え］と［か］には，あてはまる数字を答えなさい。［う］と［お］には，あてはまる語句を下の選択肢（せんたくし）ア～ウの中からそれぞれ１つずつ選び，記号で答えなさい。

(う)（　　　）　(え)（　　　）　(お)（　　　）　(か)（　　　）

水の密度が４℃で最大であることは，水中の生物の生存（せいぞん）に大きく関わっています。湖があり，冬を迎（むか）えて気温が10℃から下がっていく場合を考えてみましょう。気温の低下とともに湖の水面の温度も下がるため，密度が増加した水は底に沈み，循環（じゅんかん）が始まります。その後４℃以下では，水の密度が［う］。つまり，［え］℃以下では水の循環は起こりません。［え］℃以下では，湖の［お］付近の温度が下がっていき，やがて［か］℃になると凍りはじめます。すると，氷の下の水は，外の気温の影響（えいきょう）を受けにくくなり，液体であり続けます。その結果，生物は死なずに冬を越（こ）すことができると考えられます。

選択肢

［う］　ア　大きくなります　　イ　小さくなります　　ウ　変わりません

［お］　ア　水面　　イ　水中　　ウ　水の底

問６　材質のわからない「もの X」の密度の値を調べるため，あらゆる温度の水に「もの X」を入れました。次に示す結果をもとに，「もの X」の密度についてわかることとして最も適しているものを，次の選択肢ア～オの中から１つ選び，記号で答えなさい。ただし，「もの X」の密度は水の温度によって変化しないものとします。（　　　）

（結果）

・８℃の水に入れたとき，「もの X」は水に沈みました。

・４℃の水に入れたとき，「もの X」は水に浮（う）きました。

・６℃の水に入れたとき，「もの X」は水に浮きました。

（選択肢）

ア　「もの X」の密度は0.9999g/cm^{3}より小さい。

イ　１℃の水に「もの X」を入れると，水に沈む。

ウ　１℃の水に「もの X」を入れると，水に浮く。

エ　３℃の水に「もの X」を入れると，水に沈む。

オ　３℃の水に「もの X」を入れると，水に浮く。

13 ≪水よう液総合≫ 理科クラブの生徒と先生の会話と実験に関して，下の問いに答えなさい。

(四天王寺中)

春菜「お風呂(ふろ)に入浴剤(ざい)を入れると泡(あわ)がたくさん出てきたけど，あの泡は何かな？」

夏実「入浴剤の箱に成分が書いてあるよ。(図1)」

春菜「炭酸水素ナトリウムが気体を出すのかな。炭酸って書いてあるから，出てきた泡は二酸化炭素かな。」

有効成分：炭酸水素ナトリウム， 　　　　　硫酸ナトリウム（無水） その他の成分：フマル酸，DL―リンゴ酸， 　　　　　　L―グルタミン酸ナトリウム…

図1　ある泡の出る入浴剤の成分表示の一部

二人は，入浴剤を使って，実験1を行いました。

【実験1】

操作1　図2の装置でペットボトルに粉末の入浴剤を入れて水を加えて，出てきた気体をコップに入れた水に吹(ふ)き込んだ。

操作2　気体を吹き込んだコップの水の少量を別の容器に入れて，(a)赤色および青色のリトマス試験紙につけた結果，気体を吹き込んだ水が酸性になっていることがわかった。

操作3　気体を吹き込んだコップの水を試験管にとり，石灰水を加えると（ ① ）。

図2　気体の発生

二人は，操作2，3の結果から，発生した気体は二酸化炭素であると判断しました。

次に，入浴剤の成分について，先生に相談しながら調べてみることにしました。

炭酸水素ナトリウムを水に溶(と)かしたら二酸化炭素が発生するのではないかと考え，試験管に炭酸水素ナトリウムを入れて蒸留水を加えましたが，炭酸水素ナトリウムが水に溶けて無色の水溶(よう)液になっただけで気体は発生しませんでした。この水溶液を少し取り分けて，赤色および青色のリトマス試験紙につけて変化を観察しました。

春菜「あれ，二酸化炭素を吹き込んだ水は酸性になったのに，炭酸水素ナトリウムの水溶液はアルカリ性なんだね。」

夏実「炭酸水素ナトリウムが水に溶けただけでは，二酸化炭素は発生しないんだね。」

先生「成分表示にいろいろな成分が書かれていますね。成分の薬品をいろいろ混ぜて気体の発生する成分を調べることもできますが，(b)むやみに薬品を混ぜるのはよくないので，ヒントを出しましょう。泡の出ない入浴剤の成分（図3）と比べてみてください。」

有効成分：炭酸水素ナトリウム， 　　　　　硫酸ナトリウム（無水） その他の成分：L―グルタミン酸ナトリウム…

図3　ある入浴剤の成分表示の一部

春菜「泡の出る入浴剤にだけ，フマル酸やリンゴ酸という成分があるよ。」

先生「よく気づきましたね。ここにフマル酸があります。これで実験してみましょう。」

夏実さんが，炭酸水素ナトリウムの水溶液の入った試験管にフマル酸を少し加えました。

夏実「あっ，気体が出てきたよ。」

先生「炭酸水素ナトリウムとフマル酸が反応すると二酸化炭素が発生するのですね。この反応について調べてみましょう。」

(1) 次の二酸化炭素に関する記述のうち，**誤っているもの**を選びなさい。(　　　)

ア　二酸化炭素は，空気より重い気体である。

イ　二酸化炭素の入った容器に火のついたロウソクを入れると，炎(ほのお)が明るくなる。

ウ　石油や天然ガスを燃やすと，二酸化炭素が発生する。

エ　二酸化炭素は無色で，においもない。

(2) 下線部(a)の実験結果について，酸性であることが判断できる赤色リトマス試験紙と青色リトマス試験紙の色の変化の正しい組み合わせを次のア～エから選びなさい。(　　　)

	赤色リトマス試験紙	青色リトマス試験紙
ア	青色になる	赤色になる
イ	青色になる	色は変化しない
ウ	色は変化しない	赤色になる
エ	色は変化しない	色は変化しない

(3) 文中の（ ① ）にあてはまる，発生した気体が二酸化炭素であることがわかる変化を10字以内で答えなさい。□□□□□□□□□□

(4) 下線部(b)に関して，薬品についての十分な知識がないときに，いろいろな薬品を混ぜてはいけない理由について，次に示す例以外で，今回の実験には限らず，一般(ぱん)的に考えられることを15字程度で書きなさい。□□□□□□□□□□□□□□□□□

(例) 爆(ばく)発が起こる可能性があるから

フマル酸，炭酸水素ナトリウムはいずれも室温で固体の物質です。表1のように，ビーカーA～Iにフマル酸と炭酸水素ナトリウムの合計が8.0gになるように入れて実験2を行いました。

表1　ビーカーA～Iに入れたフマル酸と炭酸水素ナトリウムの重さ

ビーカー	A	B	C	D	E	F	G	H	I
フマル酸[g]	0	1.0	2.0	3.0	4.0	5.0	6.0	7.0	8.0
炭酸水素ナトリウム[g]	8.0	7.0	6.0	5.0	4.0	3.0	2.0	1.0	0

【実験2】

操作1　電子てんびんで，ビーカーA～Iと入れた混合物の合計の重さ（Wとする）をはかった。続いて，それぞれのビーカーに水30.0gずつを加えてよくかき混ぜた。反応して発生した二酸化炭素は気体になって，ビーカーの外に出て行った。

操作2　十分に時間がたったのち，反応後のそれぞれの溶液の入ったビーカーの重さ（Xとする）をはかり，(c)W，Xの値からビーカーA～Iで発生した二酸化炭素の重さを求めると，表2のようになった。

表2　ビーカーA～Iで発生した二酸化炭素の重さ

ビーカー	A	B	C	D	E	F	G	H	I
発生した二酸化炭素[g]	0	0.8	1.5	2.3	2.1	1.6	1.0	0.5	0

(5) 下線部(c)のW，Xの値より，発生した二酸化炭素の重さを求める式を次のア～エから選びなさい。ただし，この実験の反応では，二酸化炭素だけが気体で発生したものとします。(　　　)

ア　W + X　　イ　W − X　　ウ　W + 30.0 − X　　エ　W + X − 30.0

(6) 炭酸水素ナトリウムとフマル酸がちょうど反応するのは，混合物 8.0g 中のフマル酸の重さがおよそ何 g のときか。次のア～カから最も適切なものを選びなさい。右の方眼を使って考えてもよい。(　　　)

ア　2.4g　　イ　2.7g　　ウ　3.0g　　エ　3.3g

オ　3.6g　　カ　3.9g

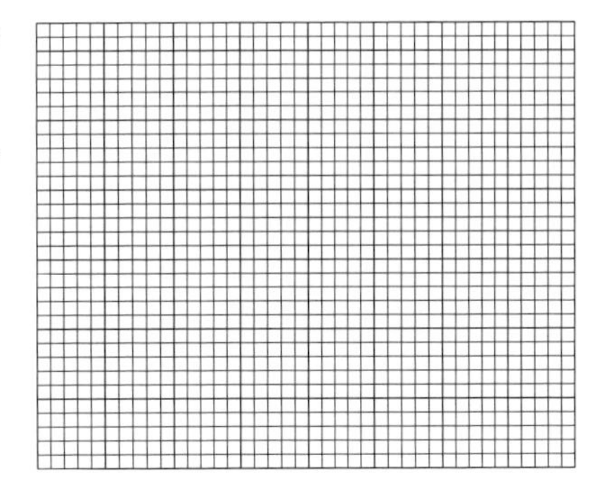

先生「炭酸水素ナトリウムを水に溶かしても二酸化炭素は発生しませんでしたが，炭酸水素ナトリウムの固体を加熱すると二酸化炭素が発生します。試してみましょう。」

図4のように試験管に炭酸水素ナトリウムを入れて加熱し，二酸化炭素が発生することを確認しました。

炭酸水素ナトリウム

石灰水

図4　炭酸水素ナトリウムの加熱

春菜「二酸化炭素が発生しなくなっても，試験管に白い粉が残っているね。これは何ですか？」

先生「これは，炭酸ナトリウムという物質です。炭酸ナトリウムは炭酸水素ナトリウムと違(ちが)って，加熱しても変化はせず，二酸化炭素は発生しません。」

夏実「加熱した試験管の口のところに少し液体があります。これは水ですか。」

先生「よく観察していますね。その通りです。炭酸水素ナトリウムを加熱すると，次のような反応が起こって炭酸ナトリウムができ，二酸化炭素と水（水蒸気）が発生します。」

炭酸水素ナトリウム→炭酸ナトリウム＋水＋二酸化炭素……式1

さらにいくつかの実験を続けた結果，炭酸水素ナトリウムが加熱によってすべて炭酸ナトリウムに変化したときの重さの関係について，炭酸水素ナトリウム 8.40g から炭酸ナトリウム 5.30g ができることがわかりました。この実験では，式1の反応だけが起こり，反応で発生した水はすべて気体になって，反応後の固体には残っていないものとします。

(7) 炭酸水素ナトリウム 3.36g を加熱して完全に炭酸ナトリウムに変化させたとき，できた炭酸ナトリウムの質量は何 g ですか。小数第2位まで求めなさい。必要であれば，小数第3位を四捨五入しなさい。(　　　g)

(8) 炭酸水素ナトリウムと炭酸ナトリウムが混ざった混合物 6.00g を十分に加熱すると，加熱後には，炭酸ナトリウムだけが 4.14g 残りました。

混合物 6.00g 中に含(ふく)まれていた炭酸ナトリウムの重さは何 g ですか。小数第2位まで求めなさい。必要であれば，小数第3位を四捨五入しなさい。(　　　g)

14　≪水よう液総合≫　次の文章を読んで，後の問いに答えなさい。　(六甲学院中)

大基(たいき)さんは金属が水溶液(すいようえき)に溶(と)けることに興味を持ち，アルミはく，塩酸（水溶液A），水酸化ナトリウム水溶液（水溶液B）を使って次の実験を行いました。

【実験1】　蒸発皿に水溶液Aを入れて熱して蒸発させました。熱しているときにおいがしました。水溶液Aが蒸発したあと，蒸発皿には何も残りませんでした。

(1)　下線部について，どのようなにおいだったと考えられますか。適当なものを次の(ア)～(エ)から選び，記号で答えなさい。(　　　)

(ア)　鼻をさすにおい　(イ)　卵の腐(くさ)ったにおい　(ウ)　生臭(なまぐさ)いにおい　(エ)　すっぱいにおい

【実験2】　量の異なる水溶液Aおよび水溶液Bをビーカーに用意し，それぞれにアルミはく1枚を入れました。アルミはくは1枚あたり0.81gで，純粋(じゅんすい)なアルミニウムでできているものとします。どちらの水溶液からも泡(あわ)が発生し，アルミはくは溶けました。泡が出なくなるまで観察を続け，残ったアルミはくを取り出して重さをはかりました。

表1　水溶液Aの体積と残ったアルミはくの重さの関係

水溶液Aの体積[mL]	20	40	60	80	100
残ったアルミはくの重さ[g]	0.63	(あ)	0.27	(い)	0

表2　水溶液Bの体積と残ったアルミはくの重さの関係

水溶液Bの体積[mL]	25	50	75	100
残ったアルミはくの重さ[g]	0.54	(う)	(え)	0

(2)　発生した泡は何という気体ですか。(　　　)

(3)　表1および表2中の(あ)～(え)に入る数を答えなさい。

あ(　　　)　い(　　　)　う(　　　)　え(　　　)

(4)　アルミはく1枚とちょうど反応する水溶液Aの体積は何mLですか。(　　　mL)

【実験3】　水溶液Aを60mL入れたビーカーを5個用意しました。このビーカーに体積の異なる水溶液Bをそれぞれ混ぜ，実験2と同じアルミはくを1枚ずつ加えました。実験2と同様に，残ったアルミはくを取り出して重さをはかりました。

表3　水溶液Aに加えた水溶液Bの体積と残ったアルミはくの重さの関係

水溶液Bの体積[mL]	0	50	100	150	200
残ったアルミはくの重さ[g]	(お)	0.45	(か)	0.81	0.27

表3の説明

水溶液AとBにはどちらにもアルミはくを溶かす性質があります。60mLの水溶液Aに水溶液Bを加えていくと，(き)mLまでは溶けるアルミはくが(く)し，水溶液Bをそれ以上加えると溶けるアルミはくが(け)します。

(5)　表3およびその説明中の(お)～(き)に入る数と，(く)，(け)に入る言葉（増加または減少）を答えなさい。

お(　　　)　か(　　　)　き(　　　)　く(　　　)　け(　　　)

(6)　表3の実験結果より，水溶液Bには水溶液Aに対してどのような性質があると考えられますか。「水溶液A」および「アルミはく」という言葉を使って解答欄の文を完成させなさい。

（水溶液Bには，　　　　　　　　　　　　　　　　　　　　　性質がある。）

(7) 実験3で水溶液Bを200mL混ぜたビーカーに，アルミはくを加える前に，BTB液を数滴加えると何色になりますか。（　　　色）

(8) 実験3でアルミはくをすべて溶かすためには，水溶液Aに水溶液Bを少なくとも何mL加える必要がありますか。（　　　mL）

15 ≪水よう液総合≫ A，B，C，D，Eの5種類の水溶液と，①，②，③，④の4種類の固体があります。水溶液は，塩酸，炭酸水，砂糖水，石灰水，アンモニア水のいずれかです。また，固体は，マグネシウム，水酸化ナトリウム，アルミニウム，石灰石のいずれかです。それぞれが何であるかを調べるために，次のような実験を行いました。（西大和学園中）

【実験1】 A～Eの水溶液にムラサキキャベツの汁をそれぞれ入れると，AとBの水溶液の色が緑色に変化し，CとDの水溶液の色が赤色に変化したが，Eは紫色のまま変化しなかった。

【実験2】 AとCの水溶液を混ぜると，白くにごった。

【実験3】 Dを4本の試験管に取り，それぞれ①～④を加えると，①と②と④は気体を発生させながら溶けた。発生した気体をそれぞれAに通すと，①から発生した気体のときだけ白くにごった。

【実験4】 ③は水に溶けた。③が溶けた水溶液にムラサキキャベツの汁を入れると，水溶液の色は黄色に変化した。この水溶液に②を入れると，②は気体を発生させながら溶けた。

(1) 水溶液E・固体④は，それぞれ何ですか。水溶液E（　　　）　固体④（　　　）

(2) 次のうち，【実験1】のCとDのように，ムラサキキャベツの汁を赤色に変化させる水溶液はどれですか。すべて選び，記号で答えなさい。（　　　）

ア．酢　　イ．食塩水　　ウ．水　　エ．ミカンの汁　　オ．水酸化ナトリウム水溶液

(3) 【実験3】で，①から発生した気体は何ですか。漢字で答えなさい。（　　　）

(4) A～Eの水溶液を加熱したときに，鼻を刺すようなにおいがあるのはどれですか。すべて選び，A～Eの記号で答えなさい。（　　　）

(5) 【実験3】で用いたDを50cm³とり，①を加えていくと，加えた①の重さと発生した気体の体積は下の表のようになりました。204cm³の気体を発生させるために必要な①は何gですか。

（　　　g）

加えた①の重さ〔g〕	0.2	0.4	0.6	0.8	1.0	1.1
発生した気体の体積〔cm^3〕	48	96	144	192	204	204

(6) 塩酸に，アルミニウムと鉄を同じ体積ずつ混ぜた金属1cm^3を入れたとき，金属はすべて溶け，3300cm^3の気体が発生しました。アルミニウムと鉄を同じ体積ずつ混ぜた金属0.6cm^3を水酸化ナトリウム水溶液に入れたとき，片方の金属はすべて溶け，1020cm^3の気体が発生しました。これについて，次の(i)(ii)に答えなさい。ただし，水酸化ナトリウム水溶液に溶ける金属は，塩酸に溶かしても水酸化ナトリウム水溶液に溶かしても，同じ体積をすべて溶かした場合には，同じ体積の気体が発生します。

(i)　塩酸に，アルミニウムと鉄を同じ体積ずつ混ぜた金属 1 cm^3 を入れたとき，鉄が溶けたことによって発生した気体の体積は何 cm^3 か答えなさい。(　　　cm^3)

(ii)　ある量の鉄をじゅうぶんな量の塩酸に溶かしたとき，3840 cm^3 の気体が発生しました。溶かした鉄は何 g ですか。小数第 2 位を四捨五入して，小数第 1 位まで答えなさい。ただし，鉄 1 cm^3 は 7.9g とします。(　　　g)

16　≪水よう液総合≫　次の①～⑥の水溶液をビーカー 6 個に少しずつ入れました。ビーカーには a～f のマークを入れましたが，どの水溶液が入っているかわからなくなりました。どの水溶液がどのビーカーに入っているかを確かめるために，藤子さんは次のような実験を行いました。【実験】とその【結果】の文章を読んで，あとの問いに答えなさい。　(京都女中)

〈準備した水溶液〉

①　うすい塩酸　②　うすい水酸化ナトリウム水溶液　③　炭酸水　④　食塩水

⑤　エタノール水溶液（アルコール水）　⑥　アンモニア水

【実験】

実験 1　各ビーカーの水溶液をそれぞれ少量とって試験管に入れ，緑色の BTB 溶液を数てき加えた。

実験 2　各ビーカーの水溶液をそれぞれ少量とって試験管に入れ，スチールウールを加えた。

実験 3　各ビーカーの水溶液をそれぞれ少量とって蒸発皿に入れ，ガスバーナーで加熱して水溶液を全て蒸発させた。

【結果】

実験 1　a，f の水溶液は黄色に，b，c の水溶液は青色に，d，e の水溶液は緑色になった。

実験 2　f の水溶液を入れた試験管では反応が起こり，気体がはげしく発生した。他の試験管では反応が見られなかった。

実験 3　b，e のビーカーの底に白い固体が残っていた。

問 1　b，c の水溶液の性質は酸性，中性，アルカリ性のうちどれになりますか。(　　　)

問 2　実験 2 で発生した気体の性質として正しいものを次の①～⑤の文章から全て選び，数字で答えなさい。(　　　)

①　火をつけるとポンっと音をたてて燃える。

②　石灰水にいれると，石灰水が白くにごる。

③　手であおいでにおいをかぐと刺激臭（しげき）がする。

④　水に溶けにくいので水上置換法（ちかんほう）であつめることができる。

⑤　空気より軽い気体である。

問 3　実験 3 の結果，白い固体が残っていたのは，どの水溶液を蒸発させたビーカーですか。入っていた水溶液を〈準備した水溶液〉から 2 種類選び，それぞれ数字で答えなさい。

(　　　)(　　　)

問 4　a～f のビーカーに入っていた水溶液をそれぞれ〈準備した水溶液〉から選び，数字で答えなさい。a(　　　)　b(　　　)　c(　　　)　d(　　　)　e(　　　)　f(　　　)

問５　〈準備した水溶液〉の①～⑥の水溶液のうち，２種類の水溶液を混ぜたところ，残る４種類の水溶液の１つと全く同じものができました。混ぜた２種類の水溶液を①～⑥の水溶液の中から選び，それぞれ数字で答えなさい。(　　　)(　　　)

問６　藤子さんは，酸性とアルカリ性の水溶液を混ぜることで中和反応が起こり，お互いの性質が打ち消されることを習いました。しかし，物質には固体や気体の状態も存在するので，藤子さんは気体の状態でも中和反応が起こるかどうかを調べることにしました。そこで，右の図のように塩酸をつけたガラス棒をa～fのビーカーの上にかざしたところ，あるビーカーの上で中和反応が起こり，白い煙みたいなものが発生しました。このビーカーに入っていた水溶液を〈準備した水溶液〉の中から１つ選び，数字で答えなさい。(　　　)

7 生き物のくらしとはたらき

きんきの中入 発展編

[1] 《季節と生き物》 奈良市に住むT君は，季節の変化と身のまわりの生き物のようすを一年間観察し，記録しました。この記録について(1)〜(8)の問いに答えなさい。 （東大寺学園中）

4月…(あ)セイヨウタンポポの花がさいていた。

5月…(い)ツバメが巣の中のひなにえさを与えていた。

6月…草むらに(う)オオカマキリの幼虫がいた。

7月…(え)ヘチマのお花とめ花がさいた。

11月…(お)イチョウが紅葉した。

12月…(か)オンブバッタのたまごが土の中にあった。

(1) 次の①〜④もT君の記録です。それぞれ何月の記録と考えられますか。あとのア〜エから1つずつ選んで，記号で答えなさい。同じ記号をくり返し選んでもかまいません。

① オオカマキリがたまごを産んでいた。(　　)

② ヒキガエルのオタマジャクシがたまごからかえった。(　　)

③ ダイコンの花がさいていた。(　　)

④ オオオナモミに成熟した種ができていた。(　　)

ア 4月　イ 7月　ウ 10月　エ 1月

(2) 下線部(あ)について，セイヨウタンポポのように，本来生息していなかった場所へ人間によって運ばれた生き物を外来生物といいます。日本でみられる外来生物として**適当でないもの**を，次のア〜コから**3つ**選んで，記号で答えなさい。(　　)(　　)(　　)

ア ウシガエル　イ タガメ　ウ オオカナダモ　エ セイタカアワダチソウ

オ ブラックバス　カ アライグマ　キ セアカゴケグモ　ク ナズナ

ケ アホウドリ　コ ワニガメ

(3) 下線部(い)について，ツバメのように夏に日本に来るわたり鳥として適当なものを，次のア〜オから1つ選んで，記号で答えなさい。(　　)

ア オナガガモ　イ ホトトギス　ウ ハクチョウ　エ タンチョウヅル　オ キジ

(4) ツバメが民家の軒先(のきさき)のような人間の行き来する場所に巣をつくることが多いのはなぜですか。人間の作った建物はじょうぶで雨風をしのげること以外で，考えられる理由を20字以内で答えなさい。

(5) 下線部(う)について，オオカマキリのように他のこん虫を食べるこん虫を，次のア〜オから1つ選んで，記号で答えなさい。(　　)

ア キリギリス　イ ノコギリクワガタ　ウ カミキリムシ　エ トノサマバッタ

オ オオムラサキ

(6) 下線部(え)について，ヘチマと同じようにお花とめ花がある植物はどれですか。次のア〜オから1つ選んで，記号で答えなさい。(　　)

ア チューリップ　イ ホウセンカ　ウ アサガオ　エ エンドウ　オ トウモロコシ

(7) 下線部(お)について，イチョウは秋に紅葉し，冬に葉を落とします。このような樹木を落葉樹といいます。

① イチョウの特ちょうとして適当なものを，次のア～オから１つ選んで，記号で答えなさい。

（　　　）

ア　子ぼうがある　　イ　花はさくが，花びらがない　　ウ　道管はあるが，師管がない

エ　種子を作らない　　オ　葉脈は網(あみ)の目のように広がっている

② 落葉樹を，次のア～オから１つ選んで，記号で答えなさい。（　　　）

ア　クスノキ　　イ　ツバキ　　ウ　ケヤキ　　エ　マツ　　オ　スギ

(8) 下線部(か)について，こん虫によって冬の過ごし方は異なります。さなぎで冬を過ごすものを，次のア～オから１つ選んで，記号で答えなさい。（　　　）

ア　アブラゼミ　　イ　カブトムシ　　ウ　ナナホシテントウ　　エ　アゲハ

オ　シオカラトンボ

2 ≪季節と生き物≫　アサガオの花がさく条件について調べるために，【実験】を行った。これについて，後の各問いに答えなさい。（同志社女中）

【実験】

同じ条件で成長させたアサガオのはち植えで，花がさいていないものを６個用意した。それぞれをA～Fとして，照明を一日中点灯させ，気温を一定に保った部屋に置いた。次に，A～Fのアサガオに一日の間に光を当てる時間と当てない時間を決めて，毎日くり返した。ここで，光を当てない時間は，図１のように，アサガオのはち植えに段ボール箱をかぶせて光が入らないようにした。また，水は毎日同じ時刻にA～Fそれぞれに同じ量ずつあたえた。図２は，結果をまとめたものである。

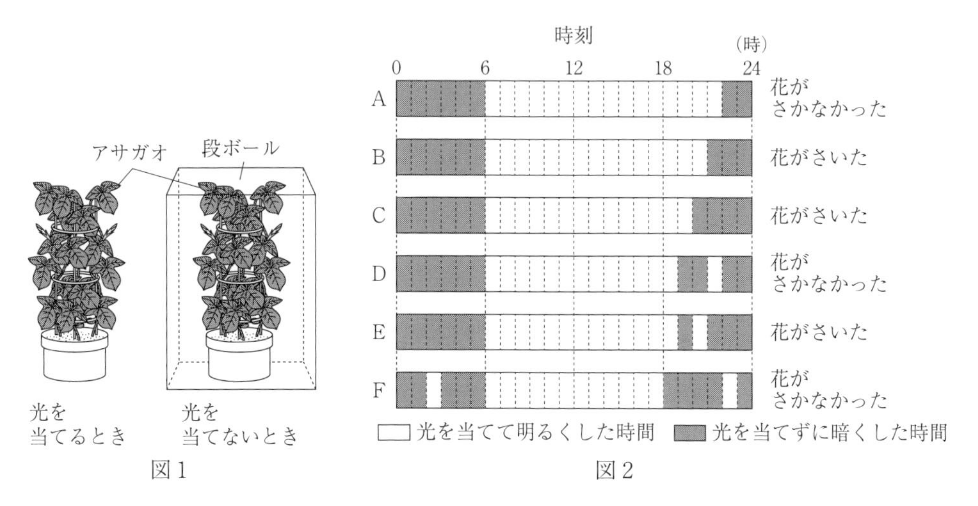

図１　　図２

(1) 【実験】の結果から，アサガオの花がさくのに必要な条件は何だとわかるか。最も適当なものを次のア～カから一つ選び，記号で答えなさい。（　　　）

ア．一日あたり光を当てた時間が合計15時間以上になること。

イ．一日あたり連続して光を当てた時間が15時間以上になること。

ウ．一日あたり光を当てた時間が合計15時間未満になること。

エ．一日あたり光を当てなかった時間が合計9時間以上になること。

オ．一日あたり連続して光を当てなかった時間が9時間以上になること。

カ．一日あたり光を当てなかった時間が合計9時間未満になること。

(2) 地球の北極点と南極点を結ぶ軸（地軸）が，かたむいているため，同じ日でも場所によって日の出と日の入りの時刻がちがう。右の表は，2023年8月1日のa～c地点における日の出と日の入りの時刻を示したものである。【実験】の結果から，アサガオの花がさくと考えられる地点はどれか。後のア～クから一つ選び，記号で答えなさい。(　　　)

地点	日の出の時刻	日の入りの時刻
a	3時59分	20時53分
b	5時05分	19時00分
c	6時04分	18時21分

ア．a　イ．b　ウ．c　エ．aとb　オ．aとc　カ．bとc　キ．aとbとc

ク．なし

(3) アサガオは8月にさくことが多いが，この時期になってもさかないことがある。【実験】の結果から，その原因となるものとして，最も適当なものを次のア～オから一つ選び，記号で答えなさい。(　　　)

ア．熱帯夜の増加　　イ．ゲリラ豪雨の増加　　ウ．夜間の街灯の灯りの増加

エ．光化学スモッグの増加　　オ．酸性雨の増加

3 **≪種子のつくりと発芽≫**　次の文章を読んで，あとの(1)～(3)の問いに答えなさい。　**(洛南高附中)**

植物はそれを取りまく環境の影響を受けています。例えば種子は一般的に，水，空気，温度の条件がそろうと発芽しますが，この3つの条件に加えて光の影響を受けることもあると知られています。

(1) 温度と発芽の割合との関係を示したグラフとして最も適当なものを，次のア～エの中から選んで，記号で答えなさい。(　　　)

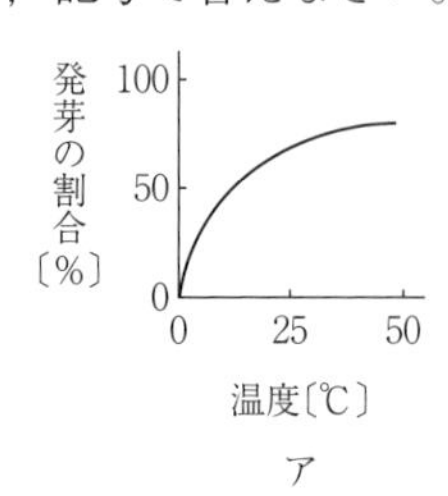

ア

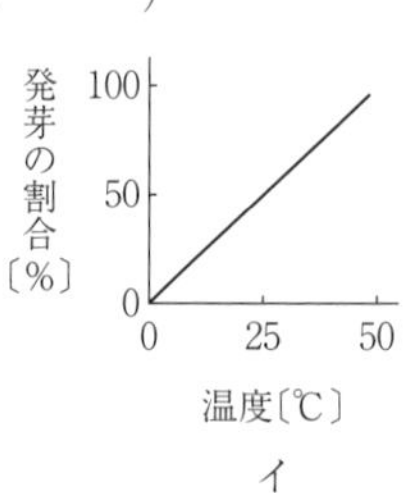

イ

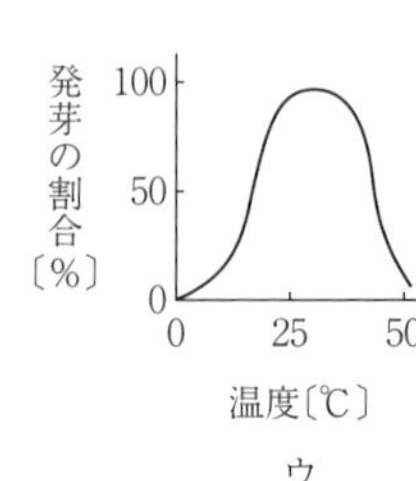

ウ

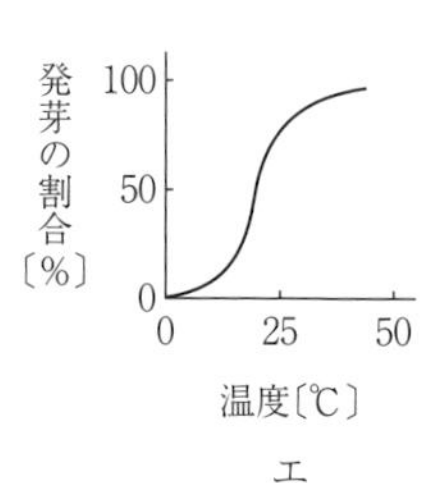

エ

(2) 下線部について，レタスとカボチャの種子を用いて調べました。次の①・②の問いに答えなさい。

① レタスの種子を，次のア～エの中から1つ選んで，記号で答えなさい。(　　　)

ア

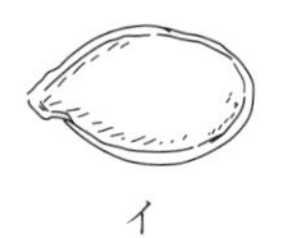
イ

ウ

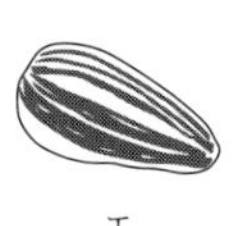
エ

② レタスとカボチャの種子を一定温度（25℃）で水を十分ひたした脱脂綿（だっしめん）にのせて，3日後に発芽した割合を調べました。結果は表のようになりました。表の結果から考えられることをまとめた次の文章中の［ a ］～［ d ］にあてはまる語の組み合わせとして正しいものを，次のア～クの中から1つ選んで，記号で答えなさい。(　　　)

表　種子の発芽した割合(%)

	レタス	カボチャ
光を当てた	95	3
光を当てなかった	6	94

　レタスの種子は光によって発芽が［ a ］なるため，種子をまくときは［ b ］土をかぶせる方がよい。また，カボチャは光によって発芽が［ c ］なるため，種子をまくときは［ d ］土をかぶせる方がよい。

	a	b	c	d
ア	しやすく	厚く	しやすく	厚く
イ	しやすく	厚く	しにくく	うすく
ウ	しやすく	うすく	しやすく	うすく
エ	しやすく	うすく	しにくく	厚く
オ	しにくく	厚く	しやすく	うすく
カ	しにくく	厚く	しにくく	厚く
キ	しにくく	うすく	しやすく	厚く
ク	しにくく	うすく	しにくく	うすく

(3) 広い草むらの中で，空気にふくまれる二酸化炭素の割合の時刻による変化を，2日間続けて観察しました。観察1日目は晴れでしたが，2日目はくもりで，2日間とも終日弱い風が観測されました。図に1日目の結果を示しました。観察2日目の二酸化炭素の割合の変化を示したものとして最も適当なものを，次のア～カの中から選んで，記号で答えなさい。ただし，1日目と2日目のちがいは光の影響だけによるものとし，点線は1日目の結果を示すものとします。(　　　)

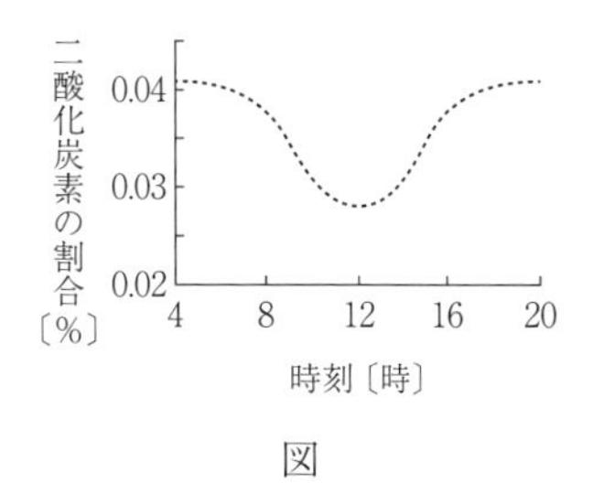

図

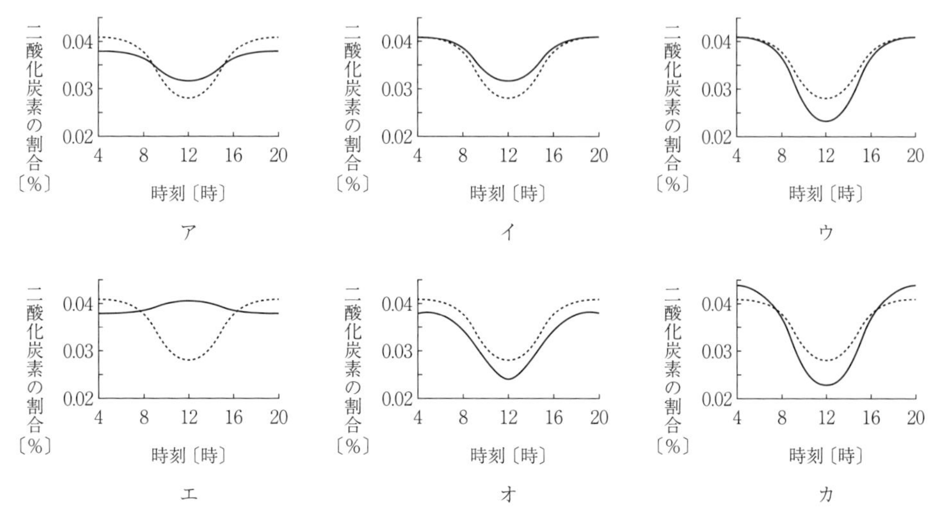

4　≪光合成≫　植物について，次の文章を読み，下の問いに答えなさい。　(神戸海星女中)

植物は葉に光が当たると，[あ]と二酸化炭素をもとに，栄養分である[い]をつくり，酸素を出します。これは光合成とよばれます。(a)光合成で[い]がつくられることは，光を当てた葉を[う]につけると青むらさき色になることから分かります。

光合成はさまざまな条件によって影響(えいきょう)を受けます。植物の表面から水蒸気が出ていくことは[え]とよばれますが，植物の体の中の水が少ない場合，水蒸気などが通るあなの[お]が閉じることがあります。(b)[お]が閉じると，植物は光合成をさかんに行うことができなくなります。

また，光合成を多く行うためには，光の条件が重要です。たとえば，(c)イネはたくさんの栄養分をつくるために，低いところから細い葉をななめ上に伸(の)ばし，多くの葉に均等に光が当たるようにしています。

(1)　文中の空らん[あ]～[お]に入る言葉を答えなさい。

あ(　　　)　い(　　　)　う(　　　)　え(　　　)　お(　　　)

(2)　文中の下線部(a)に示すような実験では，下の(X)～(Z)の3種類の処理をした葉を，別々に用意することが必要です。(X)の葉でのみ確かめられることはどれですか。最も適当なものを下のア～エから1つ選び，記号で答えなさい。(　　　)

> (X)：1日目の午後からアルミニウムはくで包んでおいて，2日目の朝につみ取り[う]につける。
>
> (Y)：1日目の午後からアルミニウムはくで包んでおいて，2日目の朝にアルミニウムはくを外し，午後まで光を当てて[う]につける。
>
> (Z)：1日目の午後から2日目の午後までずっとアルミニウムはくで包んでおいて，[う]につける。

ア．光を当てた葉と比べて，光を当てなかった葉の栄養分が増えていること。

イ．光を当てた葉と比べて，光を当てなかった葉の栄養分が増えていないこと。

ウ．葉に光を当てる前に，葉に栄養分がふくまれていること。

エ．葉に光を当てる前に，葉に栄養分がふくまれていないこと。

(3)　文中の下線部(b)について，[お]が閉じると，植物が光合成をさかんに行うことができなくなるのはなぜですか。最も適当なものを次のア～エから1つ選び，記号で答えなさい。(　　　)

ア．植物が空気中から水を取りこむことができなくなるから。

イ．植物が空気中から二酸化炭素を取りこむことができなくなるから。

ウ．植物が空気中から酸素を取りこむことができなくなるから。

エ．植物の体の温度が下がるから。

(4)　文中の下線部(c)について，イネは発芽した後，子葉を1枚出します。イネと同じように，子葉の枚数が1枚である植物として適当なものを次のア～カの中から2つ選び，記号で答えなさい。

(　　　)(　　　)

ア. トウモロコシ　イ. アサガオ　ウ. ネギ　エ. インゲンマメ　オ. ヘチマ
カ. ホウセンカ

(5) すべての葉に中くらいの強さの光だけが当たっている場合と，強い光の当たる葉と弱い光の当たる葉がある場合とで，光合成で作られる栄養分の量がどのように違(ちが)うかを考えましょう。図1は，ある植物Pの葉1枚について，葉に当たる光の強さと，1時間に光合成でつくられる栄養分の量の関係を表したグラフです。

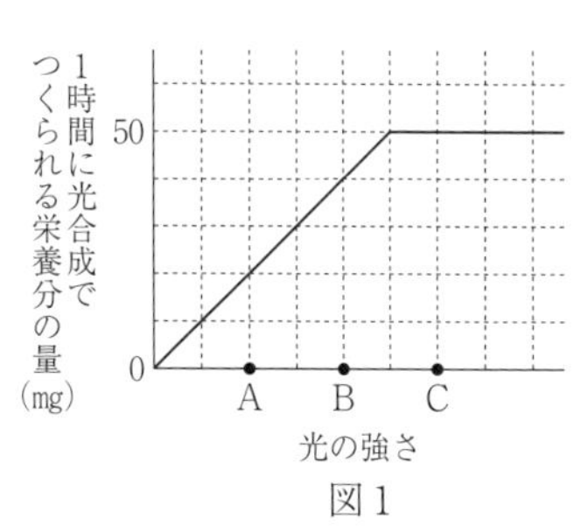

図1

① 植物Pの葉1枚に，図1のBの光（中くらいの強さの光）が1時間当たったとき，光合成で何mgの栄養分がつくられますか。(　　　mg)

② いま，植物Pの葉を2枚ずつ用意し，㋐「2枚ともに図1のBの光を当てた場合」と，㋑「1枚にはAの光（弱い光）を，もう1枚にはCの光（強い光）を当てた場合」とでは，2枚の葉で1時間に光合成でつくられる栄養分の合計量は㋑の方が少なくなりました。差は何mgですか。ただし，植物Pの葉はどれも同じであるとします。(　　　mg)

③ ②で，㋑の方がつくられる栄養分の合計量が少なくなる理由として，最も適当なものを次のア～エの中から1つ選び，記号で答えなさい。(　　　)

ア. 光が弱くなっても，光合成でつくられる栄養分の量は変わらないから。
イ. 図1のBの光が当たった場合に，光合成が最もよく行われるから。
ウ. 光が強くなっても，葉1枚において光合成でつくられる栄養分の量に限界があるから。
エ. ㋑の条件では㋐の条件に比べ，1枚の葉に当たる平均の光の強さが弱いから。

5 ≪呼吸≫ 植物の種子について調べるために，実験を行いました。これについて，あとの問いに答えなさい。
(立命館中)

【実験】

Ⅰ フラスコA～Dを用意し，A，Bには発芽した植物Pの種子を，C，Dには発芽した植物Qの種子をそれぞれ同じ数ずつ入れて，A，Cには水酸化カリウム水溶液(すいようえき)，B，Dには水を入れた容器を入れました。ただし，水酸化カリウム水溶液は二酸化炭素を吸収するはたらきがあります。

Ⅱ 図1のように，フラスコA～Dに着色した水を入れたガラス管をとりつけ，一定の時間，温度を30℃に保つと，A～Dのガラス管の中の着色した水の位置が，すべて図1の状態から左へ移動していました。

Ⅲ 着色した水の位置の変化から，フラスコA～Dの中の気体の減少量を調べました。表1は，その結果をまとめたものです。(なお，この実験はA～Dのコックは閉じており，暗い場所で行いました。)

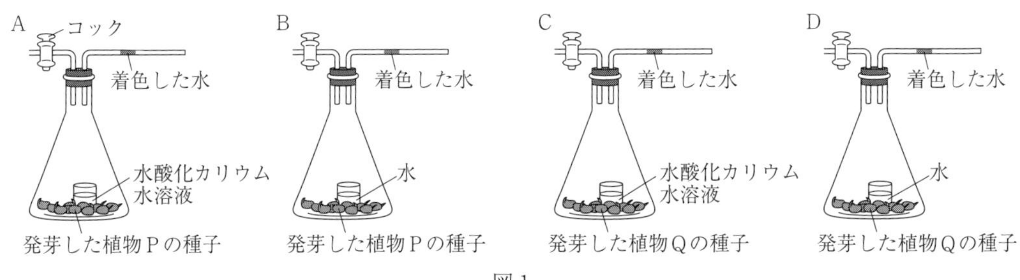

図１

表１

フラスコ	A	B	C	D
気体の減少量〔cm^3〕	14.0	4.2	12.5	2.5

⑴　実験で，フラスコＡ，Ｃの気体の減少量は，フラスコの中の種子の何の量を表していますか。適切なものを，次のア～エから１つ選び，記号で答えなさい。（　　　）

ア　酸素の吸収量　　イ　酸素の放出量　　ウ　二酸化炭素の吸収量　　エ　二酸化炭素の放出量

⑵　実験で，フラスコＢ，Ｄの気体の減少量は，フラスコの中の種子の何の量を表していますか。適切なものを，次のア～エから１つ選び，記号で答えなさい。（　　　）

ア　二酸化炭素の吸収量－酸素の放出量
イ　二酸化炭素の放出量－酸素の吸収量
ウ　酸素の吸収量－二酸化炭素の放出量
エ　酸素の放出量－二酸化炭素の吸収量

⑶　植物が呼吸をするときの酸素の吸収量と二酸化炭素の放出量の割合を調べると，植物が体の中で使っている養分がわかります。また，呼吸をするときの「二酸化炭素の放出量÷酸素の吸収量」の値を呼吸商といいます。実験における，植物Ｐの種子の呼吸商を求めなさい。必要があれば，小数第２位を四捨五入して小数第１位まで答えなさい。（　　　）

⑷　呼吸商が1.0のときは種子にでんぷんなどの炭水化物が多くふくまれ，0.8のときは種子にたんぱく質が多くふくまれ，0.7のときは種子に脂肪が多くふくまれます。⑶の結果から，植物Ｐは何であると考えられますか。適切なものを，次のア～エから１つ選び，記号で答えなさい。

（　　　）

ア　コムギ　　イ　エンドウ　　ウ　ゴマ　　エ　ダイズ

6　≪蒸散≫　西君はある植物において，同じ枚数・同じ大きさの葉をつけた５本の枝を準備し，それぞれの枝を図１のように試験管に立て，一定量の水を入れ，だっし綿でふたをして試験管Ａ～Ｅとしました。さらに試験管Ａ～Ｅの枝に対して，以下の表１のような操作を行いました。試験管Ａ～Ｅのすべてにおいて十分な光を当てた状態で実験を行いました。図２は，実験開始からの経過時間と水面の高さの変化量の関係を示したグラフで，ア～カのグラフは，試験管Ａ～Ｅのいずれかの結果です。ただし，関係のないグラフも混ざっています。　（西大和学園中）

図1

試験管	操作
A	すべての葉を取りのぞいた。
B	一番小さな葉1枚だけ残して，あとの葉はすべて取りのぞいた。
C	一番小さな葉1枚だけを取りのぞいた。
D	試験管の口より上の部分の枝の表面に，十分な量のワセリン（水を通さない物質）をぬった。
E	特に操作はしなかった。

表1

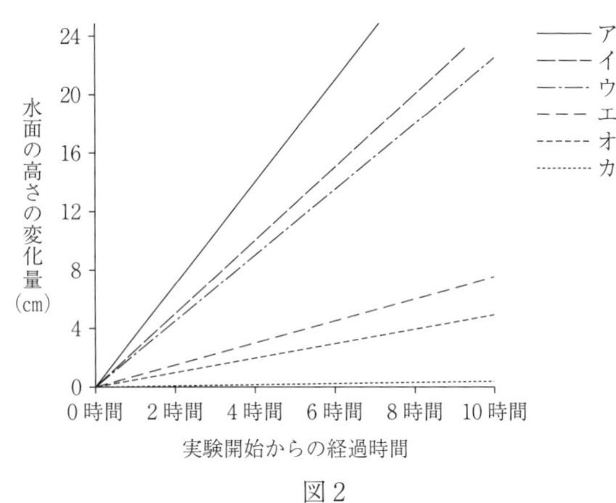

図2

(1) 図1より，この実験で用いた植物として最も正しいと考えられるものを以下の選択肢(せんたくし)から一つ選びなさい。ただし，この植物は毎年夏～秋ごろに花を咲(さ)かせ，虫によって花粉を運んでもらいます。葉の形は細長く，花びらは分かれています。(　　　)

〔アサガオ　　アブラナ　　イネ　　ホウセンカ〕

(2) 水面の高さが変化する理由を述べた次の文の［　あ　］に，適切な言葉を入れなさい。(　　　)

［　あ　］と呼ばれる，植物の表面から水が水蒸気となって出ていく現象が起こるから。

(3) 葉の表面にある，水が水蒸気となって出ていく穴の名前を答えなさい。(　　　)

(4) 水面の変化量が最も大きいのはどの試験管ですか。また，水面の変化量が最も小さいのはどの試験管ですか。それぞれA～Eの記号で答えなさい。

最も大きい(　　　)　最も小さい(　　　)

(5) 図2のア～カのうち，試験管Aの結果を示したグラフとして最も正しいと考えられるものはどれですか。一つ選び，記号で答えなさい。(　　　)

(6) 図2のア～カのうち，試験管A～Eの結果とは関係のないグラフとして最も正しいと考えられるものはどれですか。一つ選び，記号で答えなさい。ただし，一番小さい葉によって生じる水面の高さの変化は，常に一定であるものとします。(　　　)

西君は，水が水蒸気となって出ていく穴が開くための条件を調べるために，さらに以下のような実験を行い，その結果について先生と話し合いました。

【実験】

1．表1の操作で準備した枝と同じ3本の枝を準備し，それぞれの枝を図1のように試験管に立てて，試験管F～Hとした。

2．試験管F～Hを十分な時間暗室に置いたあと，試験管Fの葉には赤色の光をあて，試験管Gの葉には青色の光をあて，試験管Hの葉には赤色の光をあてた2時間後に赤色の光に加えて弱い青色の光もあてた。ただし，弱い光とは，赤色の光の20分の1の強さを示している。また，赤色の光も青色の光も植物が光合成を同じ程度に行うことができる光である。

3．その後，水が水蒸気となって出ていく穴の開き具合を調べた。

西君：先生，表2のような結果となりました。ここでは，完全に閉まっている状態を0，半分開いている状態を5，完全に開ききっている状態を10として，11段階で示しました。

光をあて始めてからの経過時間		0時間	1時間	2時間	3時間	4時間
開き具合	試験管F	0	2	3	3	3
	試験管G	0	9	10	10	10
	試験管H	0	2	3	10	10

表2

先生：よくがんばりましたね。ところで，この実験結果からどんなことがわかりましたか。

西君：開き具合に影響(えいきょう)をあたえるのは，葉にあたる光の色や，光合成の有無ではないかと思って実験を行ったのですが，残念ながらこの実験だけではよくわかりませんでした。

先生：この実験結果から，西君はどのような仕組みで開き具合が決まると予想していますか。

西君：私は次の2つの仮説を考えました。

仮説1　水が水蒸気となって出ていく穴の開き具合は，赤色の光があたることと，青色の光があたることで，それぞれ別々の影響を受ける。葉が光合成するかどうかは関係がない。

仮説2　水が水蒸気となって出ていく穴の開き具合は，青色の光があたることと，葉が光合成することの両方の影響を受ける。赤色の光があたることは影響をおよぼさない。

先生：なるほど，なかなか面白い仮説ですね。この仮説のどちらが正しいかを検証するためには，さらにどのような追加実験を行えばいいでしょうか。

西君：追加実験として，植物に薬品をあたえて[い]ができないようにした状態で，4時間[う]色の光をあて続けます。表2を参考にした場合，もし，仮説1が正しければ，光をあて始めてから4時間後の穴の開き具合は3になり，もし仮説2が正しければ，光をあて始めてから4時間後の穴の開き具合は[え]になると思います。

先生：なかなか鋭(するど)いですね，素晴らしい。さっそく追加実験を行ってみましょう。

(7)　[い]と[う]に入る，最も適切な言葉を答えなさい。い(　　　)　う(　　　)

(8)　[え]に入る最も適切な数値を，表2を参考にして答えなさい。(　　　)

(9)　西君は，その後も様々な実験を行い，水が水蒸気となって出ていく穴の開き具合には，青色の光があたること以外に，葉が光合成をしていることが影響をあたえているとわかりました。葉が光合成を行う際に，水が水蒸気となって出ていく穴が開く理由を，水が出ていくこと以外で簡単に答えなさい。(　　　　　　　　　　)

7 ≪こん虫≫ 次の文を読み，以下の問いに答えなさい。 (高槻中)

生き物の中には，他の何か（生き物や無生物）に形や行動を似せることによって，外敵から食べられないようにしているものがいます。これを「擬態」といい，例えば，ナナフシという昆虫は枝にその見た目を似せることによって，外敵である鳥から見つからないようにしています。

問1 次の中から，昆虫ではないものを一つ選び，あ～え の記号で答えなさい。(　　　)

あ テントウムシ　い ダンゴムシ　う カブトムシ　え コガネムシ

問2 以下の文は，昆虫の特徴についてまとめたものです。文中の空欄（ i ）と（ ii ）に入る数を答えなさい。また，空欄（ iii ）は，最も適切な語句を選んで答えなさい。

i (　　　) ii (　　　) iii (　　　)

一般的に，昆虫は（ i ）対の脚と（ ii ）対の翅をもつ。これらは，いずれも（iii：頭・胸・腹）からでている。

太郎くんは，スカシカギバやオカモトトゲエダシャクというガの幼虫が，図1のように丸まって葉や枝の上にいることを発見しました。これを太郎くんは，鳥のフンに似ているな，と思いました。そこで，太郎くんは幼虫が鳥のフンに擬態することで，外敵である鳥に食べられないようにしているのではないか，と考えました。太郎くんは，このことを確かめるために幼虫の「模様や色」と「姿勢（形）」に注目して2つの実験をおこなうことにしました。実験には，小麦粉に水と人工着色料を加えてつくった「幼虫モデル」を使いました。図2の実験1と実験2のモデルを，近くの公園の枝につけて7時間後に，それぞれのモデルが鳥からの攻撃を受けたかどうかを調べて，比べました。

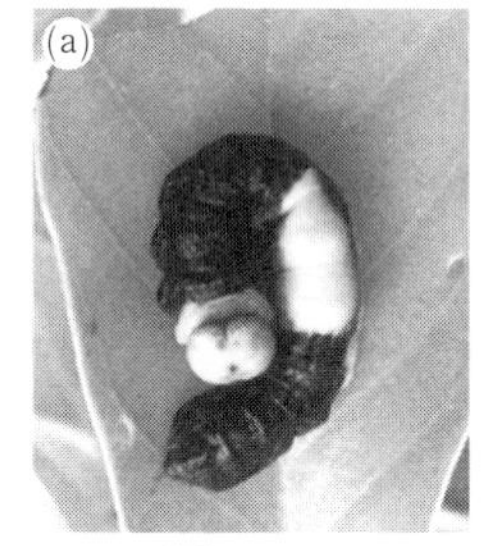

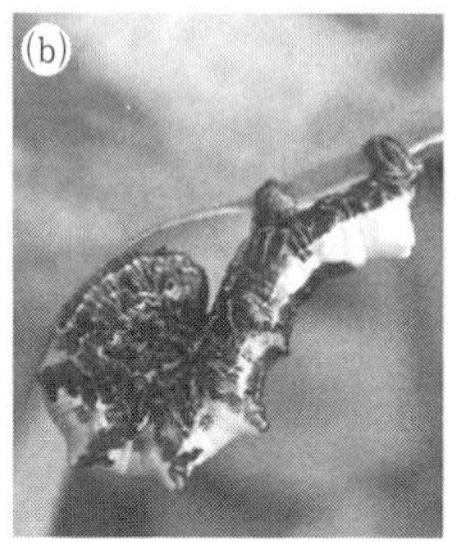

図1 (Suzuki & Sakurai 2015 より引用)
(a) スカシカギバ　(b) オカモトトゲエダシャク

巻き姿勢　直線姿勢

白黒のしま模様

緑色

図2 (Suzuki & Sakurai 2015 より一部改変)

実験1 白と黒のしま模様に着色したモデル200個を，半分は「巻き姿勢」，残りの半分は「直線姿勢」の形にしました。

実験２　白と黒のしま模様に着色したモデル 100 個と，緑色に着色したモデル 100 個を用意し，それぞれを「巻き姿勢」の形にしました。

問３　ガの幼虫は，葉を食べて成長し，さなぎとなった後に成虫となります。

⑴　ガのように，卵→幼虫→さなぎ→成虫と変化するような成長の様式を何と言いますか。漢字五字以内で答えなさい。□□□□□

⑵　次の中から，ガのようにさなぎにならずに成虫となる生き物を一つ選び，あ～え の記号で答えなさい。(　　　)

あ　モンシロチョウ　　い　スズメバチ　　う　クマゼミ　　え　オオクワガタ

問４　幼虫の「姿勢（形）」がフンに擬態しているのならば，実験１でどのような結果になると予想されますか。次の中から適するものを一つ選び，あ～う の記号で答えなさい。(　　　)

あ　直線姿勢のモデルは，巻き姿勢のモデルと同程度の攻撃を受ける

い　直線姿勢のモデルは，巻き姿勢のモデルよりも攻撃を受ける

う　直線姿勢のモデルは，巻き姿勢のモデルよりも攻撃を受けにくい

問５　実験２において，白と黒のしま模様に着色したモデルの結果は，図３のグラフ A のようになった。幼虫の模様が鳥のフンに擬態するために有効であるのならば，緑色に着色したモデルの結果は，どのような結果となると予想されるか。図３のグラフから一つ選び，B～D の記号で答えなさい。(　　　)

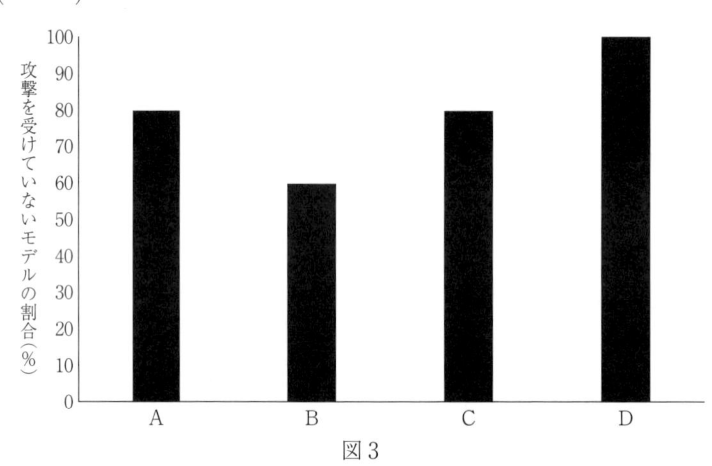

図３

次に，太郎くんは公園にはどのくらいさまざまな種類のガが生息しているのかを調べるために，「多様度指数」を求めることにしました。多様度指数とは，その地域に生息する生物の多様性を示す値で，以下の式で求めることができます。

多様度指数＝１－(全個体数に対するそれぞれの種類の割合×全個体数に対するそれぞれの種類の割合　の和)

太郎くんは，３つの公園でガを採集しその種類と個体数を記録しました。その結果は，表１のようになりました。

表1　3つの公園で採集されたガの種類とその個体数

	種類A	種類B	種類C	種類D
公園1	40	40	0	0
公園2	20	20	20	20
公園3	20	60	0	0

公園1の結果について，多様度指数を計算すると以下のようになりました。

多様度指数＝1－(Aの割合×Aの割合＋Bの割合×Bの割合＋Cの割合×Cの割合＋Dの割合×Dの割合)

＝1－(0.5×0.5＋0.5×0.5＋0×0＋0×0)

＝0.5

問6　公園2と公園3の多様度指数をそれぞれ計算し，小数第3位を四捨五入して小数第2位まで答えなさい。公園2（　　　）　公園3（　　　）

太郎くんは，3つの公園の多様度指数の比較(かく)から，公園2の多様性が最も高いということが分かりました。しかし，ある時期にもともと公園2には生息していなかったガ（種類E）がこの公園2に侵(しん)入しました。その結果，種類A～Dの個体数はそれぞれ半減し，種類Eは60個体となりました。

問7　種類Eの侵入によってこの公園2のガの多様性はどのように変化しましたか。「上昇」か「低下」で答えなさい。（　　　）

8　≪こん虫≫　次の文章を読んで，後の問いに答えなさい。　（六甲学院中）

数万年前の北アメリカ大陸は氷河期で現在よりも気温が低く，多くの地域でセミが絶滅(ぜつめつ)しました。氷河期でも比較的(ひかくてき)暖かかった場所で，いっせいに多くの成虫が発生した年だけは，天敵の鳥などに食べつくされることなく，オスとメスが出会って卵を残すことができました。やがて，一定の年数でいっせいに成虫になる性質をもつセミだけが生き残りました。このようなセミを周期ゼミといい，例えば，17年周期でいっせいに成虫になるセミは17年ゼミと呼ばれています。この17のように1とその数のみを約数とする数を素数と言います。

表1は，12年～18年ゼミが同じ年に発生（同時発生）した後，次に同時発生するまでの年数をまとめたものです。異なる周期をもつ成虫のオスとメスは，2つの周期の最小公倍数ごとに出会います。異なる周期のセミどうしの卵は，ほとんどがもとの周期とは異なる年数で羽化し，いっせいに成虫になりません。異なる年にばらばらに発生した成虫は，天敵に食べつくされることが多く，オスとメスの出会いは少なくなり，やがては絶滅してしまいます。このようにして，周期ゼミだけが生き残ってきたと考えられています。

また，周期ゼミの中でも，特定の年数の周期をもつセミだけが生き残りました。いま，X年の周期をもつX年ゼミの成虫と，Y年の周期をもつY年ゼミの成虫が同じ場所で同時発生し，X年ゼミとY年ゼミの成虫の数の割合は60％と40％だったとします。また，オスとメスは同数ずついて，X年ゼミとY年ゼミでオスとメスの出会いやすさや1匹(ぴき)のメスがうむ卵の数などに差がないものとします。このとき，両親の組合せと，すべての卵数に対するそれぞれの両親からうまれる卵数の割合

（%）は，表2のようになります。異なる周期どうしの両親からうまれたセミのすべてが，羽化するまでの年数がもとの周期からずれたものとし，卵から無事に成長して成虫になる割合はX年ゼミとY年ゼミとで変わらないものとすると，次に発生するX年ゼミとY年ゼミの成虫の数の割合の比は（ ① ）になると考えられます。長い期間をかけて，2つの周期の最小公倍数でX年ゼミとY年ゼミが何度もくり返して出会ううちに，やがてX年ゼミの成虫だけが発生するようになります。

表1　12年～18年ゼミが同時発生した後，次に同時発生するまでの年

	12	13	14	15	16	17	18
12	12	156	84	60	48	204	36
13	156	13	182	195	208	（ B ）	234
14	84	182	14	210	（ A ）	238	126
15	60	195	210	15	240	255	（ C ）
16	48	208	（ A ）	240	16	272	144
17	204	（ B ）	238	255	272	17	306
18	36	234	126	（ C ）	144	306	18

表2　X年ゼミとY年ゼミの両親の組合せと，すべての卵数に対するそれぞれの両親からうまれる卵数の割合（%）

オス／メス	X年ゼミ（60%）	Y年ゼミ（40%）
X年ゼミ（60%）	（ D ）%	24%
Y年ゼミ（40%）	（ E ）%	（ F ）%

(1)　セミと同じように液を吸う口をもつ昆虫（こんちゅう）を次の(ア)～(オ)からすべて選び，記号で答えなさい。

（　　　）

(ア)　ナナホシテントウ　(イ)　オオカマキリ　(ウ)　モンシロチョウ　(エ)　オンブバッタ

(オ)　アカイエカ

(2)　痛みを感じにくい注射針のヒントになった昆虫を(1)の(ア)～(オ)から選び，記号で答えなさい。

（　　　）

(3)　セミと同じようにさなぎにならずに成虫になる昆虫を(1)の(ア)～(オ)からすべて選び，記号で答えなさい。（　　　）

(4)　表1中のA～Cを，入る数が大きい順に並べるとどうなりますか。次の(ア)～(カ)から選び，記号で答えなさい。（　　　）

(ア)　A→B→C　(イ)　A→C→B　(ウ)　B→A→C　(エ)　B→C→A　(オ)　C→A→B

(カ)　C→B→A

(5)　表2中のD～Fに数を入れて，表を完成させなさい。

D（　　　）　E（　　　）　F（　　　）

(6)　前の文章中の（ ① ）に入る比を，最も簡単な整数の比で答えなさい。（　　：　　）

(7)　次の文章中の（ あ ）～（ え ）に入る言葉や数を答えなさい。

あ（　　　）　い（　　　）　う（　　　）　え（　　　）

表1にもとづいて考えると，（ あ ）年ゼミや（ い ）年ゼミのような（ う ）数の周期をもつセミは他の周期のセミと前回出会ってから100年以上たっても出会わないことがわかります。これらの周期をもつセミは，他の周期をもつセミに比べて，（ え ）しにくいと考えられます。

2024年に13年ゼミと17年ゼミが別々の場所で同時発生すると予測されています。13年ゼミの発生が予測されている場所を○，17年ゼミの発生が予測されている場所を×で図3中に示します。

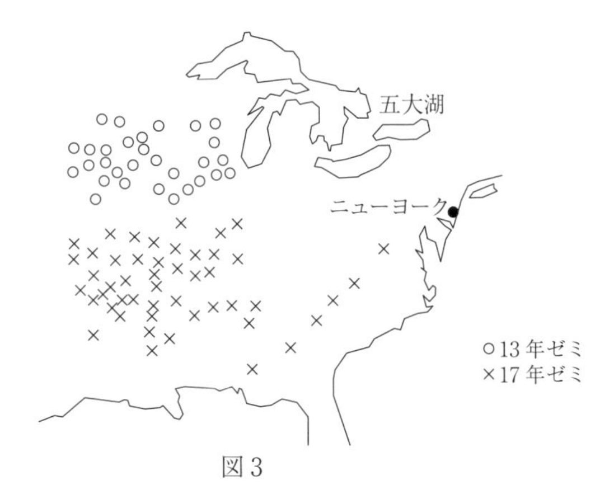

図3

(8)　2024年の前に13年ゼミと17年ゼミの成虫が同時発生したのは，何年ですか。（　　　年）

(9)　図3のように13年ゼミと17年ゼミがそれぞれ別の場所で発生するようになった理由を，「ある時代に同じ場所で13年ゼミと17年ゼミが発生していたとしても」という言葉に続けて説明しなさい。ただし，13年ゼミと17年ゼミの暑さや寒さに対する性質は同じであるものとします。

（ある時代に同じ場所で13年ゼミと17年ゼミが発生していたとしても，　　　）

9　≪メダカ・プランクトン≫　（甲陽学院中）

［Ⅰ］　図1はメダカを，図2は育っているメダカの卵を示したものです。メダカは，まわりの明るさによって体色を変えることができます。メダカを，底面が黒い水そう（水そうA）と底面が白い水そう（水そうB）に入れ，次のような実験を行いました。

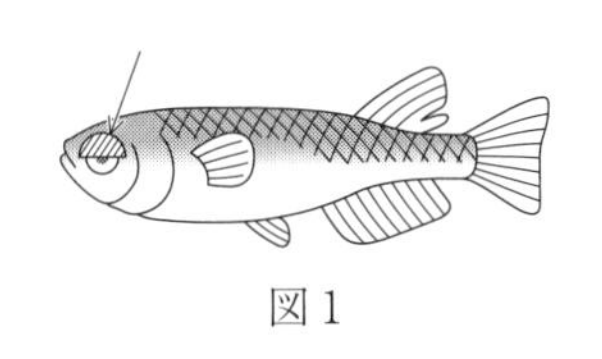

図1

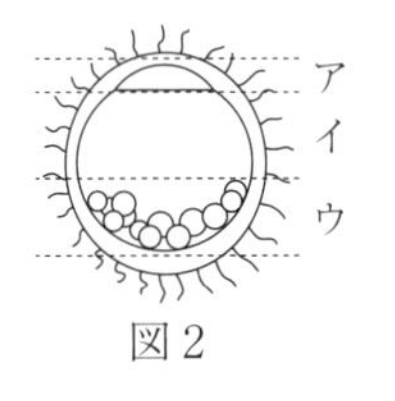

図2

［実験1］　数ひきのメダカを水そうAに入れて明るいところに5分間おくと，どのメダカも体色が暗くなった。また，数ひきのメダカを水そうBに入れて明るいところに5分間おくと，どのメダカも体色が明るくなった。

［実験2］　両目の上半分（図1の矢印の部分）を黒くぬって目の上方から光が入らないようにしたメダカを，水そうAと水そうBに数ひきずつ入れて明るいところに5分間おくと，どのメダカも体色が明るくなった。また，それとは別に，両目の下半分を黒くぬって目の下方から光が入らないようにしたメダカを，水そうAと水そうBに数ひきずつ入れて明るいところに5分間おくと，どのメダカも体色が暗くなった。

問1　図1に示したメダカは，オス・メスのどちらですか。また，そのように答えた理由を2つ書きなさい。（　　　）　理由（　　　　　　）（　　　　　　）

問2　図2において，メダカのからだのもとになる部分として最も適当なものを選び，記号で答えなさい。(　　　)

問3　［実験1］にみられたメダカの反応は，メダカにとってどんな点で都合がいいですか。
(　　　　　　　　　　　　　　　　　　　　　　　)

問4　［実験1］，［実験2］の結果から考えられることとして最も適当なものを選び，記号で答えなさい。(　　　)

ア．メダカは，目の上方から光が入ったとき，体色は必ず明るくなる。

イ．メダカは，目の上方から光が入ったとき，体色は必ず暗くなる。

ウ．メダカは，目の上方から入る光の量に比べて下方から入る光の量が少ないとき，体色が明るくなる。

エ．メダカは，目の上方から入る光の量に比べて下方から入る光の量が少ないとき，体色が暗くなる。

オ．メダカは，目の上方から入る光の量と下方から入る光の量の合計が一定量をこえたときに体色が明るくなる。

問5　メダカの体表には，図3のような小さい袋(ふくろ)状のものが，からだ全体をおおうようにたくさん分布しています。それぞれの袋の中には多数の黒いつぶがふくまれており，メダカはこの黒いつぶを袋の中で動かすことによって体色を変えます。メダカの体色が明るいとき，袋の中のようすは図3のいずれになっていますか。記号で答えなさい。(　　　)

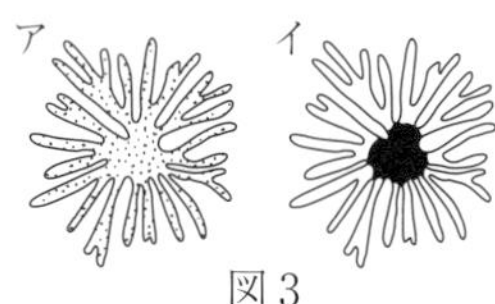

図3

［Ⅱ］　池，湖や海にはプランクトンとよばれる小さな生物がいます。

問6　プランクトンの中で光合成をするものを植物プランクトンといいます。図4の植物プランクトンの名前を答えなさい。(　　　)

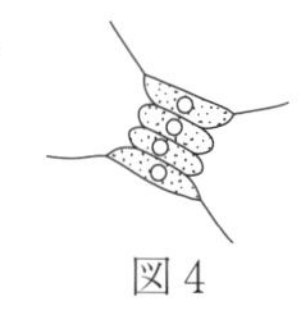
図4

問7　よく晴れた夏の朝，ある湖の深さ30cmから水をとり，青色のBTB液を入れた後，息をふきこんで，液の色を緑色にしました。緑色になった液を明ビン（とう明で光が内部まで届くビン）と暗ビン（表面が黒く光が内部に全く届かないビン）の両方に入れてふたをし，それぞれ明A，暗Aとします。また，深さ1.5mから水をとり，上と同じ処理をした後，緑色になった液を2本の明ビン（明B，明C）と2本の暗ビン（暗B，暗C）に入れてふたをしました。明Aと暗Aと明Bと暗Bは深さ30cmに，明Cと暗Cは深さ1.5mに，3時間つるし（図5），その後ビンを引き上げて色の変化を調べました。結果は，明ビンはすべて青色になり，色のこさはこい順に明A，明B，明Cになりました。一方，暗ビンはすべて黄色になり，暗Bと暗Cはこさは同じでともに暗Aに比べてうすくなりました。ビン内の生物は植物プランクトンのみとし，この実験を通して，植物プランクトンが弱ったり死んだりすることはありません。また，植物プランクトンの色によって液の色が変わることはなく，温度は関係ないものとします。BTB液は，色のこい方がその色の示す性質が強くなります。

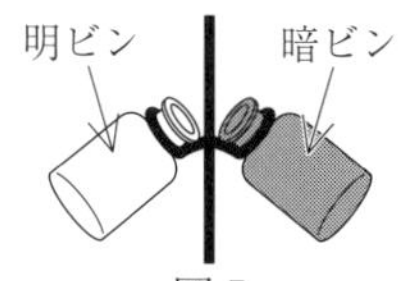

図5

⑴ 下線部の結果になった理由について，次の文の（　）に入る語句として最も適当なものを選び，記号で答えなさい。①(　　) ②(　　) ③(　　) ④(　　)

「明ビンでは，（ ① ）されたから，液が（ ② ）性になった。暗ビンでは，（ ③ ）されたから，液が（ ④ ）性になった。」

ア．二酸化炭素が放出　イ．二酸化炭素が吸収　ウ．酸素が放出　エ．酸素が吸収
オ．酸　カ．中　キ．アルカリ

⑵ 明Aが明Cよりも色がこくなる理由を2つ書きなさい。
(　　　　　　　　)(　　　　　　　　)

⑶ 暗Bと暗Cは，同じ深さから水をとりましたがつるした深さがちがいます。暗Bと暗Cでこさが同じになる理由を書きなさい。(　　　　　　　　)

問8 海の浅いところにすんでいる生物の食物れんさの出発点はふつう植物プランクトンです。一方，深さ1000mよりも深い海は光が届かず，植物プランクトンはいません。このような深い海にすんでいる生物の食物れんさの出発点は何ですか。ただし，深い海にすんでいる生物が浅いところに移動することはないものとします。(　　　)

10 ≪生物のつながり≫ 次の文を読み，以下の問いに答えなさい。（大谷中－大阪－）

地球上には数百万以上の種類の生物がすんでいます。同じ地域でも多種類の生物が，いろいろなかたちでおたがいに関係をもちながら，共に暮らしています。なかには異なる種類の生物の間で，両者にとって利益となるような行動や暮らしかたがみられることがあります。このような関係を相利共生（そうりきょうせい）といいます。

たとえば，ホンソメワケベラという小型の海水魚は，クエなどの大型の魚の口やえらぶた，ひれなどについた寄生虫を食べます。こうした魚は掃除魚（そうじうお）とよばれます。掃除魚にとっては寄生虫がえさになるので，掃除される側と掃除する側の両方が利益を得ることになります。

一方，共生する生物の片方だけが利益を得て，相手にとっては利益も不利益もない関係も知られています。これを片利共生（へんりきょうせい）といいます。また，利益を得る生物の活動が共生する相手にとって不利益になる場合は寄生（きせい）といいます。

(問) 本文中であげたほかにも，共生・寄生の例は多く知られています。相利共生，片利共生，寄生の例として適当なものを，次のア～カからそれぞれ2つずつ選び記号で答えなさい。

相利共生(　　)(　　) 片利共生(　　)(　　) 寄生(　　)(　　)

ア．ナマコとカクレウオ：ナマコのからだの中にカクレウオという魚がすみつく。カクレウオは天敵から身を守ることができる。

イ．サメとコバンザメ：サメのからだに小型のサメであるコバンザメがぴったりくっつく。

ウ．アリとアブラムシ（アリマキ）：アリはアブラムシ（アリマキ）から甘露（かんろ）（えさ）をもらう。テントウムシはアブラムシを食べるが，アリが近くにいると食べる量が減る。

エ．マメ科植物と根粒菌（こんりゅうきん）：マメ科植物の根には根粒とよばれる粒がみられ，この中に根粒菌とよばれる細菌（さいきん）（微（び）生物の一種）がすんでいる。根粒菌は植物の成長に必要な養分（肥料分）の一種であるアンモニアをつくり，植物にわたす。根粒菌が生活するために必要な栄養

分は植物からもらう。

オ．ヤドリギと樹木：ヤドリギは緑色をしていて光合成をおこなうが，別の植物（樹木）の高い位置にある幹や枝に取りつく。また，根のようなつくりを樹木の中に差しこんで水や養分をうばう。

カ．ハリガネムシとカマキリ：ハリガネムシは針金のように細長い動物で，カマキリのからだの中で成長する。じゅうぶん成長すると，カマキリの脳にはたらきかけて水中に飛びこませ，カマキリの肛門（こうもん）から水中へ脱出（だっしゅつ）する。

11 ≪生物総合≫　次の文章を読み，以下の問いに答えなさい。　（大阪星光学院中）

じゅん君の家では，庭の畑で野菜を作っています。野菜が苦手なじゅん君は，自分で育てた野菜なら食べられるのではと考え，育ててみることにしました。お母さんに相談すると，ツルレイシ（ニガウリやゴーヤーともよばれる）の苗（なえ）と，ジャガイモの「たねいも」（そのまま植えてふやすためのいも）をわたされました。

ツルレイシの苗を畑に植えてしばらくたつと，成長して黄色い花がたくさん咲（さ）き始めましたが，よく見ると2種類の花があることに気づきました。一方の花（花Aとする）は中心に細くて黄色い棒のようなものが5本あり，花のつけ根はふくらんでいませんでした。しかし，他方の花（花Bとする）は中心に太くて黄緑色の丸いものが1つあり，花のつけ根がふくらんでいました。数日後，一部の花に実がなりました。

ジャガイモの「たねいも」を日光の当たるところに数日置いておくと，芽が出てきたので畑に植えました。しばらくたつと，成長して1種類の花がたくさん咲き，一部の花に実がなりました。実の中にはたくさんの小さな種子ができていました。種子をまくと発芽し，じゅうぶん成長した株をあとで掘（ほ）り起こしてみると，土の中にビー玉くらいの小さなジャガイモができていました。「たねいも」から成長した株には，普通（ふつう）の大きさのジャガイモができていました。

畑には十分なこん虫がいて花粉を運び，花粉が運ばれないために受粉できない花はないものとします。

問1　ツルレイシの花Aと花Bは，それぞれ何とよばれる花かを答えなさい。

花A（　　　）　花B（　　　）

問2　ツルレイシとジャガイモでは，どちらも一部の花に実がなりましたが，その内容にはちがいがありました。ジャガイモではおしべとめしべがある花が受粉してその一部に実がなりましたが，ツルレイシではどのように実がなりましたか。正しく表しているものを次のア～エから1つ選び，記号で答えなさい。（　　　）

ア　ツルレイシでは，すべての花が受粉したが花Bだけが実をつけた。

イ　ツルレイシでは，花Bだけが受粉して実をつけた。

ウ　ツルレイシでは，すべての花が受粉したが花Aだけが実をつけた。

エ　ツルレイシでは，花Aだけが受粉して実をつけた。

問3　ジャガイモの「たねいも」は，ツルレイシのどの部分に相当しますか。次のア～エから1つ選び，記号で答えなさい。（　　　）

ア 花　イ 実　ウ 葉　エ 茎(くき)

問4　ジャガイモは「たねいも」でも種子でもふえます。畑ではふつう「たねいも」でふやす理由を説明した次の文中の（ A ），（ B ）に当てはまる語句を書きなさい。（ A ）と（ B ）には異なる語句が入ります。A（　　　）　B（　　　）

ジャガイモの「たねいも」の中には（ A ）が多くふくまれているため，種子のように（ A ）を外から与えなくても適当な温度と空気があるだけで発芽できる。また，種子にくらべて多くの（ B ）がふくまれているため，成長したり新しい「いも」をつくるのに役立つので，「たねいも」からふやす方が都合がよい。

受粉や受精が起こらなくてもふえる植物があるなら，動物でも同じようなふえ方をするものがあるのではと思ったじゅん君は，インターネットで動物のふえ方を調べてみました。するとネズミのようにおすとめすの区別があって，おすとめすの両方がいないと子がつくれない動物があったり，ミツバチのようにおすとめすの区別があっても，めすだけで子をつくることができる動物があったり，カタツムリのようにおすとめすの区別がないのに受精によって子をつくる動物もあって，それぞれにふさわしいふえ方があることがわかりました。

問5　カタツムリにはおすとめすの区別がありませんが，精子と卵の両方をつくり，2匹(ひき)のカタツムリがおすとめすの両方の役割を同時に行うことができます。ただし，自分の精子と卵が受精することはなく，必ずほかの個体の精子と卵が受精するものとします。いま，カタツムリとネズミをそれぞれ別の容器の中で決まった数を飼育すると，それぞれの数はどのようにふえると考えられますか。次のア～カから正しいものを2つ選び，記号で答えなさい。ただし，飼育中に1匹のカタツムリおよびめすのネズミは体内にそれぞれ10個の卵をつくり，精子を受け取る相手は選(よ)り好みをせず，卵は受精すればすべて子になるものとします。また，飼育に用いるネズミのおすとめすは2分の1の確率で選ばれるものとします。（　　　）（　　　）

ア　カタツムリは1匹いれば，その10倍の子をつくることができる。

イ　カタツムリは2匹いれば，その10倍の子をつくることができる。

ウ　カタツムリは2匹いても，子ができない場合がある。

エ　ネズミは1匹いれば，その10倍の子をつくることができる。

オ　ネズミは2匹いれば，その10倍の子をつくることができる。

カ　ネズミは2匹いても，子ができない場合がある。

問6　次の文は生き物のふえ方について述べたものです。文中のあ（　　）～く（　　）に当てはまる語句をそれぞれ1，2から選び，番号で答えなさい。

あ（　　　）　い（　　　）　う（　　　）　え（　　　）　お（　　　）　か（　　　）　き（　　　）　く（　　　）

ツルレイシのように受精によるふえ方は，あ（1．一つの株（片方の親）の　　2．二つの株（両方の親）の）性質を受けつぐので，い（1．いろいろな　　2．同じ）性質をもったなかまができ，ちがった条件の場所でもふえる可能性がある。たねいもからできるジャガイモのように受精しないふえ方は，う（1．一つの株（片方の親）の　　2．二つの株（両方の親）の）性質を受けつぐので，え（1．いろいろな　2．同じ）性質をもったなかまができ，似た条件の場所で簡単にふえる可能性がある。

ツルレイシのように実をつけて中の種子からふえると，実がはじけたり動物に食べられたりして，なかまが，お（1．広い　2．せまい）範囲（はんい）に分布し，育つのに適さないところにも分布する可能性は，か（1．大きく　2．小さく）なる。ジャガイモのように「たねいも」からふえると，なかまが，き（1．広い　2．せまい）範囲に分布し，育つのに適さないところにも分布する可能性は，く（1．大きく　2．小さく）なる。

12 **≪生物総合≫** 以下の文の（　）に最もよくあてはまる語句または数をそれぞれ答えなさい。また，｛　｝にあてはまるものをそれぞれア，イから選び，［ ⑥ ］にあてはまるものを下線部のあ～えからすべて選び記号で答えなさい。さらに，［A］と［B］にあてはまる語句をそれぞれ答えなさい。 **（灘中）**

①（　　）②（　　）③（　　）④（　　）⑤（　　）⑥（　　）⑦（　　）
⑧（　　）⑨（　　）⑩（　　）⑪（　　）⑫（　　）
A（　　　　　　）B（　　　　　　）

生物の中で現在最も種類が多いのは昆虫（こんちゅう）です。しかし，3億年前の地球にはメガネウラという体長70cmほどのトンボの仲間が存在していたものの，現在の地球ではそのような大きな昆虫を見ることはできません。また，昔も今も昆虫は海にほとんど存在しません。これらの理由を考えてみましょう。

仮に昆虫が進化して，からだが巨大（きょだい）になったとします。まず，昆虫がその大きなからだを支えられるかどうかについて考えます。

昆虫はからだの外側が比較（ひかく）的かたくなっていて体重を支えています。この構造を外骨格といいます。たとえば昆虫のからだが相似形で2倍に（同じ形のまま各部の長さがすべて2倍に）なったとします。からだの密度（1 cm^3 あたりの重さ）が変わらないと仮定すると，「体重を，脚（あし）の断面積で割った値」はもとの（ ① ）倍になります。したがって昆虫が大きくなった場合，そのからだを支えるためには，脚をさらに太くする，あるいは昆虫のなかまとは呼べなくなってしまいますが，脚の［A］ことが必要になります。

ところで，昆虫の外骨格の主成分は，酸素を利用して固まるクチクラという物質です。ただし，クチクラは非常に硬（かた）いわけではありません。一方，カニも外骨格を持つ生物であり，深海で生息する大きなカニが知られています。このカニが大きなからだを支えられるのは，カニの外骨格が海水中に含（ふく）まれるカルシウムを取り込（こ）んで非常に硬くなっていることや，水中では［B］ことが理由として考えられます。

ちなみに，ゾウは非常に巨大な陸上の生物ですが，今よりもさらにからだを大きくするには，ゾウの脚を構成する（ ② ）と骨を太くする必要があります。かつて存在した恐竜（きょうりゅう）は，ゾウよりもきわめて大きいものも存在しましたが，恐竜はからだの（ ③ ）がゾウに比べてかなり小さかったため，その体重を支えることができました。

以上のように，外骨格をもつ生物であっても内骨格（からだの内部にあって体重を支える骨）をもつ生物であっても，進化して巨大になることは簡単ではないことがわかります。

次に，からだを支えること以外で，昆虫が巨大化できない理由を考えます。

昆虫は外骨格につながった気管を体内にもっており，この気管を使って呼吸しています。昆虫は一生のうちで何回か（ ④ ）を行うことでからだを大きくしますが，外骨格だけでなく気管も一回り大きくなります。このとき気管は⑤｛ア　単純　　イ　複雑｝な構造のほうがうまく（ ④ ）を行うことができます。

また，ゾウの血液の役割には，あ　酸素の運搬　　い　老廃物の運搬　　う　二酸化炭素の運搬　え　養分の運搬などがありますが，昆虫の体液の役割としてあてはまるものは，下線部の あ～え のうち［ ⑥ ］です。昆虫は背中側に心臓と血管をもち，腹の体液を頭まで移動させますが，頭で血管は途切れてなくなり，体液は頭・胸・腹へと拡散します。このことから，昆虫とゾウでは⑦｛ア　昆虫　　イ　ゾウ｝の方がより計画的に血液または体液を全身に送ることができると言えます。

呼吸についても，昆虫（特に幼虫）とゾウを比較すると，⑧｛ア　昆虫　　イ　ゾウ｝のほうがより効率よく呼吸することができます。

つまり，血液・体液の循環という点でも，呼吸という点でも，昆虫が巨大化するのは難しいと結論できそうです。

なお，現在の地球で比較的大きな昆虫が見られる地域は熱帯雨林などです。大昔にメガネウラのような巨大な昆虫が生息していたのも，当時の地球は空気中の（ ⑨ ）の割合が大きかったためであると考えられます。

最後に，昆虫が海で生息できるかどうかについて考えてみます。

陸上に生息する生物が進化して再び海に生息するようになった例として，ほ乳類ではクジラ，は虫類ではウミヘビ，植物ではアマモなどが知られています。空を飛ばない鳥のなかまで，海に生息または海で活動するものの例には（ ⑩ ）があります。

しかし，海に生息する昆虫はほとんど見つかっていません。それは，海水中という環境では，ヒトと同様にからだの中の体液の（ ⑪ ）の濃さを調節できないことや，酸素が少ないので（ ⑫ ）をつくりにくいことが理由だと考えられています。

8　人のからだ

1　≪誕生≫　人のたんじょうについて，次の問いに答えなさい。　（近大附中）

問い

(1)　次の文章の空らん(①)～(⑧)にあてはまる言葉を答えなさい。

①(　　　)　②(　　　)　③(　　　)　④(　　　)　⑤(　　　)　⑥(　　　)　⑦(　　　)
⑧(　　　)

女性の体内の卵巣でつくられた（ ① ）と男性の体内の精巣でつくられた（ ② ）が結びつくことを（ ③ ）といい，（ ① ）と（ ② ）が結びついてできたものを（ ④ ）という。

（ ④ ）は女性の体内の（ ⑤ ）で育っていく。

母親のおなかの中のこどもは（ ⑤ ）のかべにできた（ ⑥ ）から，酸素や（ ⑦ ）をもらって成長する。

母親のおなかの中のこどもと（ ⑥ ）は（ ⑧ ）でつながっている。

(2)　母親のおなかの中のこどもは，ある液体の中でうかんだような状態になっています。このある液体の名前とはたらきを答えなさい。

名前(　　　)　はたらき(　　　　　　　　　　　　　　　　　　　　　　　　　　　)

(3)　うまれたばかりのこどもが初めて息をしたときの音を何といいますか。(　　　)

(4)　母親のおなかの中のこどもは，およそ38週でうまれてきます。38週は日数にすると何日ですか。(　　　日)

(5)　母親のおなかの中のこどもの体重は4週で約0.01gですが，うまれてくるときには約3kgになります。4週からうまれてくるまでにこどもの体重は何倍になっていますか。(　　　倍)

母親のおなかの中での週数とこどもの育ち方について，下の表にまとめました。表を見て次の問いに答えなさい。

表

週数	こどものようす	体重
4週	心臓が動き始める。うでやあし，脳や筋肉などの重要な部分がつくられ始める。	約0.01g
8週	目や耳ができる。手やあしの形がはっきりしてきて，指もできてくる。からだを動かし始める。	約1g
16週	からだの形や顔のようすが，はっきりしてくる。女性か男性かが区別できる。	約200g
24週	心臓の動きが活発になり，からだを回転させて，よく動くようになる。	約900g
36週	おなかの中で回転できないぐらいに，大きくなる。手あしの動きが活発なので，母親はこどもの動きを感じることが多くなる。	約2900g

問い

(6)　週数とこどものようすについて，正しいものを次のア～エから1つ選び，記号で答えなさい。

(　　)

ア：母親のおなかの中の子どもは，目や耳ができ，手あしの形がはっきりしてくると，心臓が動き始める。

イ：母親のおなかの中の子どもは，おなかの中で回転できないぐらいに大きくなった頃に，女性か男性かが区別できるようになる。

ウ：母親のおなかの中の子どもは，まず心臓が動き始めて，そこからうでやあし，脳や筋肉などの重要な部分がつくられ始める。

エ：母親のおなかの中の子どもは，生まれる頃（38 週）には体重が 3 kg 程になり，心臓の動きが活発になり，からだを回転させて，よく動くようになる。

(7) 4 週から 36 週までの母親のおなかの中のこどもの体重をグラフで表したものとして，正しいものを次のア～エから 1 つ選び，記号で答えなさい。(　　　)

ア
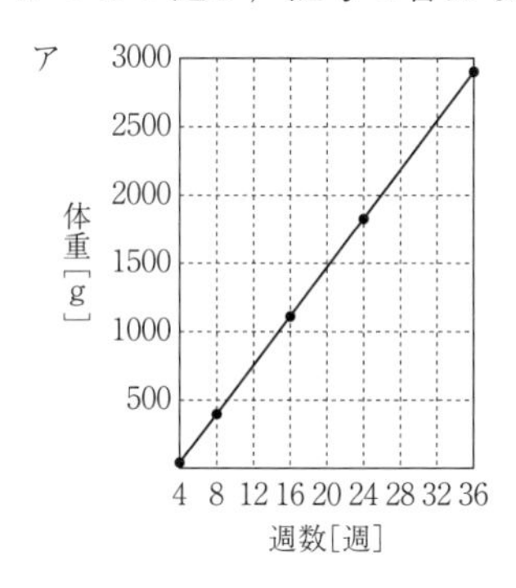

イ
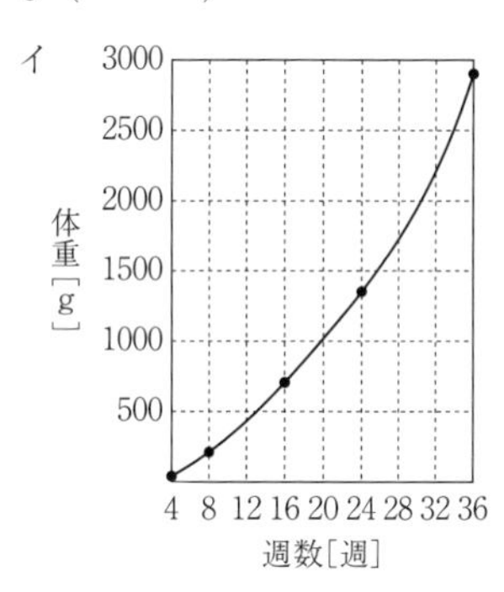

ウ
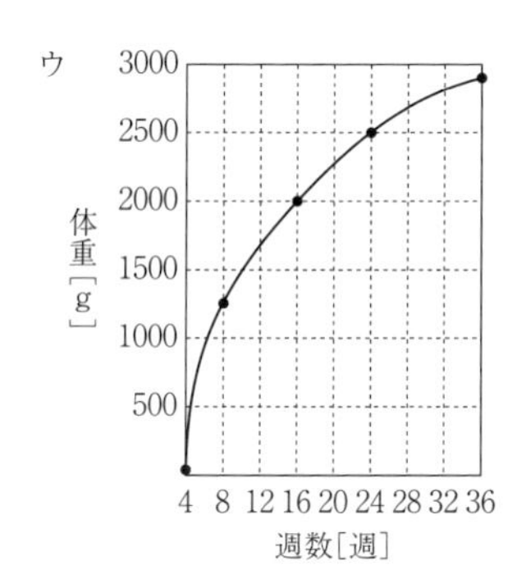

エ
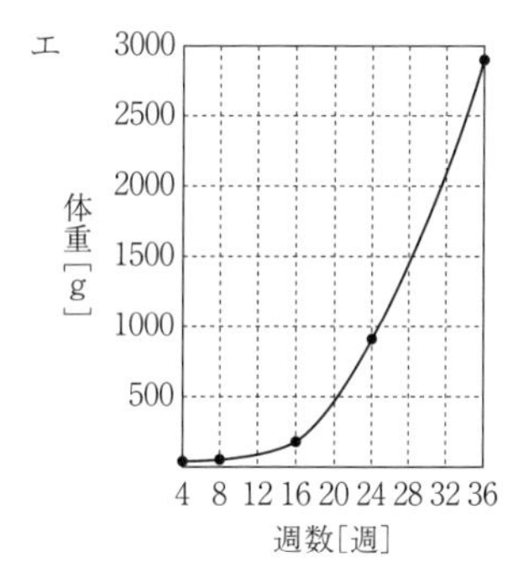

(8) 4 週から 36 週までの母親のおなかの中のこどもの体重について，正しいものを次のア～ウから 1 つ選び，記号で答えなさい。(　　　)

ア：週数と母親のおなかの中のこどもの体重は比例関係にある。

イ：週数が増えるにつれて，体重の増える割合は小さくなっている。

ウ：週数が増えるにつれて，体重の増える割合は大きくなっている。

2 ≪消化と吸収≫　次の会話文を読み，後の各問いに答えなさい。　(同志社女中)

花子：先生，この前家族で外食をしたとき，酢豚（すぶた）の中にパイナップルが入っていたんです。肉だけを食べていたら，お母さんに「肉とパイナップルを一緒に食べると体にいいのよ。」と言われました。これって本当ですか？

先生：そうだね。パイナップルには，たんぱく質を分解する酵素（こうそ）というものがふくまれているから，私たちが①食べ物を細かくかみくだいて体に吸収されやすい養分に変える手助けになるんだよ。

花子：あれ，それってなんだかこの前理科の授業でやった実験みたいだわ。

先生：よく思い出したね。先日「だ液のはたらきを調べる」実験をしたよね。せっかくだから復習をしてみよう。

【実験Ⅰ】

〈方法〉

1．少量のご飯つぶと水を乳ばちに入れて，乳棒ですりつぶした。

2．1の上ずみ液を6本の試験管に分け，試験管A，Bには水を，C，Dにはだ液を，E，Fには沸(ふっ)とうさせたあと冷ましただ液をそれぞれ加えた。

3．試験管A，C，Eは約40℃のぬるま湯が入ったビーカーに入れて温め，B，D，Fは氷水が入ったビーカーに入れて冷やした。

4．それぞれの試験管にヨウ素液を数てき入れて，色の変わり方を調べた。

試験管	加えたもの	ビーカーの中
A	水	ぬるま湯
B	水	氷水
C	だ液	ぬるま湯
D	だ液	氷水
E	沸とうさせたあと冷ましただ液	ぬるま湯
F	沸とうさせたあと冷ましただ液	氷水

先生：この実験では，②ある試験管だけが他の試験管と色の変わり方が異なっていたね。このことから，だ液によってご飯の（ a ）が変化することが分かったよ。ちなみにこのときだ液の中にふくまれる酵素のはたらきで，（ a ）は（ b ）に変化しているよ。

花子：へぇ，だ液の中にも酵素がふくまれていたのね。この実験結果から，いろいろなことが分かりそうですね。

先生：そうだね。まず，③酵素はだいたい体温と同じくらいの温度のときによくはたらくよ。そして，④酵素は高温に弱い。これは，酵素はたんぱく質からできているのだけれども，このたんぱく質は高温になると形が変わってはたらかなくなってしまうからなんだ。生肉を焼くと色や感しょくが変わるのと同じだね。

花子：なるほど。そういう性質をもつ様々な酵素が，私たちの体内ではたらいているのですね。

問1　（ a ），（ b ）にあてはまる語をそれぞれ答えなさい。a（　　　）　b（　　　）

問2　下線部①を何というか。漢字二文字で答えなさい。（　　　）

問3　下線部②について，他の試験管と色の変わり方が異なっていた試験管はA～Fのうちどれか。またその結果は，次のア～エのうちどれか。それぞれ記号で答えなさい。

試験管（　　　）　結果（　　　）

ア．青紫（むらさき）色に変わった。　　イ．赤紫色に変わった。　　ウ．白くにごった。

エ．色は変わらなかった。

問４　下線部③と④について，これらの酵素の性質は，それぞれどの２本の試験管の結果を比べると分かるか。その組み合わせとして，最も適当なものを次のア～ソからそれぞれ一つずつ選び，記号で答えなさい。③(　　　)　④(　　　)

ア．AとB　　イ．AとC　　ウ．AとD　　エ．AとE　　オ．AとF　　カ．BとC

キ．BとD　　ク．BとE　　ケ．BとF　　コ．CとD　　サ．CとE　　シ．CとF

ス．DとE　　セ．DとF　　ソ．EとF

先生：実は少し変わったタイプの酵素があってね，補酵素（ほこうそ）というものがあるんだ。

花子：補酵素？　漢字の意味から考えて，酵素を補うようなものですか？

先生：その通り。簡単に図で説明すると，ある酵素Xは補酵素Yがくっついているときだけはたらいて，酵素Xだけだとはたらかないんだ。

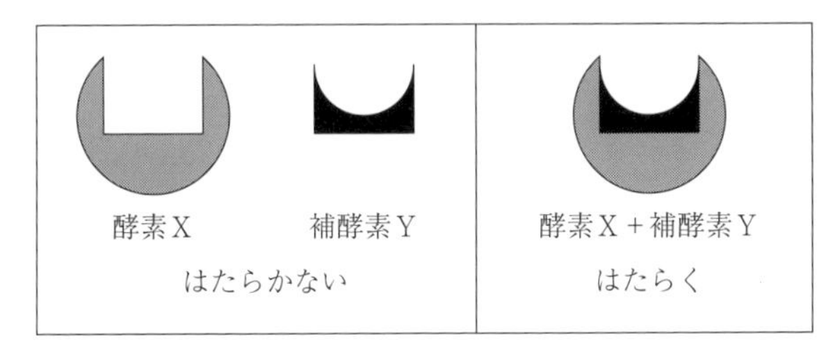

花子：それだとなんだか不便ですね。

先生：そんなことはないよ。酵素Xをはたらかせるかどうかを補酵素Yで調節ができるから，とても便利なんだよ。

花子：なるほど。補酵素Yってどんなものなんですか？

先生：補酵素Yは酵素Xと違（ちが）ってとても小さいものなんだ。だからセロハンのようにとても小さなあなが開いている袋（ふくろ）を使うと，酵素Xと補酵素Yを分けることができるよ。これは，腎（じん）臓の病気の人がする透（とう）せきという治りょうと同じ仕組みだね。これを利用すると，こんな実験もできるよ。

【実験Ⅱ】

〈方法〉

1．右図のように，酵素Xと補酵素Yをふくんだ水溶（よう）液をセロハンの袋に入れ，水の中に入れた。十分に時間がたってからセロハンの中の液（内液）とセロハンの外の液（外液）に分けた。

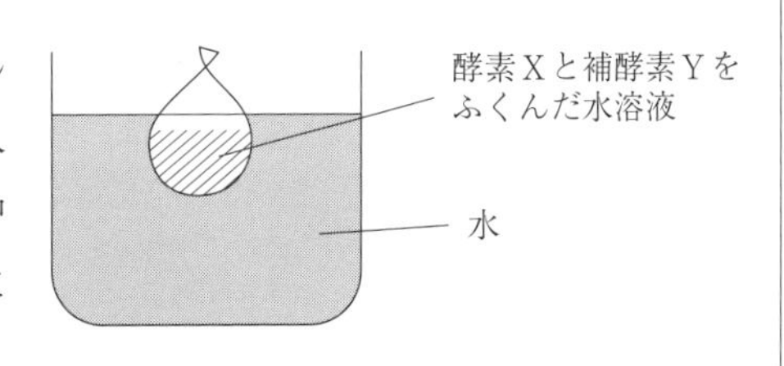

2．1で分けた内液と外液を使っていろいろな組み合わせの水溶液をつくり，酵素のはたらきがあるかどうかを調べた。

〈結果〉 実験の結果は右の表のようになった。

組み合わせ	酵素のはたらき
内液のみ	×
外液のみ	×
内液＋外液	○
加熱した内液＋外液	×
内液＋加熱した外液	○

先生：このことから，補酵素Ｙは，熱に（　c　）性質であることが分かり，（　d　）からできていると考えることができるね。

花子：実験をするといろいろなことが分かっておもしろいですね！

問５　【実験Ⅱ】の結果から，内液と外液のそれぞれに何がふくまれていると考えられるか。次のア～エからそれぞれ一つずつ選び，記号で答えなさい。内液（　　　）　外液（　　　）

ア．酵素Ｘのみ　　イ．補酵素Ｙのみ　　ウ．酵素Ｘと補酵素Ｙの両方

エ．何もふくまれていない

問６　（　c　）と（　d　）にあてはまる語の組み合わせとして，最も適当なものを右のア～エから一つ選び，記号で答えなさい。（　　　）

	c	d
ア	強い	たんぱく質
イ	強い	たんぱく質以外
ウ	弱い	たんぱく質
エ	弱い	たんぱく質以外

3　≪呼吸≫　呼吸のはたらきについて，次の文を読み，あとの問いに答えなさい。　**(明星中)**

ヒトなどの動物はいつも空気を吸ったり，はいたりしている。空気を吸ったり，はいたりすることで，何をとり入れ，何を出しているのかを調べるために，風通しのよい場所で実験をおこなった。まず，ポリエチレンの袋に空気をいっぱいに入れたもの（Ａ）と，別のポリエチレンの袋に口からはいた息をいっぱい入れたもの（Ｂ）を用意した。Ａ，Ｂに石灰水を入れてふると，Ａの中の石灰水は（ ① ）。また，Ｂの中の石灰水は（ ② ）。次に，あらたにＡとＢを用意し，酸素用と二酸化炭素用の気体検知管を使って，酸素と二酸化炭素の気体の体積の割合を調べた。その結果，Ａにふくまれる酸素は（ ③ ）であり，二酸化炭素は（ ④ ）であった。また，Ｂにふくまれる酸素は（ ⑤ ）であり，二酸化炭素は（ ⑥ ）であった。

ヒトは空気を吸ったり，はいたりすることで，空気中の酸素を体の中の血液にとり入れ，血液から二酸化炭素を出している。

問１　文中の（ ① ），（ ② ）に適する文を書きなさい。

①（　　　　　　　　　　）②（　　　　　　　　　　）

問２　文中の（ ③ ）～（ ⑥ ）にあてはまる適当なものを，次の(ア)～(キ)からそれぞれ選び，記号で答えなさい。③（　　　）④（　　　）⑤（　　　）⑥（　　　）

(ア) 100％　(イ) 79％　(ウ) 21％　(エ) 18％　(オ) 3％　(カ) 0.04％　(キ) 0％

問3　文中の下線部のような気体の出し入れがおこなわれている場所は，ヒトの場合はどこか。次の(ア)～(オ)から1つ選び，記号で答えなさい。(　　　)

(ア)　口　　(イ)　気管　　(ウ)　気管支　　(エ)　肺　　(オ)　えら

問4　成人したヒトの場合，問3の場所は直径0.14mmほどの小さな袋がたくさん集まってできている。

(1)　この小さな袋を何といいますか。(　　　)

(2)　小さな袋のまわりには細い血管があみのようにとり巻いている。この細い血管を何といいますか。(　　　)

(3)　ヒトの気体の出し入れがおこなわれている場所は，小さな袋が約8億個集まってできている。袋の内側を，直径0.14mmの完全な球，袋の数を8億個とすると，その表面積の合計は何m^2になるか。計算して求めなさい。ただし，球の表面積の求め方は，4 × 3.14 ×(半径)×(半径)である。答えは小数第2位を四捨五入し，小数第1位まで求めなさい。(　　　m^2)

問5　問4の小さな袋の中の空気中の酸素は，血管中に取り込まれ，血液のある成分によって運ばれる。その成分として適当なものを，次の(ア)～(エ)から1つ選び，記号で答えなさい。(　　　)

(ア)　血しょう　　(イ)　血小板　　(ウ)　赤血球　　(エ)　白血球

問6　体内でできた二酸化炭素は，血液のおもにどの成分によって運ばれるか。適当なものを，次の(ア)～(ウ)から1つ選び，記号で答えなさい。(　　　)

(ア)　血しょう　　(イ)　血小板　　(ウ)　白血球

問7　運動をすると呼吸がはやくなる。それはなぜか。簡単に答えなさい。

(　　　　　　　　　　　　　　　　　　　　　　　　　　)

4　≪血液循環≫　図1は，ヒトの体を正面から見たときの心臓の断面図のようすを模式的に表したものです。図1のように，ヒトの心臓は，右心房(うしんぼう)，左心房，右心室，左心室の4つの部屋に分かれていて，4か所に弁があります。肺からもどってきた血液は，左心房を通り，左心室から体の各部分に送り出され，体の各部分からもどってきた血液は，右心房を通り，右心室から肺に送り出されます。また，図2は，ヒトの体の各臓器と血液の流れる経路を模式的に表したもので，矢印は血液の流れる向きを示しています。あとの問いに答えなさい。　(立命館守山中)

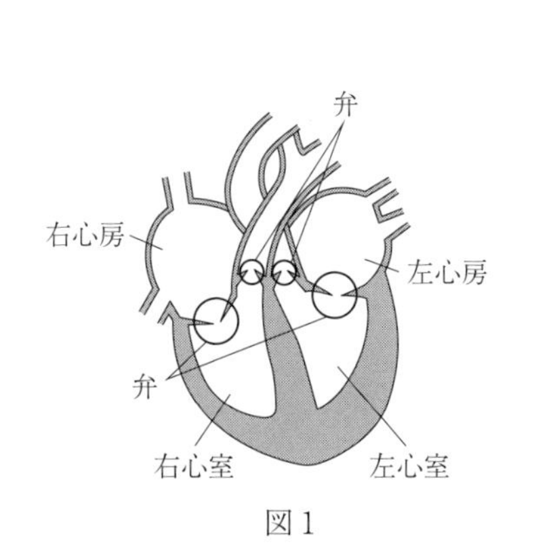

図1

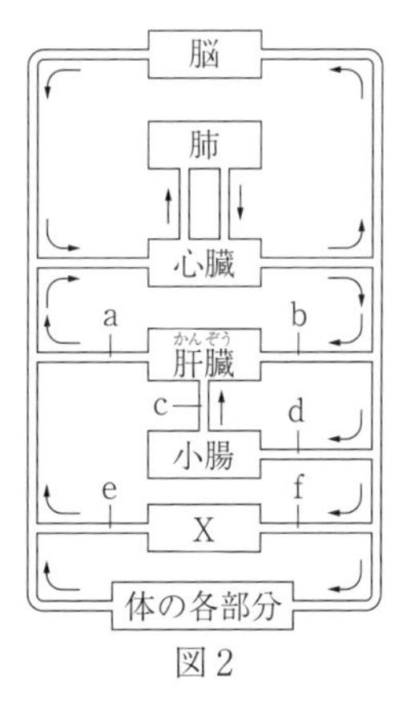

図2

問1　図1の心臓の4つの部屋のうち，酸素を多くふくむ血液が流れている部屋の組み合わせとして最も適切なものを，次のア～カから1つ選び，記号で答えなさい。(　　　)

ア　右心房，左心室　　イ　左心房，右心房　　ウ　左心房，右心室　　エ　左心房，左心室

オ　左心室，右心室　　カ　右心房，右心室

問2　弁にはどのようなはたらきがありますか。「血液」という語を用いて，簡単に説明しなさい。

(　　　　　　　　　　　　　　　　　　　)

問3　心臓のかべは筋肉でできていますが，図1のように，左心室のかべはほかの部分と比べると厚くなっています。その理由を20字以内で説明しなさい。

□□□□□□□□□□□□□□□□□□□□

問4　ある人の体内には4200mLの血液があり，心臓は1分間に75回拍動して，1回の拍動で左心室から70mLの血液が送り出されるものとします。このとき，4200mLの血液が左心室から送り出されるのにかかる時間は何秒ですか。(　　　秒)

問5　図2のa～fの血管のうち，食後に，養分を最も多くふくむ血液が流れる血管はどれですか。1つ選び，記号で答えなさい。(　　　)

問6　図2のeの血管を流れる血液は，fの血管を流れる血液に比べて二酸化炭素以外の不要物が少なくなっています。これは，その不要物が図2のXで血液中からとり除かれ，尿として体外に出されるためです。Xは何という臓器ですか。名前を答えなさい。(　　　)

問7　血液の中には，ヘモグロビンという物質がふくまれています。ヘモグロビンは，ある割合で酸素と結びついて酸素ヘモグロビンに変わり，酸素ヘモグロビンもある割合で酸素をはなしてヘモグロビンにもどります。それぞれの変化の割合は，まわりの環境によってちがい，ヘモグロビンのこのような性質によって，血液は体の各部分に酸素を運ぶことができます。肺に入る血液と，肺から出ていく血液について，ヘモグロビンのうち酸素ヘモグロビンになっている割合を調べたところ，肺に入る血液の酸素ヘモグロビンの割合は35％，肺から出ていく血液の酸素ヘモグロビンの割合は95％でした。

(1)　ヘモグロビンは，体の各部分に効率よく酸素を運ぶのに適した性質をもっています。その性質として最も適切なものを，次のア～エから1つ選び，記号で答えなさい。(　　　)

ア　酸素が多いところでは酸素をはなし，酸素が少ないところでは酸素と結びつく。

イ　酸素が多いところでは酸素と結びつき，酸素が少ないところでは酸素をはなす。

ウ　二酸化炭素が多いところでは酸素をはなし，酸素が少ないところでは酸素と結びつく。

エ　二酸化炭素が多いところでは酸素と結びつき，酸素が少ないところでは酸素をはなす。

(2)　肺から出ていく血液の酸素ヘモグロビンのうち，何％が酸素を体の各部分にわたしたといえますか。小数第1位を四捨五入して整数で答えなさい。(　　　％)

5　≪目のつくり≫　各問いに答えなさい。　（須磨学園中）

動物の眼は光を受け取り，その情報を脳に伝える役割をしています。情報を受け取った脳は，ものの明るさや形，色を感じ取ります。(図1) はヒトの右眼を地面と平行に切り，断面を上から見たものです。光は，眼の外側から，角まく，レンズ，ガラス体を通り網まくで受け取られます。網ま

くには，「視細胞（しさいぼう）」というとても小さな構造があります。視細胞は片眼の網まくに約１億2000万個あり，この中に光を受け取ることができる「ロドプシン」という物質が含（ふく）まれています。ロドプシンが光を受け取ると，その情報が視細胞から「視神経」へと渡（わた）され，束になった視神経によって眼から脳へと伝えられます。

ヒトの眼は，明るいところでも暗いところでも**もの**を見ることができるように，あらゆるしくみをそなえています。その１つは目に入る光の量を調節するというものです。

また，別のしくみとして，視細胞内に存在するロドプシンの量の変化があります。（図2）はロドプシンが光を受け取ったときに起こる変化を表したものです。ロドプシンは光を受け取ると一部分の形が変わって，活性型ロドプシンになります（矢印A）。この活性型ロドプシンが視細胞内にできあがると，視神経は脳へと情報を伝えます。活性型ロドプシンは自動的にすばやく分解し（矢印B），その後ロドプシンが再び合成される反応がおこなわれます（矢印C）。ロドプシンが活性型ロドプシンになる反応は明るいほど速く進みますが，ロドプシンが再び合成される反応の速さは常に一定で明るさによる影響（えいきょう）を受けません。

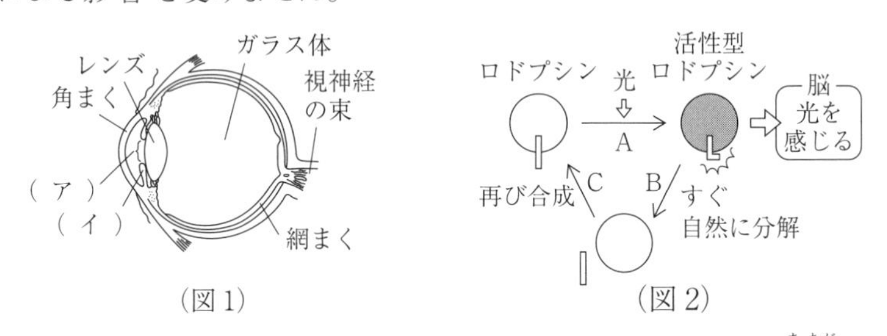

（図1）　（図2）

問１　動物の眼について述べた次の①～④の文について，正しければ○，間違（まちが）っていれば×をそれぞれ答えなさい。

①　肉食のほ乳類の眼は顔の前側についており，立体的に見ることができる範囲（はんい）が広いので，えものを追いかけてとらえることに向いている。（　　　）

②　草食のほ乳類の眼は顔の横側についており，周囲を広い範囲で見渡（みわた）せるので，肉食動物を見つけやすく身を守ることに向いている。（　　　）

③　昆虫（こんちゅう）の複眼は，１つ１つの個眼がそれぞれ全体像をうつすしくみになっているので，わずかな光でもびん感に受け取ることができる。（　　　）

④　トンボのなかまには，頭に２つの複眼が，はらに３つの単眼があるので，からだの上側や後ろ側からの光も感じ取ることができる。（　　　）

問２　眼のように，外の世界の情報を受け取る器官を何といいますか。（　　　）

問３　（図1）中の（ ア ），（ イ ）にあてはまる語句として適切なものをそれぞれ答えなさい。

(ア)（　　　）　(イ)（　　　）

問４　（図1）について，右耳があるのは図の上側か下側どちらですか。また，光が入るのは図の左側からか右側からかどちらですか。適切な組み合わせを次の①～④より１つ選び，記号で答えなさい。（　　　）

	耳	光		耳	光		耳	光		耳	光
①	上側	左側	②	上側	右側	③	下側	左側	④	下側	右側

問５　１つの眼から脳へ伸びている視神経の本数は約 120 万本であることが知られています。これをふまえて，次の(a)～(c)の場合，１本の視神経は平均で何個の視細胞から情報を受け取っていることになるかを計算し，それぞれ答えなさい。なお，光の情報を視神経に渡していない視細胞は存在しないものとします。

(a)　すべての視細胞が１個につき１本の視神経にのみ光の情報を渡している場合（　　　個）

(b)　すべての視細胞が１個につき 10 本の視神経に光の情報を渡している場合（　　　個）

(c)　50 %の視細胞が１個につき 30 本の視神経に，40 %の視細胞が１個につき 20 本の視神経に，10 %の視細胞が１個につき 10 本の視神経に，光の情報を渡している場合（　　　個）

問６　下線部について，周囲が明るくなったとき，（図１）の（ ア ）の大きさの変化として適切なものを，次の①～③より１つ選び，記号で答えなさい。（　　　）

①　大きくなる　　②　小さくなる　　③　変化しない

問７　明るさと視細胞内に存在しているロドプシンの量（活性型ロドプシンを除く）の関係を表したグラフとしてもっとも適切なものを次の①～⑥より１つ選び，記号で答えなさい。（　　　）

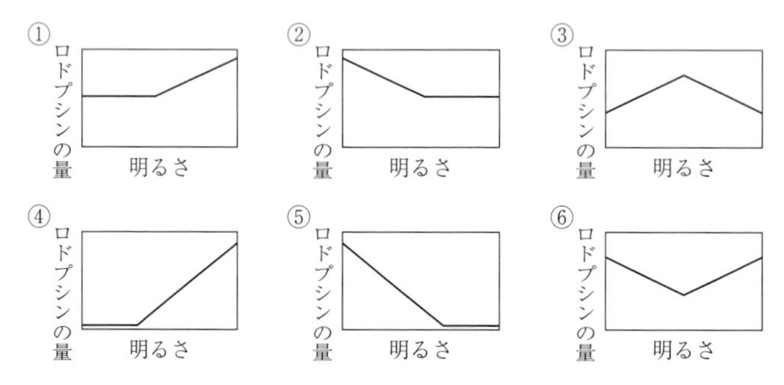

問８　暗い部屋から明るい部屋に入ると，最初はまぶしくてあまりよく見えないのに，だんだんと見えやすくなってきて，やがて同じ明るさを感じ続ける状態になります。これを私たちは“明るさに目がなれる”と表現します。明るさに目がなれていくとき，視細胞中のロドプシン（活性型ロドプシンを除く）の量はどのように変化しているかを考え，解答らんの選択肢から１つ選んで○をつけなさい。また，どうしてそのようになるのかを「矢印Ａ」と「矢印Ｃ」を用いて 30 字以内で答えなさい。

（ 増えていく・変わらない・減っていく ）

理由［　　　　　　　　　　　　　　　　　　　　　　　　　　　　　　］

1　≪流水のはたらき≫　［Ⅰ］，［Ⅱ］の問いに答えなさい。　(明星中)

［Ⅰ］　明さんは夏休みに富士川に行った帰り道で，スマートフォンを使って富士川について調べていると，図1のようなグラフを見つけた。下の問いに答えなさい。

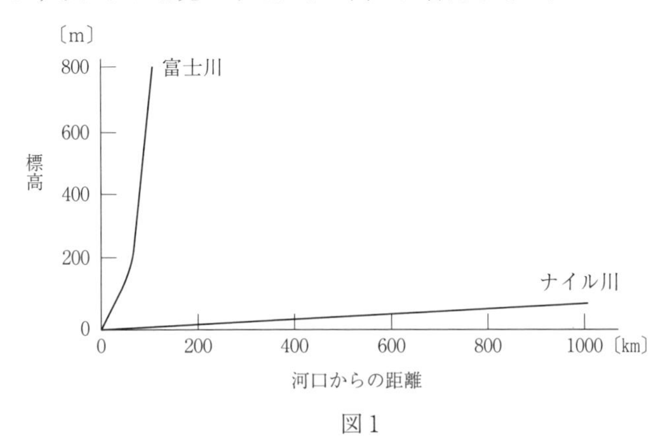

図1

問1　次の文の①，②に入る語句として適当なものをそれぞれ選び，記号で答えなさい。

①(　　　)　②(　　　)

富士川は流れが①{(ア)　急　　(イ)　ゆるやか}であり，ナイル川は流れが②{(ア)　急　　(イ)　ゆるやか}であることがわかる。

問2　富士川の上流で見られる地形として最も適当なものを，次の(ア)～(ウ)から1つ選び，記号で答えなさい。(　　　)

(ア)　「V」の字のような深い谷の地形　　(イ)　三角形に土が広くつもった地形

(ウ)　台のようにまわりよりもり上がった地形

問3　降水量とは「降った雨がどこにも流れ去らずにそのままたまった場合の水の深さ」のことである。富士川では，2023年6月2日午後3時20分までの24時間の降水量が109mm（10.9cm）であった。このとき，1時間に$1\,m^2$（$10000cm^2$）あたり，何kgの雨が降ったことになりますか。小数第2位を四捨五入し，小数第1位まで答えなさい。ただし，$1\,cm^3$の雨水を1gとして計算しなさい。(　　　kg)

問4　洪水(こう)などの自然災害が発生したときに，どこでどのような災害が起こるかを予測し，地図上に示したものを何といいますか。カタカナ7文字で答えなさい。(　　　)

問5　富士川やナイル川では水力発電が行われている。水力発電について述べたものを，次の(ア)～(エ)から2つ選び，記号で答えなさい。(　　　)(　　　)

(ア)　発電するときに放射性廃棄物(はいき)が出る。

(イ)　発電するときに放射性廃棄物が出ない。

(ウ)　発電するときに二酸化炭素を大量に排出する。

(エ)　発電するときに二酸化炭素をほとんど排出しない。

［Ⅱ］ 星さんは砂場で図2のようなものをどろと砂をかためて作り，図2のXから何度か水を流した。Aの部分のかたむきは急に，Bの部分のかたむきはゆるやかにして，Cの部分には水を入れた水そうをおいた。

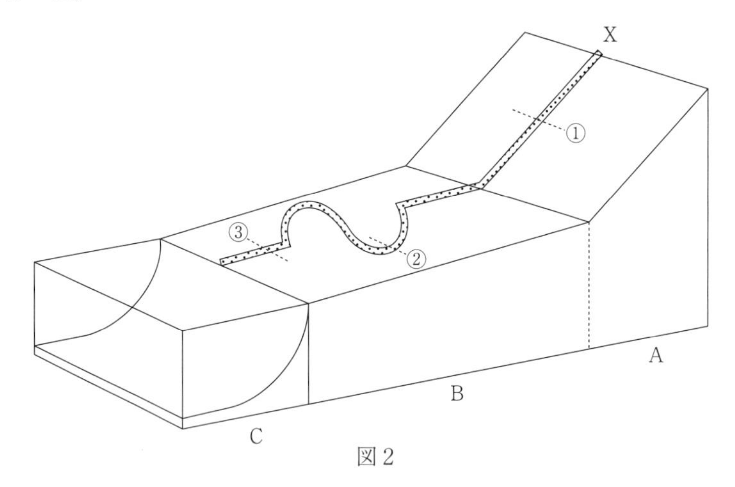

図2

問6　水が流れたあとの①，②，③の断面をCからAに向かって見ると，どのようになっていますか。次の(ア)～(エ)からそれぞれ1つずつ選び，記号で答えなさい。

①(　　　)　②(　　　)　③(　　　)

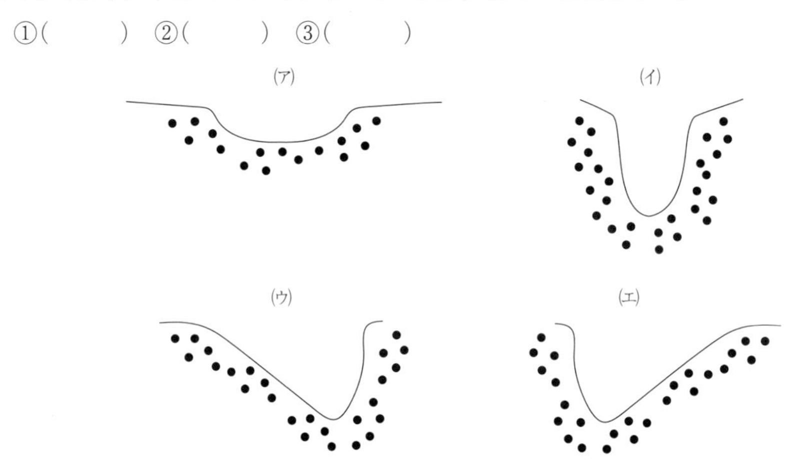

問7　右の図は図2のCの断面図である。この実験では何回水を流しましたか。(　　　回)

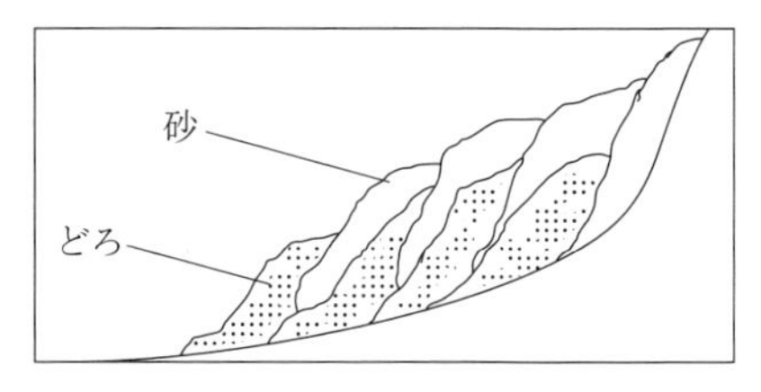

問8　図2のXから，さらに何度か水を流すと，Bの部分では水の流れがまっすぐになり，右図のように水たまりができた。このようなしくみで，実際の川でだ行した部分が湖になった地形を何といいますか。(　　　)

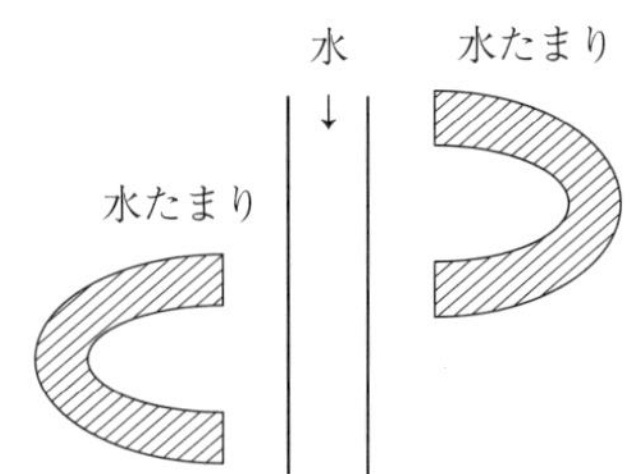

2 ≪流水のはたらき≫ 川と流れる水のはたらきについて，次の問題に答えなさい。 (関西学院中)

(1) 図1は川の流れを示しています。

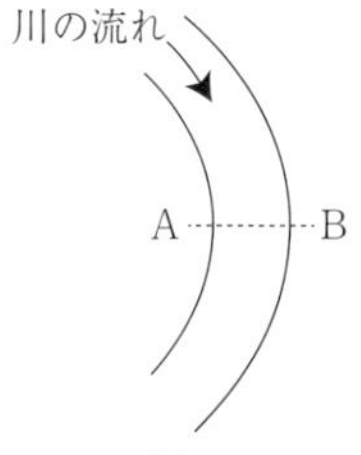

川の流れ

A B

図1

① 図1のA地点の陸地のようすについて，適当なものを次の中から選び，記号を書きなさい。(　　)

ア．川原が広がっている。　イ．がけになっている。

② 図1のA地点の陸地のようすが，①の答えのようになるのはなぜですか。文で説明しなさい。(　　　　　　　　　　)

③ 図1のA地点とB地点を結んだ川底の形として，最も適当なものを次の中から選び，記号を書きなさい。(　　)

ア A　B　　イ A　B　　ウ A　B

④ 災害を防ぐために，人は図1のB地点にどのような工夫をしていますか。適当でないものを次の中から選び，記号を書きなさい。(　　)

ア．コンクリートで護岸する。　イ．ブロックを置く。　ウ．木や竹を植える。

エ．ダムをつくる。

(2) 川の災害を防ぐためにつくられる「遊水地」のはたらきとして，最も適当なものを次の中から選び，記号を書きなさい。(　　)

ア．水のいきおいを弱めて，川岸がけずられるのを防ぐ。

イ．石や土をためて，それらが一度に流されるのを防ぐ。

ウ．川岸を高くして，川の水量が増えたときに水があふれるのを防ぐ。

エ．水を一時的にためられるようにして，川の水量が増えたときにこう水を防ぐ。

(3) 川岸に植物が水にひたるようにしげり，曲がりくねった川がありました。この川にはメダカがたくさんすんでいました。ところが，大雨が降って川の水かさが増すと，水が流れにくいために，たびたびこう水によるひ害が発生していました。そこで，水の流れをさまたげる川岸の植物を取り除いたり，曲がりくねった川をまっすぐにしたりする工事をしました。すると，こう水のひ害は減りましたが，川にすむメダカの数も減ってしまいました。これらの工事により，メダカの数が減ってしまった理由を2つ，それぞれ文で説明しなさい。

(　　　　　　　　　　)

(　　　　　　　　　　)

(4) 図2は，兵庫県の武庫川で川の中から上流側を向いてとった写真です。奥(おく)には川をわたる道路の橋があります。その手前には川を横切るように段差がつくられていて，水が流れ落ちています。段差の中央部分には，階段状に水が流れる設備が取り付けられています。

図2

① この階段状に水が流れる設備を何といいますか。漢字で書きなさい。(　　)

② この設備の役割を文で説明しなさい。(　　　　　　　　　　)

図３は，近畿地方のいくつかの川を示した地図です。

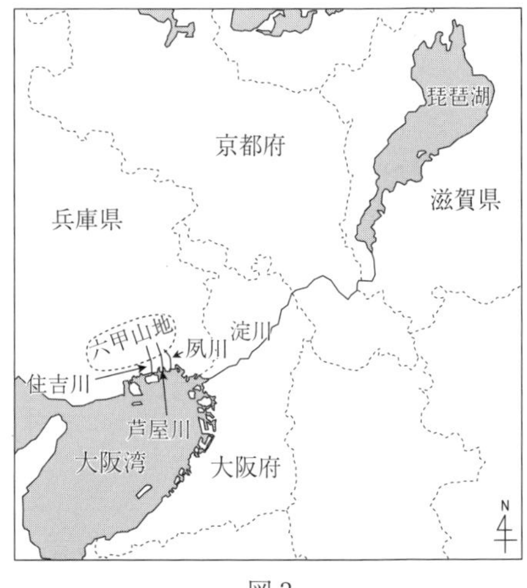

図３

⑸　次の文章を読み，（ ① ）～（ ⑤ ）に入る適当な語句を，それぞれの（　　）の中から選び，記号を書きなさい。

①（　　　）　②（　　　）　③（　　　）　④（　　　）　⑤（　　　）

兵庫県の西宮市，芦屋市，神戸市に住む人の多くは，北側にある六甲山地と南側にある大阪湾の間の，けいしゃのゆるやかな土地に住んでいます。西宮市には夙川，芦屋市には芦屋川，神戸市には住吉川などの川が流れていて，どの川も六甲山地から流れ出る川です。多くの人が住むけいしゃのゆるやかな土地は，川がけいしゃの急な山地から平地に出たところにつくられたもので（①　ア．V字谷　　イ．扇状地　　ウ．三角州）とよばれます。この土地は，流れる水のはたらきのうち（②　ア．しん食作用　　イ．運ぱん作用　　ウ．たい積作用）によりつくられました。

夙川，芦屋川，住吉川はすべて「天井川」とよばれます。天井川とは，川底が周辺の地面の高さよりも高い位置にある川のことです。ふつう，道路や鉄道の線路は橋をかけて川をわたりますが，鉄道が芦屋川と住吉川を通るところは川底が線路よりもかなり高い位置にあるために，全国的にめずらしい，川底の下をくぐるトンネルがつくられています。

六甲山地と大阪湾の間のきょりは近いので，芦屋川や住吉川は川の長さが（③　ア．長く　イ．短く），流れが（④　ア．急　　イ．ゆるやか）です。そのため，大雨のたびに水とともにたくさんの土砂が運ばれてきます。流れてくる水と土砂はこう水を引き起こすので，街を守り，水があふれないようにするために，人は川に（⑤　ア．さく　　イ．てい防　　ウ．ダム　　エ．水路）をつくります。次に大雨がふると，流れてきた土砂が（ ⑤ ）で囲われた川の中にたまるので川底が高くなります。すると，水があふれないようにするために，また人は（ ⑤ ）を高くします。これがくり返されて，芦屋川や住吉川は天井川になったのです。

⑹　西宮市から鉄道で大阪駅に行くときに，その手前で淀川という大きな川を鉄橋でわたります。淀川は滋賀県の琵琶湖から流れ出て，京都府，大阪府を経て大阪湾に流れこむ川です。淀川の海の近くの石と，神戸市の住吉川の海の近くの石のようすとして，最も適当なものを次の中から選び，記号を書きなさい。（　　　）

ア．淀川の石の方が住吉川の石よりも大きく，丸みを帯びている。

イ．淀川の石の方が住吉川の石よりも大きく，角ばっている。

ウ．淀川の石の方が住吉川の石よりも小さく，丸みを帯びている。

エ．淀川の石の方が住吉川の石よりも小さく，角ばっている。

オ．同じ大阪湾の近くなので，淀川の石も住吉川の石もようすは変わらない。

3　≪地層のようす≫　図1は，ある湖の底の地層の一部分です。この図について説明した次の文を読んで，(1)～(4)の問いに答えなさい。　（東大寺学園中）

湖底にパイプをさしこんで引き上げ，縦に切断すると図1のように地層を直接観察することができます。この地層では，大部分はAのように黒い部分と白い部分があわせて1mm以下の厚さでたがいちがいにならんでいて，たまにBのように同じ色で数mm～数cmの厚さでたい積している部分も見られます。黒いのはケイソウなどのプランクトンが多いことを，白いのは黄砂など細かい砂のつぶが多いことを示していて，白と黒で1年にあたります。ほとんどの湖では湖底をかき乱すものやできごとが多いので，図1のような白黒のしまもようはできません。図1は1年もかき乱されることなく，静かにたい積したことを示しています。

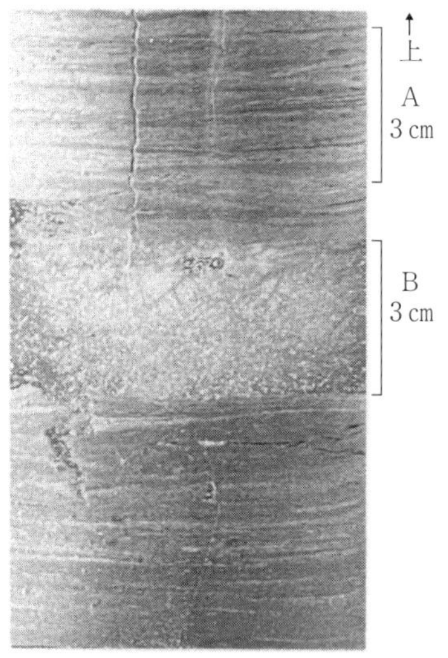

図1

(1)　下線部のような地層の調査方法を答えなさい。（　　　）

(2)　Aのような地層ができた時期のこの湖の特ちょうとして適当なものを，次のア～カから**2つ**選んで，記号で答えなさい。（　　　）（　　　）

ア　直接流れこむ川がなく，上流側の大きな湖とせまい水路でつながっていた。

イ　大きな川が流れこみ，大量の水や泥（どろ）を運び込んだ。

ウ　火口にできた湖で，流れこむ川がなく，湖水は強い酸のため生き物がすめなかった。

エ　深さ2mの浅い湖だったので，底まで日光が届いた。

オ　深さ10mの湖だったので，底まで日光が届いたり届かなかったりした。

カ　深さ30mの湖だったので，底まで日光が届かなかった。

(3)　図2は図1のしまもようの一部分をけんび鏡で拡大した写真です。図2の↕は1年間でたい積したはん囲を示していて，どの年でもだいたい同じようになります。黒っぽいCやEに対して，少しだけ白に近いDは梅雨（つゆ）の時期にたい積したものです。図2を正しく説明しているものを，次のア～エから1つ選んで，記号で答えなさい。（　　　）

ア　1か月あたりにたい積した厚さは，CとDとEでほぼ等しかった。

イ　Cは，DやEよりも長い期間でたい積した。

ウ　Dは，CやEよりも長い期間でたい積した。

エ　Eは，CやDよりも長い期間でたい積した。

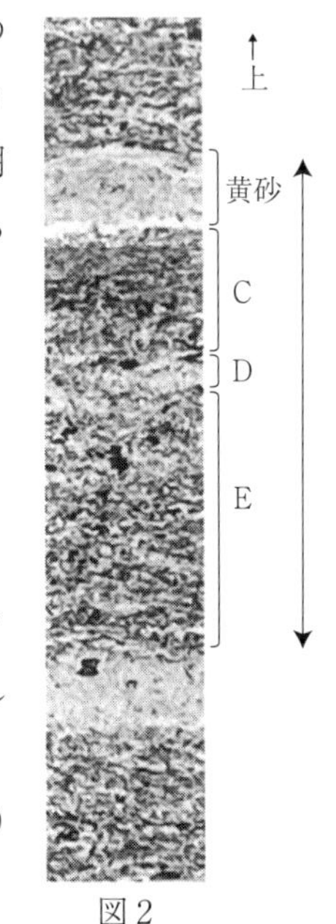

図2

(4)　図1のBはAの1組のしまもようの数十倍の厚さの層ですが，プランクトンはほとんど含まれていませんでした。このBの層を作ったできごととして可能性の高いものを，次のア～オから**2つ**選んで，記号で答えなさい。

（　　　）（　　　）

ア　台風による大雨によって，上流の川から大量の土砂（どしゃ）が流入した。

イ　大きな地震（じしん）が起こり，湖を囲むしゃ面に土石流が発生した。

ウ　大規模な火山噴火で火山灰が湖に降り積もった。

エ　雪解け水がたい積物を大量に運びこんだ。

オ　落葉樹の落とした葉が分解されて雨水とともに流れこんだ。

4　**≪地層のつながり≫**　次のⅠ・Ⅱの文章を読み，問１～問７に答えなさい。　（清風南海中）

Ⅰ　ある地点Ｐの地層をスケッチしたら図１のようになっていました。

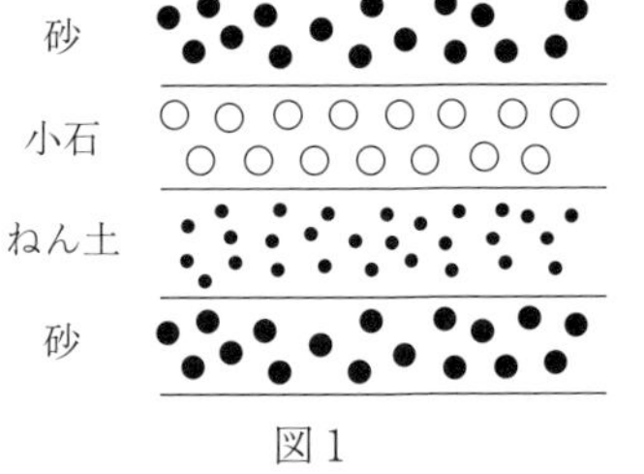

図１

問１　河口から最も遠い距離でたい積したものは，どれですか。最も適しているものを次のア～ウの中から１つ選び，記号で答えなさい。（　　　）

ア　小石　　イ　砂　　ウ　ねん土

問２　地点Ｐの地層が形成されたとき，地点Ｐと河口の距離はどのように変化しましたか。最も適しているものを次のア～クの中から１つ選び，記号で答えなさい。（　　　）

ア　遠くなった→近くなった→遠くなった　　イ　遠くなった→近くなった→近くなった

ウ　遠くなった→遠くなった→遠くなった　　エ　遠くなった→遠くなった→近くなった

オ　近くなった→近くなった→遠くなった　　カ　近くなった→近くなった→近くなった

キ　近くなった→遠くなった→遠くなった　　ク　近くなった→遠くなった→近くなった

問３　地点Ｐの地層が形成されたとき，土地（海底）の運動はどのように変化しましたか。最も適しているものを次のア～カの中から１つ選び，記号で答えなさい。（　　　）

ア　沈んだ→沈んだ→上昇した　　イ　上昇した→上昇した→沈んだ

ウ　沈んだ→上昇した→上昇した　　エ　上昇した→沈んだ→沈んだ

オ　沈んだ→上昇した→沈んだ　　カ　上昇した→沈んだ→上昇した

Ⅱ　図２で示される地域の地層について考えます。図２中の数字は標高（海面からの高さ）を表します。Ｙに対してＸは真北，Ｗは真東，Ｚは真南に位置しています。

図２の地点Ｘと地点Ｙにおける，ボーリング調査（穴を掘って行う調査）の結果をまとめたのが図３です。この地域では地層が切れたり曲がったりしておらず，ぎょう灰岩の層は１つしか見られません。また，地層は東西方向には傾いておらず，南北方向のみ一定の傾きとなっています。Ｘ―Ｙ間とＹ―Ｚ間の水平距離は等しいものとします。

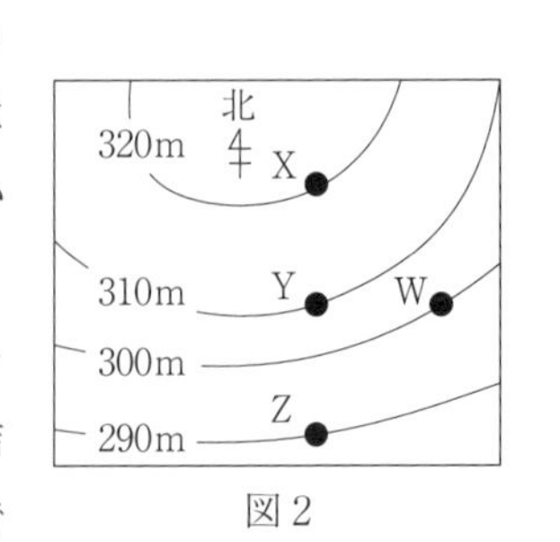

図２

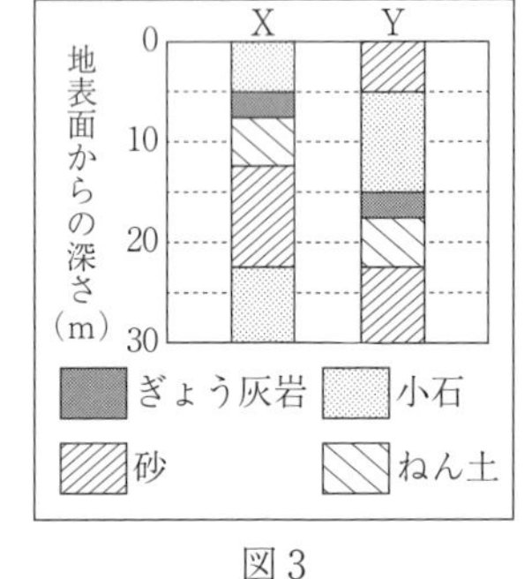

図３

問４　ぎょう灰岩がたい積した当時に起こったと考えられるものを，次のア～エの中から１つ選び，記号で答えなさい。（　　　）

ア　大きな地震があった　　イ　火山の噴火があった　　ウ　土地が海底に沈んだ

エ　海底が持ち上がって陸上に出た

問5　この地域の地層は，南北どちらの方角に向かって低くなるように傾いていますか。その方角を南か北で答えなさい。(　　　)

問6　地点Wでぎょう灰岩の層が現れはじめるのは，地表面から何mの深さですか。(　　　m)

問7　地点Zの地表面から10mの深さの層は何ですか。最も適しているものを次のア～エの中から1つ選び，記号で答えなさい。(　　　)

ア　小石　　イ　砂　　ウ　ねん土　　エ　ぎょう灰岩

5　**≪地層のつながり≫**　次の文章を読み，下の各問いに答えなさい。　　**(清風中)**

ボーリング調査によって，その地域の地層の積み重なり方や地層をつくる粒(つぶ)の種類を調べることができます。

問1　次の文章中の空欄(くうらん)(①)，(②)にあてはまる語句の組み合わせとして適するものを，右のア～カのうちから1つ選び，記号で答えなさい。(　　　)

川から運ばれてきた土砂がたい積するとき，小さい粒の方が大きい粒よりも(①)沈(しず)む。そのため，れき，砂，泥(どろ)のうち，河口からもっとも遠くまで運ばれるのは(②)であると考えられる。

	(①)	(②)
ア	早く	れき
イ	早く	砂
ウ	早く	泥
エ	ゆっくり	れき
オ	ゆっくり	砂
カ	ゆっくり	泥

問2　図1は，ある地点でのボーリングの結果を柱状図に表したものです。次の文章中の空欄(③)，(④)にあてはまる語句の組み合わせとして適するものを，下のア～エのうちから1つ選び，記号で答えなさい。(　　　)

海面の高さが変わらずに土地が(③)場合や，土地の高さが変わらずに海面が(④)場合に，図1のような地層となる。

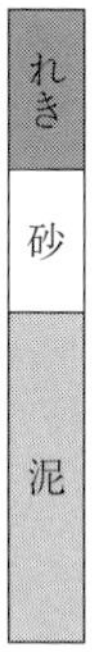

	(③)	(④)
ア	盛り上がった	上昇(じょうしょう)した
イ	盛り上がった	下降した
ウ	沈(しず)み込(こ)んだ	上昇した
エ	沈み込んだ	下降した

れき
砂
泥

図1

図2は，ある地点での地表から深さ12mまでのボーリングの結果を柱状図に表したものです。このときX，Y，Zからなる3種類の層が観察できました。このボーリングの結果を，地表から順に各層の厚さと合わせて，「(X，Y，Z)＝(3，5，4)」と表すものとします。

問3　別の地点では，地表から深さ12mまでのボーリングの結果，「(Z，Y，X)＝(4，2，6)」と表されました。この地点で地表からの深さが7mのところの層の種類は何ですか。適するものを，次のア～ウのうちから1つ選び，記号で答えなさい。(　　　)

ア　X　　イ　Y　　ウ　Z

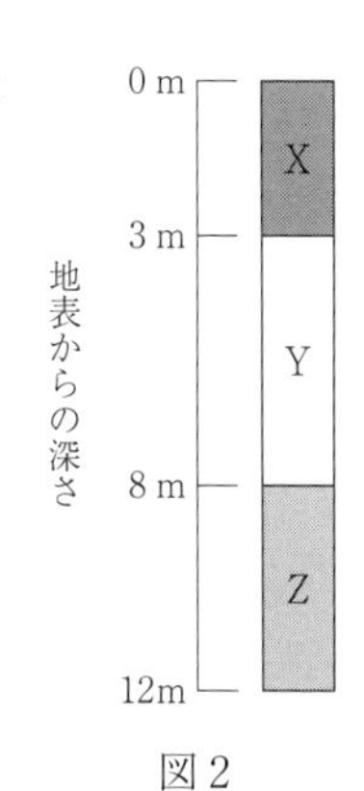

図2

問４　次の文章を読み，後の(1)，(2)に答えなさい。

図３は，地点Ａ～Ｄを含む水平な地域を真上から見たもので，１マスを10mとします。この地点Ａ～Ｄでの地表から深さ12mまでのボーリングの結果をまとめると，表１のようになりました。ただし，この地域では，地層はほぼ平行でそのかたむきは一定であり，断層やしゅう曲，地層の逆転などはないものとします。

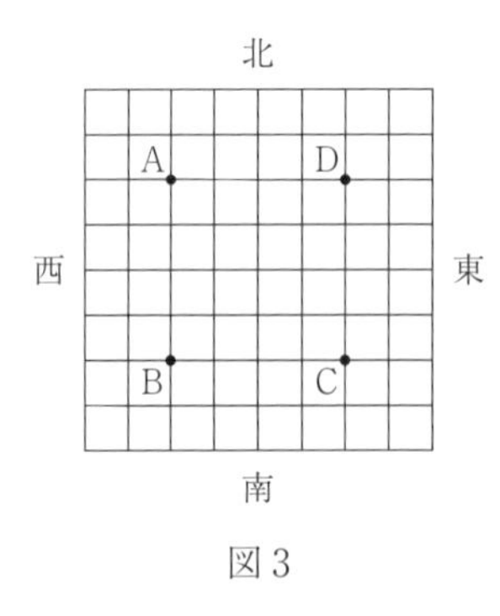

図３

表１

地点Ａ	(X，Y，Z)＝(4，2，6)
地点Ｂ	(X，Y，Z)＝(3，2，7)
地点Ｃ	(X，Y，Z)＝　(⑤)
地点Ｄ	(X，Y，Z)＝(3，2，7)

(1)　この地域の地層は，どの方位に向かって下がっていますか。適するものを，次のア～エのうちから１つ選び，記号で答えなさい。(　　　)

ア　北西　　イ　南西　　ウ　南東　　エ　北東

(2)　表１の空欄（ ⑤ ）にあてはまる数値を解答欄にあわせて答えなさい。(　　，　　，　　)

問５　次の文章を読み，下の(1)～(3)に答えなさい。

図４は，地点Ｅ～Ｈを含む水平な地域を真上から見たもので，１マスを10mとします。この地点Ｅ～Ｈでの地表から深さ10mまでのボーリングの結果をまとめると，表２のようになりました。Ｋは火山灰からなる層を表しており，地点ＥのＫと地点ＦのＫは同じ地層でした。ただし，この地域では，地層はほぼ平行でそのかたむきは一定であり，断層やしゅう曲，地層の逆転などはないものとします。

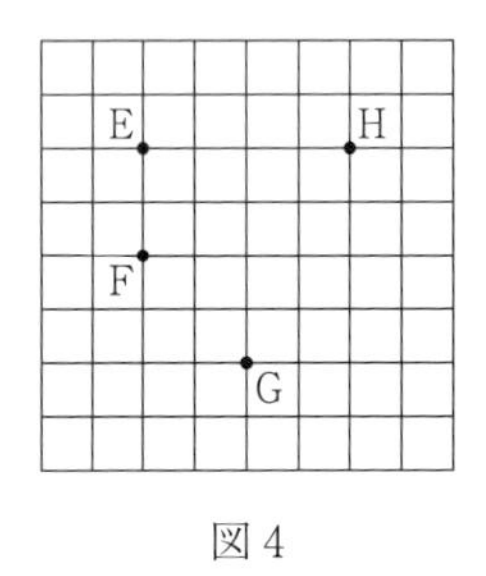

図４

表２

地点Ｅ	(X，Y，K，Z)＝(3，2，1，4)
地点Ｆ	(X，Y，K，Z)＝(1，2，1，6)
地点Ｇ	(K，Z，K，Y)＝(1，6，2，1)
地点Ｈ	(⑥)

(1)　この地域では，過去に火山の噴火が少なくとも何回以上あったと考えられますか。(　　　回)

(2)　表２の空欄（ ⑥ ）にあてはまるボーリングの結果として適するものを，次のア～カのうちから１つ選び，記号で答えなさい。(　　　)

ア　(K，Z，K，Y)＝(1，6，2，1)　　イ　(K，Z，K，Y)＝(2，5，1，2)

ウ　(Y，K，Z，K)＝(2，1，6，1)　　エ　(Y，K，Z，K)＝(1，1，6，2)

オ　(X，Y，K，Z)＝(1，2，1，6)　　カ　(X，Y，K，Z)＝(2，2，1，5)

(3)　この地域では「Ｘからなる層」と「Ｙからなる層」の境目が地表に現れています。この境目を

表した線として適するものを，次のア～エのうちから１つ選び，記号で答えなさい。(　　　)

ア
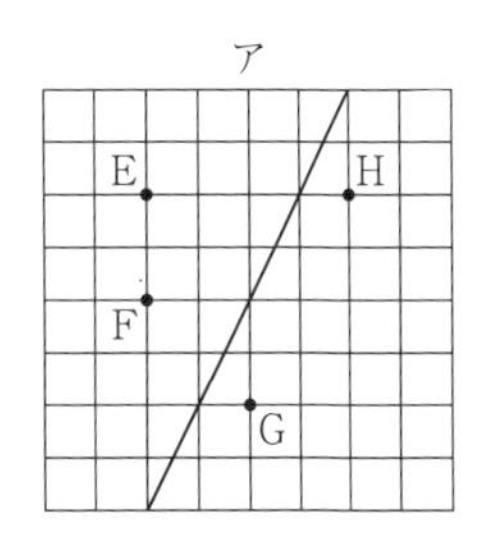

イ
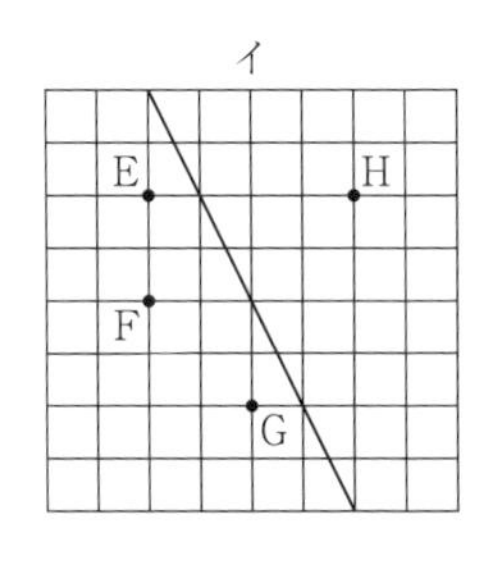

ウ
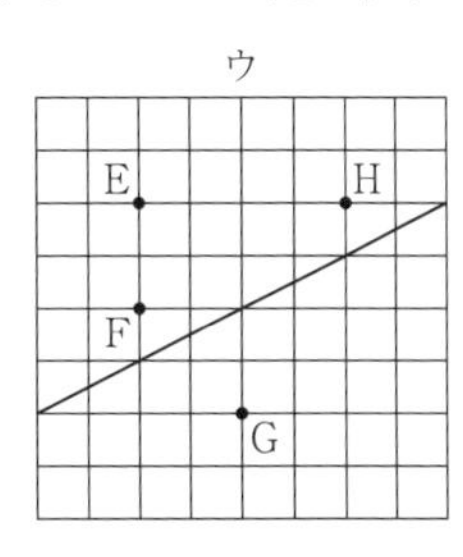

エ
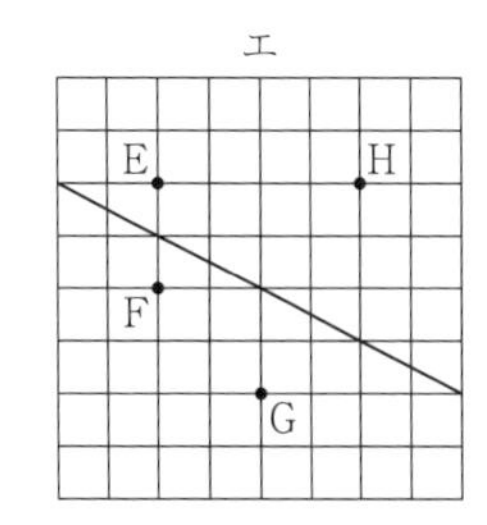

6 ≪火山≫　以下の文章を読み，次の各問いに答えなさい。　(京都橘中)

日本は，火山の多い国として知られており，現在でも$_A$活動している火山が存在しています。九州にある桜島のふん火は，今でもニュースで目にします。

火山の地下には高温のために岩石が液体状になった（ ① ）があります。火山の活動が活発になると（ ① ）の圧力が上がり，岩ばんを破壊(はかい)し地表に出てくることでふん火が起きます。ふん火のときに出てくるものとして，液体状の岩石だけでなく，水蒸気や二酸化炭素をふくむ（ ② ）があります。（ ② ）には，$_B$有毒な成分がふくまれるため，長い期間ひ難をすることがあります。また，広いはん囲に降り積もる（ ③ ）は，農作物や人体にえいきょうをあたえる一方で，地層のつながりやひろがりを調べるのに用いられています。

火山はふん火などの危険性もありますが，悪いことばかりでもありません。火山は水分をたくわえやすいので，地下水が豊富で，生活に必要な水をまかなうことができます。この水資源によって製紙産業の発展や，地下水が（ ① ）の熱で温められてできる温泉があります。

火山の高温・高圧の環境(かんきょう)により岩石がつくられます。岩石がつくられるときに，$_C$地下深くでゆっくり冷え固まった岩石を深成岩，地表付近で急激に冷え固まった岩石を火山岩といいます。また，岩石中にふくまれる鉱物の種類によって岩石の色，よう岩の固さが変わります。$_D$無色鉱物が多いと，よう岩は白っぽくねばり気が強くなり，有色鉱物が多いと，よう岩は黒っぽくねばり気が弱くなります。地域によって，無色鉱物と有色鉱物のふくまれる割合が異なるため，様々な火山の形があります。

ハワイ島をふくむハワイ諸島はすべて火山島です。現在でも活動している火山があるのは，ハワイ島のみで，$_E$マウナロア火山は2022年に，キラウエア火山は2023年にふん火しています。キラウエア火山では，よう岩が海中へ流れていく様子を観察することができ，これを見るためのツアーが組まれています。図１は，ハワイ諸島を表しており，岩石を調べていくと，ハワイ諸島の西に位置する島ほど古くなっていることがわかっています。最も西にあるカウアイ島が約550万年前，最も東にあるハワイ島が約50万年前にできたとされています。

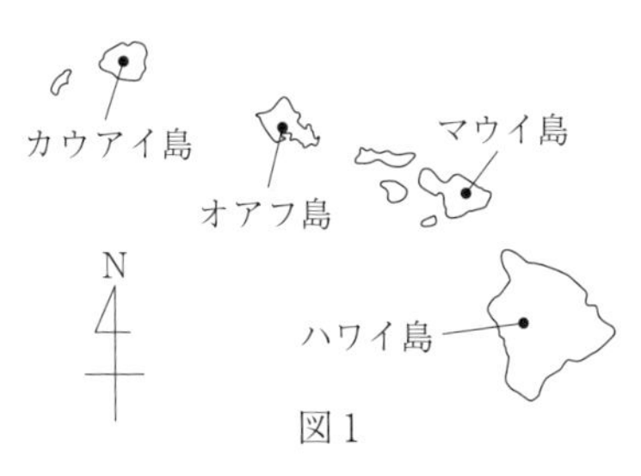

図１

(1)　文章の空らん①～③に当てはまる適切な語句を答えなさい。

①(　　　)　②(　　　)　③(　　　)

(2)　下線部Ａのような現在でも活動している火山を何というか答えなさい。(　　　)

(3) 下線部Bにふくまれる成分のうち，卵がくさったようなにおいのする気体を何というか答えなさい。(　　　)

(4) 下線部Cについて，深成岩をけんび鏡で見た模式図として，適当なものを右のア，イから1つ選び，記号で答えなさい。(　　　)

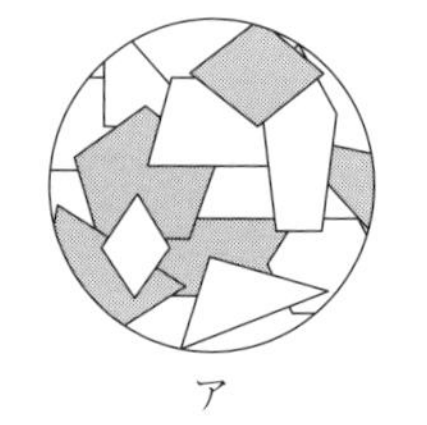
ア

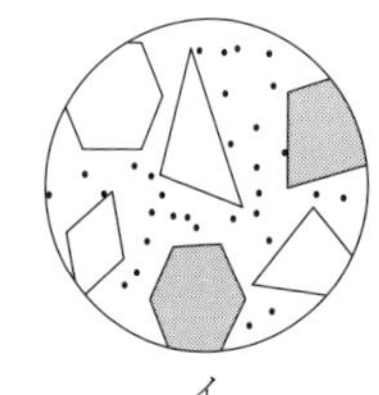
イ

(5) (4)のようなつくりをもつ岩石はどれですか。適当なものを次のア～エから1つ選び，記号で答えなさい。(　　　)

ア．げんぶ岩　　イ．安山岩　　ウ．花こう岩　　エ．りゅうもん岩

(6) 下線部Dについて，無色鉱物はどれですか。適当なものを次のア～エから2つ選び，記号で答えなさい。(　　　)(　　　)

ア．セキエイ　　イ．クロウンモ　　ウ．カンラン石　　エ．チョウ石

(7) 下線部Eについて，マウナロア火山と桜島は，どちらもふん火によってできた山です。マウナロア火山と桜島を比べたとき，マウナロア火山の方がなだらかな形状をしています。マウナロア火山の特ちょうをあらわした組み合わせとして，適当なものを次のア～クから1つ選び，記号で答えなさい。(　　　)

	よう岩のねばり気	よう岩の色	ふん火の様子
ア	強い	黒っぽい	激しい
イ	強い	黒っぽい	おだやか
ウ	強い	白っぽい	激しい
エ	強い	白っぽい	おだやか
オ	弱い	黒っぽい	激しい
カ	弱い	黒っぽい	おだやか
キ	弱い	白っぽい	激しい
ク	弱い	白っぽい	おだやか

(8) ハワイ諸島のすべての島はホットスポットと呼ばれる火山活動が活発な場所で作られています。図2はホットスポットでできた島が，プレートといっしょに西に移動していく様子を表しています。ホットスポットは動きませんが，できた島がプレートといっしょに動くため，現在のハワイ諸島のようになりました。ハワイ島とカウアイ島との距離(きょり)が490kmであるとき，プレートは1万年で何km進むか求めなさい。ただし，プレートは一定のスピードで進むものとします。

(　　　km)

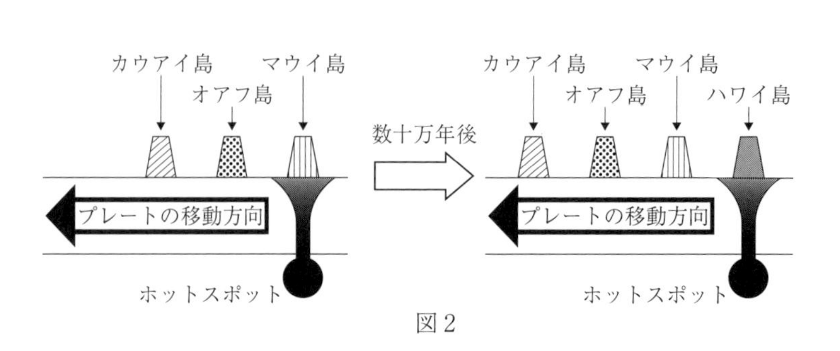

図2

(9) プレートの活動により，ハワイ諸島が日本に近づいてきていることが知られています。日本とカウアイ島との距離が6370kmであるとき，カウアイ島が日本に到達するまで何万年かかるか求めなさい。ただし，プレートの移動する速さは(8)と同じであるとし，カウアイ島は日本海溝(かいこう)などでしずみこまないものとします。(　　　万年)

7 ≪地震≫　地震(しん)について以下の問いに答えなさい。(灘中)

問1　地震は，地盤(ばん)に大きな力がはたらき，岩石が破壊(はかい)されて断層ができることで起こります。断層について述べた次の文aとbが，正しいか誤っているかの組合せとして適切なものを，右の表のア～エから選び記号で答えなさい。(　　　)

	a	b
ア	正しい	正しい
イ	正しい	誤り
ウ	誤り	正しい
エ	誤り	誤り

a　地震を起こした断層は，地表に現れることがある。

b　地震を起こした断層が，水平方向にずれることはない。

問2　地震において岩石の破壊が始まった点を震源といいます。地震が起こると，震源では性質の異なる二種類の揺(ゆ)れが同時に発生し，あらゆる方向に一定の速さで地中を伝わっていきます。これらはP波，S波とよばれ，それぞれ決まった速さをもっています。下の表はある地震の記録の一部で，3か所の観測地点A，B，Cについて，震源からの距離(きょり)，P波が到(とう)達した時刻，S波が到達した時刻を示しています。

観測地点	A	B	C
震源からの距離	(①) km	45km	(②) km
P波の到達時刻	3時8分5秒	3時8分8秒	3時8分14秒
S波の到達時刻	3時8分9秒	3時8分14秒	3時8分(③)秒

(1) P波とS波が同時に発生したことをふまえて，震源で揺れが発生した時刻を答えなさい。

(　　時　　分　　秒)

(2) 上の表の(①)～(③)にあてはまる数をそれぞれ答えなさい。

①(　　　)　②(　　　)　③(　　　)

(3) 大きな揺れをもたらすS波が到達する前に，予想される地震の揺れの大きさを伝えるしくみが緊急(きんきゅう)地震速報です。震源に近い観測地点が，比較(かく)的小さな揺れであるP波を観測した後，数秒以内に緊急地震速報が発表されます。この地震では，震源から15kmの距離にある観測地点DでP波が観測された8秒後に緊急地震速報が発表されました。観測地点A，B，Cのうち，緊急地震速報の発表後にS波が到達した地点として適切なものを次のア～エから選び記号で答えなさい。(　　　)

ア　A・B・C　　イ　B・C　　ウ　C

エ　なし（どの地点も緊急地震速報の発表前にS波が到達した）

10　天気の変化

1　≪水蒸気と湿度≫　次の文Ⅰ～Ⅲを読んで，下の問いに答えなさい。　(四天王寺中)

Ⅰ　図1のような温度計を乾湿計(かんしつ)と言います。DRY と書かれた左側の温度計で気温を計ります。WET と書かれた右側の温度計は，液だめ部分にぬれたガーゼが巻かれています。このガーゼの先は水に浸(つ)かっており，常に湿(しめ)った状態になっています。左側の温度計を乾球温度計，右側の温度計を湿球温度計と言います。また，2本の温度計の間には湿度表(しつど)があります。ただし，湿度表中の値は，図1では省略されており，乾湿計の一部を拡大した図2に示されています。湿度の単位は％です。以下は，この乾湿計に関する先生と生徒の会話です。

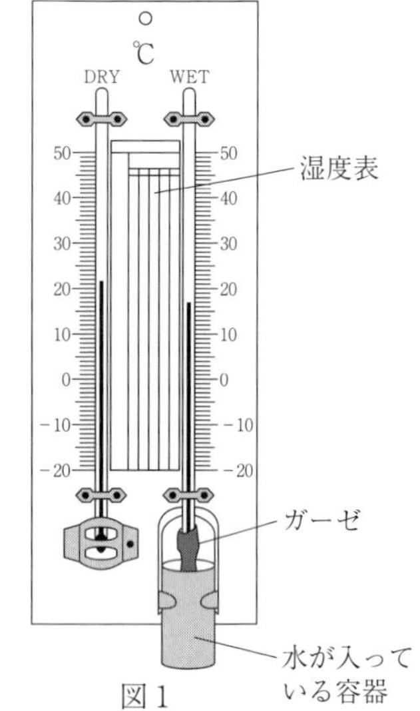

図1

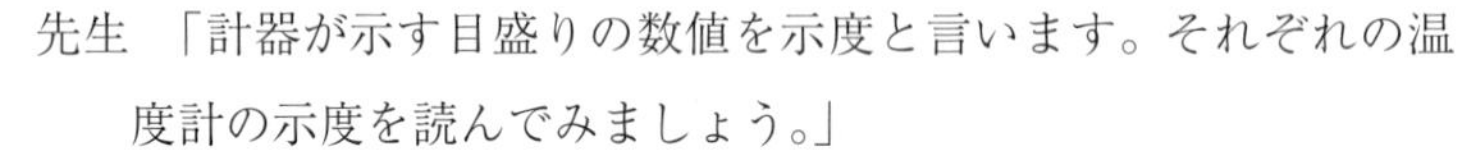

先生「計器が示す目盛りの数値を示度と言います。それぞれの温度計の示度を読んでみましょう。」

生徒「乾球温度計の示度は 22 ℃ですが，湿球温度計は 17 ℃です。なぜ湿球温度計の示度が気温と異なっているのですか。」

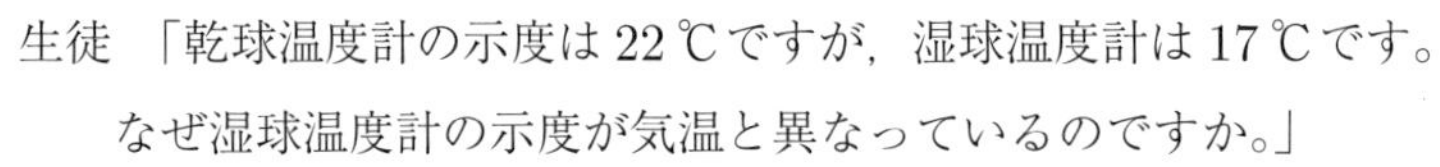

先生「水が蒸発するときに周りから熱をうばうことは知っていますか。例えば，私たちは暑いときに汗(あせ)をかきます。この汗が乾(かわ)くときに熱をうばうので，体温を下げることができるのです。湿球温度計も同じです。」

生徒「液だめ部分のぬれたガーゼの水が蒸発するからなのですね。空気が乾いていると，水がたくさん蒸発するから，湿球温度計の示度はもっと［ a ］くなるのですか。」

先生「その通りです。」

生徒「2本の温度計の間にある湿度表とはなんですか。」

先生「この表を使うと，湿度が簡単にわかります。いま，乾球温度計の示度は 22 ℃，乾球温度計と湿球温度計の示度の差は［ b ］℃なので，湿度は 58 ％と読み取れます。」

生徒「乾球と湿球の示度の差が同じ［ b ］℃だったとしても，今より気温が 4 ℃低い日の湿度は［ c ］％なのですね。」

先生「その通りです。」

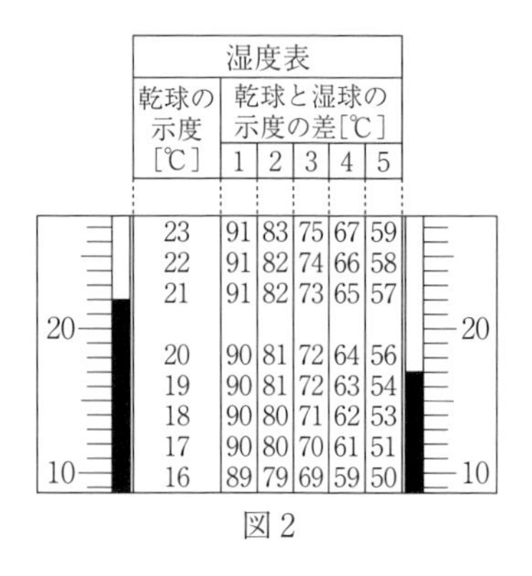

湿度表

乾球の示度[℃]	乾球と湿球の示度の差[℃] 1	2	3	4	5
23	91	83	75	67	59
22	91	82	74	66	58
21	91	82	73	65	57
20	90	81	72	64	56
19	90	81	72	63	54
18	90	80	71	62	53
17	90	80	70	61	51
16	89	79	69	59	50

図2

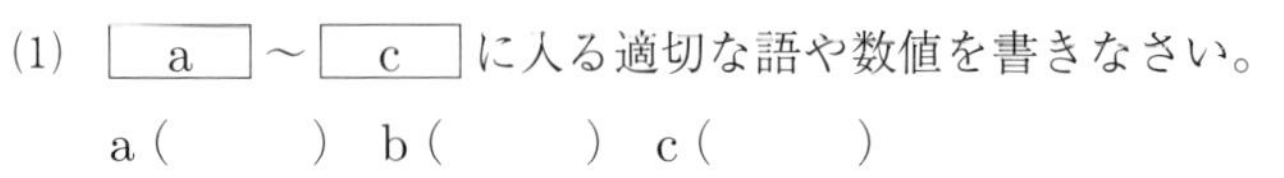

(1)　［ a ］～［ c ］に入る適切な語や数値を書きなさい。

a（　　　）　b（　　　）　c（　　　）

Ⅱ　湿度とは，空気の湿り気の割合をいいます。空気中には，いくらでも水蒸気が入るわけではなく，空気中に含むことができる水蒸気の量は，気温によって変わります。次の表1のように，空気中に含むことができる水蒸気の量は，気温が低いほど少なく，気温が高くなるにつれて多くなります。空気中にこれ以上水蒸気を含むことができないときの湿度は 100 ％，空気中に水蒸気が含まれていないときの湿度は 0 ％です。

表1　空気 $1\,m^3$ の中に含むことができる水蒸気の量

温度[℃]	10	12	14	16	18	20	22	24	26	28	30	32	34	36	38	40
水蒸気量[g]	9.4	10.7	12.1	13.6	15.4	17.3	19.4	21.8	24.4	27.2	30.4	33.8	37.6	41.7	46.2	51.1

(2)　図3は，ある温度での湿度70％の空気の模式図です。● の数はすでに含まれている水蒸気の量を，◌ の数はまだ含むことのできる水蒸気の量を示しています。下のア～エは，図3と同様に，いろいろな温度・湿度の空気を模式的に示した図です。

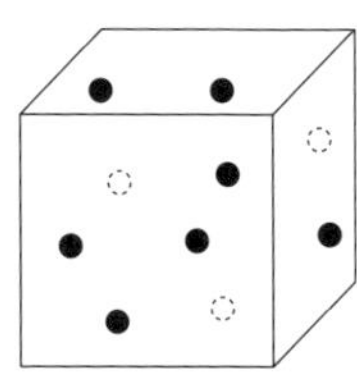
図3

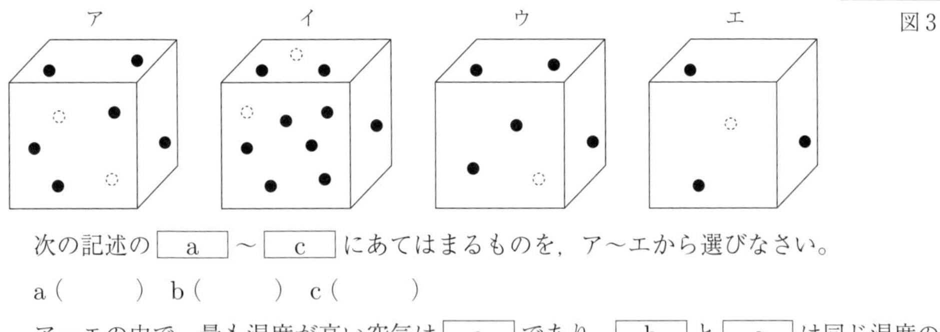

次の記述の［ a ］～［ c ］にあてはまるものを，ア～エから選びなさい。

a（　　　）　b（　　　）　c（　　　）

ア～エの中で，最も湿度が高い空気は［ a ］であり，［ b ］と［ c ］は同じ湿度の空気である。

(3)　次の文は，ある1日の気温と湿度の変化について述べたものです。

よく晴れた日，気温が最も低いのは［ ① ］で，最も高いのは［ ② ］です。この日，空気中に含まれている水蒸気の量が1日中同じだった場合，湿度は［ ③ ］。

(i)　①，②にあてはまる組み合わせをア～カから選びなさい。（　　　）

	ア	イ	ウ	エ	オ	カ
①	真夜中	真夜中	日の入り直後	日の入り直後	日の出直前	日の出直前
②	12時ごろ	14時ごろ	10時ごろ	12時ごろ	12時ごろ	14時ごろ

(ii)　③にあてはまるものをキ～コから選びなさい。（　　　）

キ　最低気温のときが最も高い　　　　ク　最高気温のときが最も高い

ケ　この日の平均気温のときが最も高い　　コ　1日を通して変わらない

Ⅲ　空気 $1\,m^3$ の中に含むことができる水蒸気の量は前の表1の通りで，含みきれない水蒸気は水の粒(つぶ)に変わります。例えば，人の吐(は)く息の中に空気 $1\,m^3$ につき30.0gの割合で水蒸気が含まれているとします。気温が10℃のとき，空気 $1\,m^3$ につき9.4gしか水蒸気を含めないので，この人が気温10℃の日に息を吐くと，空気 $1\,m^3$ あたり，30.0gと9.4gとの差20.6gの水蒸気が水の粒に変わります。寒い日に，吐く息が白くなるのは，このためです。

(4)　10℃のとき，$1\,m^3$ の空気中に5.0gの水蒸気が含まれているなら，この空気は $1\,m^3$ あたり，あと何gの水蒸気を含むことができますか。（　　　g）

(5)　表1を参考に，次の会話文の［ a ］～［ c ］に最も適した数値を書きなさい。［ a ］は小数第2位を四捨五入して小数第1位まで答え，［ b ］，［ c ］は表1の温度から選びなさい。

a（　　　）　b（　　　）　c（　　　）

アキコ　「この部屋，蒸し蒸ししていて，少し不快だなぁ。」

フユコ　「デジタル温湿度計によると，気温 24 ℃，湿度 95 %だって。」

アキコ　「この空気の水蒸気量は $1 m^3$ あたり［ a ］g だから，室温を［ b ］℃にすると湿度が約 50 %になるよ。」

フユコ　「水蒸気量を減らして湿度を下げる方法もあるわね。この空気の温度を［ c ］℃にして，生じた水滴(てき)をすべて除去したのち，再び 24 ℃にすれば，湿度が約 50 %になると思うわ。」

先生　「部屋の空気全体を［ b ］℃や［ c ］℃にするのは現実的ではありませんが，理論的には二人の方法のどちらでも湿度が約 50 %まで下がりますね。」

2 **≪水蒸気と湿度≫**　下の文を読み，以下の問 1～問 7 に答えなさい。　**(洛星中)**

下の表 1 は，それぞれの温度において，$1 m^3$ あたりの空気がふくむことのできる水蒸気量［g］の限界を示したものです。空気がそれ以上水蒸気をふくむことができなくなった状態を飽和(ほうわ)といい，そのときの水蒸気量を飽和水蒸気量といいます。空気にふくまれる水蒸気量が飽和水蒸気量を上回ると，上回った分の水蒸気は気体として存在できなくなり，水に変わります。このとき発生した水が雲や霧(きり)をつくります。飽和水蒸気量は空気の温度が高いほど多くなります。そのため水蒸気が飽和していない空気をある温度まで冷やすと，水蒸気が飽和に達して水ができ始めます。このときの温度を露点(ろてん)といいます。ある温度の空気において，飽和水蒸気量に対する空気の水蒸気量を百分率で表したものを湿度(しつど)といいます。湿度は以下の式から計算できます。

湿度[%]＝空気にふくまれる水蒸気量[g/m^3]÷飽和水蒸気量[g/m^3]× 100

計算において答えが割り切れない場合は小数第 2 位を四捨五入し，小数第 1 位まで答えなさい。

表 1

温度［℃］	飽和水蒸気量［g/m^3］	温度［℃］	飽和水蒸気量［g/m^3］	温度［℃］	飽和水蒸気量［g/m^3］	温度［℃］	飽和水蒸気量［g/m^3］	温度［℃］	飽和水蒸気量［g/m^3］	温度［℃］	飽和水蒸気量［g/m^3］
0	4.8	6	7.3	12	10.7	18	15.4	24	21.8	30	30.4
1	5.2	7	7.8	13	11.4	19	16.3	25	23.1	31	32.0
2	5.6	8	8.3	14	12.1	20	17.3	26	24.4	32	33.8
3	5.9	9	8.8	15	12.8	21	18.3	27	25.8	33	35.6
4	6.4	10	9.4	16	13.6	22	19.4	28	27.2	34	37.6
5	6.8	11	10.0	17	14.5	23	20.6	29	28.8	35	39.6

問 1　気温 29 ℃，水蒸気量 12.8 [g/m^3]の空気の湿度は何%ですか。(　　　%)

問 2　気温 15 ℃，湿度 50 %の空気の露点は何℃ですか。(　　　℃)

問 3　あ～え の空気を湿度が高い順に並べかえなさい。(　　→　　→　　→　　)

あ　気温 20 ℃，水蒸気量 15 [g/m^3]の空気

い　気温 18 ℃，水蒸気量 15 [g/m^3]の空気

う　気温 20 ℃，露点 10 ℃の空気

え　気温 10 ℃で霧が発生している空気

問4　温度が29℃で水蒸気が飽和していない空気があります。1辺の長さが10mの立方体のこの空気の温度を9℃まで下げたところ，10.4kgの水ができました。この空気の29℃における湿度は何%ですか。(　　　%)

空気が上昇（じょうしょう）すると雲が発生することがあります。これは空気が上昇することで温度が下がるためです。それによって空気の飽和水蒸気量が下がり，やがて空気にふくまれる水蒸気量が飽和水蒸気量に等しくなると露点に達して雲が発生します。露点に達した空気が上昇を続けると，空気の温度がさらに低下するため，新たに雲が発生していきます。空気の上昇にともなって温度が低下する割合は，その空気において水蒸気が飽和しているかどうかによって変わります。水蒸気が飽和していない空気は100m上昇するごとに1℃低下し，水蒸気が飽和している空気は100m上昇するごとに0.5℃低下するものとします。例えば地表（高度0m）にある25℃の空気が上昇したとします。このとき，高度400mで雲が発生し，そのまま高度1000mまで雲が発生し続けたまま上昇させるとすると，高度1000mまで上昇した空気の温度は（ ア ）℃になります。

ここで，地表にある温度34℃，水蒸気量24.4 [g/m^3]，1辺の長さが10mの立方体の空気が3000m上昇した場合について考えます。この空気が水蒸気量を保ったまま上昇したとすると，（ イ ）m上昇したところで雲が発生します。その後，3000mの高さまで上昇する間に雲が発生し続け，雲にふくまれる水がすべて雨として降ったとします。このとき，降った雨の総量は（ ウ ）gになります。

問5　上の文の（ ア ），（ イ ），（ ウ ）に入る数字を答えなさい。

ア(　　　)　イ(　　　)　ウ(　　　)

問5では上昇した空気の露点が変化しないものとして計算しましたが，空気は上昇すると膨張（ぼうちょう）して体積が大きくなります。それによって空気1m^{3}あたりにふくまれる水蒸気の量が減るため，水蒸気は飽和しにくくなります。つまり，露点が低下します。以下の問いでは，この影響により空気が100m上昇するごとに露点が0.2℃ずつ低下するものとします。例えば，地表で温度24℃，露点20℃の空気が高度100mまで上昇すると，空気の温度は23℃，露点は19.8℃になります。この空気が高度（ エ ）mまで上昇すると露点に達します。

空気が上昇して温度が下がったときに，上昇した空気の温度が周囲の気温よりも高いと，上昇した空気は力を加えなくても自ら上昇していきます。このとき，上昇する空気は周囲の空気と混ざらないものとします。また，両者の間で熱の移動はないものとします。図2，図3は異なる2地点における地表から高度3500mまでの気温を示したものです。ここで，図2の地点において地表にある温度35℃，水蒸気量20.6 [g/m^3]の空気に力を加えて高度100mまで上昇させたとします。高度100mまで上昇した空気の温度が34℃まで下がるのに対して，高度100mの気温は33℃なので，上昇した空気は力を加えなくても自ら上昇していきます。上昇し続ける空気はある高度で露点に達しますが，そこでも周囲の気温よりも温度が高いのでさらに上昇を続けていきます。この空気が高度（ オ ）mまで上昇すると，まわりの気温と同じ温度になるため，そこで上昇は止まります。次に，図3の地点において地表にある温度35℃の空気に力を加えて高度100mまで上昇させた場合を考えます。高度100mまで上昇させた空気はそれ以上力を加えなくても高度3500m以上自ら上昇したとします。このとき，上昇した空気にふくまれる水蒸気量は地表において（ カ ）[g/m^3] よりも高い必要があり，（ カ ）[g/m^3] 以下だとこの空気は途中で上昇しなくなります。

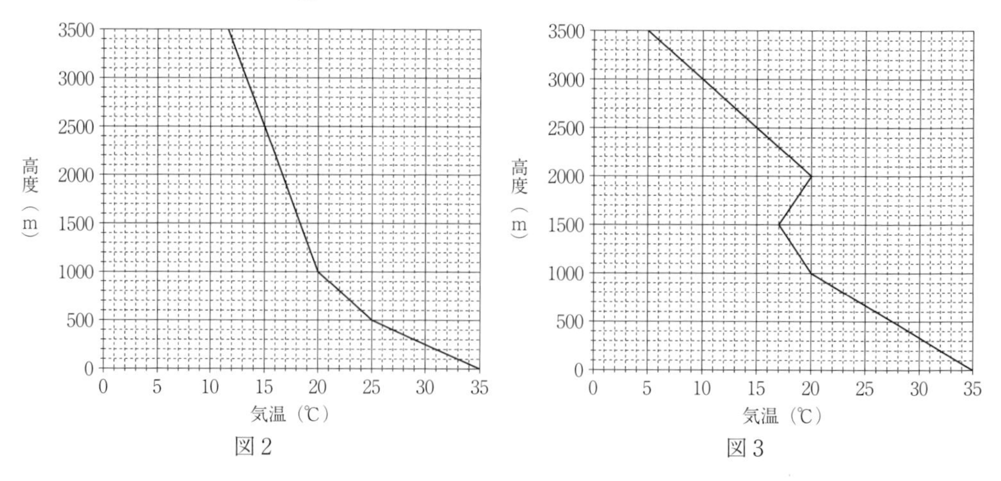

図２　　　　図３

問６　前の文の（ エ ），（ オ ）に入る数字を答えなさい。エ（　　　）　オ（　　　）

問７　前の文の（ カ ）に入る数字を表１の水蒸気量から選びなさい。（　　　）

3　≪台風≫　右の図１はある台風が日本にやってきたときの台風の中心が通った進路を表しています。次の問いに答えなさい。（神戸女学院中）

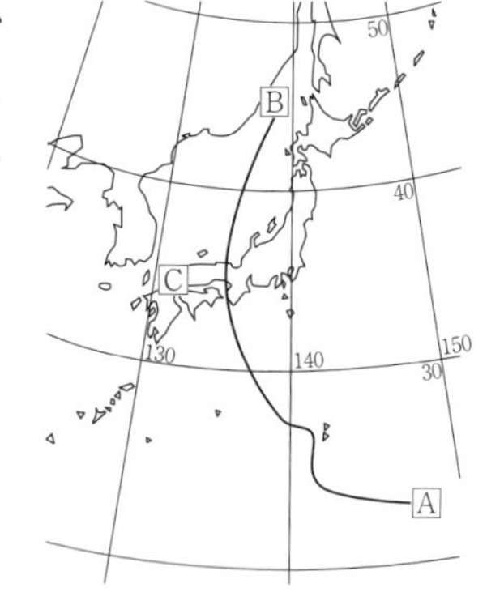

図１　ある台風の進路

(1)　この台風の進路と中心の様子について次の①～④から適切なものを１つ選び，答えなさい。（　　　）

①　進路はA→Bで，中心は風が強い。
②　進路はA→Bで，中心は風が弱い。
③　進路はB→Aで，中心は風が強い。
④　進路はB→Aで，中心は風が弱い。

(2)　衛星からの台風の雲画像を見ると，図２のように日本に近づいてくる台風はすべて反時計回りにうずをまきながら進んでいきます。図１のように台風が進むとき，Cの位置での風のふく方向を調べます。台風が近づいてくるときと，遠ざかっていくときの風のふく方向は次のどれに近いですか。①～④から適切なものを１つ選び，答えなさい。（　　　）

図２　2003 年 9 月 10 日の赤外（雲）画像

	近づいてくるとき	遠ざかっていくとき
①	東側からふく	南側からふく
②	西側からふく	北側からふく
③	南側からふく	東側からふく
④	北側からふく	西側からふく

(3) 神戸女学院がある西宮市には武庫川があります。この川は，川幅(はば)が広く，堤防の内側に広い河川(せん)じきがあり，普(ふ)段は公園としてサッカーやジョギングコースなどに利用されています。台風などで大雨が降ったとき，この河川じきにはどのような役割があるか説明しなさい。

( )

4 ≪台風≫ マナブさんの学級では，班ごとに「台風」について，本やインターネットで調べた事がらをまとめて，発表することになりました。次の問いに答えなさい。(風の向きの表し方（例）:「北風」…北から南へ吹(ふ)く風のこと)

(大阪教大附平野中)

● 1班が調べてわかったこと

熱帯の海上で発生する低気圧を「熱帯低気圧」と呼びますが，このうち北西太平洋または南シナ海に存在し，なおかつ低気圧域内の①最大風速（10分間平均）がおよそ17m以上のものを「台風」と呼びます。

台風は，通常「東風」が吹いている日本から遠くはなれた南の海では（ ② ）に移動し，そのあと太平洋にある高気圧のまわりを北に移動して日本に近づいてくると，上空の強い「西風」（偏西風(へんせいふう)）により速い速度で（ ③ ）へ進むなど，上空の風や台風周辺の気圧配置の影響を受けて動きます。また，台風は地球の自転（北極と南極を結ぶ軸のまわりを1日に1回転していること）の影響で北～北西へ向かう性質を持っています。

※気象庁ホームページより（抜粋(ばっすい)，一部改変）

(1) 下線部①について，いっぱんに風速は何によって表されていますか。次のア～ウから1つ選び，記号で答えなさい。( )

ア 秒速　イ 分速　ウ 時速

(2) （ ② ）にあてはまる台風の進む向きを，次のア～エから1つ選び，記号で答えなさい。

( )

ア 東　イ 西　ウ 南　エ 北

(3) （ ③ ）にあてはまる台風の進む向きを，次のア～エから1つ選び，記号で答えなさい。

( )

ア 南や東　イ 南や西　ウ 北や西　エ 北や東

● 2班のプレゼンテーション資料より

次の写真は，2022年9月17日9時の台風14号の「雲画像」です。台風の雲はうずをまいていて，地表付近では，うずまきの中心に向かって時計の針の動きと反対向きに強い風が吹いています。中でも台風が進む方向の（ ④ ）側では進む方向と風の向きが同じになるので，特に強い風が吹きます。うずまきの中心には雲の少ないところが見えていますね。そこは「台風の目」と呼ばれ，風は（ ⑤ ），雨は（ ⑥ ）。

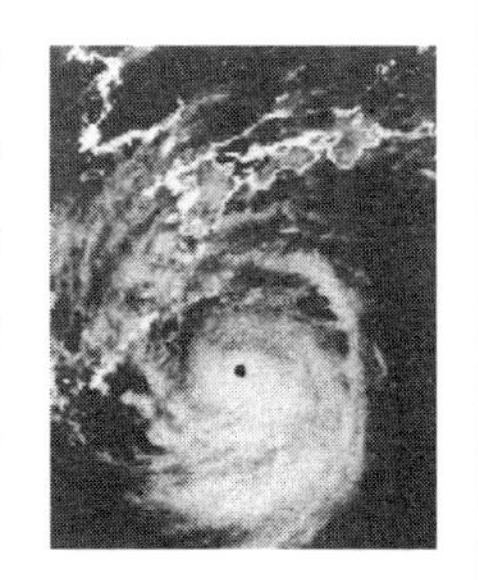

(4)　（ ④ ）にあてはまるのは，左・右のどちらですか。（　　　）

(5)　文中の（ ⑤ ），（ ⑥ ）にあてはまる文の組み合わせとして正しいものを，右のア～エから１つ選び，記号で答えなさい。

（　　　）

	⑤	⑥
ア	強く	あまりふりません
イ	強く	大雨がふっています
ウ	弱く	あまりふりません
エ	弱く	大雨がふっています

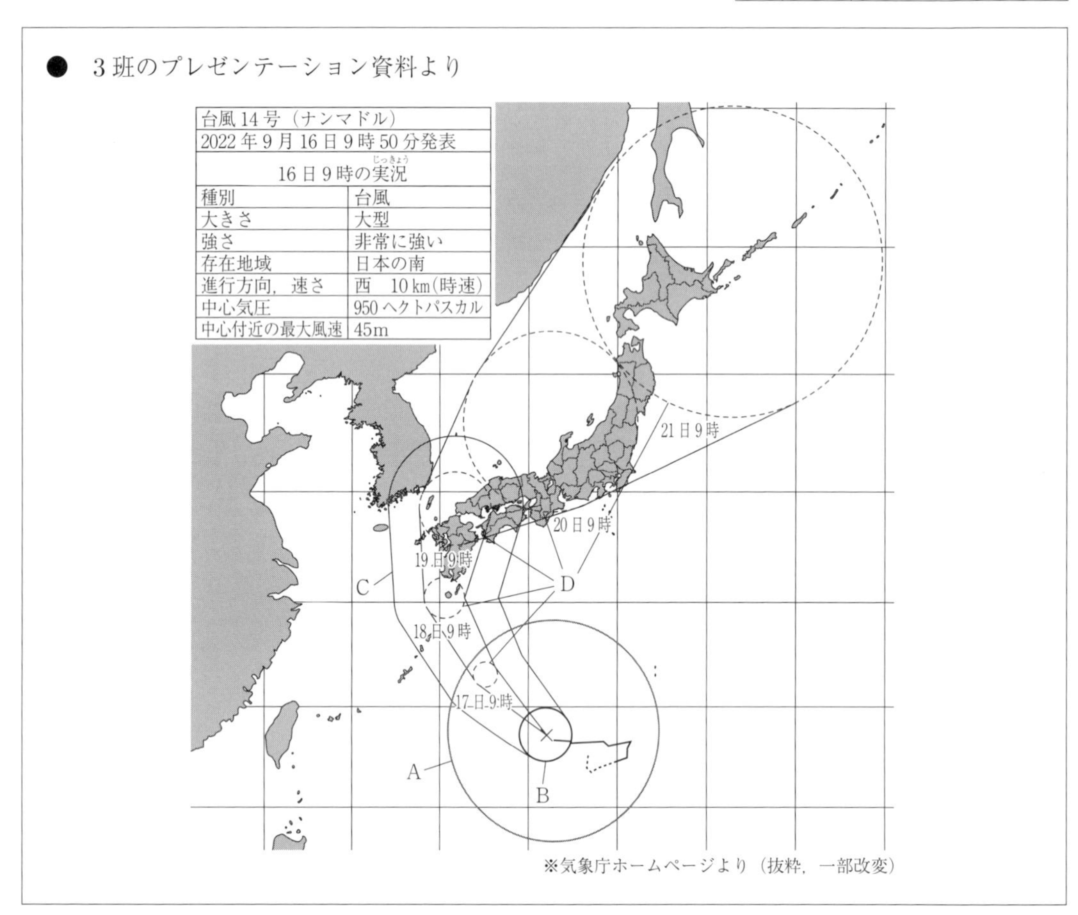

※気象庁ホームページより（抜粋，一部改変）

(6)　図のA，Bの説明として正しいものを，次のア～オからそれぞれ１つ選び，記号で答えなさい。

A（　　　）　B（　　　）

ア　風速15m以上の風が吹いている範囲

イ　風速25m以上の風が吹いている範囲

ウ　風速35m以上の風が吹いている範囲

エ　強風注意報が発表されている範囲

オ　暴風警報が発表されている範囲

(7)　図のCの説明として正しいものを，次のア～オから１つ選び，記号で答えなさい。（　　　）

ア　今後，風速15m以上の風が吹くおそれがある範囲

イ　今後，風速25m以上の風が吹くおそれがある範囲

ウ　今後，風速35m以上の風が吹くおそれがある範囲

エ　強風注意報が発表されるおそれがある範囲

オ　暴風警報が発表されるおそれがある範囲

(8)　図のDは予報円といい，台風の中心が進むと予想される範囲です。予報円が日ごとに大きくなっているのはなぜですか。簡単に説明しなさい。

（　　　　　　　　　　　　　　　　　　　　　　　　　　　　　　　　　　　　　　）

●　4班のプレゼンテーション資料より

みなさん，「雨が降っていないのに，急に川が増水することがある」のを知っていますか。台風などの影響（えいきょう）で記録的な大雨が降ることが予測できる場合，ダムが放流をはじめることがあるのです。これを「事前放流」といいます。利用するために貯（たくわ）えていた水でさえ放流するダムもあるそうです。「せっかく貯（た）めていたのに，何だかもったいないな。」という気持ちになりますね。どうして「事前放流」をする必要があるのでしょうか。……（中略）……

令和4年台風14号は，記録的な勢力を保ったまま九州に上陸したあと，日本列島を縦断（じゅうだん）しました。このとき，過去最多の129のダムが台風接近に伴（ともな）う大雨が降る前に「事前放流」をおこなっていたのです。

ダムが「事前放流」を始める時には，サイレンが鳴るなどの合図があります。どんなに晴れていて，流れがゆるやかであったとしても，大変危険なのですぐに川から離（はな）れるようにしましょう。

(9)　「事前放流」の目的は何だと考えられますか。簡単に説明しなさい。

（　　　　　　　　　　　　　　　　　　　　　　　　　　　　　　　　　　　　　　）

5　≪天気総合≫　日本付近の天気の変化について，以下の各問いに答えなさい。　（プール学院中）

(A)　次の表1〜4は2022年の3月15日，6月15日，9月15日，12月15日のいずれかの大阪市の気象観測データです。また，表の下の文①〜④は，そのいずれかの日の天気を説明したものです。ただし，雲の量は見通しの良い場所で空を見わたし，空全体を10としたときのものを表しています。

表1	3時	6時	9時	12時	15時	18時	21時
気温(℃)	18.6	18.2	19.9	24.7	26.2	21.6	21.2
降水量(mm)	0	0	0	0	0	1	0
雲の量	10	10	10	10	10	10	10

表2	3時	6時	9時	12時	15時	18時	21時
気温(℃)	3.9	4.1	6.5	8.5	8.0	7.4	6.6
降水量(mm)	0	0	0	0	0	0	0
雲の量	0	0	1	3	10	0	2

表3	3時	6時	9時	12時	15時	18時	21時
気温(℃)	16.1	16.6	19.1	19.7	20.8	16.3	11.7
降水量(mm)	0	0	0	0	0	0	0
雲の量	10	10	3	3	3	0	0

表4	3時	6時	9時	12時	15時	18時	21時
気温(℃)	26.7	26.7	29.8	30.9	32.9	24.5	24.8
降水量(mm)	0	0	0	0	0	0	0
雲の量	10	10	10	9	5	3	3

①　3月15日は，明け方はくもっていたが，昼になるとよく晴れて，気温も20℃くらいまで上がった。

②　6月15日は，1日中くもっており，気温も高かった。夕方には少し雨が降った。

③　9月15日は，昼過ぎまで雲が多かったが，雨は降らなかった。

④　12月15日は，気温は1日を通して低く，15時ごろに雲が広がった。

問1　全国に約1300か所ある地域気象観測所で，自動的に風向や風速，気温，降水量などを観測・集計するしくみを（　　）といいます。（　　）にあてはまる言葉を**カタカナ4字**で答えなさい。（　　　）

問2　表1～4の観測データはそれぞれどの日のものと考えられますか。次のア～エからそれぞれ1つずつ選び，記号で答えなさい。

表1（　　　）　表2（　　　）　表3（　　　）　表4（　　　）

ア　3月15日　　イ　6月15日　　ウ　9月15日　　エ　12月15日

問3　9月15日の15時の天気を，「晴れ」，「くもり」，「雨」のいずれかで答えなさい。（　　　）

(B)　図1は日本付近の6月から10月までの台風の月ごとのおもな進路を表したもので，図中の矢印は，6月から10月の台風の進路のいずれかを表しています。

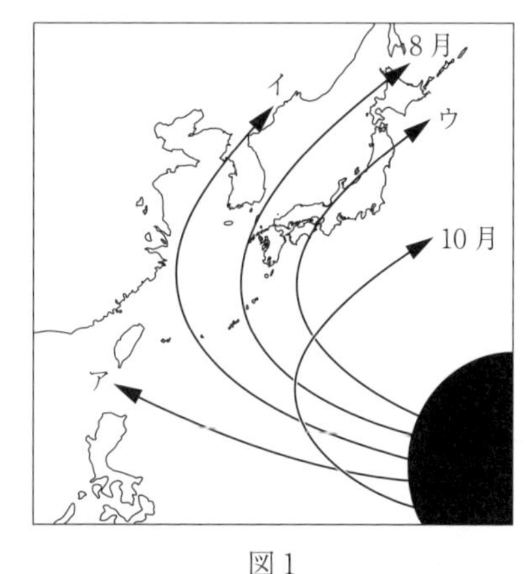

図1

問4　次の表5は台風が近畿(きんき)地方に接近した月ごとの回数を1952年から2022年まで合計したものです。9月の台風のおもな進路として最もよくあてはまるものは，図1のア～ウのうちどれだと考えられますか。次の表5を参考にして1つ選び，記号で答えなさい。（　　　）

表５

6月	7月	8月	9月	10月
16回	30回	71回	72回	38回

問５　下の文は，日本付近の８月の台風のおもな進路について説明したものです。文中の（ ① ），（ ② ）にあてはまる方位の組み合わせとして最もよくあてはまるものを，右のア～エから１つ選び，記号で答えなさい。
（　　）

	①	②
ア	南	北東
イ	南	南西
ウ	東	北東
エ	東	南西

台風は日本の（ ① ）の海上で発生し，はじめはやや西に向かい，やがて（ ② ）へ向かって進みます。

問６　テレビやインターネットの台風の進路予想では，図２のような「予報円」が用いられます。予報円が表しているものとして最もよくあてはまるものを次のア～ウから１つ選び，記号で答えなさい。（　　）

ア　台風の直径　　イ　台風の中心が入ると予想されるところ

ウ　台風の強さ

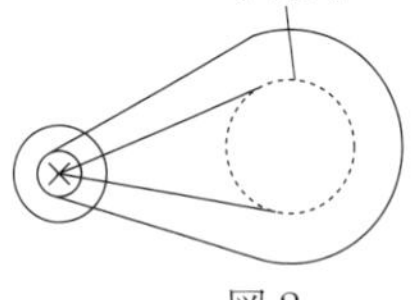

図２

問７　台風は洪水（こうずい）などの災害をもたらすことがあります。地域の避難（ひなん）所の位置や，洪水が起きた場合に，水につかる可能性があるところなどを示した地図を何といいますか。**カタカナ**で答えなさい。（　　）

問８　台風が接近・上陸したとき，その災害から命を守るための行動として，**ふさわしくないもの**を，次のア～エから１つ選び，記号で答えなさい。（　　）

ア　テレビやラジオ，インターネットの気象情報をこまめに確認する。

イ　窓や雨戸は確実に閉め，必要であれば板を打ちつけて補強する。

ウ　洪水が起きていないかどうか，川のようすを確認しに行く。

エ　避難指示が出たときに備え，地域の避難所の位置や経路を確認する。

11 天体の動き

1 ≪太陽の動き≫ 次の各問いに答えなさい。 (関西大学北陽中)

［1］ 次の文を読み，あとの各問いに答えなさい。

太陽は主に（ A ）やヘリウムなどの高温の気体からできています。太陽の表面は光球とよばれ，温度は約（ B ）℃です。図1は，（ C ）が太陽を完全にかくしてしまう（ D ）日食の様子で，円形をした黒い部分のまわりに放射状に広がって白く写っているものを（ E ）といい，観察すると，真じゅ色に輝いて見えます。

図1

(1) 空らん（ A ）に当てはまる気体の名前を答えなさい。(　　　)

(2) 空らん（ B ）に当てはまる数値として適当なものはどれですか。次の(ア)～(エ)から1つ選び，記号で答えなさい。(　　　)

(ア) 4000　(イ) 6000　(ウ) 100万　(エ) 1600万

(3) 空らん(C)～(E)に当てはまる語句をそれぞれ答えなさい。

C(　　　) D(　　　) E(　　　)

［2］ 日本のある地点で，透明(とうめい)半球を使って太陽の1日の動きを観測しました。図2は，10時から14時までの1時間ごとの太陽の位置を記録し，それらをなめらかな曲線で結んだものです。ここで，点Xは太陽の南中位置を示しています。あとの各問いに答えなさい。

図2

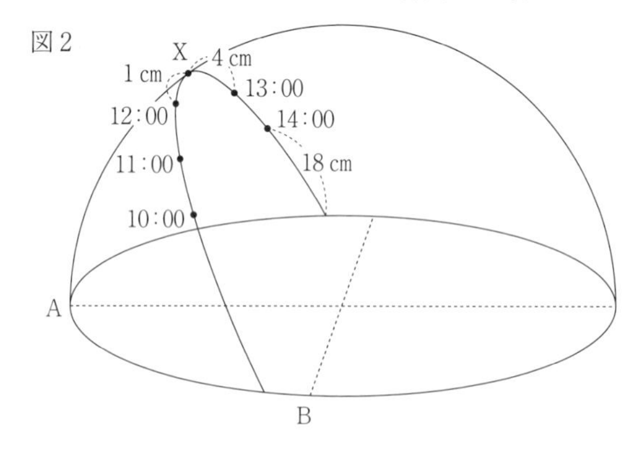

(1) A，Bの方角をそれぞれ答えなさい。

A(　　　) B(　　　)

(2) この日の日の入りの時刻を求めなさい。(　　時　　分)

［3］ 次の文を読み，あとの各問いに答えなさい。

日本では，兵庫県明石市を通る東経135度の経線上に太陽が南中した時を正午としています。地球は西から東へ自転しているため，太陽が南中する地点は東から西へ順に移っていきます。この南中する時間は経度によって決まり，経度が1度ちがうと約4分ずれることになります。たとえば，福岡市は東経が130度であるため，南中する時刻は（　　）となります。

(1) 上の文中の（　　）に当てはまる時刻を答えなさい。(　　時　　分)

(2) 次の表は，ある日の日本の各地における日の出・日の入りの時刻と昼の長さをまとめたものです。あとの各問いに答えなさい。ただし，地点a～dは，札幌(さっぽろ)，東京，新潟，大阪のいずれかの都市で，図3はそれぞれの都市の位置を示しています。

図3

表

	地点a	地点b	地点c	地点d
日の出	6時48分	6時57分	7時2分	7時4分
日の入り	16時32分	16時29分	16時52分	16時4分
昼の長さ	9時間44分	9時間32分	9時間50分	9時間

① 日の出・日の入りの時刻と昼の長さから，太陽の南中時刻を求めることができます。地点a～dについて，太陽の南中時刻を早い順に並べるとどうなりますか。a～dの記号で答えなさい。(　　→　　→　　→　　)

② ①より，札幌と大阪はそれぞれa～dのどの地点になりますか。a～dの記号で答えなさい。
札幌(　　　)　大阪(　　　)

③ 次の文について，空らんに当てはまる語句をそれぞれ答えなさい。ただし，(ア)，(イ)については解答らんの正しい方の語句を選んで○で囲み，(ウ)，(エ)についてはa～dの記号でそれぞれ答えなさい。ア(夏・冬)　イ(長く・短く)　ウ(　　　)　エ(　　　)

各地の日の出・日の入りの時刻から，この日の季節は（ア．夏・冬）であることがわかる。この季節において，東京と新潟の昼の長さを比べると，より北側に位置する新潟の方が昼の長さは（イ．長く・短く）なる。よって，東京は地点（ ウ ），新潟は地点（ エ ）であることがわかる。

2 ≪月≫ 次の文を読み，以下の問いに答えなさい。　(西大和学園中)

①太陽も月も，明るく輝(かがや)いて見えますが，ほとんどの場合で丸い形に見える太陽に対して，②月は日ごとに形を変え，約1か月の周期で満ち欠けをしています。太陽が丸い形に見えない場合の一つに［　③　］があります。［　③　］とは，太陽と地球の間に月が一直線に並んだ場合に，太陽が月に隠(かく)されることで観察される現象で，この日の月の形は，必ず［　④　］になります。月の満ち欠けは，「月齢(れい)」という数字で表すことができます。新月を「0」として，次の日が「1」，その次の日が「2」としていくと，上弦(げん)の月の月齢は「7」前後になり，満月なら「15」前後，下弦の月なら「22」前後になります。また，太陽は昼間にしか見ることはできませんが，⑤月がその日いつ見えるかは，その時の月齢によります。月齢次第では，昼間に見えたり，夜間に見られなかったりするのです。

晴れた夜に天体望遠鏡で月の表面を観察すると，月の表面には，⑥くぼんだ地形が多く見られることが分かります。この地形は月以外にも，水星や火星といった地球以外の惑星の表面にも見られます。大昔の地球にはこの地形が多くあったと考えられていますが，今では月よりも少ない数しか存在しません。

(1) 下線部①に関して，次のうち，太陽と同じ原理で輝いているものには「ア」を，月と同じものには「イ」を答えなさい。

ⅰ．北極星（　　）　ⅱ．金星（　　）　ⅲ．マッチの火（　　）

(2) 下線部②に関して，月の満ち欠けの原因として正しいものを次の中から一つ選び，記号で答えなさい。（　　）

ア．月が自転しているから。　イ．地球が自転しているから。

ウ．地球が太陽の周りを公転しているから。　エ．月が地球の周りを公転しているから。

(3) ［③］に適する語句を，漢字２文字で答えなさい。（　　）

(4) ［④］に適する語句として正しいものを次の中から一つ選び，記号で答えなさい。（　　）

ア．新月　イ．三日月　ウ．上弦の月　エ．満月　オ．下弦の月

カ．二十六夜月（逆三日月）

(5) 下線部⑤に関して，日本で午前９時に月が見えた場合，月が見えた方角と，その日の月齢として考えられるものの組み合わせとして正しいものを次の中から一つ選び，記号で答えなさい。

（　　）

	ア	イ	ウ	エ	オ	カ	キ	ク	ケ
方角	東	東	東	南	南	南	西	西	西
月齢	5	13	21	5	13	21	5	13	21

(6) 下線部⑥に関して，図１のように，月の表面に見られるくぼんだ地形を何と言いますか。また，この地形が月には今も多く残っており，地球にはほとんど残っていない理由を，次の文の空らんに合うように答えなさい。地形（　　）　ア（　　）　イ（　　）

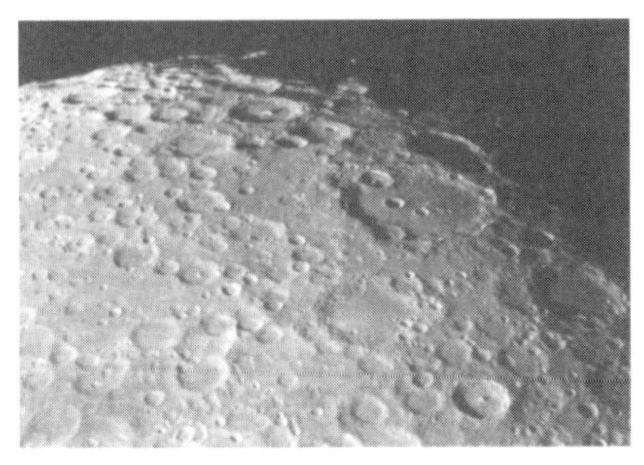

図１

地球には（ ア ）があるので，長い年月の間に（ イ ）されるから。

(7) 月の表面には，「餅つきをするうさぎ」の模様があるとよくいわれるように，白い岩石の部分と，黒い岩石の部分があります。月は大昔に，地球に巨大な隕石がぶつかったときに地球から飛び散った岩石が集まってできたと考えられており，その成分は地球の岩石とよく似ています。ま

た，月ができてすぐの月の表面は，ほとんどが白い岩石で覆(おお)われていたと考えられています。次の，地球の岩石の成分表を見て，月の黒い部分はどのような岩石でできているか，後の文の空らんに当てはまる語句を答えなさい。ただし，（ エ ）については，「大き」か「小さ」で答えなさい。

ウ（　　　）　エ（　　　）

見た目の色	白色	灰色	黒色
火山岩 地上付近で 急激に固まる	リュウモン岩	安山岩	ゲンブ岩
深成岩 地下深くで ゆっくり固まる	カコウ岩	センリョク岩	ハンレイ岩
主な構成鉱物 （体積％）	石英 カリ長石 クロウンモ	シャ長石 カクセン石	キ石 カンラン石
※密度［g／㎤］	約 2.7	約 2.9	約 3.1

※密度…体積あたりの重さのこと。今回は，1 ㎤あたりの岩石の重さのこと。

月の黒い部分は（ ウ ）という岩石だと考えられる。月ができた後，密度が（ エ ）い（ ウ ）は白い岩石の地層の下にあったが，隕石が落下することで白い岩石の地層が吹き飛ばされ，中から（ ウ ）がよう岩としてふき出して急激に固まったため，月の表面は現在のような白い岩石と黒い岩石に覆われることになった。

3 ≪月≫　図1は，江戸時代中期に，細井広沢(ほそいこうたく)によって作成された太陽と月の位置関係を確認できる早見盤(はやみばん)である。この早見盤は，紙を何枚か重ねてつくられており，それぞれの紙を回転させることで，どのような形の月が，何時ごろ，どの方角に見えるのかを調べることができる。

次のともちかさんと坂井先生との会話文を読み，あとの各問いに答えなさい。　(関西大学中)

図1

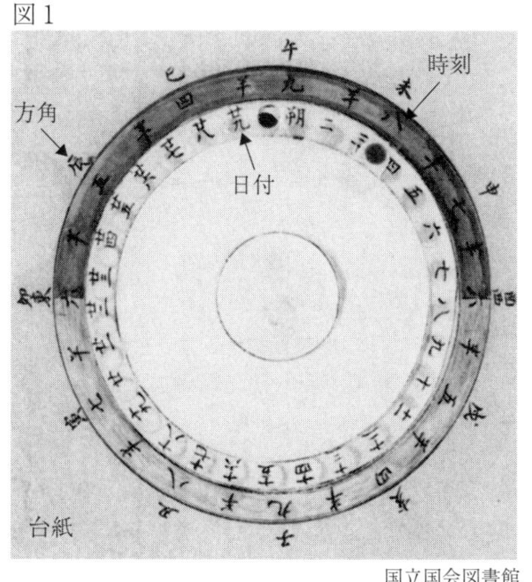

国立国会図書館

ともちかさん：坂井先生！　この早見盤を作ってみたいのですが，教えていただけますか。

坂 井 先 生：いいですよ。ここには，方角や時刻，日付が江戸時代に使われていた言葉で書かれているので，現在の言葉に書きかえながら作っていきましょう。

ともちかさん：はい。1つずつ教えてください。

坂 井 先 生：まずは早見盤のつくりを見てみましょう。

最初は，1番下の台紙についてです。円の外に書かれている文字は方角，その内側の円に書かれている文字は時刻を表しています。

ともちかさん：今とは方角や時刻の表し方がちがいますね。

坂 井 先 生：そうですね。現在の言葉への書きかえ方は早見盤を作るときに説明しますね。

次は，台紙の上に重ねられた2枚目の丸い紙を見てください。これには円に沿って29個の月の形がかかれていて，太陽を表す丸い印のついたタブ（つまみ）が取りつけられています。

ともちかさん：3枚目に重ねた紙で月の形はほとんど見えませんね。

坂 井 先 生：そうですね。2枚目の紙の上には3枚目の丸い紙が重ねられていて，ここには日付が書かれていますが，1か所だけ丸い穴が空いているので，この穴から2枚目の紙にかかれた月の形が見えるように工夫されているのです。また，先ほどの太陽のタブが3枚目の紙より上になるように折り返しています。

ともちかさん：1か月は29日だったのですか。

坂 井 先 生：この時代は①<u>月の満ち欠け</u>を1か月としていたので，②<u>新月</u>の日が1日，満月の日が15日で1か月は29日でした。

ともちかさん：2枚目，3枚目の紙は回転できるようになっているのですね。

坂 井 先 生：その通りです。では，実際に作ってみましょう。

～早見盤の作成～

ともちかさん：先生！　できました。

坂 井 先 生：上手にできましたね。では実際に使ってみましょう。まず，一番上にある太陽のタブを3枚目の日付の位置に合わせてみましょう。

ともちかさん：では，三日に合わせてみました。

坂 井 先 生：3枚目の紙の穴から③<u>下にかかれている月の形</u>を見てごらん。

ともちかさん：すごい！　太陽のタブを三日に合わせると，見える月の形は三日月になってます。

坂 井 先 生：うまくできているでしょ。次は太陽と月の位置関係を変えないように，2枚目の紙と3枚目の紙を同時に持って回転させ，太陽のタブを1枚目の紙の時刻に合わせてみてください。月がどの方角に見えるのかがわかります。

ともちかさん：本当ですね。太陽を20時のところに合わせると，④<u>三日月が見える方角</u>がわかりました。

坂 井 先 生：おもしろい早見盤でしょ。日付は少しずれますが，今でも使えますね。

ともちかさん：はい！　先生ありがとうございます。忘れないように，使い方をノートにまとめておきます（図2)。

坂 井 先 生：大切なことですね。がんばってください。

図2

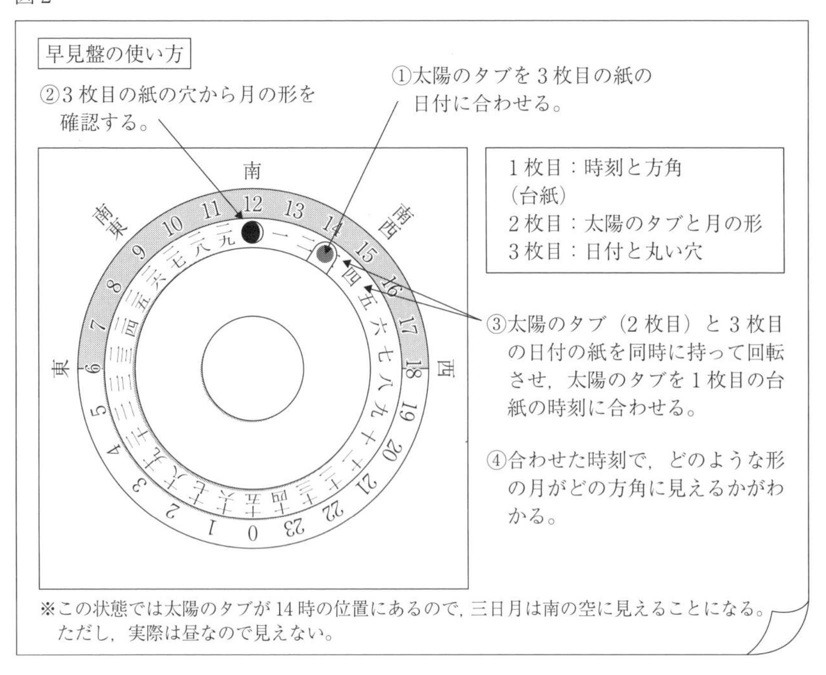

(1) 下線部①について，次のア～オを正しい順に並べ，記号で答えなさい。ただし，最初の月をアとし，白い部分が月の形を表しているものとする。(ア → → → →)

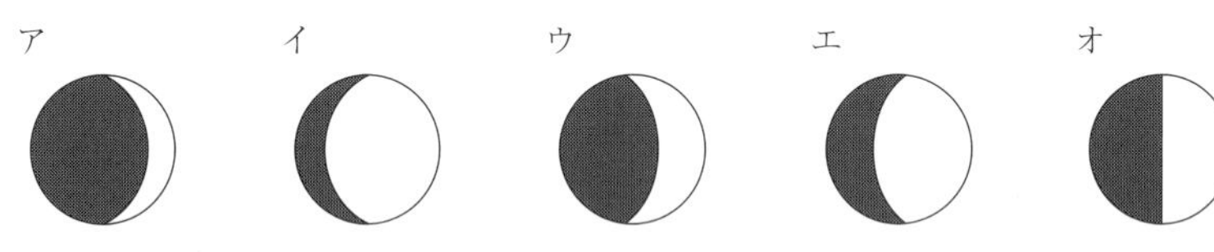

(2) 下線部②はどのような月か。次のア～オから正しいものを1つ選び，記号で答えなさい。

( )

ア．昼間に見える月　　イ．1年で最初に見える月　　ウ．1年で最も大きく見える月

エ．地球から見て太陽と同じ方向にある月　　オ．地球から見て太陽と反対方向にある月

(3) 下線部③について，この2枚目の紙は図3のようになっている。図3の円の中心側から見たとき，a～cにはどのような形の月が入るか。次のア～オから最も近いものを1つずつ選び，記号で答えなさい。

a ( ) b ( ) c ( )

図3

太陽
a
b
c

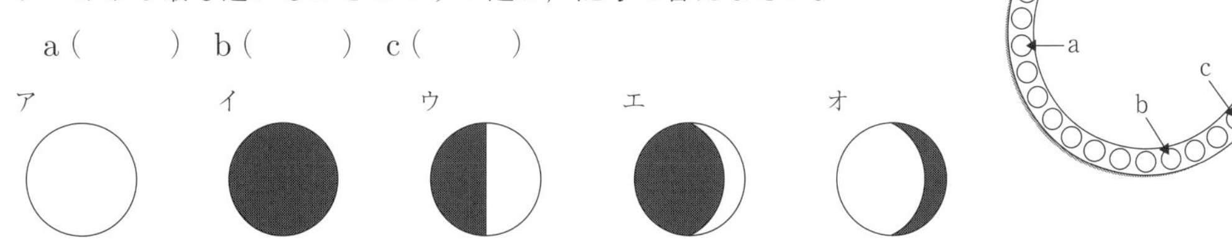

(4) 下線部④について，どの方角に見えるのか。次のア～オから1つ選び，記号で答えなさい。

( )

ア．東　　イ．南東　　ウ．南　　エ．南西　　オ．西

(5)　この早見盤について，正しく説明しているものを次のア～オからすべて選び，記号で答えなさい。(　　　)

ア．満月の日には使うことはできない

イ．明け方の月の位置を調べることはできない

ウ．夜（18 時～6 時）に南の空で三日月を見ることはできない

エ．東の空に月があるときは，太陽は必ず西の空にある

オ．月と太陽の位置が離れているほど，夜（18 時～6 時）に月を長く見ることができる

4　≪星の動き≫　次の(1)～(4)について，奈良市付近で観察したものとして各問いに答えなさい。

（東大寺学園中）

(1)　図は夏の大三角をあらわしていて，A と B と C はそれぞれ 1 等星です。A と B の星の名前の組み合わせを，次のア～カから 1 つ選んで，記号で答えなさい。(　　　)

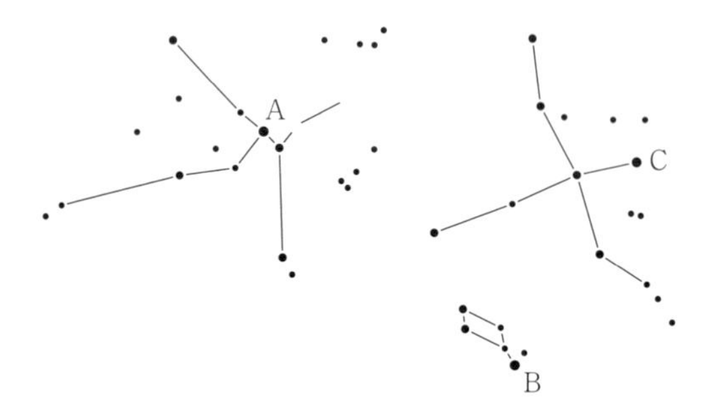

ア　A はベガで B はデネブ　　　イ　A はベガで B はアルタイル

ウ　A はデネブで B はベガ　　　エ　A はデネブで B はアルタイル

オ　A はアルタイルで B はベガ　　カ　A はアルタイルで B はデネブ

(2)　夏の大三角が午後 8 時にほぼ真上に見える時期を，次のア～エから 1 つ選んで，記号で答えなさい。(　　　)

ア　5 月 15 日ごろ　　イ　7 月 15 日ごろ　　ウ　9 月 15 日ごろ　　エ　11 月 15 日ごろ

(3)　次のア～エはオリオン座を示しています。D はベテルギウス，E はリゲルです。東の低い空で見られるものに最も近いのはどれですか。ア～エから 1 つ選んで，記号で答えなさい。(　　　)

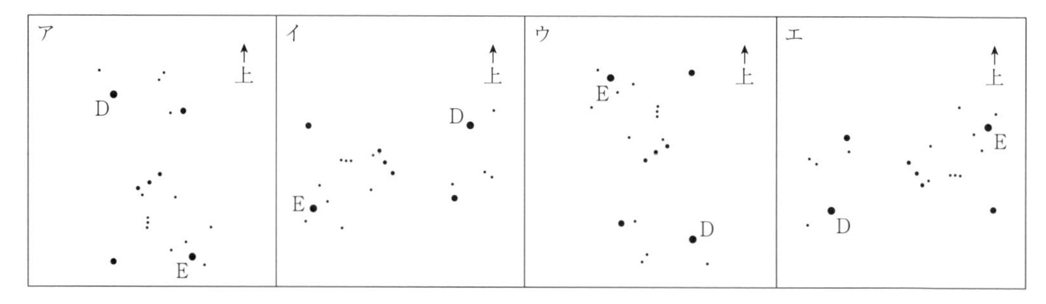

(4)　おうし座のアルデバラン，おおいぬ座のシリウス，こいぬ座のプロキオンのうち，オリオン座のベテルギウスよりも早い時刻に東の低い空に上がってくる星はどれですか。正しいものを次のア～キから 1 つ選んで，記号で答えなさい。(　　　)

ア　アルデバランだけ　　イ　シリウスだけ　　ウ　プロキオンだけ
エ　アルデバランとシリウス　　オ　アルデバランとプロキオン　　カ　シリウスとプロキオン
キ　アルデバランとシリウスとプロキオン

5　≪星の動き≫　次の文を読んで後の問いに答えなさい。　（大阪桐蔭中）

宇宙にはたくさんの星があり，その星は夜空で光って見えます。星を線で結んでできた形を星座といいます。星座は人種，国，宗教などの違(ちが)いからたくさんの種類がありました。しかし，1922年，世界中の天文学者が集まる国際天文学連合での会議にて，星座は88個に整理され，さらに世界共通の名称(めいしょう)が与(あた)えられました。2022年は世界中の人が夜空の星座に共通の想(おも)いをえがけるようになって，ちょうど100年目なのです。

日本から見える星座を考えてみましょう。（図1）はある日の午後8時の夜空のうち，特ちょうのある星座を表したものです。この中でも特に明るい星（X・Y・Z）を結んでできる形を（ ① ）といい，これは星座ではなく，星群（アステリズム）といいます。有名な星群は他に，（図1）の3つの星（A・B・C）からできるオリオンの三ツ星，おおぐま座のしっぽの部分からできる（ ② ），はくちょう座，わし座，こと座のもっとも明るい星からできる（ ③ ）があります。

夜空には星座を作ることのできない星も見られます。例えば火星です。火星は星座の間をぬうように動いて見えます。このように複雑な動きをする星のことを（ ④ ）といいます。

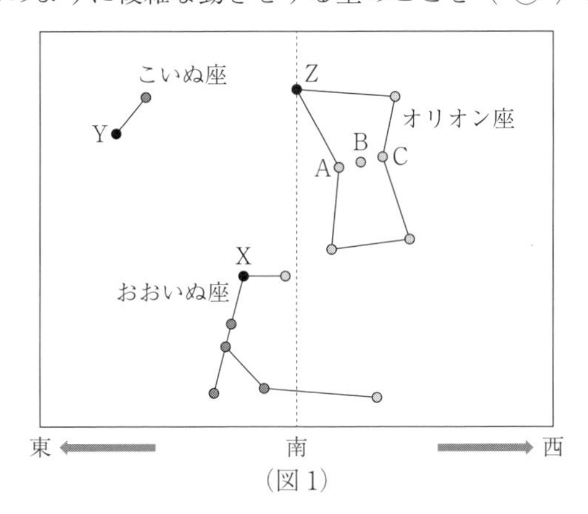

（図1）

地球から星までの距離(きょり)はどのように表すのでしょうか。広い宇宙に散らばる星々は，地球からは想像もつかないほど遠い位置にあります。例えば，（図1）の星Xは地球から見える星のなかでもっとも明るい星のひとつです。光が1年間に進む距離「1光年」を使ってあらわすと，地球から星Xまでの距離は(1)8.6光年といわれます。

星座は昔の人々の生活に深く関わってきました。その一つに星占(ほしうらな)いがあります。星占いでは夜空に見える星座のうち，およそ同じ高さ，同じ間かくで並んで見える12種類の星座をそれぞれの誕生日に割り当て，その日の運勢などを占います。（表）は12星座の誕生日への割り当ての例で，（図2）はある年の12月10日での(2)太陽，地球，火星と12星座のおよその位置関係を表したものです。星占いで使う12星座は(3)1年の間，決まった時間，決まった場所で見られることから，1日や1年を区切る重要なはたらきがあったことがわかります。

（表）

おひつじ座	3月21日 ～ 4月20日
おうし座	4月21日 ～ 5月21日
ふたご座	5月22日 ～ 6月21日
かに座	6月21日 ～ 7月23日
しし座	7月24日 ～ 8月23日
おとめ座	8月24日 ～ 9月23日
てんびん座	9月24日 ～ 10月23日
さそり座	10月24日 ～ 11月22日
いて座	11月23日 ～ 12月22日
やぎ座	12月23日 ～ 1月20日
みずがめ座	1月21日 ～ 2月19日
うお座	2月20日 ～ 3月20日

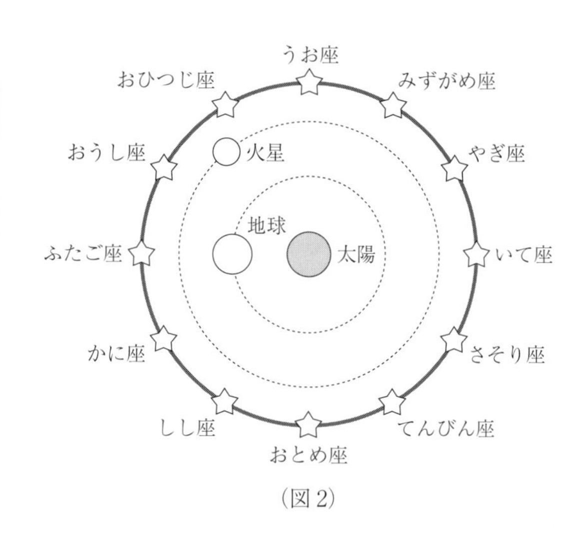

（図2）

（問1）（図1）の星Xの名前を，次の中から選び記号で答えなさい。（　　　）

ア．シリウス　　イ．デネブ　　ウ．ポラリス　　エ．ベテルギウス

（問2）　文中の空らん①～③に入る星群の組み合わせとして正しいものを，次の中から選び記号で答えなさい。（　　　）

ア．①　夏の大三角　　②　北斗七星（ほくとしちせい）　　③　冬の大三角

イ．①　夏の大三角　　②　南十字星　　③　冬の大三角

ウ．①　冬の大三角　　②　北斗七星　　③　夏の大三角

エ．①　冬の大三角　　②　南十字星　　③　夏の大三角

（問3）　文中の空らん④に入る語句として正しいものを，次の中から選び記号で答えなさい。

（　　　）

ア．すい星　　イ．えい星　　ウ．わく星　　エ．流星群

（問4）　文中の下線部(1)について，8.6光年は何兆kmですか。小数第1位を四捨五入して整数で答えなさい。ただし，光は1時間に10.8億km進むとし，1年間は365日とします。

（　　　兆km）

（問5）文中の下線部(2)について，（表）と（図2）から分かることを，次の中から選び記号で答えなさい。（　　　）

ア．星占いで使う12星座は，その月の夜空に見える星座がその月に割り当てられている。

イ．12月10日の日の入り（夕方）には，西の空におひつじ座やうお座が見える。

ウ．6月10日の日の出（明け方）には，東の空におひつじ座やうお座が見える。

エ．12月10日の真夜中（0時）に南の空に見えていた星座は，6月10日の真夜中（0時）に見ることができる。

（問6）文中の下線部(3)について，（図1）が2月4日午後8時の夜空とすると，

㈠　2月5日午前2時，㈡　1月4日午後8時，

に見られるオリオン座の位置として正しいものを，それぞれ次の中から選び記号で答えなさい。

㈠（　　　）㈡（　　　）

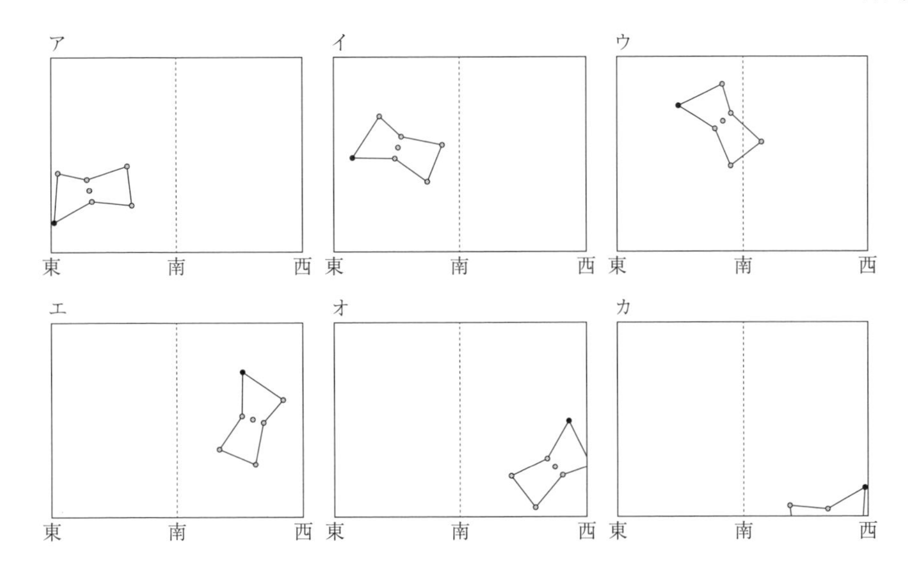

6 ≪惑星≫　地球と金星は太陽のまわりを回転しており，これを公転といいます。図は，北極側から見た地球と太陽，金星の位置関係を模式的に表したものです。日本から見える金星のようすについて，後の各問いに答えなさい。

(同志社女中)

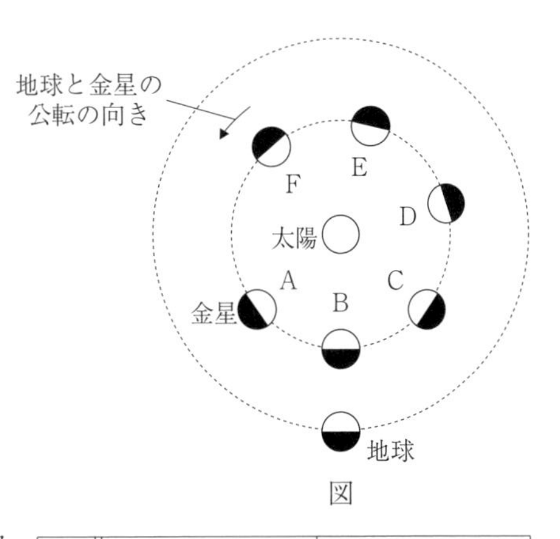

図

(1)　図において，Aの位置にある金星が見えたときの時間帯と方角の組み合わせとして，最も適当なものを右のア～エから一つ選び，記号で答えなさい。(　　　)

	時間帯	方角
ア	明け方	西
イ	明け方	東
ウ	夕方	西
エ	夕方	東

(2)　図において，地球から見た金星の欠け方と大きさについて，Eの位置にある金星は，Aの位置にある金星と比べてどう変化して見えるか。その組み合わせとして，最も適当なものを右のア～エから一つ選び，記号で答えなさい。(　　　)

	金星の欠け方	金星の大きさ
ア	小さくなる	小さくなる
イ	小さくなる	大きくなる
ウ	大きくなる	小さくなる
エ	大きくなる	大きくなる

(3)　ある日の地球が図の位置にあるとき，金星の位置はAであった。この日から1年後の金星の位置として，最も適当なものを図のA～Fから一つ選び，記号で答えなさい。また，この間に金星はBの位置を何回通過するか，答えなさい。ただし，地球が太陽のまわりを1周するのにかかる時間を1年，金星が太陽のまわりを1周するのにかかる時間を0.62年とする。

位置(　　　)　回数(　　　回)

7　≪惑星≫　天体に関する以下の問題に答えなさい。　（高槻中）

2010年6月，日本の探査機「[ア]（初号機）」が(a)小惑星「イトカワ」から微粒子を地球に持ち帰りました。また，2020年12月，「[ア]2」が小惑星「[イ]」で，小惑星内部の岩石の採取を試み，岩石を格納したカプセルが地球に帰還しました。これにより，「(b)太陽系の成り立ち」や「生命の起源」をめぐり，新たな発見につながるか，今後の分析が注目されます。

問1　太陽系にはいくつ惑星がありますか。(　　　)

問2　一般的に，小惑星の太陽系内での位置として最も適当なものを下から一つ選び，あ～お の記号で答えなさい。(　　　)

あ　水星と金星の間　　い　金星と地球の間　　う　地球と火星の間　　え　火星と木星の間

お　木星と土星の間

問3　文中の空欄[ア]，[イ]に当てはまる語句の組み合わせとして，最も適当なものを右から一つ選び，あ～か の記号で答えなさい。(　　　)

	ア	イ
あ	ボイジャー	エウロパ
い	ボイジャー	ダイモス
う	はやぶさ	エウロパ
え	はやぶさ	ダイモス
お	ボイジャー	リュウグウ
か	はやぶさ	リュウグウ

問4　次の文の[ウ]，[エ]に入る語句として，最も適当な組み合わせを右から一つ選び，あ～え の記号で答えなさい。(　　　)

下線部(a)の微粒子を調べると，強い[ウ]によって部分的に石がとけたことを表す痕跡や，結晶の割れなどが見つかりました。また，角が鋭い粒子だけでなく，隕石衝突で生じた[エ]によりこすれ合って摩耗し，角が丸くなった粒子の存在も確認されました。

	ウ	エ
あ	衝撃	振動
い	衝撃	マグマ
う	酸	振動
え	酸	マグマ

問5　下線部(b)に関し，なぜ小惑星を調べることで太陽系の成り立ちがわかるのか，その理由として最も適当なものを下から一つ選び，あ～お の記号で答えなさい。(　　　)

あ　太陽ができた直後に，太陽から分離して小惑星ができたと考えられるから

い　地球に小天体が衝突し，その破片が小惑星になったと考えられるから

う　地球以外の知的生命体が当時の記録を小惑星に残しているため

え　太陽系ができたときにつくられ，そのときの情報をある程度残したままで今に至っていると考えられるから

お　太陽系ができるはるか昔につくられ，太陽系より外の遠い宇宙からやってきたと考えられるから

12　自然・環境

1　≪リサイクル≫　次の文は，アルミニウムのリサイクルについての大和君と先生との会話である。この会話文を読み，後の問いに答えなさい。（西大和学園中）

大和君：先生，アルミニウムをリサイクルすると，地球にやさしいと聞いたのですが，どのくらいのエネルギーが節約できるのですか？

先　生：アルミニウム 1kg をボーキサイト[※1]から作るのに，約 110MJ[※2]（メガジュール）というエネルギーが必要になってきます。それに対して，リサイクルすると，アルミニウム 1kg あたり約 3.6MJ のエネルギーで済むのです。

大和君：ということは，リサイクルすることで，ボーキサイトから作るのに比べて，約［あ］%のエネルギーで済むということですか！そんなに！…でも，「MJ」と聞いても，なんだかピンとこないなぁ…。

先　生：では，蛍光灯で考えてみましょうか。ある蛍光灯を 1 時間点灯させると，0.14MJ のエネルギーを消費するとします。このとき，ボーキサイトからアルミ缶 1 個を作るエネルギーで，蛍光灯を何時間点灯させることができるでしょうか。ちなみに，アルミ缶 1 個はアルミニウム 15g です。

大和君：…［い］時間ですか！

先　生：そうなんです。アルミニウムをリサイクルすることで，ボーキサイトという天然資源も大切にできますし，二酸化炭素の排出量も減らすことができます。

大和君：ゴミを減らすことにもつながりますよね。これからは，空き缶は必ずリサイクルすることにします。

※1 ボーキサイト…アルミニウムの原料となる鉱石。

※2 MJ…J（ジュール）は，エネルギーの単位。MJ（メガジュール）は，ジュールの 1000000 倍ということを表す。

(1)［あ］にあてはまる数値を，小数第 2 位を四捨五入して，小数第 1 位まで答えなさい。

（　　）

(2)［い］にあてはまる数値を，小数第 2 位を四捨五入して，小数第 1 位まで答えなさい。

（　　）

2　≪自然環境≫　次は，理科の授業で，自然環境について調べる実験を行ったときの，先生，A さん，B さん，C さんの会話です。これを読んで，あとの問いに答えなさい。（立命館中）

先生　「今日は，土の中の動物を調べて，自然の状態がどれくらい残されているかを調べます。Ⅰ～Ⅲ班で場所を決めて，それぞれ土を採取して土の中の動物の種類と数を調べます。Ⅰ班は森の落ち葉の下の土，Ⅱ班は公園の土，Ⅲ班は学校の運動場の土を採取してきてください。」

A さん　「Ⅰ～Ⅲ班が土をもってきました。」

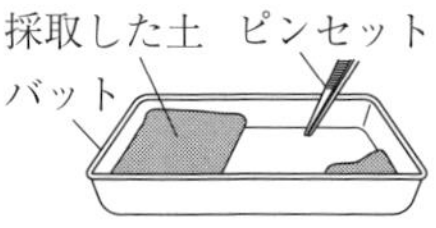

先生 「図1のように，それぞれの土をバットに広げ，目に見える動物をとりのぞきます。」

採取した土 ピンセット
バット
図1

Bさん 「私たちの班の土には①クモや，ダンゴムシ（図2のX），アリ（図2のY）がいました。」

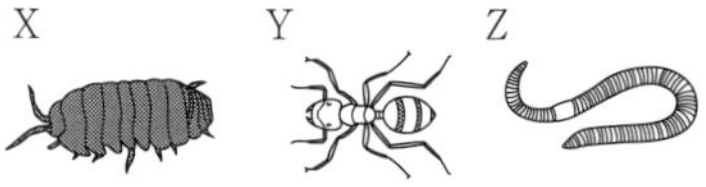

Cさん 「ぼくたちの班の土には，（ ② ）（図2のZ）がいました。」

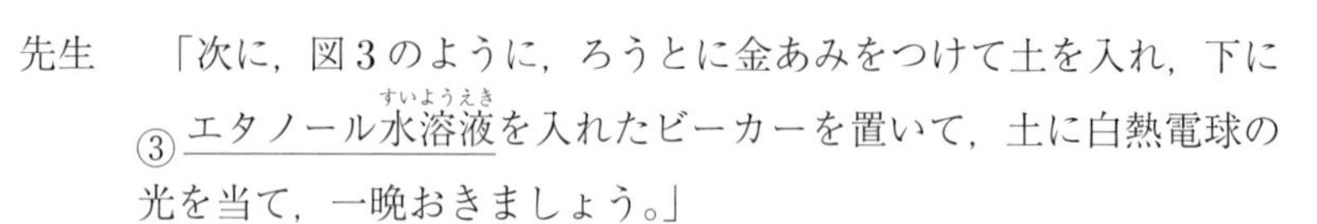

図2

先生 「次に，図3のように，ろうとに金あみをつけて土を入れ，下に③エタノール水溶液（すいようえき）を入れたビーカーを置いて，土に白熱電球の光を当て，一晩おきましょう。」

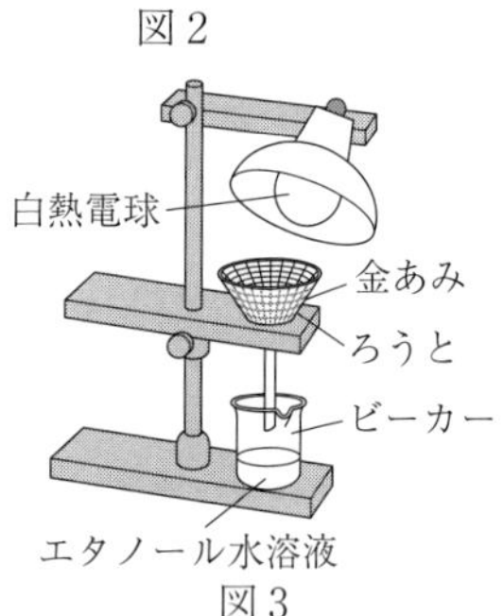

図3

Aさん 「④一晩おくとビーカーの中に小さな動物が入っていました。」

先生 「土の中にいた表1の動物の種類と数を記録し，点数の合計点を調べてください。」

表1 1匹（ぴき）あたりの土の中の動物の点数

5点	3点	1点
リクガイ	（ ② ）	クモ
ムカデ	カメムシ	ダンゴムシ
ヨコエビ	ゴミムシ	アリ
ヤスデ	ハサミムシ	ダニ

Bさん 「5点のリクガイはどのような動物ですか。」

先生 「⑤陸にすむ貝類のことです。合計点数が高いほど自然が残されている場所で，低いほど人による開発が進んでいる場所です。」

Cさん 「3人の班の動物の種類と数は，表2のようになりました。」

Aさん 「合計点は，大きいほうから順に，ぼくたちの班，Cさんの班，Bさんの班となりました。」

表2

Aさんの班	数(匹)	Bさんの班	数(匹)	Cさんの班	数(匹)
リクガイ	3	クモ	3	カメムシ	3
ヨコエビ	1	アリ	4	ゴミムシ	5
カメムシ	（ ⑥ ）	ダンゴムシ	2	（ ② ）	6
ムカデ	2	ゴミムシ	（ ⑦ ）	ヤスデ	2

(1) 下線部①で，クモ，ダンゴムシ，アリのうち，こん虫のなかまの組み合わせとして適切なものを，次のア～カから1つ選び，記号で答えなさい。（　　）

ア クモとダンゴムシ　イ クモとアリ　ウ ダンゴムシとアリ　エ クモだけ

オ ダンゴムシだけ　カ アリだけ

(2) 会話文中と表1，表2の（ ② ）にあてはまる動物の名前を答えなさい。（　　）

(3) 図3の装置で，下線部③のように，ビーカーにエタノール水溶液を入れたのはなぜですか。適切なものを，次のア～エから1つ選び，記号で答えなさい。（　　）

ア　水の温度を上げるため。　イ　水の温度を下げるため。　ウ　動物の動きを止めるため。
エ　動物の動きを活発にするため。

(4)　下線部④で，一晩，白熱電球の光を当てて，土の中の動物がビーカーに入るのは，土の中の動物のいくつかの性質を利用したものです。そのうちの１つは土の中の動物は土がかわくのをきらうことです。他にどのような性質が考えられますか。ただし，土の中に白熱電球の光はとどかないものとします。

(　　　　　　　　　　)

(5)　下線部⑤の動物は，雨上がりの植物の葉の上などでも見られます。下線部⑤にあてはまる動物を次のア～オからすべて選び，記号で答えなさい。(　　　)

ア　シジミ　イ　アサリ　ウ　カタツムリ　エ　ナメクジ　オ　プラナリア

(6)　表２の（⑥），（⑦）にあてはまる数字の組み合わせとして適切なものを，右のア～エから１つ選び，記号で答えなさい。(　　　)

	⑥	⑦
ア	6	15
イ	8	15
ウ	6	12
エ	8	12

(7)　AさんとBさんの班はⅠ～Ⅲ班のどの班ですか。組み合わせとして適切なものを，右のア～エから１つ選び，記号で答えなさい。(　　　)

	Aさん	Bさん
ア	Ⅰ班	Ⅱ班
イ	Ⅰ班	Ⅲ班
ウ	Ⅱ班	Ⅰ班
エ	Ⅲ班	Ⅰ班

3　≪環境問題≫　次の文を読んで，(1)～(8)の問いに答えなさい。　(東大寺学園中)

私たちに最も身近な気体はふだん呼吸に使っている空気です。空気は$_{A}$ちっ素，酸素，二酸化炭素そしてアルゴンといった気体が混ざった混合物です。私たちのまわりにはこのほかにもさまざまな性質をもった気体があります。たとえば，気体の重さについては$_{B}$最も軽い気体は［あ］で，その次に軽い気体の［い］はアドバルーンや大型の飛行船によく使われています。

また，私たちの生活に大きな影響を与えている気体もあります。たとえば，工場から排出(はいしゅつ)される気体の中には$_{C}$雨にとけることで屋外にある銅像をとかしてしまう気体があることも知られていますし，$_{D}$地球温暖化は二酸化炭素や［う］が原因と考えられています。しかし，［う］は地球温暖化の原因とされている一方で，多くの家庭にきている天然ガス（都市ガス）の主成分であり，火力発電の燃料として使われ，私たちの生活を支えています。

そのほかにも，地上はるか上空には太陽光にふくまれる有害な紫外線(しがいせん)を吸収して生物たちを守ってくれている気体の層があり，これを［え］層といいます。1982年に南極上空で［え］層の一部がうすくなっていることを日本の観測隊が発見しました。このうすくなっている部分は穴のように見えることから［え］ホールとよばれており，うすくなった原因はフロンとよばれる気体であると考えられています。

(1)　文中の あ ～ え の中にあてはまる気体の名前をそれぞれ答えなさい。

あ(　　　)　い(　　　)　う(　　　)　え(　　　)

(2)　下線部Aについて，空気中に下線部の4種類の気体が存在するとき，二酸化炭素の体積は何番目に大きいですか。(　　　番目)

(3)　次のア～カについて，二酸化炭素が発生するものを**すべて**選んで，記号で答えなさい。(　　　)

ア　重そうを試験管に入れて加熱する。

イ　うすい水酸化ナトリウム水よう液にアルミニウム片を入れる。

ウ　うすい塩酸にアルミニウム片を入れる。

エ　卵の殻(から)にうすい塩酸を加える。

オ　燃えている木片をじゅうぶんな量の酸素が入った集気びんの中に入れる。

カ　加熱して赤くなったスチールウールをじゅうぶんな量の酸素が入った集気びんの中に入れる。

(4)　下線部Bの気体 あ の特ちょうとして最も適当なものを次のア～オから1つ選んで，記号で答えなさい。(　　　)

ア　ものを燃やすはたらきがある。

イ　二酸化炭素を出さないエネルギー源として注目されている。

ウ　多量に集めると，鼻をつくようなにおいがする。

エ　少量でも，人体に有毒な気体である。

オ　水によくとけて，消毒液として使うことができる。

(5)　下線部Cとして考えられる気体を次のア～エから1つ選んで，記号で答えなさい。(　　　)

ア　アンモニア　　イ　酸素　　ウ　二酸化硫黄　　エ　一酸化炭素

(6)　(5)の気体がとけた雨が降ると森林，湖そして池などの生物に被(ひ)害が生じたりします。湖や池の性質を改善するために使用する薬品として最も適当なものを次のア～エから1つ選んで，記号で答えなさい。(　　　)

ア　塩酸　　イ　食塩　　ウ　炭酸カルシウム　　エ　塩素

(7)　下線部Dについて，二酸化炭素や文中の う は赤外線を吸収し，大気の温度をあげてしまいます。こういった気体をいっぱんに何といいますか。解答欄(らん)に当てはまるように**漢字4文字**で答えなさい。□□□□ガス

(8)　図は理科室で酸素を発生させるときの実験装置をあらわしています。次の①～③の問いに答えなさい。

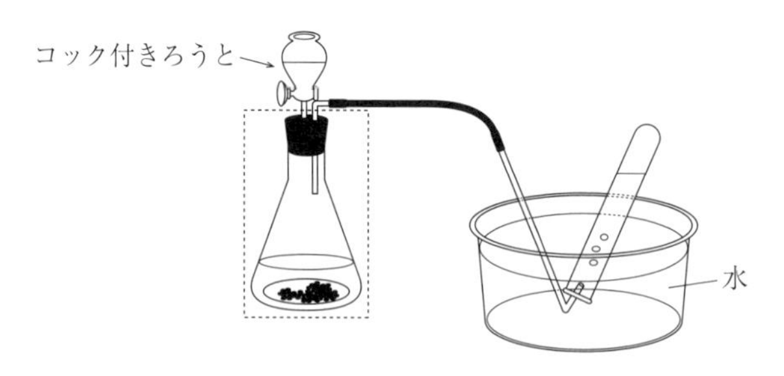

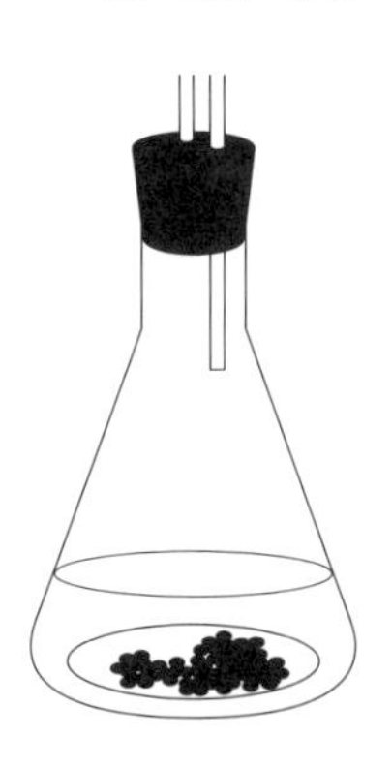

① 図の装置は点線内の一部が正しくかかれていません。適切な装置になるように解答欄の図にかきこみなさい。

② 図で酸素を発生させるために使用する，無色とう明の液体と黒色の固体の名前をそれぞれ答えなさい。

液体（　　　）　固体（　　　）

③ 次の文は図で示された気体の集め方について書かれた文です。文中の［お］にあてはまる気体の名前を答えなさい。（　　　）

「この方法は多少の［お］が混ざってしまうが，空気が混ざっていない気体を集めることができる。」

4 ≪環境問題≫ SDGs（Sustainable Development Goals：持続可能な開発目標）は，持続可能な社会の実現を目指す世界共通の目標です。SDGsの目標15に関係する日本の課題について，次の図をもとにAさんとBさんが話し合いをしました。次の表は，そのときのメモの一部です。

あなたは人工林を多種多様な生物が生きられる森林にするためにはどうすれば良いと考えますか。次の図と表を参考にして，あなたの考えを具体的に3つ書きなさい。（奈良教大附中）

1つ目（　　　　　　　　　　　　　　　　　　　　　　　　　　　）

2つ目（　　　　　　　　　　　　　　　　　　　　　　　　　　　）

3つ目（　　　　　　　　　　　　　　　　　　　　　　　　　　　）

人工林のようす

天然林のようす

図　日本のある地域の人工林と天然林のようす

表　A さんと B さんが話し合いをした際のメモ（一部）

	観点	人工林	天然林	メモ
1	生育している植物の種類が多い森林		○	天然林の図を見ると，葉の色や形が様々で，生育している種類が多いことが分かる。
2	生えている木の大きさ（背たけ）がほぼ同じ森林	○		人工林は天然林とは違ってすべての木が似たような背たけで，まっすぐにのびていることが分かる。
3	地面の土がよく見える森林	○		人工林の図では土の部分が確認できるが，天然林の図は一面が草木でおおわれていることが分かる。また，人工林にはたおれた木が見られないが，天然林の地面にはたおれた木が見られる。
4	人々の生活に役立っている森林	○	○	人工林で生育している木は，木材として利用されている。効果に差があるものの，人工林・天然林のどちらの森林で生育している木も，空気中の二酸化炭素を吸収したり，地下で水をためてこう水を防いだりしてる。

〈引用元〉
SDGs のアイコン（日本語版）：国際連合広報センター HP より
図：国立研究開発法人森林研究・整備機構　森林総合研究所「生物多様性に配慮(はいりょ)した森林テキスト　関東・中部版（2020 年 3 月）」より

5 ≪環境問題≫　わたしたちヒトをふくむ生物は，空気や水などさまざまな環境(かんきょう)とかかわり合いながら生きています。そして，環境とかかわると同時に，環境にさまざまなえいきょうをあたえています。これについて，以下の各問いに答えなさい。（滝川中）

問 1　次の(A)～(C)の文の（ ① ）～（ ④ ）に適した言葉を答えなさい。

①(　　　)　②(　　　)　③(　　　)　④(　　　)

(A)　電気をつくるおもな燃料には石油や石炭，天然ガスなどがあります。これらを燃やすときは，生物がおこなう（ ① ）と同じように，酸素が使われて二酸化炭素が出ます。

(B)　1800 年代半ばから，石油や石炭などの化石燃料を大量に使い始めるようになり，空気中の二酸化炭素の割合が増え続けています。二酸化炭素は空気をよごすものではありませんが，その割合の増加が，地球の（ ② ）の原因の一つと考えられています。

(C)　海や湖などの水は，太陽の光であたためられ，じょう発すると水じょう気になります。そして，水じょう気の一部が（ ③ ）をつくり，やがて雨や雪として降ってきます。陸地に降った雨や雪は，川や地下水になって，海や湖などに流れ込んでいきます。わたしたちはその（ ④ ）している水を利用しています。

問 2　川や海をよごさないための整備や，電気の使用量を減らすなど，環境へのえいきょうを少なくするためのさまざまな取り組みがおこなわれています。環境へのえいきょうを少なくする取り組みについて，次の(ア)～(エ)のうち，**正しくないもの**を 1 つ選び，記号で答えなさい。(　　　)

(ア)　下水処理場では，よごれた水を沈殿(ちんでん)させたり，小さな生物などを利用したりして，きれいな水にして川へ流している。

(イ) 太陽光発電は，石油や石炭などの燃料を燃やすことなく，太陽の熱を電気に変えて発電している。

(ウ) 風力発電は，石油や石炭などの燃料を燃やすことなく，風の力を利用して発電している。

(エ) 燃料電池バスは，燃料となる水素を酸素と化学反応させて，二酸化炭素を出さずに発電しながら走っている。

問3 図1は南極の二酸化炭素の割合の変化を示したグラフです。1900年代半ばころからの二酸化炭素の割合は南極の大気を調べた数字ですが，それ以前は大気の成分を調べていたわけではありません。以前の二酸化炭素の割合は南極の何から調べたものですか。(　　　)

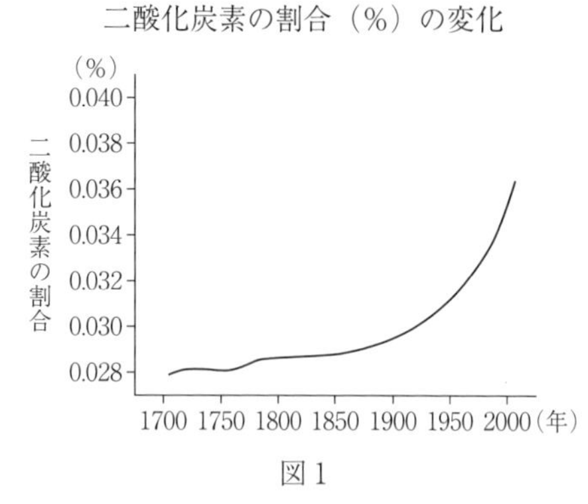

図1

問4 ある地域の森林面積は4,000,000m^2で，1 m^2あたり1年間でおよそ0.8kgの二酸化炭素を吸収します。ヒト一人が1年間で呼吸によっておよそ340kgの二酸化炭素をはき出すとすると，この森林は，ヒトが呼吸によって1年間ではき出す何人分の二酸化炭素を吸収することができますか。次の(ア)～(オ)から，最も近いものを選び，記号で答えなさい。(　　　)

(ア) 約15,000人分　(イ) 約9,500人分　(ウ) 約5,400人分　(エ) 約2,200人分

(オ) 約860人分

問5 近年マイクロプラスチックと呼ばれる小さなプラスチックのごみが，海にたくさんただよっていることが問題になっています。水中の小さな生物とまちがえて，マイクロプラスチックを食べてしまった生物の体内には，マイクロプラスチックが消化されずに残ってしまいます。例えば，マイクロプラスチックを食べた小さな生物がいたとします。その小さな生物を10匹食べた小形の魚の体内には，小さな生物の10倍の量のマイクロプラスチックがたまります。さらに小形の魚を10匹食べた中形の魚の体内では，マイクロプラスチックが100倍の量になります。このことをふまえて，食べる食べられるの関係の図2において，イワシの体の中のマイクロプラスチックの量を1とした場合，マグロはアジの何倍のマイクロプラスチックの量がふくまれることになりますか。ただし，図2の数字は食べる数を表しています。

(　　　倍)

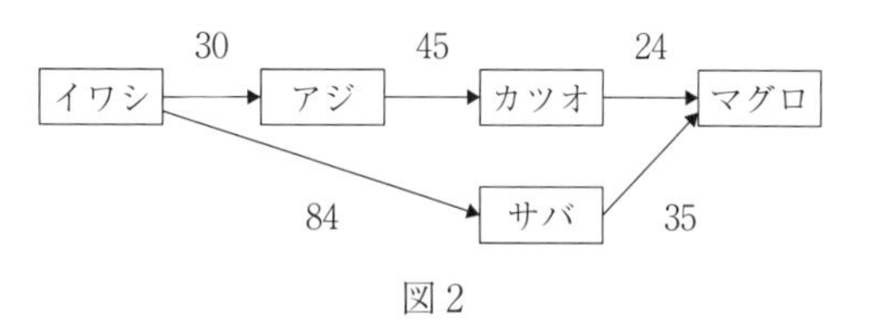

図2

13　総合問題，その他

1 ≪実験・観察≫　観察や実験について次の各問いに答えなさい。（大阪女学院中）

（問１）　自然の観察の仕方として正しい文を次の中からすべて選び，記号で答えなさい。（　　　）

(あ)　つかまえた生き物は，観察が終わったらもとの場所に返す。

(い)　小さいものを大きくして観察するためには虫眼鏡を使う。

(う)　草むらに行くときは，長そで長ズボンの服を着る。

(え)　野外観察に行くときは，ぼうしはかぶらない。

(お)　発見した生き物は，何でも直接さわる。

(か)　生き物を見つけた場所の特ちょうを記録する。

(き)　大きな石を動かしたときは，元にもどさない。

（問２）　図のような人が実験をするときには，服装やかみの毛について気をつけなければならないことがいくつかあります。そのうちの１つを簡単に説明しなさい。

（　　　　　　　　　　　　　　　　）

図

（問３）　火を使う実験の準備について書かれた次の文の（ ① ）～（ ④ ）にあてはまる語句を下の(あ)～(け)から選び，それぞれ記号で答えなさい。

①（　　　）　②（　　　）　③（　　　）　④（　　　）

＊実験用ガスコンロの近くに，（ ① ）を置いておく。

＊（ ② ）を片付け，万が一のときに素早い対応をするため（ ③ ）作業をする。

＊実験用ガスコンロは机の（ ④ ）に置いて実験する。

(あ)　はし　(い)　中央　(う)　座って　(え)　立って　(お)　いす　(か)　かわいたぞうきん

(き)　ぬらしたぞうきん　(く)　かんきせん　(け)　電気

（問４）　保護眼鏡をかけて実験を行う理由を答えなさい。（　　　　　　　　　　　）

（問５）　試験管に入れる薬品の量として最も適当なものを右の中から選び，記号で答えなさい。（　　　）

$\frac{1}{4}$以下　$\frac{1}{2}$以下

(あ)　(い)　(う)

（問６）　薬品のにおいの調べ方について，正しいものを次の中から選び，記号で答えなさい。（　　　）

(あ)　鼻を近づけて確かめる

(い)　手であおいで確かめる

(う)　薬品を手につけて，鼻に近づけて確かめる

（問７）　ピペットの使い方を正しい順番に並べ，記号で答えなさい。（　　→　　→　　→　　）

①　ゴム球をおした指をそっとゆるめながら，水よう液をゆっくり吸い上げる。

②　ゴム球を軽くおしつぶす。

③　ピペットの先を水よう液にいれる。

④　ゴム球を軽くおして水よう液を別の容器に注ぐ。

2 ≪光電池≫ 光電池は光を電気に変えるものです。光電池について，次の問題に答えなさい。

(関西学院中)

(1) 図1のような街路灯には光電池などのいくつかの部品が使われています。このような街路灯について説明した次の文章の（ ① ），（ ② ）に入る適当な語句を，下のア～カからそれぞれ選び，記号を書きなさい。

①(　　　) ②(　　　)

「晴れた昼間に光電池で発電した電気を（ ① ）などにためる。街路灯には（ ② ）を感知するセンサーがついているため，夜になると，昼間に発電した電気を使って自動で明かりがつく。」

出典：環境省ホームページより
(https://www.env.go.jp/content/00127654.pdf)
図1

ア．発光ダイオード　　イ．コンデンサー　　ウ．タービン
エ．光　　オ．気温　　カ．風

(2) 光電池に光を当てたとき，光を受ける面と当たる光の角度が垂直に近ければ近いほど，発電できる電気の量が多くなります。光電池に光を同じ時間だけ当てたとき，発電できる電気の量が多くなるのはどちらですか。次の中から適当なものを選び，記号を書きなさい。(　　　)

ア

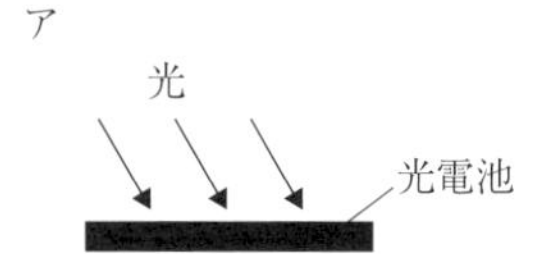

イ

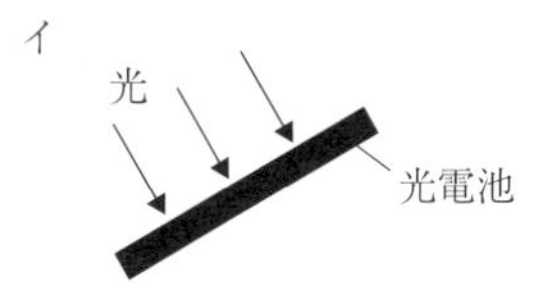

光電池1個と木の板2枚，ちょうつがいを使って，光電池に当たる光の角度を自由に変えられる装置をつくりました。図2はその装置を真横から見たものです。この装置の2枚の木の板がつくる角を角Xと表すようにします。図2の装置を地面に置き，光電池に豆電球をつなげて，豆電球のようすを観察しました。

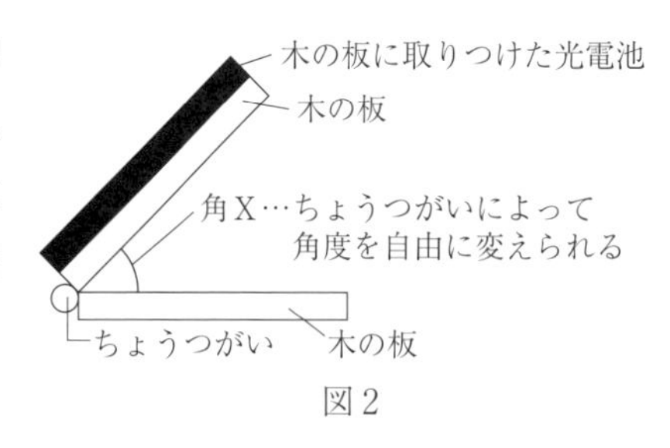

図2

(3) 図3のように，光が地面に対して50度の角度で当たっているとき，角Xを何度にすると豆電球が最も明るく光りましたか。(　　　度)

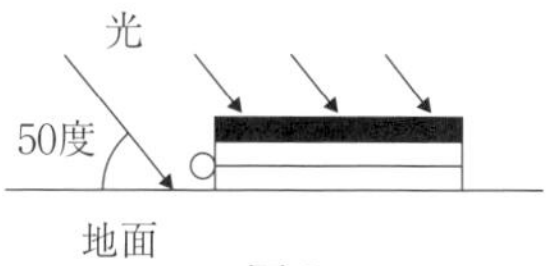

光
50度
地面
図3

(4) 図4のように，太陽からの光が地面に対して60度の角度で当たっているとき，角Xを0度，30度，60度，90度にして，これら4つの角度での豆電球の明るさを比べました。豆電球の明るさが次のようになったのは角Xを何度にしたときですか。

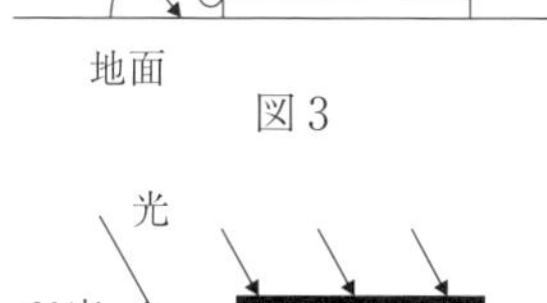
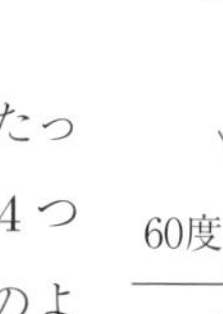

図4

① 豆電球が最も明るく光ったとき（　　　度）

② 豆電球が最も暗く光ったとき（　　　度）

⑸　図5のように装置を置いて，角Xを0度から始めて90度になるまで開いていきました。このとき，豆電球の明かりはどのように変化しましたか。最も適当なものを次の中から選び，記号を書きなさい。(　　　)

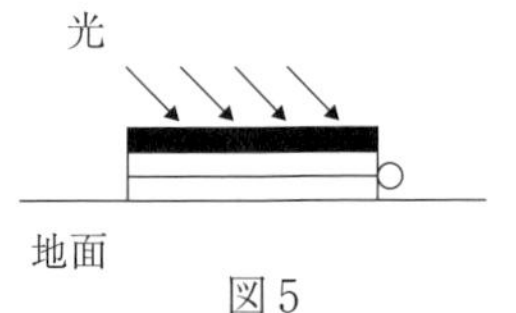

図5

ア．豆電球の明かりは明るくなっていった。
イ．豆電球の明かりは暗くなっていき，途中(とちゅう)から消えた。
ウ．豆電球の明かりは明るくなっていき，途中から暗くなっていった。
エ．豆電球の明かりは暗くなっていき，途中から明るくなっていった。

丸い机の周囲に図2の装置を取り付けられるようにして，光を当てました。図6はそのようすを上から見た図です。ただし，机の中心から見たときに，ちょうつがいが右側にくるようにして装置を固定しました。図6のaの位置では，装置の角Xを0度にしたとき，光電池に垂直に光が当たるようになっています。図6のbの位置は，aの位置から反時計回りに90度進んだ位置です。また，図6のdの位置は，aの位置から時計回りに90度進んだ位置です。光電池に豆電球をつなげて，豆電球のようすを観察しました。すると，図6のb，c，dの位置では，装置の角Xを0度にしたときに豆電球は光りませんでした。

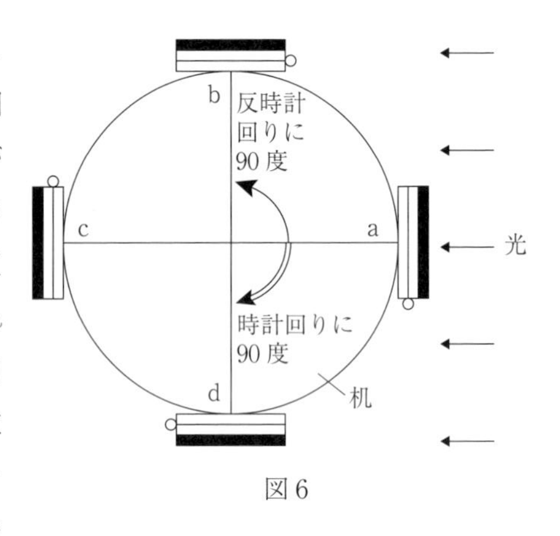

図6

⑹　図6のbの位置では角Xを何度にしたときに，豆電球が最も明るく光りましたか。(　　　度)

⑺　図6のaの位置から反時計周りに55度進んだ位置に装置を取り付けました。この位置では角Xを何度にしたときに，豆電球が最も明るく光りましたか。(　　　度)

⑻　dの位置で装置の角Xを0度から始めて90度になるまで開いていきました。このとき，豆電球の明かりはどのように変化しましたか。最も適当なものを次の中から選び，記号を書きなさい。
(　　　)

ア．豆電球の明かりは明るくなっていった。
イ．豆電球の明かりは明るくなっていき，途中から暗くなっていった。
ウ．豆電球の明かりは暗くなっていき，途中から明るくなっていった。
エ．豆電球はつかなかった。

光電池は環境に優(やさ)しい発電ができると，注目を浴びています。ある地点で光電池で発電するとき，その地点で太陽が一日の中で最も高い位置に来たときの太陽の方向をもとにして，光電池を設置すると最も多く発電できます。

⑼　地球の赤道から北極に向かって35度進んだ地点（北緯(ほくい)35度）に光電池を設置するとき，光電池をどの方位に向けると，最も多く発電できると考えられますか。最も適当なものを次の中から選び，記号を書きなさい。(　　　)
ア．東　　イ．西　　ウ．南　　エ．北

(10) 地球の赤道から南極に向かって35度進んだ地点（南緯35度）に光電池を設置するとき，光電池をどの方位に向けると，最も多く発電できると考えられますか。最も適当なものを次の中から選び，記号を書きなさい。（　　　）

ア．東　　イ．西　　ウ．南　　エ．北

(11) 図7のように，春分の日に赤道（緯度0度）では，太陽が最も高い位置に来たときに，太陽からの光が地面に垂直に当たります。それでは，春分の日に北緯35度の地点に，ちょうつがいが(9)の答えの方位を向くように図2の装置を置いたとき，角Xを何度にすると，最も多く発電できると考えられますか。（　　　度）

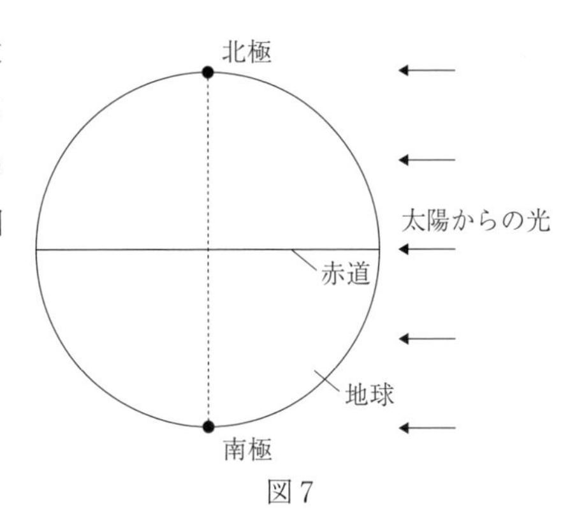

図7

3 ≪気圧≫　次の実験の説明を読み，(1)〜(6)の問いに答えなさい。（東大寺学園中）

天気予報では「気圧」という用語が使われます。その単位は「hPa」と書き，「ヘクトパスカル」と読みます。地表での気圧の平均的な値1013hPaを1気圧ということもあります。また，温度の単位は「℃」がよく使われます。水がこおる温度は0℃ですが，それより低い温度は「氷点下」や「マイナス」という用語を用います。たとえば0℃より10度高い場合は10℃，10度低い場合は氷点下10℃やマイナス10℃と表します。

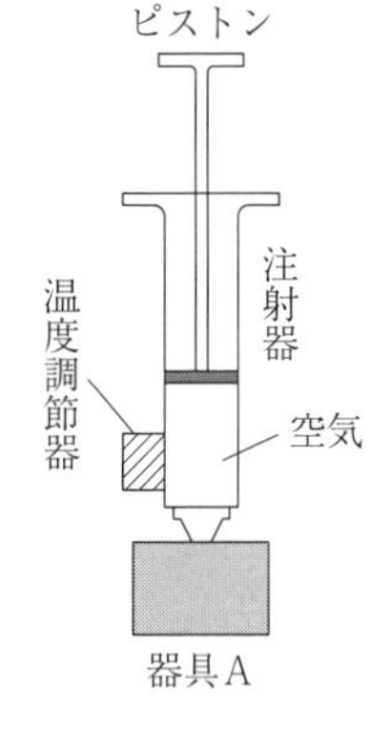

右図のように，注射器とピストンとその中に閉じこめられた空気があります。注射器には，中の空気の気圧と温度が同時に測定できる器具A，および中の空気の温度を高くしたり低くしたりできる温度調節器を取り付けています。この装置を使って，空気の温度や気圧と体積の関係について調べてみました。

【実験1】　注射器の中の空気の温度が一定になるように注意して，ピストンを動かして空気の気圧を変えながら体積を測定したところ，表1のような結果になりました。ただし，体積は小数第2位を，気圧は小数第1位を四捨五入しています。

【実験2】　注射器の中の気圧が一定になるように注意して，空気の温度を変えながらピストンを動かして体積を測定したところ，表2のような結果になりました。ただし，体積は小数第2位を，温度は小数第1位を四捨五入しています。

表1

体積〔mL〕	気圧〔hPa〕
80.0	940
60.0	1253
50.0	1504
40.0	a
30.0	2507
20.0	3760

表2

体積〔mL〕	温度〔℃〕
42.6	14
43.5	20
45.0	30
46.5	40
b	50
49.5	60

(1) 表中の　a　，　b　にあてはまる数値を答えなさい。a（　　　）　b（　　　）

以下の(2)〜(4)では，計算結果が割り切れない場合は小数第2位を四捨五入して小数第1位まで答えなさい。

⑵　いっぱんに，気体は温度が下がると液体に，もっと下がるとやがて固体になります。しかし，ここではどんなに温度が下がっても気体のままだとして，次の①と②について，表２の測定結果から求められる計算上の数値を答えなさい。

①　温度が０℃になったときの気体の体積は何 mL ですか。（　　　　mL）

②　気体の体積が０mL となってしまう温度は，０℃から何度下がったときですか。（　　　　度）

⑶　気圧が一定のままで，空気の温度が 14 ℃から 16 ℃になると，空気の体積は何％増えますか。

（　　　　％）

⑷　体積が 45.0mL で，温度が 30 ℃の注射器内の空気に対してピストンと温度調節器を操作したところ，体積が 45.0mL で温度が 90 ℃になりました。このとき，気圧は何倍になりますか。

（　　　　倍）

⑸　温度が一定の場合，空気の気圧と体積の関係をグラフに表すと，どのような形になりますか。最も適当なものを，次のア～カから１つ選んで，記号で答えなさい。ただし，グラフは横じくを体積〔mL〕，縦じくを気圧〔hPa〕とします。（　　　　）

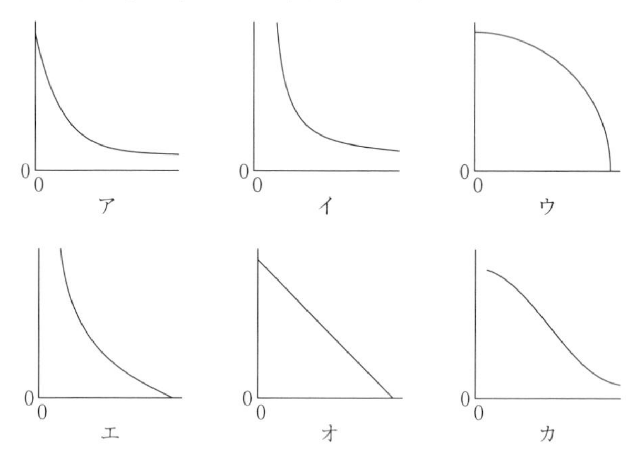

⑹　気圧が一定の場合，温度を１度だけ高くしたとき，空気の体積の増える割合〔％〕をグラフで表すと，どのような形になりますか。最も適当なものを次のア～カから１つ選んで，記号で答えなさい。ただし，グラフは横じくを温度〔℃〕，縦じくを体積の増える割合〔％〕とします。

（　　　　）

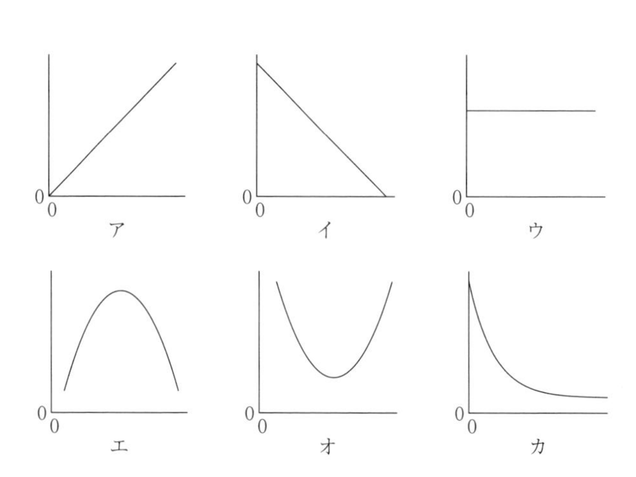

4 ≪総合問題≫ 20世紀の初めロシアのツヴェットは，植物の葉の緑色が1種類の成分によるものではなく，複数の色の成分がまざったものであるということを発見しました。このとき彼が考えた方法を使って，例えばサインペンのインクが複数の色の成分がまざったものであることが分かります。細長く切ったろ紙のはしから少しはなれたところに水性のサインペンで点を1つ書きます（図1)。そちらのはしを水にひたす（図2）と水がろ紙にしみこみ，しみこんだ水はろ紙のもう一方のはしに向かって進みます（図3)。インクの成分は，液体にひたされたろ紙の表面にくっついたりはなれたりをくり返しますが，このとき水が移動していれば，ろ紙の表面からはなれているときに水とともに移動します。ここでインクの成分の種類によってろ紙の表面を移動する速さがちがうので，ろ紙の表面に模様ができます（図4)。この方法でインクの成分を分けることができます。これについて下の問1～問4に答えなさい。 (洛星中)

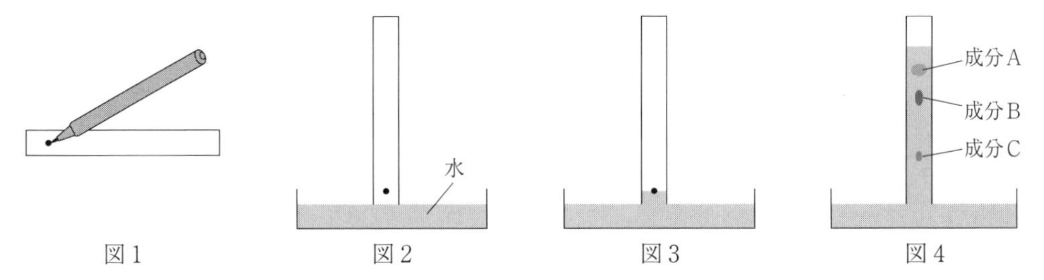

図1　図2　図3　図4

問1 木綿はろ紙と同じ材質でできているので，インクの成分は木綿にもろ紙と同じようにくっつきます。木綿の布にここで用いたサインペンのインクが付いたとします。これを水洗いしたとき成分A～Cのうち最も落ちにくいものはどれか，1つ選び記号で答えなさい。(　　　)

問2 円形のろ紙の中心に，このサインペンで点を書き，その点の中心から細いガラス管を用いて水を加えたとき，ろ紙に生じる模様を下の あ～お から1つ選び，記号で答えなさい。(　　　)

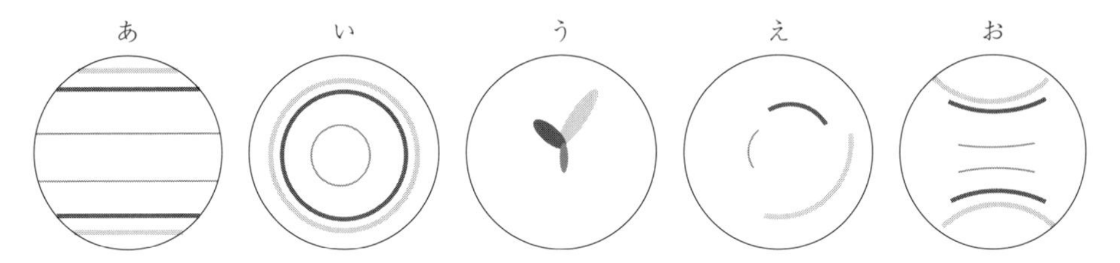

問3 次の あ～え から，ものの成分がここで説明したように分かれる様子が観察されるものを1つ選び，記号で答えなさい。(　　　)

あ　ソースのしぶきが白い服に付いたとき。

い　ビーカーに入れたうすい塩酸に水酸化ナトリウム水溶液を1滴(てき)加えたとき。

う　ジャガイモを切った断面にヨウ素液を加えたとき。

え　ビーカーに入れた水にサラダ油を1滴落としたとき。

問4 下の文中(a)～(c)にそれぞれ適語を当てはめなさい。ただし(a)～(c)にはそれぞれ異なる語句が入るとします。a(　　　)　b(　　　)　c(　　　)

葉の緑色の成分は光合成に重要な役割を果たしています。光合成は光を使って，空気中から取り入れた（ a ）と根から吸収した（ b ）からでんぷんなどを作る作用です。このときでんぷんの他に気体の（ c ）が発生します。

5　**《総合問題》**　地球のまわりを回る宇宙ステーションの中は，物の重さが感じられない状態になっています。この宇宙ステーション内で，密閉容器に入れた水を一方からヒーターであたためました。また，この宇宙ステーション内でロウソクに火をつけてみました。水のあたたまり方とロウソクの炎（ほのお）について，次の①～⑤から適切なものを選び，答えなさい。また，ロウソクの炎がそのようになる理由も説明しなさい。　**（神戸女学院中）**

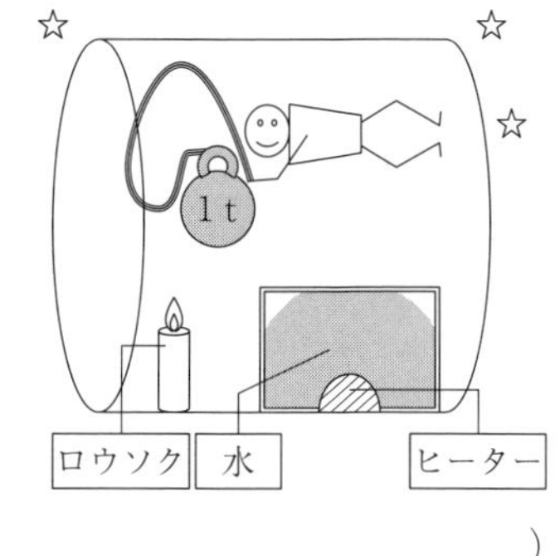

（　　　）　理由（　　　　　　　　　　　　　　　　　　　　　　　　　　　　）

① 水は地上と同じように動きながらあたたまり，ロウソクの炎も地上と同じように燃える。

② 水は地上とは違って動かずにヒーターから遠い方へだんだん熱が伝わっていくが，ロウソクの炎は地上と同じように燃える。

③ 水は地上と同じように動きながらあたたまるが，ロウソクの炎は地上よりも小さく，場合によってはすぐに消えてしまう。

④ 水は地上とは違って動かずにヒーターから遠い方へだんだん熱が伝わっていき，ロウソクの炎は地上より明るく激しく燃える。

⑤ 水は地上とは違って動かずにヒーターから遠い方へだんだん熱が伝わっていき，ロウソクの炎は地上よりも小さく，場合によってはすぐに消えてしまう。

A book for You
赤本バックナンバーのご案内

赤本バックナンバーを1年単位で印刷製本しお届けします！

弊社発行の「**中学校別入試対策シリーズ（赤本）**」の収録から外れた古い年度の過去問を1年単位でご購入いただくことができます。

「**赤本バックナンバー**」はamazon（アマゾン）の*プリント・オン・デマンドサービスによりご提供いたします。

定評のあるくわしい解答解説はもちろん赤本そのまま，解答用紙も付けてあります。

志望校の受験対策をさらに万全なものにするために，「**赤本バックナンバー**」をぜひご活用ください。

⚠*プリント・オン・デマンドサービスとは，ご注文に応じて1冊から印刷製本し，お客様にお届けするサービスです。

ご購入の流れ

① 英俊社のウェブサイト https://book.eisyun.jp/ にアクセス

② トップページの「中学受験」 赤本バックナンバー をクリック

③ ご希望の学校・年度をクリックすると，amazon（アマゾン）のウェブサイトの該当書籍のページにジャンプ

④ amazon（アマゾン）のウェブサイトでご購入

⚠ 納期や配送，お支払い等，購入に関するお問い合わせは，amazon（アマゾン）のウェブサイトにてご確認ください。

⚠ 書籍の内容についてのお問い合わせは英俊社（06−7712−4373）まで。

⚠ 表中の×印の学校・年度は，著作権上の事情等により発刊いたしません。あしからずご了承ください。

※価格はすべて税込表示

近畿の中学（五十音順）

学校名	2019年実施問題	2018年実施問題	2017年実施問題	2016年実施問題	2015年実施問題	2014年実施問題	2013年実施問題	2012年実施問題	2011年実施問題	2010年実施問題	2009年実施問題	2008年実施問題	2007年実施問題	2006年実施問題	2005年実施問題	2004年実施問題	2003年実施問題	2002年実施問題
大阪教育大学附属池田中学校	赤本に収録	1,320円 44頁	1,210円 42頁	1,210円 42頁	1,210円 40頁	1,210円 40頁	1,210円 40頁	1,210円 42頁	1,210円 40頁	1,210円 42頁	1,210円 38頁	1,210円 40頁	1,210円 38頁	1,210円 38頁	1,210円 36頁	1,210円 36頁	1,210円 40頁	1,210円 40頁
大阪教育大学附属天王寺中学校	赤本に収録	1,320円 44頁	1,210円 38頁	1,210円 40頁	1,210円 40頁	1,210円 40頁	1,210円 42頁	1,210円 40頁	1,320円 44頁	1,210円 40頁	1,210円 42頁	1,210円 38頁	1,210円 38頁	1,210円 38頁	1,210円 38頁	1,210円 40頁	1,210円 40頁	
大阪教育大学附属平野中学校	赤本に収録	1,210円 42頁	1,320円 44頁	1,210円 36頁	1,210円 36頁	1,210円 34頁	1,210円 38頁	1,210円 38頁	1,210円 36頁	1,210円 34頁	1,210円 36頁	1,210円 36頁	1,210円 34頁	1,210円 32頁	1,210円 30頁	1,210円 26頁	1,210円 26頁	
大阪女学院中学校	1,430円 60頁	1,430円 62頁	1,430円 64頁	1,430円 58頁	1,430円 64頁	1,430円 62頁	1,430円 64頁	1,430円 60頁	1,430円 62頁	1,430円 60頁	1,430円 60頁	1,430円 58頁	1,430円 56頁	1,430円 56頁	1,430円 58頁	1,430円 58頁		
大阪星光学院中学校	赤本に収録	1,320円 50頁	1,320円 48頁	1,320円 48頁	1,320円 46頁	1,320円 44頁	1,320円 44頁	1,320円 46頁	1,320円 46頁	1,320円 44頁	1,320円 44頁	1,210円 42頁	1,210円 42頁	1,320円 44頁	1,210円 40頁	1,210円 40頁	1,210円 42頁	
大阪府立咲くやこの花中学校	赤本に収録	1,210円 36頁	1,210円 38頁	1,210円 38頁	1,210円 36頁	1,210円 36頁	1,430円 62頁	1,210円 42頁	1,320円 46頁	1,320円 44頁	1,320円 50頁							
大阪府立富田林中学校	赤本に収録	1,210円 38頁	1,210円 40頁															
大阪桐蔭中学校	1,980円 116頁	1,980円 122頁	2,090円 134頁	2,090円 134頁	1,870円 110頁	2,090円 130頁	2,090円 130頁	1,980円 122頁	1,980円 114頁	2,200円 138頁	1,650円 84頁	1,760円 90頁	1,650円 84頁	1,650円 80頁	1,650円 88頁	1,650円 84頁	1,650円 80頁	1,210円 38頁
大谷中学校〈大阪〉	1,430円 64頁	1,430円 62頁	1,320円 50頁	1,870円 102頁	1,870円 104頁	1,980円 112頁	1,980円 116頁	1,760円 98頁	1,760円 96頁	1,760円 96頁	1,760円 94頁	1,870円 100頁	1,760円 92頁					
開明中学校	1,650円 78頁	1,870円 106頁	1,870円 106頁	1,870円 110頁	1,870円 108頁	1,870円 104頁	1,870円 102頁	1,870円 104頁	1,870円 102頁	1,870円 100頁	1,870円 102頁	1,870円 104頁	1,870円 104頁	1,760円 96頁	1,760円 96頁	1,870円 100頁		
関西創価中学校	1,210円 34頁	1,210円 34頁	1,210円 36頁	1,210円 32頁	1,210円 32頁	1,210円 34頁	1,210円 32頁	1,210円 32頁	1,210円 32頁									
関西大学中等部	1,760円 92頁	1,650円 84頁	1,650円 84頁	1,650円 80頁	1,320円 44頁	1,210円 42頁	1,320円 44頁	1,210円 42頁	1,320円 44頁	1,320円 44頁								
関西大学第一中学校	1,320円 48頁	1,320円 48頁	1,320円 48頁	1,320円 48頁	1,320円 44頁	1,320円 46頁	1,320円 44頁	1,320円 44頁	1,210円 40頁	1,210円 40頁	1,320円 44頁	1,210円 40頁	1,320円 44頁	1,210円 40頁	1,210円 40頁	1,210円 40頁	1,210円 40頁	
関西大学北陽中学校	1,760円 92頁	1,760円 90頁	1,650円 86頁	1,650円 84頁	1,650円 88頁	1,650円 84頁	1,650円 82頁	1,430円 64頁	1,430円 62頁	1,430円 60頁								
関西学院中学部	1,210円 42頁	1,210円 40頁	1,210円 40頁	1,210円 40頁	1,210円 36頁	1,210円 38頁	1,210円 36頁	1,210円 40頁	1,210円 40頁	1,210円 38頁	1,210円 36頁	1,210円 34頁	1,210円 36頁	1,210円 34頁	1,210円 36頁	1,210円 34頁	1,210円 36頁	1,210円 36頁
京都教育大学附属桃山中学校	1,210円 40頁	1,210円 38頁	1,210円 38頁	1,210円 36頁	1,210円 34頁	1,210円 36頁	1,210円 34頁	1,210円 38頁	1,210円 36頁	1,210円 38頁	1,210円 32頁	1,210円 40頁	1,210円 36頁	1,210円 36頁	1,210円 34頁	1,210円 42頁	1,210円 38頁	

※価格はすべて税込表示

学校名	2019年実施問題	2018年実施問題	2017年実施問題	2016年実施問題	2015年実施問題	2014年実施問題	2013年実施問題	2012年実施問題	2011年実施問題	2010年実施問題	2009年実施問題	2008年実施問題	2007年実施問題	2006年実施問題	2005年実施問題	2004年実施問題	2003年実施問題	2002年実施問題
京都女子中学校	1,540円 68頁	1,760円 92頁	1,760円 90頁	1,650円 86頁	1,650円 86頁	1,650円 80頁	1,650円 84頁	1,430円 62頁	1,430円 60頁	1,430円 62頁	1,430円 60頁	1,430円 58頁	1,430円 58頁	1,430円 56頁	1,430円 56頁	1,430円 56頁		
京都市立西京高校附属中学校	赤本に収録	1,210円 36頁	1,210円 38頁	1,210円 38頁	1,210円 40頁	1,210円 34頁	1,210円 32頁	1,210円 32頁	1,210円 34頁	1,210円 26頁	1,210円 24頁	1,210円 24頁	1,210円 24頁					
京都府立洛北高校附属中学校	赤本に収録	1,210円 40頁	1,210円 40頁	1,210円 40頁	1,210円 36頁	1,210円 34頁	1,210円 32頁	1,210円 32頁	1,210円 36頁	1,210円 28頁	1,210円 24頁	1,210円 26頁	1,210円 26頁					
近畿大学附属中学校	1,650円 86頁	1,650円 80頁	1,650円 82頁	1,650円 84頁	1,650円 80頁	1,650円 80頁	1,650円 78頁	1,650円 78頁	1,540円 76頁	1,650円 78頁	1,540円 70頁	1,540円 76頁	1,540円 74頁	1,540円 74頁	1,540円 70頁	1,540円 68頁		
金蘭千里中学校	1,650円 78頁	1,650円 80頁	1,540円 74頁	1,980円 116頁	1,980円 116頁	1,320円 48頁	1,430円 58頁	1,430円 56頁	1,320円 50頁	1,540円 72頁	1,540円 76頁	1,540円 74頁	1,540円 70頁	1,540円 66頁	1,540円 72頁	1,540円 72頁		
啓明学院中学校	1,320円 44頁	1,320円 46頁	1,320円 46頁	1,320円 46頁	1,320円 48頁	1,320円 44頁	1,320円 44頁	1,320円 46頁	1,320円 46頁	1,320円 44頁	1,320円 44頁	1,210円 42頁	1,210円 42頁					
甲南中学校	1,430円 62頁	1,540円 76頁	1,540円 74頁	1,540円 74頁	1,540円 72頁													
甲南女子中学校	1,650円 84頁	1,540円 76頁	1,650円 82頁	1,650円 78頁	1,650円 80頁	1,540円 74頁	1,540円 72頁	1,540円 72頁	1,540円 72頁	1,540円 70頁	1,540円 74頁	1,540円 72頁	1,430円 56頁					
神戸海星女子学院中学校	1,540円 74頁	1,540円 72頁	1,540円 68頁	1,430円 64頁	1,430円 62頁	1,430円 64頁	1,430円 64頁	1,540円 68頁	1,540円 70頁	1,430円 58頁	1,320円 44頁	1,210円 38頁	1,210円 40頁					
神戸女学院中学部	赤本に収録	1,320円 48頁	1,320円 48頁	1,320円 48頁	1,320円 44頁	1,320円 44頁	1,320円 44頁	1,320円 46頁	1,210円 44頁	1,210円 42頁	1,210円 42頁	1,210円 40頁	1,210円 38頁	1,210円 40頁	1,210円 38頁	1,210円 38頁	1,210円 36頁	1,210円 36頁
神戸大学附属中等教育学校	赤本に収録	1,320円 50頁	1,320円 52頁	1,320円 46頁	1,320円 44頁													
甲陽学院中学校	赤本に収録	1,320円 50頁	1,320円 46頁	1,320円 44頁	1,320円 44頁	1,320円 44頁	1,320円 44頁	1,320円 44頁	1,320円 44頁	1,320円 44頁	1,210円 42頁	1,210円 42頁	1,210円 42頁	1,210円 42頁	1,210円 40頁	1,210円 42頁	1,210円 42頁	1,210円 40頁
三田学園中学校	1,540円 66頁	1,540円 68頁	1,430円 64頁	1,430円 62頁	1,430円 62頁	1,540円 66頁	1,430円 58頁	1,430円 54頁	1,430円 60頁	1,430円 58頁	1,430円 60頁	1,430円 60頁	1,430円 62頁	1,430円 58頁	1,430円 54頁	1,430円 54頁	1,210円 38頁	
滋賀県立中学校(河瀬·水口東·守山)	赤本に収録	1,210円 24頁	1,210円 24頁	1,210円 24頁	1,210円 24頁	1,210円 24頁	1,210円 24頁	1,210円 24頁	1,210円 24頁	1,210円 24頁	1,210円 24頁	1,210円 24頁	1,210円 24頁					
四天王寺中学校	1,320円 52頁	1,320円 46頁	1,320円 50頁	1,320円 50頁	1,320円 50頁	1,320円 48頁	1,320円 44頁	1,320円 48頁	1,320円 46頁	1,210円 42頁	1,320円 44頁	1,320円 46頁	1,320円 48頁	1,430円 62頁	×	1,430円 56頁	1,430円 56頁	1,430円 54頁
淳心学院中学校	1,540円 66頁	1,540円 70頁	1,540円 66頁	1,430円 62頁	1,430円 62頁	1,430円 60頁	1,320円 44頁	1,320円 44頁	1,320円 44頁	1,320円 44頁	1,320円 44頁	1,320円 46頁	1,210円 42頁					
親和中学校	1,760円 94頁	1,870円 108頁	1,760円 94頁	1,540円 76頁	1,540円 74頁	1,540円 76頁	1,540円 74頁	1,540円 74頁	1,430円 56頁	1,430円 54頁	1,430円 54頁	1,430円 54頁	1,430円 56頁					
須磨学園中学校	1,980円 118頁	2,090円 124頁	2,090円 134頁	1,980円 120頁	2,090円 124頁	1,980円 112頁	1,980円 114頁	1,870円 110頁	1,980円 116頁	1,980円 122頁	1,980円 122頁	1,980円 118頁	1,980円 120頁	1,980円 116頁	1,980円 114頁	1,870円 104頁		
清教学園中学校	1,210円 38頁	1,540円 72頁	1,540円 70頁	1,540円 70頁	1,540円 72頁	1,540円 70頁	1,540円 66頁	1,540円 68頁	1,540円 68頁	1,540円 70頁	1,540円 68頁	1,540円 68頁	1,430円 64頁					
清風中学校	2,200円 142頁	2,090円 128頁	2,090円 134頁	2,200円 140頁	2,090円 134頁	2,090円 136頁	2,090円 136頁	2,090円 128頁	1,870円 108頁	1,980円 114頁	1,870円 110頁	1,870円 108頁	1,650円 82頁	1,540円 76頁	1,650円 78頁	1,540円 74頁		
清風南海中学校	赤本に収録	1,760円 98頁	1,760円 96頁	1,760円 94頁	1,760円 92頁	1,760円 92頁	1,760円 90頁	1,760円 92頁	1,760円 98頁	1,760円 96頁	1,760円 90頁	1,760円 90頁	1,760円 94頁	1,650円 88頁	1,650円 86頁	1,760円 90頁	1,650円 82頁	1,650円 82頁
高槻中学校	1,870円 106頁	1,650円 88頁	1,650円 82頁	2,090円 124頁	1,980円 120頁	1,980円 114頁	2,090円 126頁	1,980円 114頁	1,540円 72頁	1,650円 78頁	1,540円 74頁	1,540円 68頁	1,540円 68頁	×	1,540円 76頁	×	1,540円 74頁	1,650円 78頁
滝川中学校	1,760円 96頁	2,090円 128頁	1,870円 104頁	1,870円 100頁	1,760円 98頁													
智辯学園和歌山中学校	1,650円 80頁	1,650円 80頁	1,540円 74頁	1,540円 72頁	1,540円 72頁	1,540円 70頁	1,540円 74頁	1,540円 74頁	1,430円 64頁	1,540円 74頁	1,540円 76頁	1,540円 70頁	1,320円 46頁					
帝塚山中学校	2,090円 124頁	2,310円 156頁	2,310円 156頁	2,310円 154頁	2,310円 152頁	2,090円 124頁	2,090円 130頁	2,090円 148頁	2,090円 154頁	2,310円 148頁	2,090円 150頁	2,090円 152頁	2,200円 140頁	2,310円 156頁	1,540円 66頁	1,430円 62頁	1,430円 60頁	
帝塚山学院中学校	1,210円 42頁	1,210円 38頁	1,210円 36頁	1,210円 36頁	1,210円 38頁	1,210円 36頁	1,210円 36頁	1,210円 34頁	1,210円 36頁	1,210円 34頁	1,210円 34頁	1,210円 34頁	1,210円 36頁					
帝塚山学院泉ヶ丘中学校	1,320円 50頁	1,320円 46頁	1,210円 42頁	1,760円 92頁	1,650円 84頁	1,650円 84頁	1,650円 82頁	1,650円 86頁	1,320円 50頁	1,210円 42頁	1,210円 42頁	1,210円 42頁	1,210円 42頁					
同志社中学校	1,320円 48頁	1,320円 44頁	1,210円 40頁	1,210円 40頁	1,210円 40頁	1,210円 40頁	1,210円 40頁	1,210円 40頁	1,210円 42頁	1,210円 40頁	1,210円 40頁	1,210円 40頁	1,210円 42頁	1,210円 40頁	1,210円 38頁	1,210円 40頁	1,210円 38頁	1,210円 36頁
同志社香里中学校	1,650円 86頁	1,650円 78頁	1,540円 76頁	1,650円 78頁	1,650円 80頁	1,650円 78頁	1,650円 80頁	1,650円 78頁	×	×	1,210円 38頁	1,210円 38頁	1,210円 40頁	1,210円 40頁	1,210円 38頁	1,210円 42頁	1,210円 40頁	
同志社国際中学校	1,320円 52頁	1,320円 52頁	1,320円 48頁	1,320円 46頁	1,320円 44頁	1,210円 42頁	1,210円 36頁	1,210円 34頁	1,210円 36頁	1,210円 34頁	1,210円 34頁	1,210円 32頁	1,210円 34頁					
同志社女子中学校	1,760円 96頁	1,760円 98頁	1,760円 96頁	1,760円 92頁	1,650円 84頁	1,650円 86頁	1,650円 82頁	1,650円 86頁	1,320円 46頁	1,320円 46頁	1,210円 46頁	1,210円 42頁	1,210円 42頁	1,210円 40頁	1,210円 42頁	×	1,320円 44頁	1,320円 44頁

※価格はすべて税込表示

学校名	2019年実施問題	2018年実施問題	2017年実施問題	2016年実施問題	2015年実施問題	2014年実施問題	2013年実施問題	2012年実施問題	2011年実施問題	2010年実施問題	2009年実施問題	2008年実施問題	2007年実施問題	2006年実施問題	2005年実施問題	2004年実施問題	2003年実施問題	2002年実施問題
東大寺学園中学校	赤本に収録	1,430円 58頁	1,430円 58頁	1,430円 54頁	1,430円 54頁	1,430円 56頁	1,320円 50頁	1,320円 52頁	1,320円 52頁	1,320円 48頁	1,320円 46頁	1,320円 44頁	1,320円 46頁	1,320円 48頁	1,210円 42頁	1,320円 46頁	1,320円 44頁	1,320円 46頁
灘中学校	赤本に収録	1,320円 48頁	1,320円 48頁	1,320円 52頁	1,320円 48頁	1,320円 46頁	1,320円 46頁	1,320円 44頁	1,320円 44頁	1,320円 46頁	1,320円 46頁	1,320円 46頁	1,210円 42頁	1,320円 46頁	1,320円 46頁	1,320円 46頁	1,320円 46頁	
奈良学園中学校	2,090円 132頁	1,980円 120頁	1,980円 120頁	1,980円 112頁	1,980円 116頁	1,870円 110頁	1,980円 114頁	1,870円 110頁	1,870円 108頁	1,870円 104頁	1,870円 106頁	1,870円 104頁	1,870円 102頁	1,870円 100頁	1,540円 68頁	1,540円 66頁		
奈良学園登美ヶ丘中学校	1,540円 70頁	1,540円 70頁	1,540円 68頁	1,650円 86頁	1,650円 80頁	1,650円 86頁	2,090円 126頁	2,090円 126頁	1,980円 120頁	1,870円 104頁	1,760円 98頁	1,760円 96頁						
奈良教育大学附属中学校	1,320円 44頁	1,210円 42頁	1,210円 38頁	1,210円 36頁	1,210円 38頁	1,210円 38頁	1,210円 36頁	1,210円 38頁	1,210円 36頁	1,210円 38頁	1,210円 36頁	1,210円 38頁	1,210円 38頁	1,210円 36頁	1,210円 38頁	1,210円 38頁	1,210円 38頁	
奈良女子大学附属中等教育学校	1,210円 24頁	1,210円 24頁	1,210円 24頁	1,210円 24頁	1,210円 24頁	1,210円 24頁	1,210円 24頁	1,210円 24頁	1,210円 24頁	1,210円 24頁	1,210円 24頁	1,210円 24頁	1,210円 24頁					
西大和学園中学校	赤本に収録	2,200円 136頁	2,200円 140頁	1,430円 58頁	1,870円 100頁	1,760円 98頁	1,430円 54頁	1,430円 54頁	1,650円 84頁	1,650円 86頁	×	1,650円 80頁	×	1,650円 84頁	1,320円 48頁	1,320円 44頁	1,320円 46頁	1,320円 46頁
白陵中学校	赤本に収録	1,210円 36頁	1,210円 38頁	1,210円 36頁	1,210円 38頁	1,210円 36頁	1,210円 38頁	1,210円 36頁	1,210円 38頁	1,210円 36頁	1,210円 36頁	1,210円 34頁	1,210円 36頁	1,210円 34頁	1,210円 36頁	1,210円 34頁	1,210円 34頁	1,210円 34頁
東山中学校	1,320円 48頁	1,320円 50頁	1,320円 44頁	1,320円 46頁	1,320円 48頁													
雲雀丘学園中学校	1,650円 78頁	1,650円 80頁	1,650円 80頁	1,650円 78頁	1,430円 60頁	1,210円 32頁	1,210円 30頁	1,210円 30頁	1,210円 32頁	1,210円 30頁	1,210円 28頁	1,210円 28頁	1,210円 26頁	1,210円 26頁	1,210円 26頁	1,210円 26頁	1,210円 28頁	
武庫川女子大学附属中学校	1,650円 88頁	1,650円 78頁	1,650円 80頁	1,760円 90頁	1,650円 88頁	1,760円 92頁	1,760円 94頁	1,760円 96頁	1,760円 90頁	1,760円 94頁	1,650円 88頁	1,430円 56頁	1,430円 56頁					
明星中学校	1,980円 118頁	1,980円 116頁	1,980円 122頁	1,980円 116頁	1,980円 112頁	1,980円 112頁	1,980円 118頁	1,760円 92頁	1,650円 86頁	1,650円 86頁	1,650円 86頁	1,650円 86頁	1,650円 80頁	1,650円 84頁	×	1,650円 84頁		
桃山学院中学校	1,540円 74頁	1,650円 82頁	1,650円 80頁	1,540円 76頁	1,650円 78頁	1,650円 78頁	1,540円 74頁	1,540円 74頁	1,650円 78頁	1,540円 72頁	1,540円 68頁							
洛星中学校	赤本に収録	1,760円 98頁	1,870円 100頁	1,760円 96頁	1,760円 96頁	1,760円 92頁	1,870円 100頁	1,870円 102頁	1,760円 96頁	1,760円 96頁	1,760円 94頁	1,760円 96頁	1,760円 94頁	1,760円 94頁	1,650円 84頁	1,650円 82頁	1,650円 82頁	1,650円 84頁
洛南高等学校附属中学校	赤本に収録	1,430円 56頁	1,430円 56頁	1,430円 54頁	1,320円 52頁	1,320円 52頁	1,430円 54頁	1,430円 56頁	1,320円 52頁	1,430円 54頁	1,320円 50頁	1,320円 48頁	1,320円 52頁	1,320円 48頁	×	1,430円 60頁	1,430円 60頁	1,430円 58頁
立命館中学校	1,650円 82頁	1,650円 82頁	1,650円 78頁	1,650円 86頁	1,650円 80頁	1,540円 76頁	1,540円 72頁	1,540円 74頁	1,540円 72頁	1,540円 70頁	1,540円 66頁	1,540円 70頁	×	1,430円 58頁	1,430円 54頁			
立命館宇治中学校	1,650円 86頁	1,650円 82頁	1,650円 80頁	1,650円 78頁	1,540円 76頁	1,540円 76頁	1,540円 68頁	1,540円 72頁	1,540円 74頁	1,540円 74頁	1,540円 72頁	1,320円 52頁	1,320円 52頁	1,320円 52頁	1,320円 52頁	1,320円 52頁		
立命館守山中学校	1,650円 80頁	1,430円 64頁	1,540円 66頁	1,430円 64頁	1,430円 62頁	1,430円 60頁	1,430円 60頁	1,430円 58頁	1,430円 58頁	1,430円 56頁	1,430円 58頁	1,430円 64頁	1,430円 54頁					
六甲学院中学校	1,430円 58頁	1,430円 56頁	1,430円 56頁	1,430円 60頁	1,430円 56頁	1,320円 52頁	1,430円 56頁	1,320円 52頁	1,430円 54頁	1,430円 56頁	×	1,320円 50頁	1,430円 58頁	1,320円 50頁	1,320円 46頁	1,320円 52頁	1,320円 50頁	
和歌山県立中学校 (向陽・古佐田丘・田辺・桐蔭・日高高附中)	1,210円 34頁	1,760円 90頁	1,760円 90頁	1,650円 86頁	1,650円 80頁	1,650円 88頁	1,540円 70頁	1,650円 78頁	1,760円 98頁	1,870円 108頁	1,650円 88頁	1,650円 78頁	1,540円 74頁					
愛知中学校	1,320円 48頁	1,320円 44頁	1,320円 46頁	1,320円 44頁	1,210円 42頁	1,210円 38頁	1,210円 34頁	1,210円 38頁	1,210円 38頁	1,210円 36頁	1,210円 36頁	1,210円 36頁	1,210円 34頁	1,210円 32頁	1,210円 30頁	1,210円 32頁	1,210円 28頁	
愛知工業大学名電中学校	1,320円 46頁	1,650円 86頁	1,980円 122頁	1,650円 82頁	1,650円 86頁													
愛知淑徳中学校	1,430円 54頁	1,320円 48頁	1,320円 46頁	1,320円 46頁	1,320円 44頁	1,210円 42頁	1,320円 46頁	1,320円 44頁	1,320円 44頁	1,320円 44頁	1,210円 42頁	1,210円 42頁	1,210円 40頁					
海陽中等教育学校	赤本に収録	1,760円 90頁	2,090円 132頁	2,090円 126頁	1,980円 122頁	1,980円 116頁	1,980円 112頁	1,980円 112頁	1,980円 112頁	1,540円 74頁	1,430円 64頁	1,760円 96頁	1,870円 110頁	1,870円 100頁				
金城学院中学校	1,320円 46頁	1,320円 44頁	1,210円 40頁	1,210円 42頁	1,210円 42頁	1,210円 38頁	1,210円 40頁	1,210円 42頁	1,210円 42頁	1,210円 38頁	1,210円 40頁	1,210円 40頁	1,210円 38頁	1,210円 36頁	1,210円 36頁	1,210円 24頁		
滝中学校	1,320円 48頁	1,320円 48頁	1,320円 46頁	1,320円 44頁	1,210円 40頁	1,210円 42頁	1,210円 40頁	1,210円 40頁	1,210円 42頁	1,210円 40頁	1,210円 40頁	1,210円 38頁	1,210円 42頁	1,210円 42頁	1,210円 40頁	1,210円 34頁	1,210円 36頁	
東海中学校	1,320円 50頁	1,320円 48頁	1,210円 38頁	1,320円 44頁	1,210円 42頁	1,320円 44頁	1,320円 44頁	1,210円 40頁	1,320円 44頁	1,210円 40頁	1,210円 42頁	1,210円 38頁	1,210円 40頁	1,210円 38頁	1,210円 36頁	1,210円 40頁	1,210円 36頁	
名古屋中学校	1,430円 56頁	1,320円 52頁	1,320円 50頁	1,320円 48頁	1,320円 50頁	1,320円 44頁	1,320円 44頁	1,210円 40頁	1,210円 40頁	1,210円 40頁	1,210円 36頁	1,210円 34頁	1,210円 40頁					
南山中学校女子部	1,430円 56頁	1,320円 50頁	1,320円 52頁	1,320円 50頁	1,320円 48頁	1,320円 46頁	1,320円 48頁	1,320円 46頁	1,320円 44頁	1,210円 42頁	1,320円 44頁	1,320円 46頁	1,320円 46頁	1,320円 44頁	1,210円 42頁	1,210円 42頁		
南山中学校男子部	1,320円 52頁	1,320円 50頁	1,320円 50頁	1,320円 46頁	1,210円 42頁	1,320円 46頁	1,320円 46頁	1,320円 44頁	1,320円 46頁	1,320円 46頁	1,210円 42頁	×	1,210円 40頁	1,210円 38頁	1,210円 40頁	1,210円 36頁		

解　答

1．力のつりあいと運動

★問題 P．3～20★

1 問1．おもりAが棒を時計回りに回すはたらきは，

150 (g) × 40 (cm) = 6000

なので，棒が水平になるときのおもりB全体の重さは，

6000 ÷ 100 (cm) = 60 (g)

よって，おもりBの数は，

60 (g) ÷ 10 (g) = 6 (個)

問2．おもりAが棒を時計回りに回すはたらきは問1と同様。おもりBをつるす位置は棒の中心から左に，

100 (cm) − 40 (cm) = 60 (cm)

なので，棒が水平になるときのおもりB全体の重さは，

6000 ÷ 60 (cm) = 100 (g)

よって，おもりBの数は，

100 (g) ÷ 10 (g) = 10 (個)

問3．

(1) おもりBの数が減ると，棒を反時計回りに回すはたらきが小さくなる。水平にするためには，棒を時計回りに回すはたらきも小さくしなければならないので，棒の中心からおもりAまでの長さを小さくする。

(2) 棒の中心に結ばれている糸は，合計300gの重さまで耐えるので，おもりB全体の重さが，

300 (g) − 150 (g) = 150 (g)

になるときが，限界の数となる。棒を反時計回りに回すはたらきは，

150 (g) × 60 (cm) = 9000

棒が水平になるとき，おもりAをつるす位置は中心から，

9000 ÷ 150 (g) = 60 (cm)

もとのおもりAの位置からは右に，

60 (cm) − 40 (cm) = 20 (cm)

動かす。

問4．棒の端から中心までの長さは，

200 (cm) ÷ 2 = 100 (cm)

おもりBをつるした位置は糸から，

100 (cm) − 50 (cm) + 20 (cm) = 70 (cm)

糸が中心にないので，棒の重さにより棒を反時計回りに回すはたらきは，

125 (g) × 20 (cm) = 2500

おもりBによるはたらきもあわせると，

10 (g) × 2 (個) × 70 (cm) + 2500 = 3900

おもりCをつるす位置は糸から，

100 (cm) − 50 (cm) − 20 (cm) = 30 (cm)

よって，棒が水平になるときのおもりCの重さは，

3900 ÷ 30 (cm) = 130 (g)

問5．問4で糸につるした重さの合計は，

125 (g) + 130 (g) + 20 (g) = 275 (g)

増やすことができるおもりBは，

(300 (g) − 275 (g)) ÷ 10 (g) = 2.5 (個)

より，2個。問4よりも2個増やしたときのおもりB全体の重さは，

10 (g) × (2 (個) + 2 (個)) = 40 (g)

このときのおもりBをつるす位置は糸から，

(3900 − 2500) ÷ 40 (g) = 35 (cm)

棒の中心からは左に，

35 (cm) − 20 (cm) = 15 (cm)

の位置になる。

問6．

(1) 棒の重さとおもりBの重さは，どちらも棒の中心にかかる。棒の中心から糸2までの長さは，

200 (cm) ÷ 2 − 20 (cm) = 80 (cm)

棒の中心から糸1までの長さは20cmなので，糸2と糸1にかかる力の比は，

20 (cm) : 80 (cm) = 1 : 4

となる。

よって，つねに糸1にかかる力の方が大きいため，おもりBを増やすと糸1の方が先に切れる。

(2) 先に切れる糸1にかかる重さを考える。糸1から糸2までの長さは，

20 (cm) + 80 (cm) = 100 (cm)

糸1が耐えられる重さは300gなので，糸2

を支点として棒を反時計回りに回すはたらきは最大で,

300（g）× 100（cm）= 30000

棒の重さによって時計回りに回すはたらきが,

170（g）× 80（cm）= 13600

なので，おもりの重さによるはたらきは,

30000 − 13600 = 16400

が最大。

よって，このときつるすことができるおもりの重さは,

16400 ÷ 80（cm）= 205（g）

までとなる。

10（g）× 20（個）+ 1（g）× 5（個）= 205（g）

より，おもりBが20個とおもりDが5個が限界。

答 問1. 6（個）　問2. 10（個）

問3. ⑴ ア　⑵ 右（向きに）20（cm）

問4. 130（g）　問5. 左（向きに）15（cm）

問6. ⑴ ア　⑵ 5（個）

2 ⑴① 支点の点13から左に8cm離れた点3に10gのおもりをつるしたので，20gのおもりをつるす位置は，支点から右に,

10（g）× 8（cm）÷ 20（g）= 4（cm）

離れた点18。

② 点5と点25にそれぞれ20gのおもりをつるすので，点5と点25の中央の点15に,

20（g）+ 20（g）= 40（g）

のおもりをつるしたことになる。

よって，40gのおもりをつるす位置は点13の支点から同じ距離離れた，点15の反対側にある点11。

③ 点3と点15にそれぞれ20gのおもりをつるすので，点3と点15の中央の点9に,

20（g）+ 20（g）= 40（g）

のおもりをつるしたことになる。

よって，点13の支点からななめに1離れた点9に40gのおもり，ななめに2離れた点5に20gをつるしたことになるので，80gのおもりをつるす位置は,

{40（g）× 1 + 20（g）× 2} ÷ 80（g）= 1

より，点13から，点9の反対側にあり，ななめに1離れた点17。

④ 点1と点5にそれぞれ20gのおもりをつるし，点3に40gのおもりをつるすので，点1と点5の中央の点3に,

20（g）+ 20（g）+ 40（g）= 80（g）

のおもりをつるしたことになる。

また，点11と点15にそれぞれ20gおもりをつるすので，点11と点15の中央の点13に,

20（g）+ 20（g）= 40（g）

のおもりとハンガー自身の重さである150gがかかるが，点13を支点にしているので，これらの力は考えない。

よって，160gのおもりをつるす位置は,

80（g）× 8（cm）÷ 160（g）= 4（cm）

より，点8の反対側にある点18。

⑵ ばねばかりにはおもりの重さとハンガーの重さがかかるので,

25（g）+ 25（g）+ 100（g）+ 100（g）+150（g）= 400（g）

⑶ 点1と点5にそれぞれ25gのおもりをつるすので，点1と点5の中央の点3に,

25（g）+ 25（g）= 50（g）

のおもりをつるしたことになる。

また，点21と点25にそれぞれ100gのおもりをつるすので，点21と点25の中央の点23に,

100（g）+ 100（g）= 200（g）

のおもりをつるしたことになる。

よって，点3を支点にすると，ばねばかりにかかる力は400gなので，ばねばかりの点3からの距離は,

{150（g）× 8（cm）+ 200（g）× 16（cm）} ÷400（g）= 11（cm）

以上より，点13から右に,

11（cm）− 8（cm）= 3（cm）

の距離になる。

⑷ ハンガーとおもりの重さをもとにして，3ヶ所にあるばねばかりにかかる力を求めると次のようになる。まず，点13には150gのハンガーの重さがかかるので，同じ距離離れた点1と点25に75gずつの力がかかることになる。次に，点3には120gのおもりをつるすので，同じ距離離れた点1と点5には60gずつの力がかかることになる。さらに，点17には100gのおもりをつるすので，3：1の距離離れた点5と点21

にはそれぞれ，

$100\,(\mathrm{g}) \times \frac{1}{4} = 25\,(\mathrm{g})$

と

$100\,(\mathrm{g}) \times \frac{3}{4} = 75\,(\mathrm{g})$

の力がかかることになる。

よって，それぞれのばねばかりにかかる力は，

点 1 には，

$60\,(\mathrm{g}) + 75\,(\mathrm{g}) = 135\,(\mathrm{g})$，

点 5 には，

$60\,(\mathrm{g}) + 25\,(\mathrm{g}) = 85\,(\mathrm{g})$，

点 23 には，

$75\,(\mathrm{g}) + 75\,(\mathrm{g}) = 150\,(\mathrm{g})$

答 (1) ①（点）18　②（点）11　③（点）17

④（点）18

(2) 400（g）

(3)（ハンガーの中心(点 13)から）右(に）3（cm になる）

(4)（点 1）135（g）（点 5）85（g）

（点 23）150（g）

3 問 1．

(1) 直径 6 cm と直径 12cm の円の面積の比は，

$6 \times 6 : 12 \times 12 = 1 : 4$

円形をくりぬく前のもとの板の重心は点 O で，次図アの点 A と点 B に，

$(4 - 1) : 1 = 3 : 1$

の比で重さがかかっていると考えられる。図 3 の板の重心は点 A で，OB の長さが，

$6\,(\mathrm{cm}) \div 2 = 3\,(\mathrm{cm})$

なので，AO の長さは，

$3\,(\mathrm{cm}) \times \frac{1}{3} = 1\,(\mathrm{cm})$

いま，点 O に 1 本糸が付いているので，もう 1 本の糸を付ける位置と点 A との距離も 1 cm。

よって，その位置は，点 O から点 P に向かって，

$1\,(\mathrm{cm}) + 1\,(\mathrm{cm}) = 2\,(\mathrm{cm})$

(2) 四角形 ABCH と四角形 GDEF の面積の比は，

$16\,(\mathrm{cm}) \times 12\,(\mathrm{cm}) : 8\,(\mathrm{cm}) \times 12\,(\mathrm{cm}) = 2 : 1$

より，次図イの点 Q，点 R に，2：1 の比で重さがかかっている。この板の重心は QR を，

$\frac{1}{2} : \frac{1}{1} = 1 : 2$

に内分したところにあるので，点 Q から点 R に向かって，

$(24\,(\mathrm{cm}) \div 2) \times \frac{1}{1 + 2} = 4\,(\mathrm{cm})$

の位置。重心から，

$24\,(\mathrm{cm}) \div 2 \div 2 - 4\,(\mathrm{cm}) = 2\,(\mathrm{cm})$

はなれている点 O に 1 本糸が付いているので，もう 1 本の糸は，重心から点 P に向かって 2 cm はなれた位置。

よって，点 O から点 P に向かって，

$2\,(\mathrm{cm}) + 2\,(\mathrm{cm}) = 4\,(\mathrm{cm})$

(3) 図 5 の板を，次図ウの四角形 ABCG と四角形 GDEF に分けて考える。四角形 ABCG と四角形 GDEF の面積の比は，

$20\,(\mathrm{cm}) \times (20 - 10)\,(\mathrm{cm}) : 5\,(\mathrm{cm}) \times 10\,(\mathrm{cm}) = 4 : 1$

で，点 Q と点 R に，4：1 の比で重さがかかっている。この板の重心は，次図ウのように，点 Q と点 R を結んだ線上の，QR を，

$\frac{1}{4} : \frac{1}{1} = 1 : 4$

に内分したところにある。この点が，点 O からどれだけずれた位置か考える。横方向について，点 Q と点 R は，

$20\,(\mathrm{cm}) \div 2 = 10\,(\mathrm{cm})$

はなれているので，板の重心は，点 Q から点 O に向かって，

$10\,(\mathrm{cm}) \times \frac{1}{1 + 4} = 2\,(\mathrm{cm})$

はなれている。

したがって，重心は，点 O から点 P に向かって，

$10\,(\mathrm{cm}) \div 2 - 2\,(\mathrm{cm}) = 3\,(\mathrm{cm})$

の位置。たて方向について，点 Q と点 R は，

$(20 - 10)\,(\mathrm{cm}) - 5\,(\mathrm{cm}) \div 2 = 7.5\,(\mathrm{cm})$

はなれているので，板の重心は，点 O から辺 AF の方に向かって，

$7.5\,(\mathrm{cm}) \times \frac{1}{1 + 4} = 1.5\,(\mathrm{cm})$

の位置。

よって，もう 1 本の糸を付ける位置は，点 O

から，点Pに向かって，

3 (cm) × 2 = 6 (cm)，

辺AFの方に向かって，

1.5 (cm) × 2 = 3 (cm)

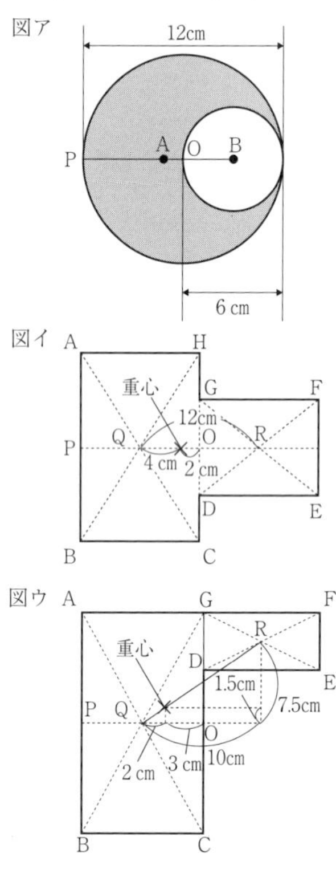

答 問1. (1) 2 (cm)　(2) 4 (cm)

(3) (点Oから点Pに向かって) 6 (cm)

(辺AFの方に向かって) 3 (cm)

4 (1)　レールPをつくる円の中心を支点としたてことして考えることができる。図2のようにつりあっているとき，支点から球A，Bまでの水平方向のきょりが等しいので，球A，Bの重さも等しくなる。

(2)　同じ重さの球A，Bがつりあうとき，支点から球A，Bまでの水平方向のきょりは等しくなるので，球A，Bの高さは等しくなる。

(3)　球Aと球Cの重さの比は，支点から球A，Cまでの水平方向のきょりの比の逆になる。次図アより，直角三角形OASの辺の比は，

20 (cm) : 16 (cm) : 12 (cm) = 5 : 4 : 3

直角三角形OCSのしゃ辺OCと辺SOの比は，

15 (cm) : 12 (cm) = 5 : 4

なので，直角三角形OASと直角三角形COSは拡大・縮小の関係にある。2つの直角三角形のしゃ辺の長さの比は，

20 (cm) : 15 (cm) = 4 : 3

辺SCの長さは，

$12\ (\text{cm}) \times \dfrac{3}{4} = 9\ (\text{cm})$

よって，

辺AS : 辺SC = 16 : 9

となり，球Cの重さは，

$20\ (\text{g}) \times \dfrac{16}{9} = \dfrac{320}{9}\ (\text{g})$

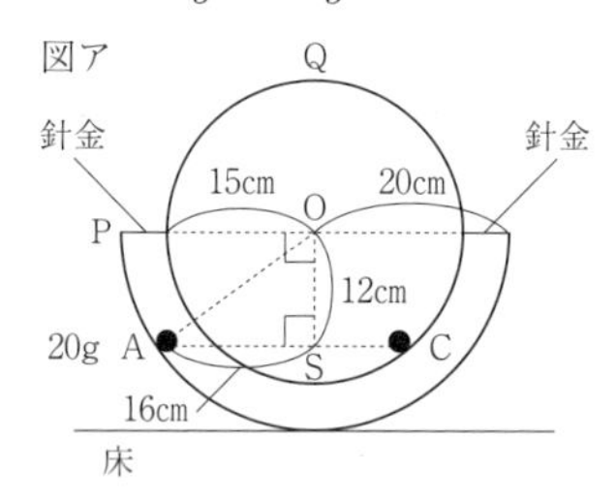

(4)　球DをレールQの内側のどこに置いても，支点からの水平方向のきょりは球Dのほうが短くなるので，球Dの重さは球Aの20gより重くなる。

(5)　次図イの直角三角形OASと直角三角形EATは，角OAEが共通で，角OSAと角ETAが直角で等しいので，拡大・縮小の関係にある。辺EAの長さは，

16 (cm) + 16 (cm) = 32 (cm)

なので，2つの直角三角形の対応する辺の長さの比は，

20 (cm) : 32 (cm) = 5 : 8

したがって，辺ATの長さは，

$16\ (\text{cm}) \times \dfrac{8}{5} = \dfrac{128}{5}\ (\text{cm})$

OTの長さは，

$\dfrac{128}{5}\ (\text{cm}) - 20\ (\text{cm}) = \dfrac{28}{5}\ (\text{cm})$

よって，球Eの重さは，

$20\ (\text{g}) \times 20\ (\text{cm}) \div \dfrac{28}{5}\ (\text{cm}) = \dfrac{500}{7}\ (\text{g})$

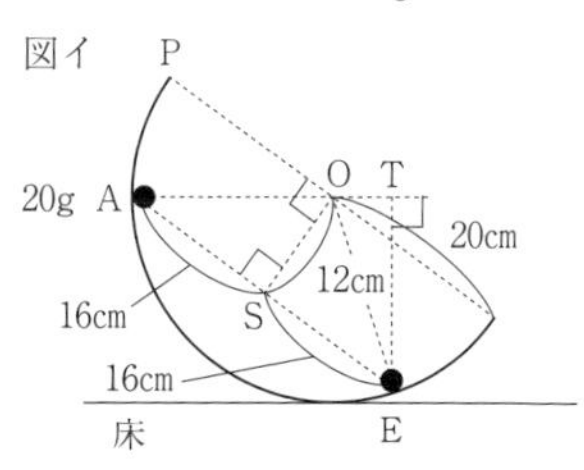

(6)　次図ウより，支点から球A，Fまでの水平方

向のきょりの比は，辺 OB を共通の底辺としたときの，三角形 OAB と三角形 OFB の高さの比になり，2 つの三角形の面積の比にも等しい。
三角形 OAB の面積は，

$(16 + 16)(\text{cm}) \times 12(\text{cm}) \div 2 = 192(\text{cm}^2)$

三角形 OFB の面積は，台形 OSBF の面積と三角形 OSB の面積の差になる。台形 OSBF の面積は，

$(20 + 16)(\text{cm}) \times 12(\text{cm}) \div 2 = 216(\text{cm}^2)$

三角形 OSB の面積は，

$16(\text{cm}) \times 12(\text{cm}) \div 2 = 96(\text{cm}^2)$

三角形 OFB の面積は，

$216(\text{cm}^2) - 96(\text{cm}^2) = 120(\text{cm}^2)$

よって，球 F の重さは，

$$20(\text{g}) \times \frac{192(\text{cm}^2)}{120(\text{cm}^2)} = 32(\text{g})$$

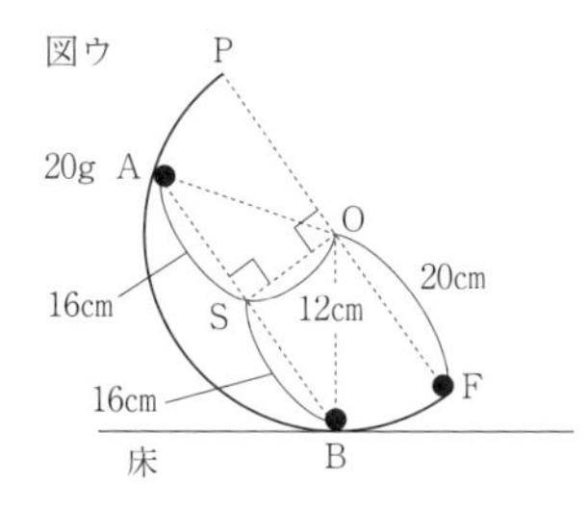

図ウ

(7) 次図エのように OG が水平となってつりあうとき，球 G がてこを回すはたらきが最大になり，球 A の高さが最大値になる。球 A と球 G の重さの比は，

$20(\text{g}) : 30(\text{g}) = 2 : 3$

なので，

$\text{AS} : \text{OG} = 3 : 2$

したがって，AS の長さは，

$$8(\text{cm}) \times \frac{3}{2} = 12(\text{cm})$$

直角三角形 OAS の辺 OA は 20cm，辺 AS は 12cm なので，図 2 より，辺 SO は 16cm。
よって，球 A の高さは，

$20(\text{cm}) - 16(\text{cm}) = 4(\text{cm})$

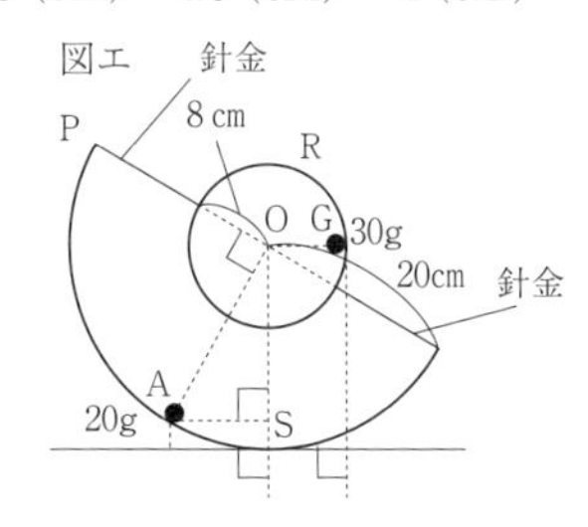

図エ

(8) 支点の真下に球 A と球 G があるときにつりあうので，球 G の高さは，

$20(\text{cm}) - 10(\text{cm}) - 8(\text{cm}) = 2(\text{cm})$

(9) つりあわせたとき，球 G はレール R の中心の真下になる。次図オの直角三角形 OST と直角三角形 AOU に注目すると，角 AOS は直角なので，角 AOU と角 OST はどちらも，

$90° -$ 角 TOS

となり，等しい。
また，角 OTS と角 AUO が直角で等しいので，直角三角形 OST と直角三角形 AOU は拡大・縮小の関係となり，そのしゃ辺の比は，

$10(\text{cm}) : 20(\text{cm}) = 1 : 2$

(7)より，球 G と球 A の重さの比は 3 : 2 なので，

辺 ST : 辺 AU = 2 : 3

辺 ST の長さを 1 とすると，辺 OU は 2，辺 AU は $\frac{3}{2}$ と表され，辺 OU と辺 AU の長さの比は，

$$2 : \frac{3}{2} = 4 : 3$$

しゃ辺が 20cm，他の 2 辺が 16cm，12cm の直角三角形の辺の比は，5 : 4 : 3 なので，直角三角形 AOU の辺 AU は 12cm。
よって，辺 OT は，

$$12(\text{cm}) \times \frac{1}{2} = 6(\text{cm})$$

球 G の高さは，

$20(\text{cm}) - 6(\text{cm}) - 8(\text{cm}) = 6(\text{cm})$

図オ

答 (1) 20 (g)　(2) ウ　(3) $\frac{320}{9}$ (g)　(4) エ　(5) $\frac{500}{7}$ (g)　(6) 32 (g)　(7) 4 (cm)　(8) 2 (cm)　(9) 6 (cm)

5 Ⅰ(1) おもりによってばねが伸び，ばねには元に戻ろうとする力がはたらく。図 1 より，おもりがばねを下方向に 3 マスの力で引いているので，ばねがおもりを上方向に 3 マスの力で引いている。ばねがおもりを引く作用点は，

ばねがおもりについている点。

(2)①　30 (N) ÷ 0.60 (m) = 50 (N/m)

②　①と同様に，B のばね定数は，

12 (N) ÷ 0.50 (m) = 24 (N/m)

①より，A のばね定数の方が大きい。

(3)①　100g のおもりにはたらく重力が 1N なので，500g のおもりにはたらく重力は，

500 (g) ÷ 100 (g) = 5 (N)

図 2 より，A は 30N あたり 0.60m 伸びるので，

$$0.60\ (\mathrm{m}) \times \frac{5\ (\mathrm{N})}{30\ (\mathrm{N})} = 0.1\ (\mathrm{m})$$

②　図 3 は，右側の 500g のおもりを，かべが引いている。図 4 は，右側の 500g のおもりを，左側の 500g のおもりが引いている。どちらもばねは右側の 500g のおもりに引かれている状態なので，伸びも変わらない。

Ⅱ(4)　表 1 より，測定結果が 19.8 秒なので，

19.8 (秒) ÷ 10 (往復) = 1.98 (秒)

(5)　振り子の周期は，振幅とは無関係。

(6)　表 1 の，おもりの質量が 5.0kg のときと 20kg のときを比べる。おもりの質量が，

20 (kg) ÷ 5.0 (kg) = 4 (倍)

になると，測定結果が，

39.6 (秒) ÷ 19.8 (秒) = 2 (倍)

よって，質量に対して，周期の増え方が小さいグラフを選ぶ。

(7)　ばねのもとの長さは，

$$0.05\ (\mathrm{m}) \div 0.20\ (\mathrm{m}) = \frac{1}{4}\ (倍)$$

同じ材質のばねなので，のびも $\frac{1}{4}$ 倍。

よって，おもりの重さに関係なく，常に長さが $\frac{1}{4}$ 倍になる。ばねののびは，おもりの質量に比例するので，(6)より，ばねののびが $\frac{1}{4}$ 倍になることは，おもりの質量が $\frac{1}{4}$ 倍になることと同じ。

$$\frac{1}{2} \times \frac{1}{2} = \frac{1}{4}$$

より，周期は $\frac{1}{2}$ 倍。

答　(1) (次図)　(2) ① 50 (N/m)　② A

(3) ① 0.1 (m)　② (あ)　(4) 1.98 (秒)　(5) (あ)

(6) (う)　(7) $\frac{1}{2}$ (倍)

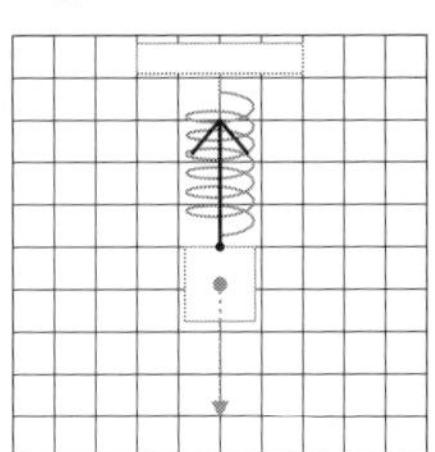

6　問 1．ピンを打っても，おもりは右側の高さ 20cm の位置まで上がる。次図で，右の直角三角形の斜(しゃ)辺の長さが 50cm，そのほかの 1 辺の長さが 30cm なので，辺の比が 3：4：5 の直角三角形とわかり，水平距離は，

$$50\ (\mathrm{cm}) \times \frac{4}{5} = 40\ (\mathrm{cm})$$

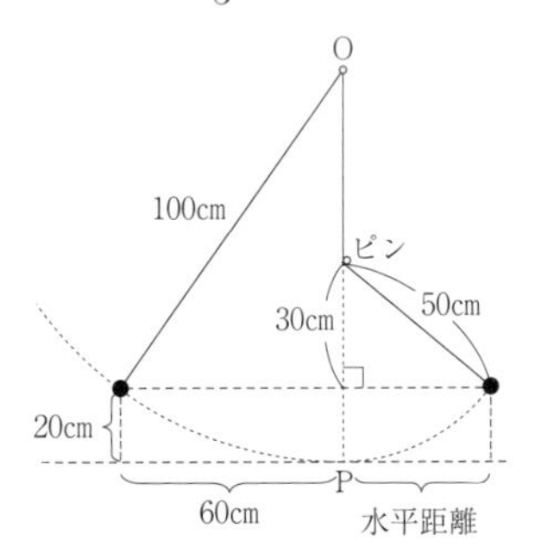

問 2．ピンを打たない場合に比べて，点 P より右側を動くときの振り子の長さが短くなるため，周期が短くなる。

問 3．点 P より右側を動くときの振り子の長さが短くなり，おもりが上がる高さは変わらないので，水平距離は小さくなる。

問 4．ピンの高さに関係なく，おもりは 20cm の高さまで上がる。ピンを打つ高さが 20cm よりも小さくなると，おもりは図 3 のように 20cm の高さまで上がり，その後，糸がたるむ。

問 5．ピンを打つ高さが 10cm よりも小さくなると，おもりがピンを中心に回転して点 P の真上まできても，高さ 20cm まで上がらないことになる。

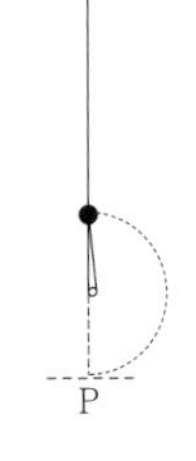

答　問 1．40 (cm)

問 2．ウ　問 3．ウ

問 4．20 (cm)

問 5．(右図)

7 問1．図2で，Aが止まっているBに衝突すると，Aは止まり，Aと同じ重さのBは右へおし出されてAをはなした高さと同じ高さまで上がったので，同じように，Bが止まっているAに衝突すると，Bは止まり，Aは左へおし出されて25cmの高さまで上がると考えられる。

問2．問2．Bが□cmまで上がるとすると，

10（g）× 25（cm）

＝10（g）× 9（cm）＋ 40（g）×□（cm）

これを解くと，

□＝ 4（cm）

AとBの速さの比は，

9：4 ＝ 3 × 3：2 × 2

より，3：2

問3．AとBが□cmまで上がるとすると，

10（g）× 36（cm）

＝10（g）×□（cm）＋ 30（g）×□（cm）

これを解くと，

□＝ 9（cm）

問4．摩擦のないレール上では，図6のようにAとBが同じ高さまで上がった後，もとの位置にもどる。

答 問1．A．い　B．お

問2．（高さ）4（cm）

（Aの速さ：Bの速さ＝）3：2

問3．9（cm）　問4．A．36（cm）　B．0（cm）

8 問3．崖の高さが5mのときと80mのときに注目すると，崖の高さが，

80（m）÷ 5（m）＝ 16（倍）

になると，落下にかかる時間は，

4（秒）÷ 1（秒）＝ 4（倍）

になる。

問4．水平方向に進んだ距離は落下にかかった時間に比例し，崖の高さが，

20（m）÷ 5（m）＝ 4（倍），

45（m）÷ 5（m）＝ 9（倍）…

になると，

2（秒）÷ 1（秒）＝ 2（倍），3（秒）÷ 1（秒）＝3（倍）

になる。

よって，崖の高さ500mは，5mの，

500（m）÷ 5（m）＝ 100（倍）

＝10 × 10（倍）

なので，水平方向に，

10（m）× 10 ＝ 100（m）

離れた位置に落ちる。

問5．崖の高さが20mのときを比べると，重力が4倍のSG星では，落下する時間が地球の，

1（秒）÷ 2（秒）＝ 0.5（倍）

問6．重力が4倍になると，同じ高さの崖から落下するまでの時間が半分になり，水平方向に進む距離も半分になる。

問7．問3より，崖の高さが16分の1になるとき，落下時間は実際の4分の1になるので，4分の1倍速で再生すればよい。

答 問1．③　問2．重さに関係しない

問3．4（倍）　問4．100　問5．0.5

問6．（次図）　問7．(オ) 4　(カ) $\frac{1}{4}$

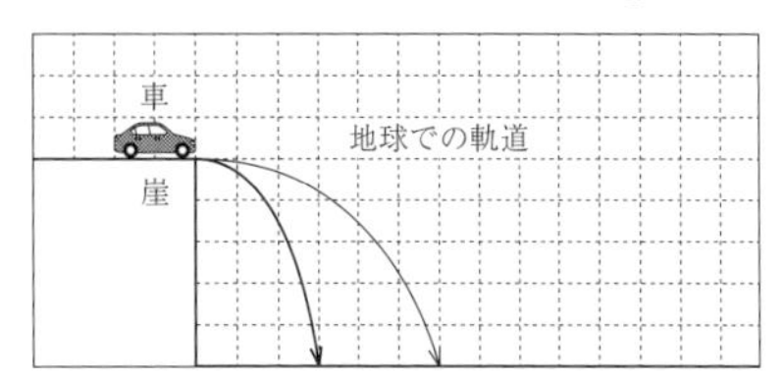

9 (1) 同じ重さで比べた場合，体積が大きい順に，木＞ガラス＞鉄となる。最も浮力が大きいのは，最も体積が大きい木。

(2) 物体が水に浮いているとき，物体の重さは，押しのけた水の重さに等しい。この物体が押しのけた水の体積は，

10（cm）× 10（cm）×（10（cm）－ 2（cm））

＝800（cm^3）

なので，物体の重さは800g。

(3) (2)より，この物体の重さは800g，物体の重さをばねはかりと浮力で支えているので，物体にはたらいている浮力は，

800（g）－ 50（g）＝ 750（g）

物体が押しのけた液体の体積は，

10（cm）× 10（cm）× 10（cm）＝ 1000（cm^3）

なので，この液体1000cm^3の重さは750g。よって1cm^3の重さは，

750（g）÷ 1000（cm^3）＝ 0.75（g）

(4) 浮力は，風船が押しのけた空気の重さに等しいので，

1.2（g）× 15（L）＝ 18（g）

(5)　15L のヘリウムガスを入れた風船の重さは，

10（g）+ 0.18（g）× 15（L）= 12.7（g）

(4)より，風船にかかる浮力は 18g なので，つるすことができる重さは，

18（g）− 12.7（g）= 5.3（g）

〔A〕

(6)　ゴムボールが浮かび上がることも沈むこともなく静止するのは，ゴムボールが押しのけた水の重さとゴムボールの重さが等しくなったとき。ゴムボールの重さは 40g なので，$120cm^3$ のゴムボールの体積が $40cm^3$ まで小さくなったときに静止する。図 4 より，ゴムボールの体積が，

$$\frac{40\ (cm^3)}{120\ (cm^3)} = \frac{1}{3}$$

になるのは，水深 20m。

(7)　ゴムボールの位置を(6)より浅くすると，ゴムボールの体積が $40cm^3$ より大きくなるので，浮力がゴムボールの重さより大きくなり，浮かび上がる。(6)より深くすると，ゴムボールの体積が $40cm^3$ より小さくなるので，浮力がゴムボールの重さより小さくなり，沈んでいく。

〔B〕

(8)　風船が静止するのは，風船が押しのけた空気の重さと風船の重さが等しくなったとき。風船全体の重さは，

15（g）+ 0.18（g）× 20（L）= 18.6（g）

風船の体積 1 L あたりの重さは，

18.6（g）÷ 20（L）= 0.93（g）

空気 1 L あたりの重さが 0.93g になるのは，

$$100\ (\%) - \frac{0.93\ (g)}{1.2\ (g)} \times 100\ (\%)$$

＝22.5（%）

より，空気 1 L あたりの重さが地表より 22.5 %軽くなったとき。図 5 より，空気は 1000m あたり 10 %ずつ軽くなるので，22.5 %軽くなる高さは，

$$1000\ (m) \times \frac{22.5\ (\%)}{10\ (\%)} = 2250\ (m)$$

(9)　風船の高さを(8)より低くすると，空気 1 L あたりの重さが風船 1 L あたりの重さより重くなるので，風船は上がっていくが，(8)の高さで押しのけた空気の重さと風船の重さが等しくなるので，静止する。(8)より高くすると，空気 1 L あたりの重さが風船 1 L あたりの重さより軽くなるので，風船は下がっていくが，(8)の高さで押しのけた空気の重さと風船の重さが等しくなるので，静止する。

答　(1) 木　(2) 800（g）　(3) 0.75（g）
(4) 18（g）　(5) 5.3（g）　(6) 20（m）
(7)（浅く）ア　（深く）エ　(8) 2250（m）
(9)（低く）イ　（高く）ウ

10　Ⅰ．

(1)　図 2 より，200g のおもりをつるしたときのばねののびは 8 cm なので，ばねの全体の長さは，

20（cm）+ 8（cm）= 28（cm）

(2)　ばねの長さが長くなるほど，ばねが直方体を支える力が大きくなり，台ばかりの示す値は小さくなる。
また，ばねにはたらく力とばねののびは比例するので，エのような直線のグラフになる。

Ⅱ．

(3)あ．直方体 A が水そうの底面についているときの，水が入る部分の底面積は，

10（cm）× 10（cm）− 5（cm）× 5（cm）
＝75（cm^2）

なので，底面から 4 cm の高さまで水が入っているときの注いだ水の量は，

75（cm^2）× 4（cm）= 300（cm^3）

より，300g。

い．直方体 A が底面から離れて浮いているときの浮力は，直方体 A の重さと等しいので 200g。

(4)あ．直方体 A と直方体 B は同じ大きさなので，(3)(あ)より，直方体 B が水そうの底面についているときの，水が入る部分の底面積は $75cm^2$。
よって，600g の水を入れたときの水面の高さは，

600（cm^3）÷ 75（cm^2）= 8（cm）

い．直方体 B の水中にある部分の体積は，

5（cm）× 5（cm）× 8（cm）= 200（cm^3）

なので，直方体 B にはたらく浮力は 200g。
したがって，ばねにはたらく力が，

400（g）－ 200（g）＝ 200（g）

をこえると，直方体 B が水そうの底面を離れる。

よって，ばねののびは，8 cm。

う．直方体 B が水面を離れたときのばねにはたらく力は，直方体 B の重さと等しい 400g なので，ばねののびは図 2 より 16cm。

え．直方体 B が水面を離れたときの水面の高さは，

600（cm^3）÷（10（cm）× 10（cm））

＝6（cm）

う より，直方体 B が水面を離れたときのばねののびは 16cm なので，手を引き上げた距離は，

16（cm）＋ 6（cm）＝ 22（cm）

(5) ばねを持つ手を引き上げ始めてから直方体 B が水そうの底面を離れるまで（ばねを持つ手を引き上げる距離が 8 cm になるまで）は，ばねののびとばねを持つ手を引き上げる距離は等しくなる。その後，直方体 B が水面を離れるまで（ばねののびが 16cm，ばねを持つ手を引き上げる距離が 22cm になるまで）一定の割合でばねがのび，直方体 B が水面を離れた後は，ばねにはたらく力の大きさが変わらないので，ばねののびは 16cm のまま変わらない。

答 (1) 28（cm） (2) エ (3) あ．300 い．200
(4) あ．8 い．8 う．16 え．22 (5)（次図）

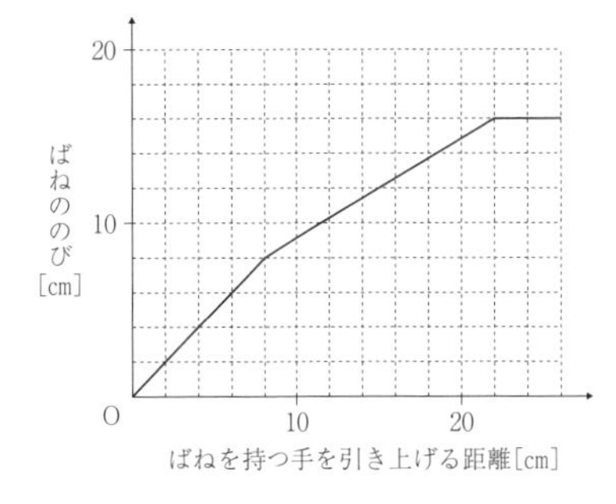

2．電流のはたらきと磁石

★問題 P．21～34★

1 問1．図 1 より，オの回路は乾電池の向きがそろっていないので，回路に電流が流れない。

問2．図 1 より，豆電球を直列につなぐと回路に流れる電流が小さくなり，豆電球は暗くなる。

問3．図 1 より，乾電池を直列につなぐと回路に流れる電流が大きくなり，豆電球は明るくなる。

問4．図 1 より，豆電球をへい列につなぐと，それぞれの豆電球にはアの豆電球と同じ大きさの電流が流れる。

問5．図 2 より，豆電球 Y と Z は直列につながっているので，豆電球 Y と Z に流れる電流は豆電球 X に流れる電流の半分になる。

よって，

1 ÷ 2 ＝ 0.5

点 c に流れる電流は，点 a に流れる電流と点 b に流れる電流の和なので，

1 ＋ 0.5 ＝ 1.5

また，豆電球 X に流れる電流がもっとも大きくなるので，もっとも明るい。

答 問1. オ 問2. イ 問3. エ 問4. ウ・カ
問5. ① 0.5 ② 1.5 ③ X

2 (1) 豆電球が 1 個もつながれていない状態だと，ショートして危険である。

よって，スイッチ a と d を同時につないだ回路がショートする。

(2)「回路あ」は，豆電球 B だけがつながっている。「回路い」は，豆電球 B と E が直列につながっているため，豆電球 B の明るさは暗くなる。

(3)「回路あ」の豆電球 B は，かん電池 1 個と豆電球 1 個がつながっている。このときに流れる電流の大きさを 1，抵抗（電流の流れにくさ）の大きさを 1 とする。「回路い」は，豆電球 B と E が直列につながっているので，流れる電流の大きさはどちらも $\frac{1}{2}$ となり，暗くなる。「回路え」は，豆電球 B と C が並列につながっているので，流れる電流の大きさはどちらも 1 となり，明るさは変わらない。「回路お」は，豆電球 B と C の並列部分の抵抗の大きさが $\frac{1}{2}$，豆電球 E

とFの並列部分の抵抗の大きさが $\frac{1}{2}$ なので，回路全体の抵抗の大きさは，

$\frac{1}{2}+\frac{1}{2}=1$

となり，かん電池から流れる電流の大きさは1となる。

よって，豆電球B・C・E・Fに流れる電流の大きさはすべて $\frac{1}{2}$ となり，暗くなる。「回路か」は，豆電球Bの抵抗の大きさが1，豆電球EとFの並列部分の抵抗の大きさが $\frac{1}{2}$ なので，回路全体の抵抗の大きさは，

$1+\frac{1}{2}=\frac{3}{2}$

となり，電池から流れる電流の大きさは $\frac{2}{3}$ となる。

よって，豆電球Bに流れる電流の大きさは $\frac{2}{3}$，豆電球E・Fに流れる電流の大きさはどちらも $\frac{1}{3}$ となり，暗くなる。

(4) (3)より「回路い」の豆電球Eに流れる電流の大きさは $\frac{1}{2}$ となり，電流の大きさが同じになるのは，「回路い」の豆電球B，「回路お」の豆電球B・C・E・F。

(5)ア．部分的にショートして，豆電球EとFが消える。

イ．豆電球Bの部分がつながっていない状態になるので，回路に電流が流れなくなる。

ウ．かん電池を並列につないでも，流れる電流の大きさは変わらない。

答 (1) う　(2) イ　(3) イ・ウ　(4) ア・エ・オ　(5) エ

3 問1．表1より，AC間の距離と電流計の値は反比例するので，AC間の距離が3cmのときの電流計の示す値は，

$150\,(\mathrm{mA})\times\frac{5\,(\mathrm{cm})}{3\,(\mathrm{cm})}=250\,(\mathrm{mA})$

問2．抵抗線を並列つなぎでつなぐと，回路全体の抵抗は「それぞれの抵抗の逆数の和」の逆数になる。抵抗線1cmの抵抗を1として，あ～えの回路全体の抵抗を考える。

あ．$5\,(\mathrm{cm})\times2=10\,(\mathrm{cm})$

の抵抗線を3本並列つなぎでつないでいるので，回路全体の抵抗は，

$\frac{1}{10}+\frac{1}{10}+\frac{1}{10}=\frac{3}{10}$

より，$\frac{10}{3}$。

い．10cmの抵抗線と，

$5\,(\mathrm{cm})\times3=15\,(\mathrm{cm})$

の抵抗線を並列つなぎでつないでいるので，回路全体の抵抗は，

$\frac{1}{10}+\frac{1}{15}=\frac{1}{6}$

より，6。

う．15cmと5cmの抵抗線を並列つなぎでつないでいるので，回路全体の抵抗は，

$\frac{1}{15}+\frac{1}{5}=\frac{4}{15}$

より，$\frac{15}{4}$。

え．10cmと5cmの抵抗線を並列つなぎでつないでいるので，回路全体の抵抗は，

$\frac{1}{10}+\frac{1}{5}=\frac{3}{10}$

より，$\frac{10}{3}$。

よって，いのAC間の距離が6cmのときと等しい。

問3．図1の回路で電流計の値が100mAになるのは，AC間の距離が，

$5\,(\mathrm{cm})\times\frac{150\,(\mathrm{mA})}{100\,(\mathrm{mA})}=7.5\,(\mathrm{cm})$

のとき。これは，図2の回路でAC間の距離を5cmにしたときと等しいので，豆電球1個は，

$7.5\,(\mathrm{cm})-5\,(\mathrm{cm})=2.5\,(\mathrm{cm})$

の抵抗線と同じはたらきをする。

問4．表2より，図2の回路で豆電球の明るさが $\frac{3}{5}$ となるのは豆電球が1個で，AC間の距離が10cmのとき。問3より，豆電球1個は2.5cmの抵抗線と同じはたらきをするので，図3におけるAC間の距離は，

$10\,(\mathrm{cm})+2.5\,(\mathrm{cm})-2.5\,(\mathrm{cm})\times2$
$=7.5\,(\mathrm{cm})$

問5・問6．豆電球3個が同じ明るさで光ったことから，Cにつながる導線には電流が流れず，3つの豆電球に同じ大きさの電流が流れる回路になっていることがわかる。Cは，豆電球を2：1に分ける位置につながっているので，AC間とCB間の距離を2：1にすると，Cにつながる導線には電流が流れなくなる。

したがって，AC間の距離は，

$$15\,(\mathrm{cm}) \times \frac{2}{2+1} = 10\,(\mathrm{cm})$$

また，豆電球3個を直列つなぎにつなぐと，

$$2.5\,(\mathrm{cm}) \times 3 = 7.5\,(\mathrm{cm})$$

の抵抗線と同じはたらきをするので，問3より，豆電球には100mAの電流が流れる。

よって，表2より，豆電球の明るさは1。

答 問1．250（mA） 問2．い
問3．2.5（cm） 問4．7.5（cm）
問5．1 問6．う

4 （問1） 豆電球を並列つなぎで増やしても，明るさは変わらない。

（問2） ［あ］の回路の電池から出る電流の大きさを1とすると，［い］の回路は$\frac{1}{2}$，［う］の回路は2になる。光り続ける時間の長さは，電池から出る電流の大きさが小さいほど長くなる。

（問4） 電球［え］を流れる電流の大きさは，電球［お］［か］を流れる電流の和になるので，［え］の方が明るい。

また，電球［え］と電球［おか］は直列に接続されているので，［え］が消えると同時に［おか］も消える。

（問5） 電球A～Dは直列に接続されているので，すべて同じ明るさになる。

（問7） 図5・図6は，それぞれ次図ア・次図イのように電池がついた状態と同じだと考えられる。図イの電球の明るさは，Cが明るく，その他はすべて同じ明るさでCより暗くなる。電球1個のていこうを1とすると，図アの並列に接続されている部分のていこうは，

$$\frac{1}{3} + 1 = \frac{4}{3}$$

の逆数になるので，$\frac{3}{4}$。回路全体のていこうは，

$$3 + \frac{3}{4} = \frac{15}{4}$$

回路に流れる電流は，ていこうと反比例するので，$\frac{4}{15}$と表すことができる。

よって，Aに流れる電流は，$\frac{4}{15}$。

また，並列に接続されている部分のていこうは，Cの部分が1，もう一方が3なので，それぞれに流れる電流の大きさは3：1。Cに流れる電流は，

$$\frac{4}{15} \times \frac{3}{3+1} = \frac{1}{5}$$

図イの並列に接続されている部分のていこうは，

$$\frac{1}{3} + \frac{1}{3} = \frac{2}{3}$$

より，$\frac{3}{2}$。回路全体のていこうは，

$$1 + \frac{3}{2} = \frac{5}{2}$$

回路に流れる電流は，$\frac{2}{5}$と表すことができる。

並列に接続されている部分のていこうは等しいので，Aに流れる電流は，

$$\frac{2}{5} \div 2 = \frac{1}{5}$$

Cに流れる電流は$\frac{2}{5}$。

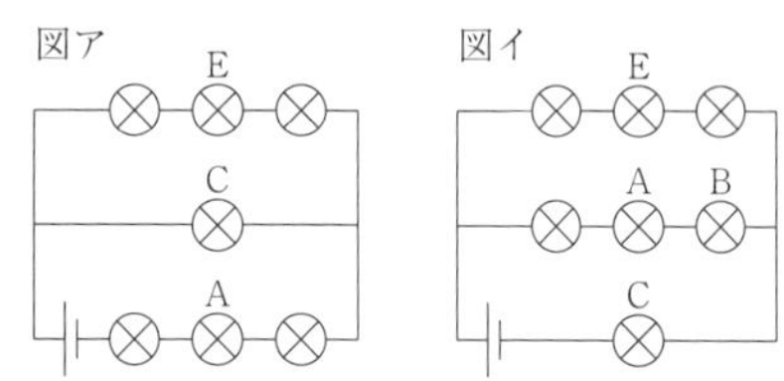

答 （問1）［う］ （問2）ウ （問3）エ
（問4）ア （問5）ア （問6）ウ （問7）ウ

5 (2) 電流が南側から流れているとき，導線の上の方位磁針のN極は東向きに，下の方位磁針は西向きに振れる。かん電池1つ分の電流は小さく，完全に東西を指さないと考えてよい。

(3) (2)より，図2では電流のまわりの磁界の向きと地球の磁界の向きが同じなので，方位磁針のN極は北を指したまま。

(4) (2)・(3)と同じように，電流のまわりの磁界によって方位磁針の向きが変化し，電流を大きくするとより強く反応する。図3では台の上からみると左回りになるように方位磁針のN極が向

く。Bの方位磁針のN極は南の方，Aは西の方，Cは東の方を向きはじめるが，Dでは電流のまわりの磁界の向きと地球の磁界の向きが同じなので変化しない。

答 (1) ① 北　② S　③ 磁力　(2) イ　(3) ア
(4) D

6 (1)① 電流は，電池の＋極から出て－極に向かうように流れる。

② スイッチをY側に入れると，電流の向きが反対になる。電流の向きを反対にすると，電磁石の極も反対になるので，コイルの左側がS極，右側がN極になり，それぞれ方位磁針のN極，S極を引きつける。

(3)① コイルの巻き数と電磁石の強さの関係を調べるときは，コイルの巻き数だけがちがい，電池の数やつなぎ方など，その他の条件がすべて同じになっているものを比べる。

②・③ コイルの巻き数が2倍になると，電磁石の強さは2倍になる。

また，電池を直列つなぎで2個に増やすと，電流の強さが2倍になり，電磁石の強さも2倍になる。

よって，Aの電磁石の強さを1とすると，Bは4，CとDは2となる。

答 (1) ① ア　② ウ　(2) イ
(3) ① ウ・エ　② カ　③ B

7 (1) コイルに鉄の棒を入れると，電磁石が強くなる。

(2) 表1より，AとBの結果を比べると，コイルの巻き数と棒の先についたゼムクリップの数は比例する。

よって，かん電池1個，コイルの巻き数が50回の電磁石では，棒の先についたゼムクリップの数は，

$$6\,(個) \times \frac{50\,(回)}{100\,(回)} = 3\,(個)$$

この電磁石とCの結果を比べると，かん電池を直列につなぐ数と棒の先についたゼムクリップの数は比例する。かん電池を複数並列につないでも，コイルに流れる電流の大きさはかん電池が1個のときと同じになるので，Aの結果と比べると，Eのコイルの巻き数は，

$$100\,(回) \times \frac{9\,(個)}{6\,(個)} = 150\,(回)$$

Aの結果と比べると，Dはかん電池4個を直列につないでいるので，棒の先についたゼムクリップの数は，

$$6\,(個) \times \frac{4\,(個)}{1\,(個)} = 24\,(個)$$

(3) 表1より，Cはかん電池2個を直列につないでいるので，棒の先についたゼムクリップの数が18個となるときのコイルの巻き数は，

$$50\,(回) \times \frac{18\,(個)}{6\,(個)} = 150\,(回)$$

かん電池3個を直列につなぎ，コイルの巻き数が50回のとき，棒の先についたゼムクリップの数は，

$$6\,(個) \times \frac{3\,(個)}{2\,(個)} = 9\,(個)$$

したがって，かん電池3個を直列につないで，棒の先についたゼムクリップの数が18個となるときのコイルの巻き数は，

$$50\,(回) \times \frac{18\,(個)}{9\,(個)} = 100\,(回)$$

(2)より，Dはかん電池4個を直列につなぎ，コイルの巻き数が100回，棒の先についたゼムクリップの数が24個なので，棒の先についたゼムクリップの数が18個となるときのコイルの巻き数は，

$$100\,(回) \times \frac{18\,(個)}{24\,(個)} = 75\,(回)$$

(4) 図2より，Xの位置に置いた方位磁針のN極が西に向いたので，電磁石の左側はN極。

よって，電磁石の右側がS極となるので，Yの位置に置いた方位磁針のN極の向きは西になる。

また，コイルに流れる電流の向きが逆になると，方位磁針のN極の向きも逆になる。

(5) 図3の電流が流れる向きより，Pの部分は図2のコイルの左側と同じ極になるのでN極。

よって，Pの部分と磁石のS極が引き合うので，コイルはRの向きに回る。

(6) 磁石とコイルのきょりが近く，コイルの巻き数が多く，直列につないだかん電池の数が多いほど，コイルの回転が速くなる。

答 (1) ウ　(2) あ．150　い．24
(3) 2 (個)，150 (回)　3 (個)，100 (回)

4(個), 75(回)

(4) ① イ　② ア　(5) イ　(6) オ

8 (2)① 表1より, 1分間で水温が,

$18.6(℃) - 18.0(℃) = 0.6(℃)$

ずつ上昇しているので, 8分後の水温は,

$0.6(℃) \times \frac{8(分)}{1(分)} = 4.8(℃)$

上昇する。

よって,

$18.0(℃) + 4.8(℃) = 22.8(℃)$

② 水温上昇は,

$24.0(℃) - 18.0(℃) = 6.0(℃)$

表2より, 1分間で水温が,

$18.3(℃) - 18.0(℃) = 0.3(℃)$

ずつ上昇しているので, 電流を流した時間は,

$1(分) \times \frac{6.0(℃)}{0.3(℃)} = 20(分)$

③ 表1・表2より, 水の量が,

$120(g) \div 240(g) = \frac{1}{2}(倍)$

になると, 1分間電流を流したときの水温は,

$0.6(℃) \div 0.3(℃) = 2(倍)$

上昇する。①より, 3分後の水温は,

$0.6(℃) \times \frac{3(分)}{1(分)} \times 2 = 3.6(℃)$

上昇する。

④X. 表3より, 電熱線Bを使って1分後に上昇した温度は,

$18.2(℃) - 18.0(℃) = 0.2(℃)$

①より,

$0.2(℃) \div 0.6(℃) = \frac{1}{3}(倍)$

Y. 表3より, 電熱線Cを使って1分後に上昇した温度は,

$19.8(℃) - 18.0(℃) = 1.8(℃)$

①より,

$1.8(℃) \div 0.6(℃) = 3(倍)$

⑤ ④より, 電熱線の長さが6倍になると, 1分間での水温上昇は $\frac{1}{6}$ 倍になるので, 電熱線Dを使ったときの5分間で上昇する水温は,

$0.6(℃) \times \frac{1}{6} \times \frac{5(分)}{1(分)} = 0.5(℃)$

⑥ ④より, 電熱線の断面積が5倍になると, 1分間での水温上昇は5倍になる。③より, 水の量が,

$360(g) \div 120(g) = 3(倍)$

になると, 1分間での水温上昇は $\frac{1}{3}$ 倍になる。

よって, 上昇した温度は,

$0.6(℃) \times 5 \times \frac{1}{3} \times \frac{5(分)}{1(分)} = 5(℃)$

⑦ 電熱線の長さが4倍で, 断面積が2倍なので, ⑤・⑥より, 1分間での水温上昇は電熱線Aのときの,

$\frac{1}{4} \times 2 = \frac{1}{2}(倍)$

になる。水の量が240gなので, 表2より, 10分間電流を流したときに上昇した温度は,

$0.3(℃) \times \frac{1}{2} \times \frac{10(分)}{1(分)} = 1.5(℃)$

答 (1) ① ア・オ　② エ・カ　③ イ・ウ

(2) ① 22.8(℃)　② 20(分)　③ 3.6(℃)

④ X. $\frac{1}{3}$　Y. 3　⑤ 0.5(℃)　⑥ 5(℃)

⑦ 1.5(℃)

9 (1) 金属でできているものは電気を通す。

(2) 電熱線を太くすると, 流れる電流の大きさは大きくなり, 電熱線の温度が上がりやすくなる。

(3) 5cmの電熱線の結果より, 電流の大きさは直列つなぎにした電池の個数に比例する。15cmの電熱線で, 電池2個のときの電流の大きさは1.0Aより, 電池1個で流れる電流は,

$1.0(A) \times \frac{1(個)}{2(個)} = 0.5(A)$

電池3個で流れる電流は,

$1.0(A) \times \frac{3(個)}{2(個)} = 1.5(A)$

(4) 発ぽうポリスチレンの板が切れるまでの時間が最も短い回路が, 1秒あたりの電熱線からの発熱量が最大となる。

(5) (3)より, ①②③とも比例のグラフとなる。電池1個のときの電流の大きさを比べると, ②のグラフの値は①の,

$\frac{0.75(A)}{1.5(A)} = \frac{1}{2}(倍)$

になり, ③のグラフの値は①の,

$\frac{0.5(A)}{1.5(A)} = \frac{1}{3}(倍)$

になる。

(6)　(5)より，直列つなぎにした電池の数が等しいとき，電熱線の長さが，

10 (cm) ÷ 5 (cm) = 2 (倍)

になると，流れる電流の大きさは $\frac{1}{2}$ 倍になる。直列つなぎにした電池の数が等しく，電熱線の長さが，

35 (cm) ÷ 5 (cm) = 7 (倍)

になるとき，流れる電流の大きさは $\frac{1}{7}$ 倍になる。

また，電熱線の長さが等しく，直列つなぎにした電池の数が，

5 (個) ÷ 1 (個) = 5 (倍)

になるとき，流れる電流の大きさは5倍になる。よって，直列つなぎにした電池が5個，電熱線の長さが35cmのときの電流の大きさは，

$1.5\ (\mathrm{A}) \times \frac{1}{7} \times 5 = 1.07\cdots(\mathrm{A})$

より，1.1A。

答 (1) イ・ウ　(2) ア　(3) a. 0.5　b. 1.5
(4) i. 3　ii. 5　iii. 4.5　(5) オ　(6) 1.1 (A)

10　(1)ウ. 電池から導線だけを通って電池にもどる道すじができて，大きな電流が流れてしまい危険。

(2)　電池を直列つなぎで増やすと電球が明るく光り，電球を直列つなぎで増やすと電球が暗く光る。電球を並列つなぎで増やしても，明るさは変わらない。

(3)ア・イ. 回路中の電池の数は，回路①〜③は1個，回路④は2個で，表の結果と合わない。

ウ・エ. 回路①の電球に流れる電流の大きさを1とすると，回路②の電球は $\frac{1}{2}$，回路③の電球は1，回路④の電球は2で，表の結果と合わない。

オ・カ. 電池を直列つなぎで増やしたり，電球を並列つなぎで増やしたりすると，電池に流れる電流は大きくなる。回路①の電池に流れる電流の大きさを1とすると，回路②の電池は $\frac{1}{2}$，回路③・④の電池は2になるので，カが正しい。

(4)　(3)より，電球をつけ始めてから，つかなくなるまでの時間は，電池に流れる電流が大きいほど短い。回路①の電池に流れる電流の大きさを1とすると，回路⑤も1なので，回路①と同じ120分。回路⑥は，電池を2個直列つなぎにして，さらに電球を並列つなぎにしているので，電池に流れる電流の大きさは，

2 × 2 = 4。

よって，つかなくなるまでの時間は回路①の $\frac{1}{4}$ となり，

$120\ (分) \times \frac{1}{4} = 30\ (分)$

(5)　回路⑤のDのビーカーの水温のようすは，回路⑦と等しい。グラフより，回路⑦は，36分で，

40 (℃) − 25 (℃) = 15 (℃)

水温が上がっているので，100℃になるまでの時間は，

$36\ (分) \times \frac{100\ (℃) - 25\ (℃)}{15\ (℃)} = 180\ (分)$

(6)　電池に流れる電流の大きさが $\frac{1}{2}$，$\frac{1}{3}$ になると，電池を使い切るまでの時間は2倍，3倍になるので，回路⑦の電池を使い切るまでの時間は，

60 (分) × 3 = 180 (分)

回路⑧は，

$60\ (分) \times \frac{3}{2} = 90\ (分)$

また，グラフより，電池に流れる電流の大きさが2倍，3倍になると，水温が上がるのにかかる時間は，

$\frac{9\ (分)}{36\ (分)} = \frac{1}{2 \times 2}$，

$\frac{4\ (分)}{36\ (分)} = \frac{1}{3 \times 3}$

になる。回路①は，回路⑦と同じなので，電池を使い切るまでの時間は180分，(5)より，水温が100℃になるまでの時間も180分。回路②の電池と電熱線に流れる電流の大きさは回路①の $\frac{1}{2}$ なので，電池を使い切るまでの時間は，

180 (分) × 2 = 360 (分)

水温が100℃になるまでの時間は，

180 (分) × 2 × 2 = 720 (分)

回路③の電池に流れる電流の大きさは回路⑧と

等しいので，電池を使い切るまでの時間は 90 分。電熱線に流れる電流の大きさは回路⑦と同じなので，水温が 100 ℃になるまでの時間は 180 分。回路④の電池と電熱線に流れる電流の大きさは回路⑧と同じなので，電池を使い切るまでの時間は 90 分，水温が 100 ℃になるまでの時間は，

$$180\,(分) \times \frac{1}{2 \times 2} = 45\,(分)$$

回路⑤の電池と電熱線に流れる電流の大きさは回路①と同じなので，電池を使い切るまでの時間，水温が 100 ℃になるまでの時間はともに 180 分。回路⑥の電池に流れる電流の大きさは回路⑦の 4 倍なので，電池を使い切るまでの時間は，

$$180\,(分) \div 4 = 45\,(分)$$

電熱線に流れる電流の大きさは回路④と同じなので，水温が 100 ℃になるまでの時間は 45 分。よって，水温が 100 ℃に上がるまでの時間より電池を使い切るまでの時間の方が短いのは，回路②と回路③。

(7) 水温が 100 ℃である時間が長くなるのは，電池を使い切るまでの時間と水温が 100 ℃になるまでの時間の差が最も大きいものなので，(6)より，回路④で，

$$90\,(分) - 45\,(分) = 45\,(分)$$

答 (1) ウ　(2) (明るい) ④・⑥　(暗い) ②　(3) カ
(4) (回路⑤) 120 (分間)　(回路⑥) 30 (分間)
(5) 180 (分間)　(6) ②・③
(7) (回路) ④　45 (分間)

3．光・音

★問題 P．35～43 ★

1 (2) 光が反射するとき，入射角の角 A と反射角の角 B は等しくなる。

(3) 次図アのように，鏡と鏡を延長した線に対して線対称の位置に物体(ア)～(エ)の像ができる。それぞれの像とⒶを直線で結んだとき，直線が鏡を通ったものがⒶの位置から鏡にうつって見える。

(4) 物体の像は，a を中心に物体と対称の位置，d を中心に物体と対称の位置（次図イ），f を中心に物体と対称の位置の 3 カ所にできる。それぞれの像とⒷを直線で結んだときに鏡を通る位置を選ぶ。

(5) 2 枚の合わせ鏡にうつる像の数は，

$$360° \div 鏡の角度 - 1 = 像の数(個)$$

より，

$$360° \div 60° - 1 = 5\,(個)$$

図ア

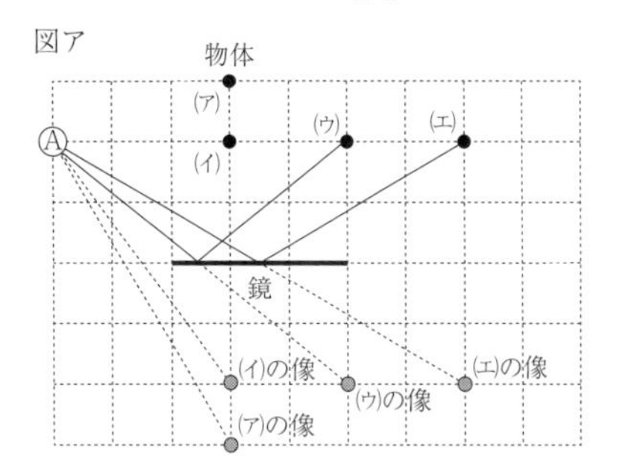

図イ

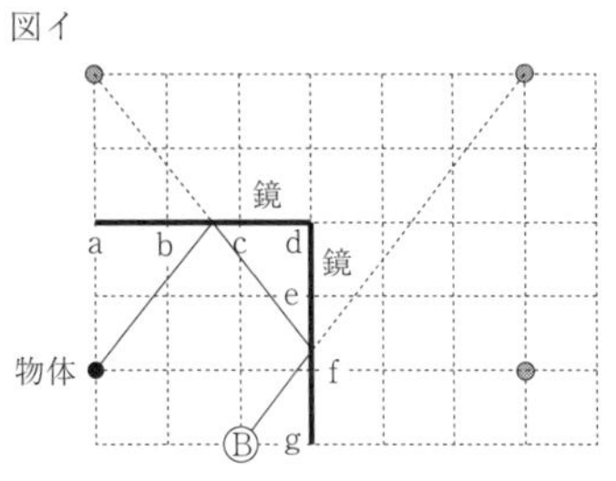

答 (1) 反射　(2) (イ)　(3) (ウ)・(エ)　(4) (ア)・(オ)・(カ)
(5) 5 (個)

2 (1) 物体を電球に近づけると，電球から物体の上と下に進む光の直線の間の角度が大きくなるので，物体のかげは大きくなる。物体を電球から遠ざけると，電球から物体の上と下に進む光の直線の間の角度が小さくなるので，物体のかげは小さくなる。

(2) 図 2・図 3 より，箱の近くから電球の光を当てると，3 つの切れ目のうち上の切れ目と下の切れ目に進む光の直線の間の角度が，箱の遠くから電球の光を当てたときよりも大きくなる。

(3) 棒のかげは太陽の方角と反対がわにできる。

(4) 表より，電球からの距離が ☐ 倍になると，明るさは，

$$\frac{1}{\square \times \square}$$

倍となる。

よって，アに当てはまる値は，

$$1 \div \left(\frac{1}{2} \times \frac{1}{2}\right) = 4$$

イに当てはまる値は,

$$\frac{1}{3 \times 3} = \frac{1}{9}$$

(5)　太陽の光が鏡で反射するとき，角度Aと角度Bは同じになる。

(7)　虫めがねを通った光は1点に集まる。

答 (1)①イ　②ア　③イ　(2)④エ　⑤イ
(3)（午前10時）南東　（午後2時）南西
(4)ア．4　イ．$\frac{1}{9}$　(5)ウ　(6)ア　(7)エ

3　問2．入射角と反射角が等しくなるので，次図アのように反射する。

問3．運転手から見える範囲は次図イのようになり，AとBだけが見える。

問4・問5．鏡の中央がふくらんでいる凸(とつ)面鏡はカーブミラーなどにも使われていて，見える範囲が広い。

図ア

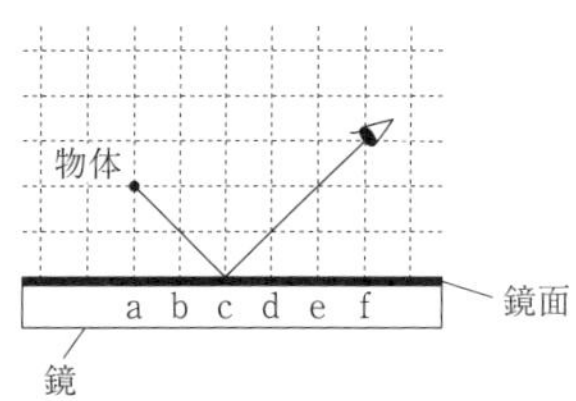

図イ

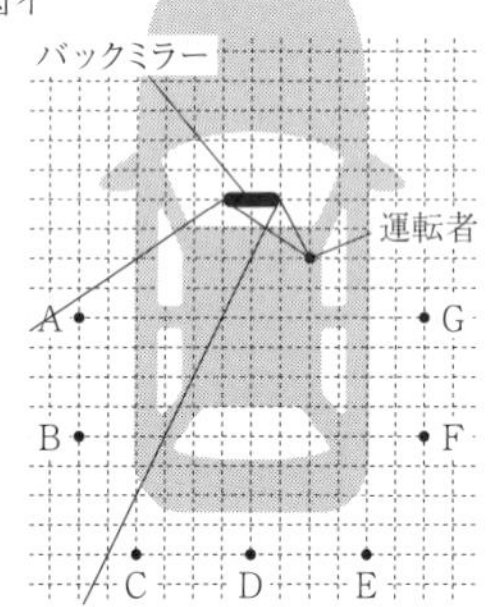

答 問1．b　問2．c　問3．A・B　問4．b
問5．イ

4　(A)問1．糸電話は，音のふるえが糸を伝わって相手に届く。糸をたるませるとふるえが伝わらず，声が聞こえなくなる。

問2．糸を指で強くつまむと，つまんだところでふるえが止まり，その先へ音が伝わらない。

問3．イを指で強くつまむと，F，I，Kでは声が聞こえるが，H，Gでは聞こえない。

(B)問4．音の速さが秒速340mで，音が聞こえるまでの時間が3秒なので，花火が光を出したところまでのきょりは，

340（m）× 3（秒）= 1020（m）

問5．

①　1時間は,

60（秒）× 60（分）= 3600（秒）

③　音が1時間で進むきょりは,

340（m）× 3600（秒）= 1224000（m）

④　1224000mをkmにすると,

1224000（m）÷ 1000 = 1224（km）

答 問1．イ　問2．エ　問3．イ
問4．1020（m）
問5．① 3600　② 1000　③ 1224000
④ 1224

5　問1．6.6秒後に壁で反射した音が聞こえたので，壁までの距離は,

340（m）× 6.6（秒）÷ 2 = 1122（m）

問2．6秒後に壁で反射した音が聞こえたので，音が壁で反射したときの壁までの距離は,

340（m）× 6（秒）÷ 2 = 1020（m）

壁が,

6（秒）÷ 2 = 3（秒間）

に動いた距離は,

1122（m）− 1020（m）= 102（m）

なので，壁は左向きに，毎秒,

102（m）÷ 3（秒）= 34（m）

で動いている。

問3．

①　音が1700mを伝わるのにかかる時間は,

1700（m）÷ 340（m）= 5（秒）

②　車が17秒間に右向きに進む距離は,

20（m）× 17（秒）= 340（m）

③　車が進んだ340mを音が伝わるのに1秒かかるので，B君が最後に太鼓の音を聞くのは，A君が35回目に太鼓をたたいてから,

5（秒）− 1（秒）= 4（秒後）

④　B君が太鼓の音を最後に聞くのは,

17（秒）+ 4（秒）= 21（秒後）

⑤　B君が太鼓の音を聞く時間は，最後に聞いた時間と最初に聞いた時間の差の,

21（秒）− 5（秒）= 16（秒間）

問4．B君は1回目の太鼓の音を聞いてから，16秒間に,

35（回）－1（回）＝34 回
音を聞くので，1 回ごとの間かくは，
16（秒）÷34＝0.470…（秒）
より，0.47 秒。

問5．救急車が点 P から点 Q に移動する間に，救急車と C 君までの距離が，
425（m）－255（m）＝170（m）
短くなり，音が聞こえる時間も，
170（m）÷340（m）＝0.5（秒）
短くなる。
また，毎秒 20m で進んでいる救急車は，点 P から点 Q まで進むのに，
340（m）÷20（m）＝17（秒）
かかるので，C 君がサイレンの音を聞く時間は，
17（秒）－0.5（秒）＝16.5（秒）

問6．C 君には，救急車がサイレンを鳴らした時間よりも短い時間でサイレンの音が聞こえるので，サイレンの実際の音よりも高い音となって聞こえる。

答 問1．1122（m）
問2．左（向きに毎秒）34（m）
問3．① 5　② 340　③ 4　④ 21　⑤ 16
問4．0.47（秒）　問5．16.5（秒）　問6．高い

4．もののあたたまり方

★問題 P．44～52★

[1] (2)・(3)　氷は水に浮く。氷がとけてできた水や冷やされた水は，体積が小さくなり，同じ体積あたりの重さがまわりよりも重くなり，下に向かって動く。

(4)　20 ℃の空気 2000m^3 の重さが，
1.19（kg）× 2000 ＝ 2380（kg）
よって，熱気球内の空気の重さが，
2380（kg）－300（kg）－60（kg）＝2020（kg）
よりも小さくなれば，気球は浮くことになる。
このときの空気 1 m^3 の重さが，
2020（kg）÷2000（m^3）＝1.01（kg）
なので，表から，70 ℃と 80 ℃の間になる。

(5)　地球上では，ろうそくの炎のまわりにある空気が対流によって上に動くので，炎は細長い形になるが，無重力状態では対流が起こらず，炎は丸い形になる。

答 (1) ア　(2) ウ　(3) ① ア　② イ　(4) エ
(5) イ

[2] 問1．表より，
4.2 × 300（g）× 10（℃）＝12600（J）

問2．上げる温度は，
40（℃）－25（℃）＝15（℃）
表より，
0.45 × 100（g）× 15（℃）＝675（J）

問3．
X．水は銅よりも比熱が大きいので，あたたまりにくく，冷えにくい。
Y．アルミニウム 1 g を 10 ℃上げる熱量は，
0.9 × 1（g）× 10（℃）＝9（J）
鉄 2 g を 5 ℃上げる熱量は，
0.45 × 2（g）× 5（℃）＝4.5（J）

問4．
(1)　水の温度変化は，
30（℃）－26（℃）＝4（℃）
水が受け取った熱量は，
4.2 × 150（g）× 4（℃）＝2520（J）
(2)　金属の温度変化は，
86（℃）－30（℃）＝56（℃）
(1)より，金属の比熱は，
2520（J）÷100（g）÷56（℃）＝0.45
なので，表より，鉄。

問5．比熱が小さい方が放出できる熱量も小さい。

問6．1 cal は，
4.2 × 1（g）× 1（℃）＝4.2（J）
となるので，1 J は，
1 ÷ 4.2（J）＝0.238…（cal）
より，0.24cal。

答 問1．12600（J）　問2．675（J）　問3．エ
問4．(1) 2520（J）　(2) イ　問5．エ　問6．ア

[3] (1)　図 2 より，水 1 g の体積が小さいほど水 1 mL あたりの重さが大きくなるので，水 1 mL あたりの重さが最も大きくなるのは 4 ℃。

(2)　図 1 より，0 ℃より温度が低いときが氷，0 ℃より温度が高いときが水と考えられるので，0 ℃の氷がとけて 0 ℃の水になると体積は小さくなる。

(3)　図 1 より，0 ℃の氷 1 g の体積は 1.09mL な

ので，0℃の氷1mLの重さは，

1（g）÷ 1.09（mL）= 0.9174…（g）

より，0.917g。

(4)・(5)　図2より，水の温度が10℃から4℃までの間は，水面で冷やされた水は体積が小さくなり，1mLあたりの重さがまわりよりも重くなるので，容器の下へ移動する。水全体が4℃になると，4℃以下の水は1mLあたりの重さがまわりよりも軽いので動きが止まり，やがて水の表面が氷に変化する。

(6)　0.935 − 20（℃）÷ 500 = 0.895（g）

(7)　(6)より，0℃のとき，食用油1mLの重さは，

0.935 − 0（℃）÷ 500 = 0.935（g）

(6)より，20℃のとき，食用油1mLの重さは0.895g。40℃のとき，食用油1mLの重さは，

0.935 − 40（℃）÷ 500 = 0.855（g）

(3)より，0℃の氷1mLの重さは0.917gなので，食用油1mLの重さが0.917gより大きいときは氷が浮かび，0.917gより小さいときは氷が沈む。

よって，0℃の食用油にだけ氷が浮かぶ。

(8)　図2より，0℃の水1gの体積はおよそ1.00mL。

(7)より，0℃の食用油1mLの重さは0.935g。

(3)より，0℃の氷1mLの重さは0.917g。

1mLの重さが重いものから下になるので，

下から0℃の水，0℃の油，0℃の氷と並ぶ。

(9)　(8)より，油1mLの重さが0℃の氷1mLの重さより小さくなると，油と氷の並ぶ順番が変わる。(3)より，0℃の氷1mLの重さは0.917gなので，油1mLの重さが0.917gとなる温度を□℃とすると，

0.917（g）= 0.935 − □（℃）÷ 500

より，

□ = 9（℃）

答　(1) 4（℃）　(2) ③

(3) 0.917（g）　(式) 1 ÷ 1.09 = 0.9174…

(4) ②　(5) 水面　(6) 0.895（g）

(7)（0℃，20℃，40℃の順に）○，×，×

(8) ②　(9) 9（℃）

4　問1．

①　金属Aの棒は，温度が5℃上がるごとに，

100（cm）− 99.990（cm）= 0.010（cm）

ずつ長くなる。

よって，10℃のときの長さは，

$$100\ (\text{cm}) + 0.010\ (\text{cm}) \times \frac{10\ (℃)}{5\ (℃)}$$

= 100.020（cm）

②　金属Bの棒は，温度が10℃上がるごとに，

150.060（cm）− 150（cm）= 0.060（cm）

ずつ長くなる。

よって，−5℃のときの長さは，

$$150\ (\text{cm}) - 0.060\ (\text{cm}) \times \frac{5\ (℃)}{10\ (℃)}$$

= 149.970（cm）

③　金属Cの棒は，温度が10℃上がるごとに，

40.012（cm）− 40（cm）= 0.012（cm）

ずつ長くなる。

よって，25℃のときの長さは，

$$40\ (\text{cm}) + 0.012\ (\text{cm}) \times \frac{25\ (℃)}{10\ (℃)}$$

= 40.030（cm）

問2．

(1)イ．アルコールは容器の8分目ほどの量を入れる。

オ．火を消すときは，ふたはななめ上からかぶせる。

(2)　金属Bは，150cmの長さの棒の温度を10℃上げると，0.060cm長くなる。球のもとの直径が3cmなので，この球の温度が10℃上がると，直径は，

$$0.060\ (\text{cm}) \times \frac{3\ (\text{cm})}{150\ (\text{cm})} = 0.0012\ (\text{cm})$$

大きくなる。直径が，

3.01（cm）− 3（cm）= 0.01（cm）

大きくなるには，温度は，

$$10\ (℃) \times \frac{0.01\ (\text{cm})}{0.0012\ (\text{cm})} = 83.3\cdots(℃)$$

より，約83℃上げなければならない。

よって，求める温度は，

0（℃）+ 83（℃）= 83（℃）

(3)　金属Dは，温度が10℃上がるごとに，内側の直径が，

$$0.00003\ (\text{cm}) \times \frac{10\ (℃)}{1\ (℃)} = 0.0003\ (\text{cm})$$

大きくなるので，金属Bの球と金属Dの輪

をともに加熱して温度を 10℃上げると，球と輪の直径の差は，

0.0012 (cm) − 0.0003 (cm)

= 0.0009 (cm)

縮まる。もとの直径の差は，

3.01 (cm) − 3 (cm) = 0.01 (cm)

なので，その差が 0 cm になる温度は，

$$0\,(℃) + 10\,(℃) \times \frac{0.01\,(\mathrm{cm})}{0.0009\,(\mathrm{cm})}$$

= 111.1…(℃)

より，約 111℃。

問 3．

(1) 長さ 100cm の金属 A の棒は温度が 5℃上がると 0.010cm 長くなるので，定規の温度が 5℃上がると，1 cm の目盛りの長さは，

$$0.010\,(\mathrm{cm}) \times \frac{1\,(\mathrm{cm})}{100\,(\mathrm{cm})} = 0.0001\,(\mathrm{cm})$$

長くなる。

よって，20℃のときの目盛り 1 cm の正しい長さは，

$$1\,(\mathrm{cm}) + 0.0001\,(\mathrm{cm}) \times \frac{20\,(℃)}{5\,(℃)}$$

= 1.0004 (cm)

(2) 金属 C の棒は温度 20℃のときに，金属 A の定規の 50cm の目盛りの長さと同じになるので，正しい長さは，

1.0004 (cm) × 50 (cm) = 50.02 (cm)

(3) 長さ 150cm の金属 B の棒は温度が 10℃上がると 0.060cm 長くなるので，定規の温度が 10℃上がると，1 cm の目盛りの長さは，

$$0.060\,(\mathrm{cm}) \times \frac{1\,(\mathrm{cm})}{150\,(\mathrm{cm})} = 0.0004\,(\mathrm{cm})$$

長くなる。

よって，20℃のときの目盛り 1 cm の正しい長さは，

$$1\,(\mathrm{cm}) + 0.0004\,(\mathrm{cm}) \times \frac{20\,(℃)}{10\,(℃)}$$

= 1.0008 (cm)

となる。この目盛りで，50.02cm の長さである金属 C の棒の長さをはかると，目盛りが示す長さは，

50.02 (cm) ÷ 1.0008 (cm)

= 49.980…(cm)

より，49.98cm。

答 問 1. ① 100.020 ② 149.970 ③ 40.030

問 2. (1) イ・オ (2) 83 (℃) (3) 111 (℃)

問 3. (1) 1.0004 (cm) (2) 50.02 (cm)

(3) 49.98 (cm)

5 問 1．

(ア) 鉄の棒の温度を 5℃上げたときに，

1000.06 (mm) − 1000.00 (mm)

= 0.06 (mm)

伸びているので，10℃上げたときの伸びは，

$$0.06\,(\mathrm{mm}) \times \frac{10\,(℃)}{5\,(℃)} = 0.12\,(\mathrm{mm})$$

(イ) 温度を 100℃上げると，

$$0.12\,(\mathrm{mm}) \times \frac{100\,(℃)}{10\,(℃)} = 1.20\,(\mathrm{mm})$$

伸びるので，このときの鉄の棒の長さは，

1000.00 (mm) + 1.20 (mm)

= 1001.20 (mm)

問 2．文章中で，0℃での長さが 2 倍のものは，同じ温度上昇(しょう)で伸びる長さも 2 倍になる，と説明がある。半径が 2 倍の鉄の棒の温度を上げると，棒の断面積の増え方は大きくなるが，長さ方向の変化量は 0℃のときの長さが同じ棒であれば，変わらない。

問 3．表 1 より，0℃のときに 1000.00mm，つまり，1 m の鉄の棒は，60℃になると，

$$0.12\,(\mathrm{mm}) \times \frac{60\,(℃)}{10\,(℃)} = 0.72\,(\mathrm{mm})$$

伸びる。この棒の長さが 25m になると，60℃のときの伸びは，

$$0.72\,(\mathrm{mm}) \times \frac{25\,(\mathrm{m})}{1\,(\mathrm{m})} = 18\,(\mathrm{mm})$$

問 4．表 1 の棒で考えると，0℃のときの棒の長さが等しいとき，1℃上げたときの棒の伸びは，

$$0.12\,(\mathrm{mm}) \times \frac{1\,(℃)}{10\,(℃)} = 0.012\,(\mathrm{mm})$$

0.012mm = 0.000012m なので，ある温度にしたときの棒の伸びを単位「m」を用いて表すと，

$$0.000012\,(\mathrm{m}) \times \frac{(\text{ある温度})}{1\,(℃)}$$

= 0.000012 (m) × (ある温度)

0℃のときの棒の長さが 2 倍，3 倍…になると，伸びも 2 倍，3 倍…となるため，ある長

さの棒をある温度にしたときの伸びは,

$(0.000012\ (\text{m}) \times (\text{ある温度})) \times \dfrac{(0\ ℃\text{での長さ})}{1\ (\text{m})}$

$= 0.000012\ (\text{m}) \times (0\ ℃\text{での長さ}) \times (\text{ある温度})$

よって，このときの棒の長さは,

$(0\ ℃\text{での長さ}) + 0.000012\ (\text{m}) \times (0\ ℃\text{での長さ}) \times (\text{ある温度})$

$= (0\ ℃\text{での長さ}) \times \{1 + 0.000012 \times (\text{ある温度})\}$

問5．長さも半径も線膨張率が同じなので，膨張する割合は同じ。0℃でたて，横，高さが1mの金属をもとに考える。この金属の体積は,

$1\ (\text{m}) \times 1\ (\text{m}) \times 1\ (\text{m}) = 1\ (\text{m}^3)$

で，この金属がある温度のときに，それぞれの方向に0.1mずつ伸びたとすると，体積は,

$(1 + 0.1)\ (\text{m}) \times (1 + 0.1)\ (\text{m}) \times (1 + 0.1)\ (\text{m}) = 1.331\ (\text{m}^3)$

したがって，長さは0.1mしか変化しないが，体積は,

$1.331\ (\text{m}^3) - 1\ (\text{m}^3) = 0.331\ (\text{m}^3)$

変化していて，体積の変化する割合の方が長さの変化する割合よりも大きい。

よって，体膨張率は線膨張率よりも大きい。

問6．問4の式より，求める棒の長さは,

$(2\ (\text{m}) \times 1000) \times (1 + 0.000024 \times 100\ (℃))$

$= 2004.8\ (\text{mm})$

問7．問3より，0℃で長さ25mの鉄製のレールが，温度60℃になると18mm伸びたので，50℃のときは,

$18\ (\text{mm}) \times \dfrac{50\ (℃)}{60\ (℃)} = 15\ (\text{mm})$

伸びる。隙間を12mmにするには，レールの伸びが12mmより小さくなければならない。0℃のときの長さが,

$12\ (\text{mm}) \div 15\ (\text{mm}) = \dfrac{4}{5}\ (\text{倍})$

であればよいので，レールの長さは,

$25\ (\text{m}) \times \dfrac{4}{5} = 20\ (\text{m})$

答 問1. ㋐ 0.12　㋑ 1001.20　問2. 3　問3. 18　問4. 3　問5. 3　問6. 2004.8 (mm)　問7. 20 (m)

6 問1．氷が水に変わり始めるときの温度が0℃。すべて水になるまで，温度は0℃で一定になる。

問3．温度を,

$30\ (℃) - 25\ (℃) = 5\ (℃)$

上げるので，必要な熱量は,

$200\ (\text{g}) \times 5\ (℃) \times 4.2\ (\text{J}) = 4200\ (\text{J})$

問4．10℃で100gの水がもっている熱量を,

$100\ (\text{g}) \times 10\ (℃) \times 4.2\ (\text{J}) = 4200\ (\text{J})$

とし，70℃で50gの水がもっている熱量を,

$50\ (\text{g}) \times 70\ (℃) \times 4.2\ (\text{J}) = 14700\ (\text{J})$

とする。混ぜたときの熱量は,

$4200\ (\text{J}) + 14700\ (\text{J}) = 18900\ (\text{J})$

で，水の量は,

$100\ (\text{g}) + 50\ (\text{g}) = 150\ (\text{g})$

なので，0℃から上げられる温度は,

$\dfrac{18900\ (\text{J})}{4.2\ (\text{J})} \times \dfrac{1\ (\text{g})}{150\ (\text{g})} \times 1\ (℃) = 30\ (℃)$

問6．

A．44℃で温度が一定になり，すべて液体になると，281℃までは温度が上がり続ける。

D．融点が113℃なので，100℃以上まで温度が上がり続ける。

問7．最も高い融点が113℃で，最も低い沸点が281℃。この間の温度では，すべての物質が液体で存在する。

答 問1. ア・イ　問2. ア　問3. 4200 (J)　問4. 30 (℃)　問5. ア　問6. A. ウ　D. オ　問7. イ・ウ

7 問1・問2．水を冷やしていくと，0℃になったときにこおりはじめ，水全体がこおるまでは0℃のまま温度は変化しない。全体が氷になったあと，さらに冷やし続けると，氷の温度は0℃より低くなっていく。

問3．水100gに食塩を6g溶かしたとき，水20gあたりでは，食塩は,

$6\ (\text{g}) \times \dfrac{20\ (\text{g})}{100\ (\text{g})} = 1.2\ (\text{g})$

溶けている。表より，水20gに溶かした食塩の重さが,

$1.0\ (\text{g}) - 0.5\ (\text{g}) = 0.5\ (\text{g})$

増えるごとに，水溶液がこおりはじめる温度が,

$3.2(℃) - 1.6(℃) = 1.6(℃)$ずつ

低くなっていくことがわかるので，20g の水に食塩を 1.2g 溶かしたときの水溶液がこおりはじめる温度は，

$$1.6(℃) \times \frac{1.2(g)}{0.5(g)} = 3.84(℃)$$

より，-3.84℃

問4．グラフの，水溶液の温度変化のしかたが変わるところで，水溶液がこおりはじめている。

問5．水に食塩などの別の物質を溶かすと，こおりはじめる温度は低くなり，水に溶ける量が多いほど，水はこおりにくくなる。水溶液の温度を下げていくと，水だけがこおりはじめ，残っている液体部分の濃さが濃くなる。残りの食塩水の濃さははじめよりも濃いため，グラフのように，温度はさらに下がっていく。

問6．表より，-5℃でこおりはじめる水溶液には，水 20g あたりに食塩が，

$$0.5(g) \times \frac{5(℃)}{1.6(℃)} = 1.5625(g)$$

溶けている。このときの濃さと同じ濃さの食塩水に食塩が 0.5g 溶けているとき，溶かしている水の重さは，

$$20(g) \times \frac{0.5(g)}{1.5625(g)} = 6.4(g)$$

よって，このときこおっている固体の水の重さは，

$$20(g) - 6.4(g) = 13.6(g)$$

答 問1．B

問2．固体と液体がどちらも存在する状態。

問3．$-3.84(℃)$　問4．G　問5．イ

問6．13.6（g）

5．ものの燃え方と気体の性質

★問題 P．53～65★

[1] (1)ア．磁石につく性質があるのは鉄など一部の金属。

イ・ウ．金属には共通して，電気を通しやすく，熱を伝えやすいという性質がある。

オ．5円玉には銅がふくまれている。

(2) グラフより，0.6g のアルミニウムを燃焼させてできる酸化物の重さは 1.1g なので，結びついた酸素の重さは，

$$1.1(g) - 0.6(g) = 0.5(g)$$

よって，1.2g のアルミニウムと結びつく酸素の重さは，

$$0.5(g) \times \frac{1.2(g)}{0.6(g)} = 1(g)$$

(3) (2)より，

アルミニウム：酸素 $= 0.6(g) : 0.5(g)$

$= 6 : 5$

(4) グラフより，0.4g の銅を燃焼させてできる酸化物の重さは 0.5g なので，結びついた酸素の重さは，

$$0.5(g) - 0.4(g) = 0.1(g)$$

酸素 0.5g と結びつくことができる銅の重さは，

$$0.4(g) \times \frac{0.5(g)}{0.1(g)} = 2(g)$$

(2)より，0.5g の酸素と結びつくアルミニウムと銅の重さの比は，

アルミニウム：銅 $= 0.6(g) : 2(g)$

$= 3 : 10$

(5) 銅は塩酸に溶けないので，溶けずに残った固体 4g はすべて銅。燃焼させた混合物にも 4g の銅がふくまれる。(4)より，この銅の酸化物の重さは，

$$0.5(g) \times \frac{4(g)}{0.4(g)} = 5(g)$$

燃焼させた混合物にふくまれるマグネシウムの重さは，

$$6(g) \div 2 = 3(g)$$

グラフより，0.3g のマグネシウムからできる酸化物の重さは 0.5g なので，3g のマグネシウムでは，

$$0.5(g) \times \frac{3(g)}{0.3(g)} = 5(g)$$

の酸化物ができる。

よって，アルミニウムの酸化物の重さは，

$$21(g) - (5(g) + 5(g)) = 11(g)$$

(2)より，このときのアルミニウムの重さは，

$$0.6(g) \times \frac{11(g)}{1.1(g)} = 6(g)$$

2等分する前のアルミニウムの重さは，

$$6(g) \times 2 = 12(g)$$

答 (1) エ　(2) 1 (g)
(3) (アルミニウム：酸素＝) 6：5
(4) (アルミニウム：銅＝) 3：10　(5) 12 (g)

2 問2．「実験1」から，0.4g の銅がすべて酸素と結びつくと 0.5g になることがわかるので，0.2g の銅が完全に反応したあとの重さは，

$$0.5\,(\text{g}) \times \frac{0.2\,(\text{g})}{0.4\,(\text{g})} = 0.25\,(\text{g})$$

「実験3」で，フラスコの容積を2倍にすると，フラスコ内の酸素の体積がふえるが，0.4g の銅が結びつくことのできる酸素の量は変わらないので，反応後の重さは「実験1」と同じ。

問3．0.5g の銅がすべて酸素と結びつくと，

$$0.5\,(\text{g}) \times \frac{0.5\,(\text{g})}{0.4\,(\text{g})} = 0.625\,(\text{g})$$

になるので，「実験4」では，銅が完全に酸素と結びつかないまま，フラスコ内の酸素がすべて使われたことがわかる。

答 問1. い　問2. A. 0.25　B. 0.5
問3. う

3 問1．実験2で石灰水が白くにごったことから，気体Aは二酸化炭素。

問2．表1より，残った気体が酸素だとすると，
メタン1L と酸素が，
$4\,(\text{L}) - 2\,(\text{L}) = 2\,(\text{L})$
メタン2L と酸素が，
$5\,(\text{L}) - 1\,(\text{L}) = 4\,(\text{L})$
メタン3L と酸素が，
$10\,(\text{L}) - 4\,(\text{L}) = 6\,(\text{L})$
反応したことになり，常に，
メタン：酸素＝ 1：2
の関係が成り立つ。残った気体がメタンだとすると，一定の関係が成り立たない。
メタン5L と反応する酸素は，
$5\,(\text{L}) \times 2 = 10\,(\text{L})$
酸素9L と反応するメタンは，
$$9\,(\text{L}) \times \frac{1}{2} = 4.5\,(\text{L})$$
なので，メタン5L と酸素9L を混ぜると，酸素はすべて反応して，
$5\,(\text{L}) - 4.5\,(\text{L}) = 0.5\,(\text{L})$
のメタンが残る。

問3．残った気体がプロパンだとすると，酸素4L とプロパンが，
$1\,(\text{L}) - 0.2\,(\text{L}) = 0.8\,(\text{L})$
酸素5L とプロパンが，
$2\,(\text{L}) - 1\,(\text{L}) = 1\,(\text{L})$
酸素10L とプロパンが，
$3\,(\text{L}) - 1\,(\text{L}) = 2\,(\text{L})$
反応したことになり，常に，
プロパン：酸素＝ 1：5
の関係が成り立つ。残った気体が酸素だとすると，一定の関係が成り立たない。

問4．問2，問3より，気体1L と反応する酸素の体積は，メタンでは2L，プロパンでは5L なので，メタンが必要とする酸素の体積は，プロパンが必要とする酸素の体積の，
$2\,(\text{L}) \div 5\,(\text{L}) = 0.4$ (倍)

問5．気体にふくまれているメタンを $\square\,\text{cm}^3$ とすると，
$2 \times \square\,(\text{cm}^3) + 5 \times (50\,(\text{cm}^3) - \square\,(\text{cm}^3)) = 184\,(\text{cm}^3)$
より，
$\square = 22\,(\text{cm}^3)$
気体にふくまれているプロパンは，
$50\,(\text{cm}^3) - 22\,(\text{cm}^3) = 28\,(\text{cm}^3)$
よって，メタンとプロパンの体積比は，
$22\,(\text{cm}^3) : 28\,(\text{cm}^3) = 11 : 14$

答 問1. 二酸化炭素
問2. (残った気体) メタン　0.5 (L)
問3. (プロパン：酸素＝) 1：5　問4. 0.4 (倍)
問5. (メタン：プロパン＝) 11：14
問6. メタンは空気より軽く，プロパンは空気より重い気体である。(28字)

4 問1．
A．黄緑色の気体は塩素。
B．BTB よう液が黄色に変わったので，水に溶けると酸性を示す二酸化炭素。
C．酸素はものを燃やすはたらきがあり，線香の火を大きくする。
D．BTB よう液が青色に変わったので，水に溶けるとアルカリ性を示すアンモニア。
よって，E は残ったちっ素。

問2．アはアンモニア，イは酸素，ウは水素が発生する。

問3．上方置換で集める気体は，水に溶けやすく，

空気より軽いアンモニア。

答 問1．A．塩素　C．酸素　E．ちっ素
問2．エ　問3．D

5 (3) 試験管の口を上に向け，気体が試験管の下方にたまるようにする。
(4) 酸素にはものを燃やすはたらきがある。消火器につめるガスは，二酸化炭素やちっ素などが含まれる。

答 (1) なし　(2) オ
(3)（図）イ　（方法）下方置かん法　(4) ウ

6 問3．メタンは，炭素原子から出る4本の手それぞれに水素原子が結びつくので，二重結合はない。アンモニアは，ちっ素原子から出る3本の手それぞれに水素原子が結びつくので，二重結合はない。二酸化炭素は，炭素原子から出る4本の手に対して，2個の酸素原子が二重結合で結びついている。過酸化水素は，酸素原子から出る2本の手の一方に水素原子，もう一方にもうひとつの酸素原子が結びついているので，二重結合はない。

問4．問3より，メタンの単結合は4つ，アンモニアは3つ，過酸化水素は3つ。

問5．炭素原子の結びつき方に注目して考えると，次図の3種類。

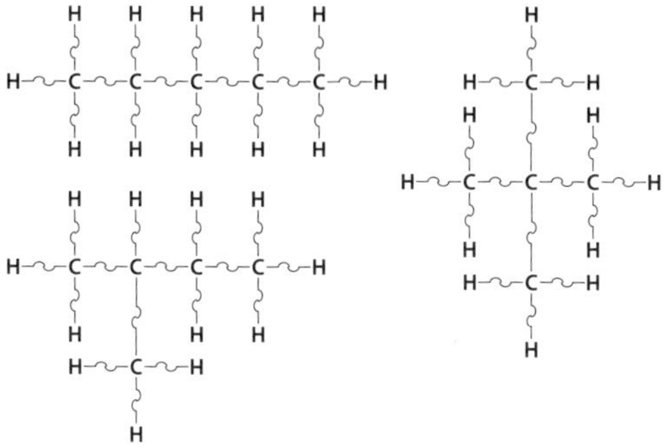

問6．両はじの炭素原子をのぞいて考えると，炭素原子の4本の手のうち，2本はとなりどうしの炭素原子と結びつくので，ひとつの炭素原子に対して2個の水素原子が結びつく。両はじの炭素原子には，1個の炭素原子，3個の水素原子が結びつく。

よって，100個の炭素原子には，最大，

2（個）×（100 − 2）+ 3（個）× 2

= 202（個）

の水素原子が結びつく。

答 問1．ニホニウム　問2．（次図）
問3．③　問4．②・④　問5．3（種類）
問6．202（個）

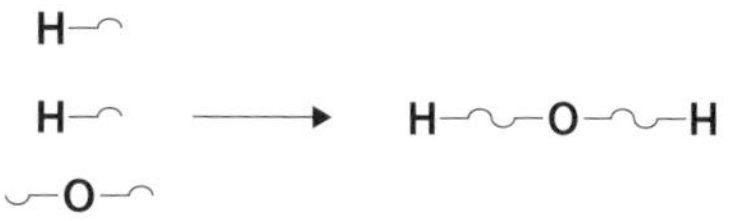

7 問1．

ア．結びついた酸素の重さは，

3.3（g）− 0.9（g）= 2.4（g）

イ．できた水の重さは，

0.3（g）+ 2.4（g）= 2.7（g）

問2．発泡スチロールはプラスチックの一種。ガラスのコップはガラス，ティッシュペーパーは紙（木），えんぴつのしんは炭素からできている。

問3．表3より，重さの比は，

PP：酸素：二酸化炭素：水

= 1.4：4.8：4.4：1.8 = 7：24：22：9

問4．問3より，96gの酸素が燃やすことのできるPPは，

$$7\,(\mathrm{g}) \times \frac{96\,(\mathrm{g})}{24\,(\mathrm{g})} = 28\,(\mathrm{g})$$

よって，あと，

28（g）− 21（g）= 7（g）

のPPを燃やすことができる。

問5．

オ・カ．表1より，4.4gの二酸化炭素を作るために必要な炭素は，

$$0.3\,(\mathrm{g}) \times \frac{4.4\,(\mathrm{g})}{1.1\,(\mathrm{g})} = 1.2\,(\mathrm{g})$$

酸素は，4.4（g）− 1.2（g）= 3.2（g）

キ・ク．表2より，1.8gの水を作るために必要な水素は，

$$0.1\,(\mathrm{g}) \times \frac{1.8\,(\mathrm{g})}{0.9\,(\mathrm{g})} = 0.2\,(\mathrm{g})$$

酸素は，

1.8（g）− 0.2（g）= 1.6（g）

問6．PP 1.4gに含まれている炭素分は1.2gなので，PP4.9gに含まれている炭素分は，

$$1.2\,(\mathrm{g}) \times \frac{4.9\,(\mathrm{g})}{1.4\,(\mathrm{g})} = 4.2\,(\mathrm{g})$$

水素分は，

4.9（g）− 4.2（g）= 0.7（g）

問７．

ケ．問５と同様に考えて，5.5gの二酸化炭素を作るために必要な炭素は，

$$0.3\,(\mathrm{g}) \times \frac{5.5\,(\mathrm{g})}{1.1\,(\mathrm{g})} = 1.5\,(\mathrm{g})$$

酸素は，

$$5.5\,(\mathrm{g}) - 1.5\,(\mathrm{g}) = 4.0\,(\mathrm{g})$$

コ．表２より，0.9gの水を作るために必要な水素は0.1g，酸素は0.8g。

サ．二酸化炭素と水を作るために必要な酸素の重さの合計は，

$$4.0\,(\mathrm{g}) + 0.8\,(\mathrm{g}) = 4.8\,(\mathrm{g})$$

シ．PET 2.4gに含まれている酸素分の重さは，

$$4.8\,(\mathrm{g}) - 4.0\,(\mathrm{g}) = 0.8\,(\mathrm{g})$$

問８．

(1) 実験４より，21.6gのPETに含まれている酸素分の重さは，

$$0.8\,(\mathrm{g}) \times \frac{21.6\,(\mathrm{g})}{2.4\,(\mathrm{g})} = 7.2\,(\mathrm{g})$$

(2) 2.1gのPPから生じる二酸化炭素は，表３より，

$$4.4\,(\mathrm{g}) \times \frac{2.1\,(\mathrm{g})}{1.4\,(\mathrm{g})} = 6.6\,(\mathrm{g})$$

また，実験４より，21.6gのPETから生じる二酸化炭素は，

$$5.5\,(\mathrm{g}) \times \frac{21.6\,(\mathrm{g})}{2.4\,(\mathrm{g})} = 49.5\,(\mathrm{g})$$

よって，全部で，

$$6.6\,(\mathrm{g}) + 49.5\,(\mathrm{g}) = 56.1\,(\mathrm{g})$$

問９．46.2gの二酸化炭素を作るために必要な炭素は，

$$0.3\,(\mathrm{g}) \times \frac{46.2\,(\mathrm{g})}{1.1\,(\mathrm{g})} = 12.6\,(\mathrm{g})$$

また，10.8gの水を作るために必要な水素は，

$$0.1\,(\mathrm{g}) \times \frac{10.8\,(\mathrm{g})}{0.9\,(\mathrm{g})} = 1.2\,(\mathrm{g})$$

この容器に含まれているPPの重さを1.4gの□倍とし，含まれているPETの重さを2.4gの△倍とすると，炭素分の重さに注目し，

1.2（g）×□＋1.5（g）×△＝12.6（g），

水素分の重さに注目し，

0.2（g）×□＋0.1（g）×△＝1.2（g）

以上より，

□＝３（倍），

△＝６（倍）

なので，PPの重さは，

$$1.4\,(\mathrm{g}) \times 3 = 4.2\,(\mathrm{g})$$

PETの重さは，

$$2.4\,(\mathrm{g}) \times 6 = 14.4\,(\mathrm{g})$$

答 問１．ア．2.4　イ．2.7　問２．(い)

問３．ウ．22　エ．9　問４．7（g）

問５．オ．1.2　カ．3.2　キ．0.2　ク．1.6

問６．（炭素分）4.2（g）（水素分）0.7（g）

問７．ケ．1.5　コ．0.1　サ．4.8　シ．0.8

問８．(1) 7.2（g）(2) 56.1（g）

問９．（PP）4.2（g）（PET）14.4（g）

8 (4) 1 calで1 gの水を1℃上昇させることができるので，5000calでは，100gの水を，

$$5000\,(\mathrm{cal}) \div 100\,(\mathrm{g}) = 50\,(℃)$$

上昇させることができる。

(5) ゴム栓をしている間，丸底フラスコの中にあるものの全体の重さは変わらないので，A＝B

実験２より，鉄と酸素が結びつくと鉄と結びついた酸素の分だけ空気の体積が減る。

よって，丸底フラスコのゴム栓をはずすと，減った体積の分だけ外から空気が入るので，再び栓をした丸底フラスコの重さは，はじめの重さに入った空気の重さが加わり，A＝B＜Cとなる。

(6) 1 L＝1000gなので，1 Lの水の温度を1℃上昇させるために必要な熱は，

$$1000\,(\mathrm{g}) \times 1\,(℃) = 1000\,(\mathrm{cal})$$

1000cal＝1 kcalより，200Lの水の温度を，

$$40\,(℃) - 20\,(℃) = 20\,(℃)$$

上昇させるために必要な熱は，

$$1\,(\mathrm{kcal}) \times \frac{200\,(\mathrm{L})}{1\,(\mathrm{L})} \times 20\,(℃) = 4000\,(\mathrm{kcal})$$

熱効率は90％で，プロパンガス1 m^3を燃焼させたときに発生する熱は24000kcalなので，必要なプロパンガスは，

$$4000\,(\mathrm{kcal}) \times \frac{100}{90} \div 24000\,(\mathrm{kcal})$$

$$= 0.185\cdots(\mathrm{m}^3)$$

より，$0.19\mathrm{m}^3$。

(7) プロパンガス1 Lを燃焼させるために必要な酸素は5 L，酸素は空気中に20％含まれている

ので，プロパンガス 1 L を燃焼させるために必要な空気は，

$$5\,(L) \times \frac{100}{20} = 25\,(L)$$

(6)より，お風呂のお湯をわかすために必要なプロパンガスは約 $0.185m^3$ なので，必要な空気は，

$$0.185\,(m^3) \times \frac{25\,(L)}{1\,(L)} = 4.625\,(m^3)$$

より，$4.6m^3$。

(8) 都市ガスでお風呂のお湯をわかしたときのガス代は，

$$180\,(円) \times 4000\,(kcal) \times \frac{100}{90} \div 10750\,(kcal)$$
$$= 74.41\cdots(円)$$

より，約 74.4 円。(6)より，プロパンガスでお風呂のお湯をわかしたときのガス代は，

$540\,(円) \times 0.185\,(m^3) = 99.9\,(円)$

よって，都市ガスの方が，

$99.9\,(円) - 74.4\,(円) = 25.5\,(円)$

より，26 円安くなる。

(9)ア．表より，プロパン 10L の重さは 19.6g，酸素 50L の重さは，

$$14.28\,(g) \times \frac{50\,(L)}{10\,(L)} = 71.4\,(g)$$

プロパン 10L を燃やしたときの反応後の重さは，

$19.6\,(g) + 71.4\,(g) = 91\,(g)$

反応後にできる物質は水と二酸化炭素で，そのうち水の重さは 32.2g なので，二酸化炭素の重さは，

$91\,(g) - 32.2\,(g) = 58.8\,(g)$

メタン 10L を燃やしたときにできる二酸化炭素は 10L なので，19.6g。

よって，発生する二酸化炭素の量はプロパンの方が多い。

イ．酸素 10L と反応するプロパンは，

$$10\,(L) \times \frac{10\,(L)}{50\,(L)} = 2\,(L)$$

アより，2 L のプロパンを燃やしてできる二酸化炭素は，

$$58.8\,(g) \times \frac{2\,(L)}{10\,(L)} = 11.76\,(g)$$

酸素 10L と反応するメタンは，

$$10\,(L) \times \frac{10\,(L)}{20\,(L)} = 5\,(L)$$

アより，5 L のメタンを燃やしてできる二酸化炭素は，

$$19.6\,(g) \times \frac{5\,(L)}{10\,(L)} = 9.8\,(g)$$

よって，発生する二酸化炭素の量はプロパンの方が多い。

ウ．プロパン $1\,m^3$ と同じ熱を発生させるために必要なメタンは，

$$1\,(m^3) \times 24000\,(kcal) \div 10750\,(kcal)$$
$$= 2.232\cdots(m^3)$$

より，プロパンの 2.23 倍。アより，メタンを燃焼させて，プロパン 10L と同じ熱を発生させたときに発生する二酸化炭素は，

$19.6\,(g) \times 2.23 = 43.708\,(g)$

よって，プロパン 10L を燃焼させたときに発生する二酸化炭素の 58.8g の方が多いので，正しい。

エ．メタンを燃焼させて，プロパン 10L と同じ熱を発生させたときに必要な酸素は，

$20\,(L) \times 2.23 = 44.6\,(L)$

で，プロパン 10L を燃焼させるのに必要な酸素の 50L より少ない。

答 (1) 鉄　(2) ア

(3) う．ウ　え．ろうそくの火が消える　(4) 50

(5) $A = B < C$　(6) $0.19\,(m^3)$　(7) $4.6\,(m^3)$

(8) 都市ガス(を使った方が) 26 (円安くなる。)

(9) ウ

9 問 2．イは水素，ウ・エは二酸化炭素が発生する。

問 3．表より，炭素の重さが 54g になるまでは，炭素の重さと取り出された鉄の重さは比例している。炭素の重さが 9 g のとき，取り出された鉄の重さは 56g なので，炭素の重さが 18g のときに取り出された鉄の重さは，

$$56\,(g) \times \frac{18\,(g)}{9\,(g)} = 112\,(g)$$

問 4．表より，取り出された鉄の重さは 336g より増えないので，酸化鉄 480g に含まれる鉄の重さは 336g。

よって，酸化鉄 480g に含まれる酸素の重さは，

$480\,(g) - 336\,(g) = 144\,(g)$

酸化鉄に含まれる鉄と酸素の重さの比は，

336（g）：144（g）＝ 7：3

問5．表より，取り出された鉄の重さが 336g になり始めたときの炭素の重さは 54g なので，酸化鉄 480g とちょうど反応する炭素の重さは 54g。

よって，酸化鉄と炭素の重さの比は，

480（g）：54（g）＝ 80：9

問6．問4より，鉄672g を含む酸化鉄の重さは，

$$672（g）\times \frac{7+3}{7} = 960（g）$$

問5より，酸化鉄 960g とちょうど反応する炭素の重さは，

$$960（g）\times \frac{9}{80} = 108（g）$$

表より，炭素の重さと発生した二酸化炭素の体積は比例している。炭素の重さが 9g のとき，発生した二酸化炭素の体積は 18L なので，炭素の重さが 108g のとき，発生した二酸化炭素の体積は，

$$18（L）\times \frac{108（g）}{9（g）} = 216（L）$$

問7．

(1) 問5より，酸化鉄 800g とちょうど反応する炭素の重さは，

$$800（g）\times \frac{9}{80} = 90（g）$$

よって，酸化鉄 800g はすべて反応し，炭素が余る。問4より，酸化鉄 800g に含まれる鉄の重さは，

$$800（g）\times \frac{7}{7+3} = 560（g）$$

(2) (1)より，図1の過程で残っていた炭素は，

100（g）－ 90（g）＝ 10（g）

問6より，炭素の重さが 10g のとき，発生した二酸化炭素の体積は，

$$18（L）\times \frac{10（g）}{9（g）} = 20（L）$$

答 問1．水素　問2．ア　問3．112
問4．（鉄：酸素＝）7：3
問5．（酸化鉄：炭素＝）80：9　問6．216（L）
問7．(1) 560（g）　(2) 20（L）

6．もののとけ方と水よう液の性質

★問題 P．66～85★

1 (1) グラフより，60℃の水 100g にとける量が多い順に硝酸カリウム，ミョウバン，食塩。

(2)① 50℃の水 100g に硝酸カリウムは約 84g とけるので，50℃の水 50g にとける硝酸カリウムは，

$$84（g）\times \frac{50（g）}{100（g）} = 42（g）$$

よって，硝酸カリウムはとけ残る。

② 40℃の水 100g にミョウバンは約 25g とけるので，40℃の水 200g にとけるミョウバンは，

$$25（g）\times \frac{200（g）}{100（g）} = 50（g）$$

よって，ミョウバンはすべてとける。

(3) 67℃の水 100g にミョウバンは約 80g とけるので，飽和水溶液 180g にとけているミョウバンは 80g。35℃の水 100g にミョウバンは 20g とけるので，結晶として出てくるミョウバンは，

80（g）－ 20（g）＝ 60（g）

(4) 44℃の水 100g に硝酸カリウムは約 70g とけ，20℃の水 100g に硝酸カリウムは約 30g とけるので，44℃の飽和水溶液を 20℃まで冷やした時に結晶として出てくる硝酸カリウムは，

70（g）－ 30（g）＝ 40（g）

44℃の水 50g で同様の操作を行うと，結晶として出てくる硝酸カリウムは，

$$40（g）\times \frac{50（g）}{100（g）} = 20（g）$$

答 (1) ミョウバン　(2) ① ×　② ○
(3) 60（g）　(4) 20（g）

2 問1．表より，60℃の水 100g にホウ酸は 15g まで溶けるので，水 80g に溶ける重さは，

$$15（g）\times \frac{80（g）}{100（g）} = 12（g）$$

問2．表より，20℃の水 200g に溶けるホウ酸の重さは，

$$5（g）\times \frac{200（g）}{100（g）} = 10（g）$$

40℃の水 200g には，

$$9（g）\times \frac{200（g）}{100（g）} = 18（g）$$

まで溶けるので，あと，

$18(g)-10(g)=8(g)$

溶かすことができる。

問3．80℃の水100gでつくったホウ酸の飽和水溶液の重さは，表より，

$100(g)+24(g)=124(g)$

これを20℃まで冷やすと，出てくるホウ酸の重さは，

$24(g)-5(g)=19(g)$

実際には100gの飽和水溶液を冷やしているので，このとき出てくるホウ酸の重さは，

$$19(g)\times\frac{100(g)}{124(g)}=15.32\cdots(g)$$

より，約15.3g。

答 問1．12（g） 問2．8（g）

問3．15.3（g）

3 問1．表より，20℃の水100gにとける硝酸カリウムは31.6gなので，とけのこりは，

$70.0(g)-31.6(g)=38.4(g)$

問2．20℃の水100gにとける食塩は35.8gなので，粉末に含まれる食塩が水100gあたり35.8g以下であれば，とけのこりに食塩が含まれることはない。

また，60℃の水100gにとける硝酸カリウムは109.0gなので，粉末に含まれる硝酸カリウムが水100gあたり109.0gであれば，硝酸カリウムを最大量を取り出すことができる。

よって，

$$\frac{35.8(g)}{35.8(g)+109.0(g)}\times100$$

$=24.72\cdots(\%)$

より，食塩の重さが24.7％以下でなければならない。

答 問1．38.4（g） 問2．24.7（％以下）

4 問3．

A．表1より，80℃の水100gに食塩をとかした飽和食塩水の重さは，

$100(g)+40.0(g)=140.0(g)$

なので，80℃の飽和食塩水35.0gにふくまれる水は，

$$100(g)\times\frac{35.0(g)}{140.0(g)}=25(g)$$

B．Aより，食塩の重さは，

$35.0(g)-25(g)=10(g)$

C．表1より，30℃の水100gに食塩は38.0gとけるので，水25gでは，

$$38.0(g)\times\frac{25(g)}{100(g)}=9.5(g)$$

とける。Bより，得られる食塩は，

$10(g)-9.5(g)=0.5(g)$

D．10gの半分しかとけなくなるので，得られる食塩は，

$10(g)\div2=5(g)$

E．$2.2(g/cm^3)\times3.0(cm^3)=6.6(g)$

問4．表2より，3.0cm^{3}の食塩がすべてとけたときの体積変化は，

$52.0(cm^3)-50.0(cm^3)=2.0(cm^3)$

食塩を6.0cm^{3}まで加えたときの体積変化は，

$54.0(cm^3)-52.0(cm^3)=2.0(cm^3)$

食塩を9.0cm^{3}まで加えたときの体積変化は，

$56.4(cm^3)-54.0(cm^3)=2.4(cm^3)$

と，2.0cm^{3}より大きい。これは，とけきれない食塩の体積分による。

問5．表2より，食塩を3.0cm^{3}加えたとき，全体の体積は，

$50.0(cm^3)+3.0(cm^3)-52.0(cm^3)$

$=1.0(cm^3)$

減っている。問4より，食塩のとけ残りがはじめて観察されたのは，食塩を9.0cm^{3}加えたときで，全体の体積は，

$50.0(cm^3)+9.0(cm^3)-56.4(cm^3)$

$=2.6(cm^3)$

減っている。

よって，

$$3.0(cm^3)\times\frac{2.6(cm^3)}{1.0(cm^3)}=7.8(cm^3)$$

食塩を加えたとき，食塩のとけ残りがはじめて生じる。

問6．食塩水52.0cm^{3}をつくったときの食塩と水の体積の和は，

$50.0(cm^3)+3.0(cm^3)=53.0(cm^3)$

なので，食塩水の体積の方が小さい。

答 問1．ウ 問2．ア・ウ・オ

問3．A．25 B．10 C．0.5 D．5

E．6.6

問4．ウ 問5．7.8（cm^3） 問6．オ

5　問1．③　表より，純すいなエタノールに食塩は溶けないので，水の量が90gになれば，溶ける食塩の量は，100gのときの，

$90(g) \div 100(g) = 0.9$（倍）

の，

$36(g) \times 0.9 = 32.4(g)$

になると予想したと考えられる。

問2．100gの水と25gのエタノールを混ぜた割合は，

$100(g) : 25(g) = 4 : 1$

なので，表でエタノールの量が，

$$100(g) \times \frac{1}{4+1} = 20(g)$$

のときと同じ割合。

このとき，

$100(g) - 20(g) = 80(g)$

の水に食塩は23gまで溶けているので，100gの水には，

$$23(g) \times \frac{100(g)}{80(g)} = 28.75(g)$$

まで溶ける。

よって，溶けきれずに出てくる食塩の重さは，

$35(g) - 28.75(g) = 6.25(g)$

問3．さらにエタノールを加えると食塩が溶けずに出てきたので，43gの水溶液はほう和している。

このとき，エタノールと水は，

$10(g) : 90(g) = 1 : 9$

の割合で混ぜている。ビーカーに注ぐ前の水溶液に食塩を溶けるだけ溶かすと，水溶液の重さは，

$90(g) + 10(g) + 29(g) = 129(g)$

になるので，43gの水溶液にふくまれる水の重さは，

$$90(g) \times \frac{43(g)}{129(g)} = 30(g)$$

問4．混合液に食塩を21g溶かしたとき，ふくまれるエタノールと食塩の重さの割合は，

$60(g) : 21(g) = 20 : 7$

表で，エタノールの量が40gのとき，溶ける食塩の量との割合が，

$40(g) : 14(g) = 20 : 7$

になっているので，このとき加えた水の重さは，

$$(100 - 40)(g) \times \frac{21(g)}{14(g)} = 90(g)$$

問5．加熱により混合液が蒸発したあと，溶ける食塩の量が増えていたことから，混合液にふくまれる水の割合が増えて，食塩が溶けやすくなったと考えられる。もとの混合液に，エタノールは，

$30(g) \div (30 + 70)(g) \times 100 = 30$（%）

ふくまれていたので，蒸発した気体には，これより多くの割合のエタノールがふくまれている。

また，蒸発した気体を冷やし液体にしたものにも食塩が溶けたことから，水も蒸発していることがわかるので，蒸発した気体の100%がエタノールではない。

答　問1．①0　②36　③32.4　④イ
問2．6.25（g）　問3．30（g）　問4．90（g）
問5．⑴水の割合が増えた。⑵エ

6　（問5）

④　図1より，60℃の水100gにとけるミョウバンは60gなので，ほう和水よう液の濃さは，

$$\frac{60(g)}{100(g) + 60(g)} \times 100 = 37.5(\%)$$

⑤　40℃のほう和水よう液328gにふくまれる硝酸カリウムは，

$$328(g) \times \frac{64(g)}{100(g) + 64(g)} = 128(g)$$

なので，20℃まで冷やしたときにできる結晶は，

$$(64 - 32)(g) \times \frac{128(g)}{64(g)} = 64(g)$$

⑥　図1より，60℃のときの硫酸銅の溶解度は40g。硫酸銅16gが水9gを取り込んで25gの水和物となるので，硫酸銅40gは，

$$9(g) \times \frac{40(g)}{16(g)} = 22.5(g)$$

の水を取り込んで，

$40(g) + 22.5(g) = 62.5(g)$

の水和物となる。このときに必要な水は，

$100(g) - 22.5(g) = 77.5(g)$

より，77.5gの水に62.5gの水和物がとけることになる。

よって，60℃の水100gにとかすことのできる硫酸銅の水和物は，

$$62.5\,(\mathrm{g}) \times \frac{100\,(\mathrm{g})}{77.5\,(\mathrm{g})} = 80.64\cdots(\mathrm{g})$$

より，80.6g。

答 （問1）エ　（問2）塩酸　（問3）イ
（問4）ウ　（問5）④ 37.5　⑤ 64　⑥ 80.6

7 （問1） AとBは青色リトマス紙が赤くなったので酸性。酸性なのはうすい塩酸と炭酸水だが，加熱して生じる気体がにおうのはうすい塩酸。

（問2） Bは炭酸水であり，炭酸水を加熱して生じるのは二酸化炭素。

（問3） CとDは赤色リトマス紙が青くなったのでアルカリ性。アルカリ性なのは石灰水とアンモニア水だが，加熱して生じる気体がにおうのはアンモニア水。

（問4） Dは石灰水であり，石灰水の水を蒸発させると水酸化カルシウムの固体が生じる。

（問5） Eは食塩水。水よう液25gのうち1gは食塩なので，

$$\frac{1\,(\mathrm{g})}{25\,(\mathrm{g})} \times 100 = 4\,(\%)$$

答 （問1）(う)
（問2）（記号）(う)（結果）石灰水が白くにごる。
（問3）(え)
（問4）（記号）(あ)（結果）白い固体がでてくる。
（問5）4（%）

8 問1．「実験1」で，赤色リトマス紙が青色に変化したことから，AとCの水溶液はアルカリ性，「実験2」で，青色リトマス紙が赤色に変化したことから，DとEの水溶液は酸性。これより，Bの水溶液は中性とわかるので，え の食塩水。

問2．AとCは，アルカリ性の石灰水かアンモニア水。石灰水ににおいはないが，アンモニア水は鼻をさすにおいがある。

ア．アンモニア水は気体が溶けた水溶液であるが，アンモニアは水に非常に溶けやすいので，泡は見られない。

ウ．石灰水には水酸化カルシウムが溶けているので，水分を蒸発させると白い固体が残る。アンモニア水は何も残らない。

エ．鉄はアルカリ性の水溶液には溶けない。

問3．解答例の他に，「イ．塩酸は鼻をさすにおいがあり，炭酸水はにおいがない。」「ウ．鉄くぎを入れたとき，塩酸には泡を出して溶けるが，炭酸水には溶けない。」などでもよい。

問4．混合液から泡が出ていたことから，FとGのいずれかの水溶液が炭酸水。炭酸水と石灰水を混ぜると，炭酸カルシウムができて白くにごるため，FとGの水溶液は石灰水でない。

問5．水分を蒸発させたときに固体が残ったことから，FとGのいずれかの水溶液が食塩水。

答 問1．え　問2．(1) イ　(2) A．お　C．う
問3．（例）（方法）ア　（区別のしかた）泡が出ている方が炭酸水，出ていない方が塩酸。
問4．う　問5．い・え

9 (1)②ウ．体積の割合が3番目に大きいのはアルゴン。

カ．ドライアイスから出る白いけむりは空気中の水蒸気が冷やされてできた水や氷の粒。

ク．うすい塩酸に銅を加えても気体は発生しない。

(2) 発生した気体の重さは，ビーカーに加えた貝がらの合計の重さと電子てんびんの値の差なので，次の表のようになる。

よって，発生する気体の重さは，最大1.54g。

ビーカーに加えた貝がらの合計の重さ〔g〕	1	2	3	4	5
電子てんびんの値〔g〕	0.57	1.14	1.71	2.46	3.46
発生する気体の重さ〔g〕	0.43	0.86	1.29	1.54	1.54

(3)① (2)より，くだいた貝がらが残らずにとけることができるのは，発生する気体の重さが1.54gになるとき。上の表より，貝がら1gあたり0.43gの気体が発生するので，発生する気体が1.54gになるときの貝がらの重さは，

$$1.54\,(\mathrm{g}) \div 0.43\,(\mathrm{g}) = 3.581\cdots(\mathrm{g})$$

より，3.58g。

② ①より，100gのうすい塩酸に3.58gの貝がらがとけるので，6gの貝がらがとけるのに必要なうすい塩酸は，

$$100\,(\mathrm{g}) \times \frac{6\,(\mathrm{g})}{3.58\,(\mathrm{g})} = 167.59\cdots(\mathrm{g})$$

より，167.6g。

よって，加えるうすい塩酸は，

167.6（g）－100（g）＝67.6（g）

より，68g。

また，6gの貝がらがとけたときに発生する気体の重さは，

0.43（g）×6（g）＝2.58（g）

なので，うすい塩酸を加えたときに発生する気体の重さは，

2.58（g）－1.54（g）＝1.04（g）

(4)　(3)より，うすい塩酸200gに6gの貝がらを加えるとすべてとけて，

0.43（g）×6（g）＝2.58（g）

の気体が発生する。

また，うすい塩酸200gに6gのチョークを加えたときに発生した気体は，

6（g）－4.32（g）＝1.68（g）

よって，チョークにふくまれる貝がらと同じ成分の割合は，

$\frac{1.68\ (\mathrm{g})}{2.58\ (\mathrm{g})} \times 100 = 65.1\cdots(\%)$

より，65％。

答 (1)①二酸化炭素　②イ・キ　(2)1.54（g）

(3)①3.58（g）　②（うすい塩酸）68（g）

（発生する気体）1.04（g）

(4)65（％）

10　問1．固体の水酸化ナトリウムより水の方が，水より塩化水素の方が低い温度で気体になる。

問3．塩酸は強い酸性を示すので，ムラサキキャベツの葉のしるを入れると赤色になる。

問4．100mLのA（塩酸）に100mLのB（水酸化ナトリウム水溶液）を加えると，完全に中和して，5.9gの食塩が生じるので，A150mLにB80mLを加えると，中和後にAが，

150（mL）－80（mL）＝70（mL）あまり，

液を加熱すると，食塩が，

$5.9\ (\mathrm{g}) \times \frac{80\ (\mathrm{mL})}{100\ (\mathrm{mL})} = 4.72\ (\mathrm{g})$

生じる。

問5．A50mLにB100mLを加えると，中和後にBは，

100（mL）－50（mL）＝50（mL）あまり，

液を加熱すると，食塩が，

$5.9\ (\mathrm{g}) \times \frac{50\ (\mathrm{mL})}{100\ (\mathrm{mL})} = 2.95\ (\mathrm{g})$

生じる。

また，水酸化ナトリウムも，

$40\ (\mathrm{g}) \times \frac{50\ (\mathrm{mL})}{1000\ (\mathrm{mL})} = 2\ (\mathrm{g})$

残るので，残る固体は全部で，

2.95（g）＋2（g）＝4.95（g）

問6．CはAを2倍にうすめた水溶液，FはBを2倍こくした水溶液。

よって，200mLのCを完全に中和するのに必要なFは，

$200\ (\mathrm{mL}) \times \frac{1}{2} \times \frac{1}{2} = 50\ (\mathrm{mL})$

問7．100mLのAを加熱して50mLにするときに，Aにとけている塩化水素が水蒸気といっしょに出ていくので，Dのこさは2倍よりもうすくなる。

また，FはBを2倍こくした水溶液なので，50mLのDを完全に中和するには，50mLよりも少ないFがあればよい。

問8．EはBを2倍にうすめた水溶液なので，100mLのEにとけている水酸化ナトリウムの量は，50mLのBにとけている水酸化ナトリウムの量と同じ。

また，FはBを2倍こくした水溶液なので，25mLのFにとけている水酸化ナトリウムの量は，50mLのBにとけている水酸化ナトリウムの量と同じ。

答 問1．水酸化ナトリウム　問2．白(色)

問3．赤(色)　問4．4.72（g）

問5．4.95（g）　問6．50（mL）

問7．(ア)　問8．(ア)

11　(1)　表1より，Cで塩酸と水酸化ナトリウム水よう液は過不足なく反応している。Cと比べると，Aでは塩酸が少ないので，混ぜ合わせた水よう液はアルカリ性。

(2)　塩酸25cm³と過不足なく反応する水酸化ナトリウム水よう液の量は，

$15\ (\mathrm{cm^3}) \times \frac{25\ (\mathrm{cm^3})}{15\ (\mathrm{cm^3})} = 25\ (\mathrm{cm^3})$

よって，Eを中性にするには，水酸化ナトリウム水よう液をあと，

$25\ (\mathrm{cm^3}) - 15\ (\mathrm{cm^3}) = 10\ (\mathrm{cm^3})$

加える。

(3) 表2では，Gで塩酸と水酸化ナトリウム水よう液は過不足なく反応している。もとのこさでは，$15cm^3$ の水酸化ナトリウム水よう液と過不足なく反応する塩酸の量は $15cm^3$ で，これと同じ量の塩化水素が $10cm^3$ にふくまれている。よって，こさは，

$$15\,(cm^3) \div 10\,(cm^3) = \frac{3}{2}\,(倍)$$

(4) Gで過不足なく反応している量にさらに塩酸を加えているので，Hの水よう液は酸性。

(5)・(6) Gで過不足なく反応している量にさらに塩酸を加えているので，Iを中性にするには，水酸化ナトリウム水よう液を加える。このこさの塩酸 $20cm^3$ と過不足なく反応する水酸化ナトリウム水よう液の量は，

$$15\,(cm^3) \times \frac{20\,(cm^3)}{10\,(cm^3)} = 30\,(cm^3)$$

よって，あと，

$$30\,(cm^3) - 15\,(cm^3) = 15\,(cm^3)$$

加える。

(7) □は塩酸を加えても他の粒子と結びつかないので，個数に変化はない。■は塩酸を $5\,cm^3$ 加えていくごとに1個ずつ塩酸にふくまれる粒子と結びつき，$15cm^3$ 加えるとすべてなくなる。

答 (1) 青(色)　(2) ウ　(3) イ　(4) 黄(色)　(5) イ　(6) 15 (cm^3)　(7) (□) エ　(■) オ

12 問1．図2でメスシリンダーは $35cm^3$ を示す。金属Aの体積は，

$$35\,(cm^3) - 20\,(cm^3) = 15\,(cm^3)$$

問2．表1より，金属Aの $1\,cm^3$ あたりの重さは，

$$40.5\,(g) \div 15\,(cm^3) = 2.7\,(g)$$

問3．図3より，金属Bの体積は，

$$28\,(cm^3) - 20\,(cm^3) = 8\,(cm^3)$$

表1より，金属Bの $1\,cm^3$ あたりの重さは，

$$72.0\,(g) \div 8\,(cm^3) = 9\,(g)$$

図4より，金属Cの体積は，

$$31\,(cm^3) - 20\,(cm^3) = 11\,(cm^3)$$

表1より，金属Cの $1\,cm^3$ あたりの重さは，

$$86.9\,(g) \div 11\,(cm^3) = 7.9\,(g)$$

問5．

(う) 図5より，水温4℃以下では水の密度が少しずつ小さくなる。

(え) 4℃以下では密度がまわりよりも小さいので，底の方に沈むことはない。

(お) 循環が起こらないので，水面付近の温度だけが下がっていく。

(か) 水は0℃で氷になる。

問6．

ア～ウ．6℃と8℃の水に入れたときの結果より，ものXの密度は6℃の水の密度と8℃の水の密度の間の値であることしか分からない。よって，1℃の水に入れたときの結果も分からない。

エ・オ．ものXの密度は6℃の水の密度よりも小さいので，6℃の水の密度よりも密度が大きくなる水の温度では浮く。

答 問1. 15 (cm^3)　問2. 2.7 (g)　問3. エ　問4. イ　問5. (う) イ　(え) 4　(お) ア　(か) 0　問6. オ

13 (6) 表1，表2をもとにグラフをかくと，次図のようになる。炭酸水素ナトリウムとフマル酸がちょうど反応するのは，発生する二酸化炭素が最も多くなるときなので，フマル酸の重さがおよそ3.3gのとき。

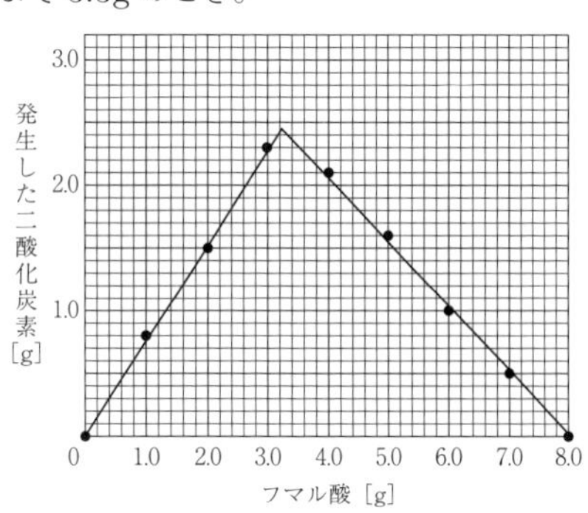

(7) 炭酸水素ナトリウム8.40gから炭酸ナトリウム5.30gができるので，炭酸水素ナトリウム3.36gからできる炭酸ナトリウムは，

$$5.30\,(g) \times \frac{3.36\,(g)}{8.40\,(g)} = 2.12\,(g)$$

(8) 炭酸水素ナトリウム8.40gからできる二酸化炭素と水の重さの合計は，

$$8.40\,(g) - 5.30\,(g) = 3.10\,(g)$$

混合物6.00gからできた二酸化炭素と水の重さの合計は，

$$6.00\,(g) - 4.14\,(g) = 1.86\,(g)$$

したがって，混合物に含まれていた炭酸水素ナトリウムの重さは，

$$8.40\,(\mathrm{g}) \times \frac{1.86\,(\mathrm{g})}{3.10\,(\mathrm{g})} = 5.04\,(\mathrm{g})$$

よって，混合物に含まれていた炭酸ナトリウムの重さは，

6.00（g）－ 5.04（g）＝ 0.96（g）

答 (1) イ　(2) ウ　(3) 石灰水が白くにごる
(4) 有害な気体が発生することがあるから（17字）
(5) ウ　(6) エ　(7) 2.12（g）　(8) 0.96（g）

14 (3)あ．はじめにアルミはくが0.81gあったので，表1より，水溶液A 20mLと反応したアルミはくは，

0.81（g）－ 0.63（g）＝ 0.18（g）

表1は水溶液Aが20mLずつ増えているので，残るアルミはくは0.18gずつ減っていく。
よって，

0.63（g）－ 0.18（g）＝ 0.45（g）

い．あと同様に，水溶液Aが60mLのときから考えると，

0.27（g）－ 0.18（g）＝ 0.09（g）

う・え．はじめにアルミはくが0.81gあったので，表2より，水溶液B 25mLと反応したアルミはくは，

0.81（g）－ 0.54（g）＝ 0.27（g）

表2は水溶液Bが25mLずつ増えているので，残るアルミはくは0.27gずつ減っていく。
よって，

う＝ 0.54（g）－ 0.27（g）＝ 0.27（g）
え＝ 0.27（g）－ 0.27（g）＝ 0（g）

(4)　(3)より，水溶液A 20mLとアルミはく0.18gが過不足なく反応するので，

$$20\,(\mathrm{mL}) \times \frac{0.81\,(\mathrm{g})}{0.18\,(\mathrm{g})} = 90\,(\mathrm{mL})$$

(5)お．ビーカーには水溶液Aだけが60mL入っているので，表1より，0.27g。

か～く．水溶液Bを水溶液Aに加えていくと，だんだん中和が起こって混合液が食塩水に変わっていくため，アルミはくが溶ける量はだんだん減少していく。表3より，水溶液Bを150mL加えたとき，アルミはく0.81gがすべて残っていることから，水溶液A 60mLと水溶液B 150mLが完全に中和している。
したがって，

き＝ 150（mL）

水溶液Bを150mL加えるまでは中和が進んでいくため，

お＝ 0.27（g）より，水溶液Bを50mL加えるたびに，残るアルミはくが，

0.45（g）－ 0.27（g）＝ 0.18（g）ずつ

増えていく。
よって，水溶液Bが50mLのときから考えると，

か＝ 0.45（g）＋ 0.18（g）＝ 0.63（g）

け．完全に中和した後は，水溶液Bが余っていくため，アルミはくが溶ける量は増加する。

(7)　(5)より，水溶液B（水酸化ナトリウム水溶液）が150mLで水溶液A（塩酸）と完全に中和するため，水溶液Bを200mL混ぜると水溶液Bが余り，混合液はアルカリ性。

(8)　水溶液A 60mLを完全に中和した上で，さらに水溶液Bだけでアルミはく0.81gを溶かす量を求める。(5)より，中和に必要な水溶液Bは150mL。(3)より，水溶液B 25mLとアルミはく0.27gが過不足なく反応するので，アルミはく0.81gを溶かすのに必要な水溶液Bは，

$$25\,(\mathrm{mL}) \times \frac{0.81\,(\mathrm{g})}{0.27\,(\mathrm{g})} = 75\,(\mathrm{mL})$$

よって，加える水溶液Bは全部で，

150（mL）＋ 75（mL）＝ 225（mL）

答 (1) (ア)　(2) 水素
(3) あ．0.45　い．0.09　う．0.27　え．0
(4) 90（mL）
(5) お．0.27　か．0.63　き．150　く．減少　け．増加
(6)（水溶液Bには，）水溶液Aのアルミはくを溶かすはたらきを打ち消す（性質がある。）
(7) 青（色）　(8) 225（mL）

15 (1)　ムラサキキャベツの汁は酸性で赤色やピンク色，中性で紫（むらさき）色，アルカリ性で緑色や黄色に変化するので，実験1より，AとBはアルカリ性の石灰水またはアンモニア水，CとDは酸性の塩酸または炭酸水，Eは中性の砂糖水とわかる。炭酸水に溶けている二酸化炭素と石灰水を混ぜると白くにごるので，実験2より，Aは石灰水，Cは炭酸水，残るBはアンモニア水，Dは塩酸とわかる。塩酸に水酸化ナトリウムを入れても気体は発生しないので，実験3より，気

体を発生させない③は水酸化ナトリウム，①は二酸化炭素を発生させる石灰石，②と④は水素を発生させるマグネシウムまたはアルミニウムとわかる。水酸化ナトリウム水溶液にアルミニウムを入れると水素を発生させながら溶けるので，実験4より，②はアルミニウム，残る④はマグネシウムとわかる。

(2) 食塩水と水は中性，水酸化ナトリウム水溶液はアルカリ性。

(5) 表より，① 0.2g が溶けると $48cm^3$ の気体が発生するので，$204cm^3$ の気体を発生させるために必要な①は，

$$0.2\,(\mathrm{g}) \times \frac{204\,(\mathrm{cm}^3)}{48\,(\mathrm{cm}^3)} = 0.85\,(\mathrm{g})$$

(6)(i) アルミニウムは水酸化ナトリウム水溶液に溶けるが，鉄は水酸化ナトリウム水溶液に溶けない。

したがって，金属 $0.6cm^3$ にふくまれるアルミニウムがすべて溶けたときに発生する気体の体積は，$1020cm^3$。

よって，鉄が溶けたことによって発生した気体の体積は，

$$3300\,(\mathrm{cm}^3) - 1020\,(\mathrm{cm}^3) \times \frac{1\,(\mathrm{cm}^3)}{0.6\,(\mathrm{cm}^3)}$$

$$= 1600\,(\mathrm{cm}^3)$$

(ii) (i)より，$1\,(\mathrm{cm}^3) \div 2 = 0.5\,(\mathrm{cm}^3)$の鉄が溶けると $1600cm^3$ の気体が発生するので，$3840cm^3$ の気体が発生する鉄の体積は，

$$0.5\,(\mathrm{cm}^3) \times \frac{3840\,(\mathrm{cm}^3)}{1600\,(\mathrm{cm}^3)} = 1.2\,(\mathrm{cm}^3)$$

$1.2cm^3$ の鉄の重さは，

$$7.9\,(\mathrm{g}) \times 1.2\,(\mathrm{cm}^3) = 9.48\,(\mathrm{g})$$

より，9.5g。

答 (1)（水溶液E）砂糖水
（固体④）マグネシウム
(2) ア・エ　(3) 二酸化炭素　(4) B・D
(5) 0.85（g）　(6)(i) 1600（cm^3）　(ii) 9.5（g）

16 問1．BTB溶液は酸性で黄色，中性で緑色，アルカリ性で青色になる。

問2．うすい塩酸にスチールウールを加えると水素が発生する。

また，水素に火をつけると，ポンと音をたてて燃え，水が生じる。

また，最も軽い気体であり，空気の約0.07倍の重さ。

問3・問4．aとfは酸性で気体が溶けているので，うすい塩酸か炭酸水。fはスチールウールと反応したので，うすい塩酸とわかる。

よって，aは炭酸水。bは，アルカリ性で固体が溶けているうすい水酸化ナトリウム水溶液。cは，アルカリ性で気体が溶けているアンモニア水。dは，中性で液体が溶けているエタノール水溶液。eは，中性で固体が溶けている食塩水。

問5．うすい塩酸とうすい水酸化ナトリウム水溶液を混ぜ，完全に中和させると食塩水になる。

問6．うすい塩酸に溶けている気体の塩化水素とアンモニアの中和によって，固体の塩化アンモニウムが生じて，白い煙が発生する。

答 問1．アルカリ性　問2．①・④・⑤
問3．②・④
問4．a．③　b．②　c．⑥　d．⑤　e．④
f．①
問5．①・②　問6．⑥

7．生き物のくらしとはたらき

★問題 P．86～105★

1 (1) ①・④は秋ごろ，②・③は春ごろに見られる。

(3) オナガガモ・ハクチョウは冬を日本で過ごすわたり鳥，タンチョウヅル，キジは一年中日本で過ごす。

(5) ノコギリクワガタ，オオムラサキ，カミキリムシ，トノサマバッタは草食，キリギリスは雑食。

(6) チューリップ・ホウセンカ・アサガオ・エンドウは1つの花におしべとめしべがある。

(7)① イチョウは子ぼうがない裸子植物。

② クスノキ・ツバキ・マツ・スギは冬に葉を落とさない。

(8) アブラゼミは卵，カブトムシ，シオカラトンボはよう虫，ナナホシテントウは成虫で冬を過ごす。

答 (1)① ウ　② ア　③ ア　④ ウ
(2) イ・ク・ケ　(3) イ
(4) 卵やひなの天てきが近づきにくいから。(18

字）

(5) ア　(6) オ　(7) ① イ　② ウ　(8) エ

2 (1) AとBの結果より，光を当てない時間が長くなると花がさく。
また，CとDの結果より，合計の時間ではなく，連続した時間が関係しているとわかる。

(2) 地点aの日が当たらない時間はおよそ7時間なので，花はさかない。地点bの日が当たらない時間はおよそ10時間なので，花はさく。地点cは地点bよりも日が当たらない時間が長いので，花はさく。

(3) (1)より，夜間に日光以外の光が当たってしまうと，花がさく条件が満たされない。

答 (1) オ　(2) カ　(3) ウ

3 (1) 種子には，発芽に適した温度があり，温度が低すぎても高すぎても発芽しないので，ウのようなグラフになる。

(3) 植物は，光が当たると光合成を行って二酸化炭素を吸収するので，昼間は二酸化炭素の割合が低くなる。晴れの日とくもりの日を比べると，夜間の二酸化炭素の割合はほぼ同じになり，昼間の二酸化炭素の割合は，太陽の光が弱いくもりの日のほうが高くなる。

答 (1) ウ　(2) ① ア　② エ　(3) イ

4 (2) 光を当てることによって葉ででんぷんができることを調べたいので，もともとの葉にでんぷんがないことを確かめる必要がある。

(3) 気こうでは，二酸化炭素や酸素も出入りしている。

(4) アサガオ・インゲンマメ・ヘチマ・ホウセンカは子葉の枚数が2枚の植物。

(5)① 図1より，光の強さがBのときの1時間に光合成でつくられる栄養分の量は40mg。

② ①より，㋐の栄養分の合計量は，
$40\ (\text{mg}) \times 2 = 80\ (\text{mg})$
図1より，Aの光を当てたときの1時間につくられる栄養分の量は20mgで，Cの光のときは50mgなので，㋑の栄養分の合計量は，
$20\ (\text{mg}) + 50\ (\text{mg}) = 70\ (\text{mg})$
㋐と㋑の差は，
$80\ (\text{mg}) - 70\ (\text{mg}) = 10\ (\text{mg})$

③ 図1より，光合成でつくられる栄養分の量は50mgが最大で，光を強くしていってもそれ以上は増えない。

答 (1) あ．水　い．でんぷん　う．ヨウ素液　え．蒸散　お．気こう
(2) エ　(3) イ　(4) ア・ウ
(5) ① 40 (mg)　② 10 (mg)　③ ウ

5 (1) 植物は，呼吸によって酸素を吸収し，二酸化炭素を放出している。植物が放出した二酸化炭素は，水酸化カリウム水溶液にすべて吸収され，吸収した酸素の量だけ気体が減少する。

(2) 酸素の吸収量と二酸化炭素の放出量の差だけ気体が減少する。

(3) 表1より，フラスコAの気体の減少量は14.0cm^3なので，植物Pの酸素の吸収量は14.0cm^3。(2)より，フラスコAとフラスコBの気体の減少量の差が二酸化炭素の放出量。フラスコBの気体の減少量は4.2cm^3なので，植物Pの二酸化炭素の放出量は，
$14.0\ (\text{cm}^3) - 4.2\ (\text{cm}^3) = 9.8\ (\text{cm}^3)$
よって，植物Pの種子の呼吸商は，
$9.8\ (\text{cm}^3) \div 14.0\ (\text{cm}^3) = 0.7$

(4) (3)より，植物Pの種子の呼吸商は0.7なので，種子に脂肪が多くふくまれる。コムギ，エンドウの種子には炭水化物が多くふくまれ，ダイズの種子にはたんぱく質が多くふくまれる。

答 (1) ア　(2) ウ　(3) 0.7　(4) ウ

6 (4) 水の変化量が最も大きいのは，何も操作をせず，枝全体で蒸散が行われたE。最も小さいのは，枝の表面にワセリンをぬり，枝全体の蒸散をさまたげたD。

(5)・(6) Aはくき，Bは一番小さな葉1枚とくき，Cは一番小さな葉1枚以外の葉とくき，Eはすべての葉とくきから蒸散が行われるので，BとA，EとCの蒸散量の差は，どちらも一番小さな葉1枚分となる。図2より，イとウ，エとオの差が等しいので，イはE，ウはC，エはB，オはA，最も変化量が小さいカはDとなり，関係のないグラフはアだとわかる。

(8) 光合成ができない状態で，影響（えいきょう）をおよぼす青色の光も当てていないので，穴の開き具合は0になる。

答 (1) ホウセンカ　(2) 蒸散　(3) 気こう
(4) (最も大きい) E　(最も小さい) D　(5) オ
(6) ア　(7) い．光合成　う．赤　(8) 0

(9) 光合成を行うときは，気こうを介（かい）してガス交換（かん）を行うから(または，二酸化炭素を吸い，酸素を吐（は）き出すから)

7 問4．幼虫の「姿勢」がフンに擬態している場合，鳥は巻き姿勢のモデルをフンだと思って攻撃しなくなるはずなので，直線姿勢のモデルのほうがより多く攻撃を受ける。

問5．幼虫の模様がフンに擬態するために有効である場合，模様のあるモデルは，緑色のモデルより攻撃を受けにくくなるので，攻撃を受けていないモデルの割合は，模様のあるモデルより緑色のモデルのほうが低くなる。

問6．公園2の個体数の合計は，

$20 + 20 + 20 + 20 = 80$

種類A～種類Dは同じ個体数なので，それぞれ割合は，

$\frac{20}{80} = 0.25$

多様度指数は，

$1 - (0.25 \times 0.25 + 0.25 \times 0.25 + 0.25 \times 0.25 + 0.25 \times 0.25) = 0.75$

公園3の個体数の合計は，

$20 + 60 = 80$

種類Aの割合は，

$\frac{20}{80} = 0.25$

種類Bの割合は，

$\frac{60}{80} = 0.75$

種類Cと種類Dは0。多様度指数は，

$1 - (0.25 \times 0.25 + 0.75 \times 0.75 + 0 \times 0 + 0 \times 0) = 0.375$

より，0.38。

問7．種類A～種類Dの個体数は半減したので，それぞれ，

$20 \times \frac{1}{2} = 10$

個体数の合計は，

$10 + 10 + 10 + 10 + 60 = 100$

種類A～種類Dの割合は，それぞれ，

$\frac{10}{100} = 0.1$

種類Eの割合は，

$\frac{60}{100} = 0.6$

多様度指数は，

$1 - (0.1 \times 0.1 + 0.1 \times 0.1 + 0.1 \times 0.1 + 0.1 \times 0.1 + 0.6 \times 0.6) = 0.6$

問6より，公園2のはじめの多様度指数は0.75で，多様度指数の値が大きいほど多様性が高いといえるので，種類Eの侵入によって，公園2の多様性は低下した。

答 問1．い　問2．ⅰ．3　ⅱ．2　ⅲ．胸
問3．(1) 完全変態　(2) う　問4．い　問5．B
問6．（公園2）0.75（または，0.76）
（公園3）0.38（または，0.37）
問7．低下

8 (1) ナナホシテントウ・オオカマキリ・オンブバッタは，かむ口をもつ。

(4) Aは14と16の最小公倍数で，112
Bは13と17の最小公倍数で，221
Cは15と18の最小公倍数で，90

(5) D．$0.6 \times 0.6 \times 100 = 36$（%）
E．$0.6 \times 0.4 \times 100 = 24$（%）
F．$0.4 \times 0.4 \times 100 = 16$（%）

(6) 文章より，異なる周期どうしの両親からうまれたセミのすべてが，羽化するまでの年数がもとの周期からずれるので，X年ゼミはX年ゼミどうしのオスとメスから，Y年ゼミはY年ゼミどうしのオスとメスからうまれる。
(5)より，X年ゼミのオスとメスによる卵数の割合が36％，Y年ゼミのオスとメスによる卵数の割合が16％なので，

36（%）：16（%）＝9：4

(7) 素数の年周期のセミは，異なる周期のセミと周期の最小公倍数が大きくなるので，異なる周期のセミと出会いにくくなる。文章より，異なる周期のセミどうしからうまれたセミは，周期がずれて天敵に食べられることが多いが，周期が素数のセミは異なる周期のセミと出会いにくく，絶滅しにくい。

(8) 13と17の最小公倍数は221なので，221年周期で同時に発生する。
よって，

2024（年）－221（年）＝1803（年）

(9) (6)より，X年ゼミとY年ゼミの成虫の数の割合が60％と40％のとき，次に発生するY年ゼミの成虫の数の割合は，

$\frac{4}{9+4} \times 100 = 30.7\cdots$

より，約31％となり，割合が減る。出会いをくり返すとますますY年ゼミの割合が減るため，同じ場所で異なる周期ゼミが発生しても，数の少ない方はやがて絶滅し，それぞれ別の場所で発生するようになる。

答 (1) (ウ)・(オ)　(2) (オ)　(3) (イ)・(エ)　(4) (ウ)

(5) D．36　E．24　F．16　(6) 9：4

(7) あ．13　い．17　う．素　え．絶滅

(8) 1803（年）

(9)（ある時代に同じ場所で13年ゼミと17年ゼミが発生していたとしても，）数が少ない方が出会いをくり返すうちにますます減って絶滅し，数が多い方しか生き残れないから。

9 ［Ｉ］

問2．メダカのからだのもとになる胚（はい）は，図2のア。図2のウは油のつぶで，メダカの栄養となる。

問3．「実験1」から，メダカの体色は底面の色に近い色になることがわかる。

問4．「実験2」では，メダカの両目の上半分や下半分を黒くぬると，水そうの底面の色に関係なく，メダカの体色は同じ変化をする。メダカの両目の上半分を黒くぬったとき，メダカの体色は明るくなり，下半分を黒くぬったとき，メダカの体色は暗くなったことから，メダカの両目の上方から入る光の量と下方から入る光の量の差で体色は決まり，下方から入る光が少ないときに体色が暗くなることがわかる。

問5．図3のアのように，袋全体に黒いつぶが広がっているときに，メダカの体色は暗く見える。

［Ⅱ］

問7．

(1)　二酸化炭素は水に溶けると酸性を示す。ビンの中には，青色のBTB液に息をふきこんで緑色にした液が入っているので，液に溶けた二酸化炭素が吸収されると液は青色にもどり，液にさらに二酸化炭素が溶けて酸性が強くなると液は黄色になる。

(2)　BTB液の青色のこさがこいほど，アルカリ性が強く，二酸化炭素が多く使われたことがわかる。プランクトンの数が多いほど，また，プランクトンにあたる光が強いほど，光合成はさかんに行われる。

(3)　暗ビンではプランクトンは呼吸のみを行っている。呼吸量は光の強さに関係なく，水の中にいるプランクトンの数によって決まる。

答 問1．オス　（理由）背びれにきれこみがあるから。・しりびれが平行四辺形に近いから。

問2．ア　問3．天敵に見つかりにくくなる。

問4．エ　問5．イ　問6．イカダモ

問7．(1) ① イ　② キ　③ ア　④ オ

(2) 浅いところの水の方がプランクトンがたくさんいるから。・浅い方が光がよく届くから。

(3) ビン内のプランクトンの数が同じで，光が入らないので光合成は行われず，呼吸は光の量に関係なく行われるから。

問8．生物の死がい

10 ア．ナマコにとって利益はない。

イ．コバンザメはサメのエサの残りなどを食べられるが，サメにとって利益はない。

ウ．アリはエサをもらえ，アブラムシは敵に食べられる確率が減る。

エ．互いに必要な栄養分を与え合っている。

オ．樹木は光合成をしにくくなったり，水や養分をとられたりして枯れる。

カ．カマキリは体の養分をとられ，ハリガネムシが出ていった後，死んでしまう。

答（相利共生）ウ・エ　（片利共生）ア・イ　（寄生）オ・カ

11 問1．ツルレイシの花Aはおしべだけがあるお花，花Bはめしべだけがあるめ花。

問2．ツルレイシは，お花の花粉がめ花のめしべについて（受粉して），め花だけが実をつける。

問5．カタツムリは，どの2匹が選ばれても，それぞれがおすとめすの両方の役割を同時に行うことができるので，2匹いれば，

2（匹）× 10（個）= 20（個）

の卵から子が生まれる。ネズミは，選ばれた2匹がおすとおす，めすとめすの組み合わせだった場合には子ができない。

答 問1．（花A）お花　（花B）め花　問2．イ

問3．エ　問4．A．水　B．デンプン
問5．イ・カ
問6．あ．2　い．1　う．1　え．2　お．1
か．1　き．2　く．2

12 ①　相似形でからだの大きさが2倍になったとき，体重はからだの体積に比例しているので，
$2 \times 2 \times 2 = 8$（倍），
脚の断面積は，
$2 \times 2 = 4$（倍）
よって，「体重を，脚の断面積で割った値」は，
$8 \div 4 = 2$（倍）
⑥　昆虫の血液は，ヒトなどのほ乳類の血液と異なり，酸素の運搬を行わない。
A．昆虫に分類されるには，脚が6本でなくてはならない。「昆虫のなかまとは呼べなくなってしまいますが，」という文章のあとに入るので，昆虫の定義にあてはまらなくなるが，からだの重さを支えることができる方法を記述する。

答 ① 2　② 筋肉　③ 密度　④ だっ皮　⑤ ア
⑥ い・え　⑦ イ　⑧ イ　⑨ 酸素　⑩ ペンギン
⑪ 塩分　⑫ クチクラ
A．本数を増やす　B．浮(ふ)力がはたらく

8．人のからだ

★問題 P．106～114★

1 (4)　1週＝7日より，
7（日）× 38（週）＝ 266（日）
(5)　3 kg ＝ 3000g より，
3000（g）÷ 0.01（g）＝ 300000（倍）
(6)ア．4週で心臓が動き始め，8週で目や耳ができる。
イ．おなかの中で回転できないぐらいに大きくなるのは36週，女性か男性かが区別できるのは16週。
エ．36週になるとおなかの中で回転できなくなるぐらいに，大きくなる。
(7)・(8)　表より，24週の体重は約900g なので，正しいグラフはエ。このグラフより，週数が増えるほど，体重の増える割合が大きくなっていることがわかる。

答 (1) ① 卵　② 精子　③ 受精　④ 受精卵
⑤ 子宮　⑥ たいばん　⑦ 養分　⑧ へそのお
(2)（名前）羊水　（はたらき）おなかのこどもをしょうげきなどから守るはたらき。
(3) 産声　(4) 266（日）　(5) 300000（倍）
(6) ウ　(7) エ　(8) ウ

2 問3．Cのときのみデンプンが別の物質に変わったため，ヨウ素液に反応しなかった。
問4．
③　だ液を加える条件は同じで，ビーカーの温度が違う試験管を比べる。
④　ぬるま湯の条件は同じで，何もしていないだ液と沸とうさせたあと冷ましただ液を加えた試験管を比べる。
問5．補酵素はセロハンのあなを通りぬけられるので，外液にふくまれる。結果より，内液のみでは酵素のはたらきがないので，内液にあった補酵素はすべて外液に移動したと考えられる。
問6．結果より，外液を加熱しても酵素のはたらきが残っているので，問5より，補酵素Yは熱に強いと分かる。

答 問1．a．デンプン　b．ばくが糖
問2．消化　問3．（試験管）C　（結果）エ
問4．③ コ　④ サ
問5．（内液）ア　（外液）イ　問6．イ

3 問2・問3．肺で，酸素を体内にとり入れ，二酸化炭素を出す。
また，はく息には，酸素が16～18 %，二酸化炭素が3～4 %ふくまれている。
問4．
(3)　肺ほうの半径は，
$0.14\,(\text{mm}) \div 2 = 0.07\,(\text{mm})$
なので，表面積は，
$4 \times 3.14 \times \frac{0.07}{1000}\,(\text{m}) \times \frac{0.07}{1000}\,(\text{m})$
$\times 800000000$（個）$= 49.2352\,(\text{m}^2)$
より，49.2m^2。
問6．二酸化炭素は養分や不要物といっしょに血しょうにとけて，肺まで運ばれる。

答 問1．① 変化しなかった　② 白くにごった
問2．③ (ウ)　④ (カ)　⑤ (エ)　⑥ (オ)　問3．(エ)
問4．(1) 肺ほう　(2) 毛細血管　(3) 49.2 (m^2)
問5．(ウ)　問6．(ア)

問 7．運動をするために，たくさんの酸素が必要だから。

4　問 1．肺で酸素が供給された血液が，心臓から全身に送られるため，酸素を多くふくむ血液が流れるのは，肺からもどってきた血液が通る左心房と，全身に血液を送り出す左心室。

問 4．1 回の拍動で 70mL の血液が送り出されるので，4200mL が送り出されるのに必要な拍動は，

4200（mL）÷ 70（mL）= 60（回）

1 分間 = 60 秒間に 75 回拍動するので，60 回の拍動にかかる時間は，

$$60（秒）\times \frac{60（回）}{75（回）} = 48（秒）$$

問 5．消化された養分は小腸で吸収され，肝臓にたくわえられる。

よって，食後に養分を最も多くふくむ血液が流れるのは，小腸と肝臓をつなぐ c の血管。

問 7．

(2)　95 %あった酸素ヘモグロビンが，肺に入る血液では 35 %になっていることから，

$$\frac{(95 - 35)(\%)}{95(\%)} \times 100 = 63.1\cdots(\%)$$

より，63 %。

答　問 1．エ　問 2．血液が逆流するのを防ぐ。
問 3．全身に血液を送り出す必要があるため。(18 字)
問 4．48（秒）　問 5．c　問 6．じん臓
問 7．(1) イ　(2) 63（%）

5　問 1．

③　昆虫の複眼は，1 つ 1 つの個眼がちがう像をうつすしくみになっている。

④　トンボの単眼は，頭にある。

問 4．図 1 は，右眼で，角まくが顔側なので，右耳は図の上側にある。光は角まくから入ってレンズを通り，網まく上に像をつくる。

問 5．

(a)　1 億 2000 万個の視細胞それぞれが 1 本の視神経にのみ情報を渡しているので，1 本の視神経が受け取る情報は，視細胞，

1 億 2000 万（個）÷ 120 万（本）= 100（個分）

(b)　1 億 2000 万個の視細胞それぞれが 10 本の視神経に情報を渡しているので，1 本の視神経が受け取る情報は，視細胞，

1 億 2000 万（個）× 10（本）÷ 120 万（本）
= 1000（個分）

(c)　視細胞が視神経に対して渡す情報の総数は，視細胞，

$$1 億 2000 万（個）\times \frac{50}{100} \times 30（本）$$
$$+ 1 億 2000 万（個）\times \frac{40}{100} \times 20（本）$$
$$+ 1 億 2000 万（個）\times \frac{10}{100} \times 10（本）$$
= 1 億 2000 万 × 24（個分）

よって，1 本の視神経が受け取る情報は，視細胞，

1 億 2000 万（個）× 24 ÷ 120 万（本）
= 2400（個分）

問 6．こうさいがのびちぢみすることで，ひとみから入る光の量を調節している。明るいところではひとみは小さくなり，暗いところでは大きくなる。

問 7．明るいほどロドプシンが活性型ロドプシンになる反応が速く進み，ロドプシンが減る。活性型ロドプシンが自然に分解し，再びロドプシンに合成する速さは明るさの影響を受けないので，しばらくロドプシンが少ない状態になる。

問 8．やがて明るさに目がなれるのは，ロドプシンが減ることにより，必要以上の明るさを感じとりにくくなるためと考えられる。

答　問 1．①○　②○　③×　④×
問 2．感覚器官　問 3．(ア) ひとみ　(イ) こうさい
問 4．①
問 5．(a) 100（個）　(b) 1000（個）　(c) 2400（個）
問 6．②　問 7．⑤
問 8．減っていく　(理由) 矢印 A の反応は速く進むが，矢印 C の反応は一定の速さで進むから (30 字)

9．流水のはたらきと大地のでき方

★問題 P．115～125★

1 ［Ⅰ］

問2．富士川の上流では水の流れが速いので，しん食作用により，V字谷がつくられる。

問3．24時間の降水量が10.9cmだったので，1時間に降った10000cm^2あたりの雨水の重さは，

10000（cm^2）× 10.9（cm）÷ 24（時間）＝4541.6…（cm^3）

より，4542cm^3。

$$1\,(g) \times \frac{4542\,(cm^3)}{1\,(cm^3)} = 4542\,(g)$$

より，4.5kg。

問5．水力発電は水の落差を利用して発電する方法なので，放射性廃棄物や二酸化炭素を排出しない。

［Ⅱ］

問6．

① 水の流れが速く，深くけずられる。

② 外側の部分の方が水の流れが速いので，深くけずられる。

③ 水の流れがおそいので，あまりけずられない。

問7．どろと砂の層がそれぞれ4つずつ見られる。

答 問1．①(ア) ②(イ) 問2．(ア)

問3．4.5（kg） 問4．ハザードマップ

問5．(イ)・(エ) 問6．①(イ) ②(ウ) ③(ア)

問7．4（回） 問8．三日月湖

2 (1)③ 曲がった川の外側は流れが速く，しん食作用がさかんになるため，川底が深くけずられる。

(2) 遊水地とは，河川の近くの土地をてい防で囲み，中の土地をほり下げ，こう水のときなどに水を一時的にためるようにした場所。

(6) 淀川のほうが住吉川よりも，長いきょりを土砂が運ばれるので，石が小さくなり，丸みを帯びる。

答 (1) ① ア ② 流れがゆるやかで，たい積作用がはたらくため。③ ウ ④ エ

(2) エ

(3) ・メダカがすみやすい流れのゆるやかな場所が減ってしまったから。・植物がなくなり，メダカが卵を産みつける場所が減ってしまったから。

(4) ① 魚道 ② 魚が川を移動できるようにしている。

(5) ① イ ② ウ ③ イ ④ ア ⑤ イ (6) ウ

3 (2) 直接流れこむ川がないと，湖底がかき乱されにくくなる。
また，日光が届かないほど深い湖底では生物が生息しにくいので，生物によるえいきょうもなくなる。

(3) Dは梅雨の時期，黄砂は春ごろなので，Cが梅雨の後から翌年の黄砂までのもっとも長い期間でたい積したと考えられる。

(4) プランクトンがほとんど含まれていなかったので，上流の川の水や分解された葉などからなる層ではなかったと考えられる。短い期間に外部から土砂が流入したり，火山灰が降り積もったりしたと考えられる。

答 (1) ボーリング調査 (2) ア・カ (3) イ

(4) イ・ウ

4 Ⅰ．

問1．つぶの小さいものの方が，水の流れによって河口から遠いところまで運ばれたい積する。つぶの大きいものは，河口の近くでたい積する。

問2．問1より，図1の一番下にある砂の層からねん土の層ができるまでは河口からの距離が遠くなった。ねん土の層から小石の層ができるまでは河口に近くなり，その後はまた砂の層になるまでに遠くなった。

問3．土地が沈むと，河口からの距離が遠くなり，土地が上昇すると，河口からの距離が近くなる。問2の河口からの距離の変化にあうように土地が動いたと考える。

Ⅱ．

問5．ぎょう灰岩の層の深さに注目する。地層が傾いていなければ，標高が高い地点Xのぎょう灰岩の層は，地点Yの層よりも地表面から深いところに現れる。図3では地点Yの方がぎょう灰岩が深いところにあるので，この地域は地点Xから地点Yに，

つまり南に向かって低くなるように傾いている。

問6．地点Yと地点Wの標高差は，

310（m）− 300（m）＝ 10（m）

東西方向の地層の傾きはないので，地点Wのぎょう灰岩の層は，地点Yの層より10m浅い位置に現れる。図3より，地表面からの深さは，

15（m）− 10（m）＝ 5（m）

問7．地点Yのぎょう灰岩の層は深さ15mの位置にあり，南北方向の傾きがなければ，地点Yより10m標高が高い地点Xでのぎょう灰岩の層は，

15（m）＋ 10（m）＝ 25（m）

の深さになる。図3では，地点Xのぎょう灰岩の層は深さ5mの位置にあるので，差は，

25（m）− 5（m）＝ 20（m）

よってX—Y間では南へ20m下がる傾きがあり，水平距離が等しいY—Z間でも同様となる。地点Yと地点Zとの標高差は，

310（m）− 290（m）＝ 20（m）

なので，南北方向の傾きがなければ，地点Yの深さ20mにある層が地点Zの地表面に現れるはずだが，20mの傾きの分だけこの面が深くなるので，地点Zでのボーリング結果は地点Yと同様になる。図3の結果より，10mの深さには小石の層がある。

答 問1．ウ　問2．ア　問3．オ　問4．イ　問5．南　問6．5（m）　問7．ア

5　問2．図1より，泥→砂→れきの順にたい積したので，たい積した粒の大きさがだんだん大きくなっており，たい積した場所が盛り上がって海岸から近くなったか，海面が下降して海岸から近くなったと考えられる。

問3．Z，Yの層の厚さの合計は，

4（m）＋ 2（m）＝ 6（m）

なので，地表からの深さが7mのところの層はX。

問4．

(1)　表1より，Yの層の地表からの深さは，地点Aが4m，地点B・Dが3mなので，地点B，Dから地点Aに向かって下がっていると考えられる。図3より，北西の方位に向かって下がっている。

(2)　(1)より，この地域の地層は北西に向かって下がっている。図3より，地点Cは地点B，Dに対して地点Aと対称の位置にあるので，地点B，Dから地点Aで下がった深さと同じだけ地点Cは地点B，Dより高い。地点AのYの層は地点B，Dの層に対して，

4（m）− 3（m）＝ 1（m）

深くなっている。

よって，地点Cの層は地点B，Dよりも全体的に1m高くなり，Yの層は地表から，

3（m）− 1（m）＝ 2（m）

の深さにある。

また，Yの層の厚さは変わらず2m。

Zの層の地表からの深さは，

2（m）＋ 2（m）＝ 4（m）

Zの層の厚さは，

12（m）− 4（m）＝ 8（m）

問5．

(1)　表2より，地点GでKの層が2つ確認できるので，少なくとも過去に2回は火山の噴火があったと考えられる。

(2)　表2より，地点Eと比べて地点FのYの層は，

3（m）− 1（m）＝ 2（m）

浅い深さにある。図4より，ある地点から2マス下にいくと，地層は2m上がる。

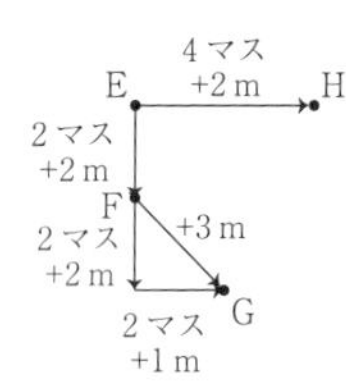

また，地点F，GのK，Zの層は同じ層と考えられるので，地点Fと比べて地点Gの層は，

1（m）＋ 2（m）＝ 3（m）

高い。地点Gは地点Fより下に2マス，右に2マスにあり，下に2マスにあることで2m高くなっているので，右に2マスで，

3（m）− 2（m）＝ 1（m）

高くなる。地点Hは地点Eから右に4マスなので，地点Eと比べて，

$$1\,(\text{m}) \times \frac{4\,(\text{マス})}{2\,(\text{マス})} = 2\,(\text{m})$$

高い。

よって，地点Hは地点Fと同じ結果となる。

(3)　表2より，地点Fでは「Xからなる層」と

「Y からなる層」の境目は地中にあり，地点 G では地中にない。

よって，境目は地点 F と地点 G の間を通る。

(2)より，地点 H は地点 F と同じボーリングの結果なので，境目は地点 H と地点 G の間も通る。

答 問 1．カ　問 2．イ　問 3．ア

問 4．(1) ア　(2) (2，2，8)

問 5．(1) 2 (回)　(2) オ　(3) ウ

6 (4) マグマの中の成分が冷えてゆっくりと固まるので，深成岩を顕微鏡でみると，1 つ 1 つの粒の大きさが大きく，すき間なく集まっている。

(5) ア・イ・エは火山岩。

(6) クロウンモは黒色。カンラン石は緑褐色。

(8) カウアイ島ができてからハワイ島ができるまでの時間は，

550 (万年) − 50 (万年) = 500 (万年)

プレートが 1 万年で進む距離は，

$$490\ (\text{km}) \times \frac{1\ (\text{万年})}{500\ (\text{万年})} = 0.98\ (\text{km})$$

(9) (8)より，

$$\frac{6370\ (\text{km})}{0.98\ (\text{km})} \times 1\ (\text{万年}) = 6500\ (\text{万年})$$

答 (1) ① マグマ　② 火山ガス　③ 火山灰

(2) 活火山　(3) 硫化水素　(4) ア　(5) ウ

(6) ア・エ　(7) カ　(8) 0.98 (km)

(9) 6500 (万年)

7 問 1．

b．水平方向にずれた断層を，横ずれ断層という。

問 2．

(1) 観測地点 A から B を，P 波は，

3 時 8 分 8 秒 − 3 時 8 分 5 秒 = 3 (秒)

で，S 波は，

3 時 8 分 14 秒 − 3 時 8 分 9 秒 = 5 (秒)

で進んでいることから，P 波と S 波がそれぞれの地点に到達するまでの時間の比は，

3 (秒)：5 (秒) = 3：5

観測地点 B で，P 波と S 波の到達時刻の差は，

3 時 8 分 14 秒 − 3 時 8 分 8 秒 = 6 (秒)

なので，P 波は，

$$6\ (\text{秒}) \times \frac{3}{5-3} = 9\ (\text{秒})$$

かけて観測地点 B に到達している。

よって，震源で揺れが発生した時刻は，

3 時 8 分 8 秒 − 9 (秒) = 3 時 7 分 59 秒

(2)① 観測地点 A には P 波が，

3 時 8 分 5 秒 − 3 時 7 分 59 秒 = 6 (秒)

で到達している。震源から 45km はなれた観測地点 B に P 波は 9 秒で到達しているので，観測地点 A の震源からの距離は，

$$45\ (\text{km}) \times \frac{6\ (\text{秒})}{9\ (\text{秒})} = 30\ (\text{km})$$

② 観測地点 C には P 波が，

3 時 8 分 14 秒 − 3 時 7 分 59 秒 = 15 (秒)

で到達しているので，震源からの距離は，

$$45\ (\text{km}) \times \frac{15\ (\text{秒})}{9\ (\text{秒})} = 75\ (\text{km})$$

③ 観測地点 C に P 波は 15 秒で到達しているので，S 波は，

$$15\ (\text{秒}) \times \frac{5}{3} = 25\ (\text{秒})$$

で到達する。

よって，S 波の到達時刻は，

3 時 7 分 59 秒 + 25 (秒) = 3 時 8 分 24 秒

(3) 緊急地震速報が発表された時刻は，震源から 15km はなれた観測地点 D に P 波が到達した 8 秒後なので，

$$3\text{時}7\text{分}59\text{秒} + 9\ (\text{秒}) \times \frac{15\ (\text{km})}{45\ (\text{km})} + 8\ (\text{秒})$$

=3 時 8 分 10 秒

この時点で，まだ S 波が到達していない観測地点 B と C では，大きな揺れがくる前に，緊急地震速報が発表された。

答 問 1．イ

問 2．(1) 3 (時) 7 (分) 59 (秒)

(2) ① 30　② 75　③ 24　(3) イ

10. 天気の変化

★問題 P．126〜135★

1 Ⅰ．

(1) c．今の乾球温度計の示度は22℃なので，4℃低い日の示度は，

22（℃）－4（℃）＝18（℃）

図2より，乾球の示度が18℃で乾球と湿球の示度の差が5℃のときの湿度は53％。

Ⅱ．

(2) 湿度は，

$$\frac{\text{すでに含まれている水蒸気の量}}{\text{すでに含まれている水蒸気の量}+\text{まだ含むことのできる水蒸気の量}}$$

の値が大きいほど，高い。

アは $\frac{6}{8}=\frac{3}{4}$，イは $\frac{9}{11}=\frac{54}{66}$，

ウは $\frac{5}{6}=\frac{55}{66}$，エは $\frac{3}{4}$ なので，最も湿度が高いのはウ，同じ湿度なのはアとエ。

(3)(ii) 気温が低いほど空気中に含むことができる水蒸気の量が少ないので，空気中に含まれている水蒸気の量が1日中同じだった場合，最低気温のときに最も湿度が高くなる。

Ⅲ．

(4) 表1より，気温が10℃のとき，空気1 m^3 の中に含むことができる水蒸気の量は9.4gなので，

9.4（g）－5.0（g）＝4.4（g）

より，あと4.4gの水蒸気を含むことができる。

(5) a．表1より，24℃の空気1 m^3 の中に含むことができる水蒸気の量は21.8gで，湿度が95％なので，この空気の水蒸気量は，

$21.8（g）\times\frac{95}{100}=20.71（g）$

より，20.7g。

b．$20.7（g）\times\frac{100}{50}=41.4（g）$

より，湿度50％の空気1 m^3 の中に含まれる水蒸気の量が20.7gになるのは，表1より，約36℃のとき。

c．気温24℃，湿度50％の空気1 m^3 の中に含まれる水蒸気の量は，

$21.8（g）\times\frac{50}{100}=10.9（g）$

なので，表1より，温度を12℃にすればよい。

答 (1) a．低　b．5　c．53

(2) a．ウ　bc．ア・エ　(3)(i) カ　(ii) キ

(4) 4.4（g）　(5) a．20.7　b．36　c．12

2 問1．気温29℃のときの飽和水蒸気量は28.8gなので，湿度は，

12.8（g）÷28.8（g）×100＝44.44…（％）

より，約44.4％。

問2．気温15℃のときの飽和水蒸気量は12.8gなので，湿度50％の空気1 m^3 あたりがふくむ水蒸気量は，

12.8（g）×0.5＝6.4（g）

露点は飽和水蒸気量が6.4gとなる温度なので，表1より4℃。

問3．あの空気といの空気がふくむ水蒸気量は同じため，気温の高いあの空気の方が湿度は低い。うでは，空気1 m^3 あたりがふくむ水蒸気量が表1より9.4gなので，あの空気よりも湿度は低い。えでは，霧が発生しているので，湿度は100％。

問4．9℃の空気の水蒸気が飽和しているとき，空気1 m^3 あたりにふくむ水蒸気量は8.8g。1辺10mの立方体の空気の温度を9℃に下げたときに10.4kgの水ができたことから，もとの空気が1 m^3 あたりにふくんでいた水蒸気量は，

8.8（g）＋｛10.4（kg）÷（10（m）×10（m）×10（m））×1000｝＝19.2（g）

よって，この空気の29℃における湿度は，

19.2（g）÷28.8（g）×100＝66.66…（％）

より，約66.7％。

問5．

ア．はじめに，水蒸気が飽和していない空気が400mの高さまでのぼったので，このときの温度は，

$25（℃）-1（℃）\times\frac{400（m）}{100（m）}=21（℃）$

このとき雲が発生したので，水蒸気が飽和していることがわかり，温度低下の割合が変化する。このあと1000mの高さまで，

1000（m）－400（m）＝600（m）

のぼったので，このときの温度は，

$$21(℃)-0.5(℃)\times\frac{600(m)}{100(m)}=18(℃)$$

イ．空気が $1m^3$ あたりにふくむ水蒸気量が24.4g なので，この空気の水蒸気が飽和するのは，表1より26℃。温度が，

$$34(℃)-26(℃)=8(℃)$$

下がっているので，このときの高さは，

$$100(m)\times\frac{8(℃)}{1(℃)}=800(m)$$

ウ．3000m の高さまでのぼったとき，この空気の温度は，

$$26(℃)-0.5(℃)\times\frac{3000(m)-800(m)}{100(m)}$$

$$=15(℃)$$

この空気が $1m^3$ あたりにふくむことのできる水蒸気量は表1より12.8g なので，$1m^3$ あたり，

$$24.4(g)-12.8(g)=11.6(g)$$

の水蒸気が水になった。

よって，降った雨の総量は，

$$11.6(g)\times 10(m)\times 10(m)\times 10(m)$$

$$=11600(g)$$

問6．

エ．地表で空気の温度と露点の差は，

$$24(℃)-20(℃)=4(℃)$$

あり，100m 上昇するごとにこの差が，

$$1(℃)-0.2(℃)=0.8(℃)ずつ$$

ちぢまるので，露点に達するときの高度は，

$$100(m)\times(4(℃)\div 0.8(℃))=500(m)$$

オ．地表にあった35℃の空気の露点は表1より23℃で，高度，

$$100(m)\times\{(35(℃)-23(℃))\div 0.8(℃)\}$$

$$=1500(m)$$

で露点に達する。このときの空気の温度は，

$$35(℃)-1(℃)\times\frac{1500(m)}{100(m)}=20(℃)$$

で，図2より，周囲の気温よりもまだ高い。このあと，空気の温度は，100m 上昇するごとに0.5℃ずつ下がるため，そのようすを図2にかきこむと次図のようになり，地表にあった空気がまわりの気温と同じになるのは，高度2500m とわかる。

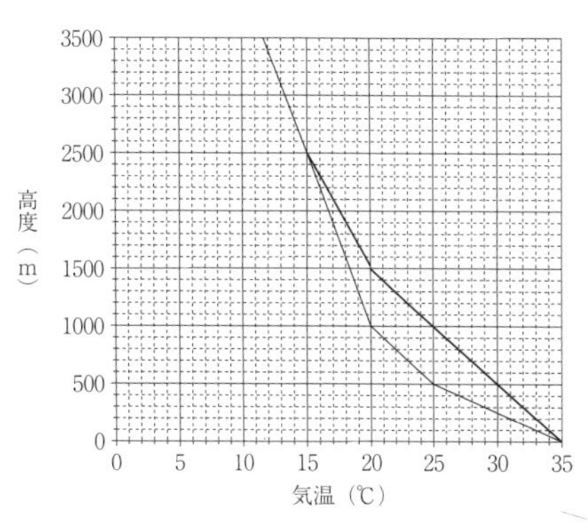

問7．次図のように，図3のグラフに，地表にあった35℃の空気の温度変化をかきこむと，水蒸気が飽和する前は100m 上昇するごとに1℃ずつ下がるため実線のように変化する。

このとき，途中でグラフが周囲の気温を下回り，空気の上昇が止まる。そこで，水蒸気が飽和した後の，100m 上昇するごとに0.5℃ずつ気温が下がるグラフを，周囲の気温を下回ることがないようにかきこむと，点線のようになる。

このとき，この空気は高度1000m で25℃のときに露点に達している。地表での露点は，

$$25(℃)+0.2(℃)\times\frac{1000(m)}{100(m)}=27(℃)$$

27℃で露点に達する空気がふくむ水蒸気量は表1より25.8g なので，地表における水蒸気量は $25.8g/m^3$ より高い必要がある。

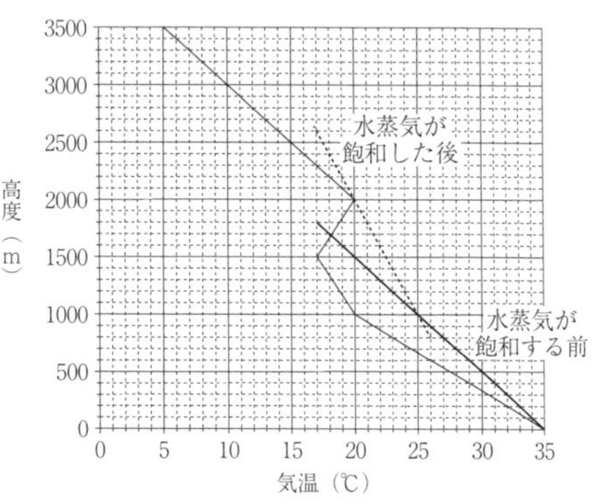

答 問1．44.4（%） 問2．4（℃）

問3．え→い→あ→う 問4．66.7（%）

問5．ア．18 イ．800 ウ．11600

問6．エ．500 オ．2500 問7．25.8

3 (1) 台風は日本の南の海上で発生し，日本にやってくる。

(2) 台風の中心に向かって反時計まわりに風がふ

きこんでいる。図1より，台風が近づいてくるときはCの位置が台風の北西になるため，台風の中心に向かってふく風がCの位置では北側からふく風となる。

また，台風が遠ざかっていくときはCの位置が台風の南西になるため，台風の中心に向かってふく風が西側からふく風となる。

答 (1) ②　(2) ④

(3) 川の水が増えたときに，急な水位の上しょうを防ぐ。

4 (2) 東風とは東から吹いてくる風なので，東風が吹いているところでは台風は西に進む。

(6) Aが強風域で，Bが暴風域。

答 (1) ア　(2) イ　(3) エ　(4) 右　(5) ウ

(6) A. ア　B. イ　(7) イ

(8) 日にちがたつほど，台風の進路を予想しづらくなるから。

(9) ダムが貯めておける水量を上回る雨量が予想されるときに，事前に水量を減らして洪水(こうずい)を防ぐため。

5 (A)問2．表1は1日中空全体が雲におおわれていて，18時に降水があるので6月15日。表2は1日を通して気温が低く，15時ごろに雲が広がっているので12月15日。表3は6時ごろまでくもっていて，その後晴れており，15時の気温が20℃付近なので3月15日。表4は12時ごろまでくもりで，その後晴れているので9月15日。

問3．天気の晴れとくもりは雲の量で決め，空全体を10としたときの雲の量が0～8のときを晴れ，9～10のときをくもりとする。また，雲の量にかかわらず，降水があるときは雨とする。9月15日の15時は，雲の量が5で降水量が0なので，晴れ。

(B)問4．台風の進路は，夏から秋にかけてだんだんと東寄りになるので，アが6月，イが7月，ウが9月。

答 問1. アメダス

問2.（表1）イ　（表2）エ　（表3）ア　（表4）ウ

問3. 晴れ　問4. ウ　問5. ア　問6. イ

問7. ハザードマップ　問8. ウ

11．天体の動き

★問題 P．136～146★

1 ［2］

(2) 12時から13時までの60分で，

1 (cm) + 4 (cm) = 5 (cm)

移動しているので，日の入りの時刻は14時から，

$\frac{18\,(\text{cm})}{5\,(\text{cm})} \times 60\,(分) = 216\,(分)$

後になる。216分 = 3時間36分より，日の入りの時刻は，

14時 + 3時間36分 = 17時36分

［3］

(1) 福岡市は明石市より，

135 (度) − 130 (度) = 5 (度)

西に位置するので，太陽が南中する時刻は正午より，

$\frac{5\,(度)}{1\,(度)} \times 4\,(分) = 20\,(分)$

遅くなる。

(2)① 日の出の時刻と日の入りの時刻の中間が南中時刻になるので，昼の長さの半分の時間と日の出の時刻から，各地点の南中時刻を求める。

a．9時間44分 ÷ 2 = 4時間52分より，地点aの南中時刻は，

6時48分 + 4時間52分 = 11時40分

b．9時間32分 ÷ 2 = 4時間46分より，地点bの南中時刻は，

6時57分 + 4時間46分 = 11時43分

c．9時間50分 ÷ 2 = 4時間55分より，地点cの南中時刻は，

7時2分 + 4時間55分 = 11時57分

d．9時間 ÷ 2 = 4時間30分より，地点dの南中時刻は，

7時4分 + 4時間30分 = 11時34分

② 4地点のうち，最も東にある札幌の南中時刻が最も早く，最も西にある大阪の南中時刻が最も遅い。

③ア．冬は昼の長さが夜の長さより短く，夏は昼の長さが夜の長さより長い。4地点ともに，1日の半分の時間である12時間

よりも昼の長さが短いので季節は冬。

また，冬は北に行くほど昼の長さが短くなる。

答 [1] (1) 水素 (2) (イ)

(3) C. 月 D. 皆既(かいき) E. コロナ

[2] (1) A. 南 B. 東 (2) 17 (時) 36 (分)

[3] (1) 12 (時) 20 (分)

(2) ① d → a → b → c ② (札幌) d (大阪) c

③ ア. 冬 イ. 短く ウ. a エ. b

2 (1) 太陽や北極星，マッチの火は，自ら光り輝いている。月や金星は太陽の光を反射して輝いている。

(2) 月が地球の周りを公転することで，月，地球，太陽の位置関係が変わり，月の光っている部分の見え方が変わる。

(4) 日食は，太陽と地球の間に月が入り，月が太陽を隠すことで起こる。月が太陽の方向にあるのは，新月のとき。

(5) 午前9時に月を見ることができるのは，満月の後（月齢18ごろ）から三日月までの間。

したがって，月齢21のウ，カ，ケのどれか。月齢21は下弦の月を過ぎたころなので，真夜中過ぎに東からのぼり，午前6時過ぎに南の空を通り，正午過ぎに西にしずむ。

よって，午前9時には西の方に見える。

答 (1) i. ア ii. イ iii. ア (2) エ

(3) 日食 (4) ア (5) ケ

(6) (地形) クレーター ア. 水(または，空気，風)

イ. しん食(または，風化)

(7) ウ. ゲンブ岩 エ. 大き(い)

3 (1) 月は新月を過ぎると，右側から満ちていき満月となる。

(2) オは満月。

(3) 図3より，太陽の1つ左が新月で，反時計まわりに月の形は変化していく。

よって，aは7日目で右半分が光る半月。bは15日目で満月。cは18日目で満月から少し右側がかけた月。

(4) 太陽のタブが20時となるように2枚目と3枚目を回転させると，3枚目の紙の穴は西の位置にくる。

(5) 図2より，三日月は14時ごろに南の空に見えるので，夜に南の空で見ることはできない。月と太陽の位置がもっとも離れているときが満月で，夜の間ずっと見ることができる。

答 (1) (ア→) ウ→オ→エ→イ (2) エ

(3) a. ウ b. ア c. オ (4) オ (5) ウ・オ

4 (1) 図より，Cはデネブ。

(2) 6〜7月ごろは東の空に，10〜11月ごろは西の空に見える。

(3) アは南の空，イは西の低い空で見られる。ウのように見えることはない。

(4) アルデバランはベテルギウスの西がわ，シリウス，プロキオンはベテルギウスの東がわにあるので，ベテルギウスよりも早い時刻に東の低い空に上がってくるのはアルデバランのみ。

答 (1) オ (2) ウ (3) エ (4) ア

5 (問4) 10.8億 = 0.00108兆より，光が8.6年間に進む距離は，

0.00108兆(km) × 24 (時間) × 365 (日) ×8.6 (年) = 81.3…兆(km)

より，81兆km。

(問5)

ア. 地球から見て，太陽のある側が昼なので，星占いで使う12星座で割り当てられているのは，その月の太陽の方向にある星座。

イ. 北極側から見たとき，地球は反時計回りに1日に1回転しているので，12月10日の正午ごろはいて座の方向が南に，午後6時ごろはうお座の方向が南になる。冬の日の入りは午後6時より早いので，日の入りのころはみずがめ座の方向が南となり，うお座やおひつじ座の方向は東となる。

ウ. 6月10日の地球の位置は，図2の地球と太陽をはさんだ反対側にあるので，真夜中はいて座の方向が南に，午前6時ごろはうお座の方向が南になる。夏の日の出は午前6時より早いので，みずがめ座の方向が南となり，うお座やおひつじ座の方向は東となる。

エ. 12月10日の真夜中に南の空に見えていた星座は，6月10日には太陽と同じ方向にあるので，見ることができない。

(問6)

(あ) 星座は1日に約1回転するので，2月4日午後8時の6時間後の2月5日午前2時には，

$$360° \times \frac{6\,(時間)}{24\,(時間)} = 90°$$

より，90°西に回転したカの位置に見える。

(い) 同じ時刻に星座を観察すると，見える位置が毎日少しずつ西へ動いていき，1年で元の位置にもどる。

よって，2月4日午後8時の1か月前の1月4日午後8時には，

$360° \div 12\,(か月) = 30°$

東に回転したウの位置に見える。

答 (問1) ア　(問2) ウ　(問3) ウ
(問4) 81 (兆 km)　(問5) ウ
(問6) (あ) カ　(い) ウ

6 (1) 金星は太陽と同じ方角に見える。A・F の金星は夕方，C・D・E の金星は明け方に見える。B の金星は光が当たる面が地球からは見えない。

(2) 地球からの距離が遠くなるので，見える大きさは小さくなる。

また，太陽の光に当たる面は A よりも大きくなる。

(3) 1年で金星は，A の位置から一周し，さらに，

$1\,(年) - 0.62\,(年) = 0.38\,(年)$

では，半周をこえるので，E の位置となり，B の位置は2回通る。

答 (1) ウ　(2) ア　(3) (位置) E　(回数) 2 (回)

7 問1．太陽系には，水星，金星，地球，火星，木星，土星，天王星，海王星の8つの惑星がある。

答 問1．8　問2．え　問3．か　問4．あ
問5．え

12．自然・環境

★問題 P．147～153★

1 (1) アルミニウム 1kg をボーキサイトから作ると約 110MJ，リサイクルでは 3.6MJ 必要なので，

$$\frac{3.6\,(MJ)}{110\,(MJ)} \times 100 = 3.27\cdots(\%)$$

より，3.3％。

(2) 1 kg ＝ 1000g なので，アルミニウム 15g をボーキサイトから作るのに必要なエネルギーは，

$$110\,(MJ) \times \frac{15\,(g)}{1000\,(g)} = 1.65\,(MJ)$$

1.65MJ のエネルギーで蛍光灯を点灯させることができる時間は，

$1.65\,(MJ) \div 0.14\,(MJ) = 11.78\cdots(時間)$

より，11.8 時間。

答 (1) 3.3　(2) 11.8

2 (1) こん虫のなかまはからだが3つの部分にわかれ，あしがむねから3対出ている。

(5) シジミ，アサリは水中にすむ貝類。プラナリアは貝類ではない。

(6) 表1・表2より，C さんの班の合計点は，

$3\,(点) \times 3\,(匹) + 3\,(点) \times 5\,(匹) + 3\,(点) \times 6\,(匹) + 5\,(点) \times 2\,(匹) = 52\,(点)$

A さんの班のカメムシ以外の合計点は，

$5\,(点) \times 3\,(匹) + 5\,(点) \times 1\,(匹) + 5\,(点) \times 2\,(匹) = 30\,(点)$

A さんの班の合計点は C さんの班より大きいので，A さんの班のカメムシの数は，

$(52\,(点) - 30\,(点)) \div 3\,(点) = 7.3\cdots(匹)$

より，8匹以上。

B さんの班のゴミムシ以外の合計点は，

$1\,(点) \times 3\,(匹) + 1\,(点) \times 4\,(匹) + 1\,(点) \times 2\,(匹) = 9\,(点)$

B さんの班の合計点は C さんの班より小さいので，

$(52\,(点) - 9\,(点)) \div 3\,(点) = 14.3\cdots(匹)$

より，14 匹以下。

(7) (6)より，合計点が高いほど自然が残されている場所なので，A さんの班が森の落ち葉の下の土，B さんの班が学校の運動場の土，C さんの班が公園の土。

答 (1) カ　(2) ミミズ　(3) ウ
(4) あたたかさ(または，熱)をきらう。
(5) ウ・エ　(6) エ　(7) イ

3 (2) 体積が大きい順にちっ素，酸素，アルゴン，二酸化炭素。

(3) イ，ウは水素が発生する。カは気体が発生しない。

(4) 燃料電池は水素と酸素がエネルギー源で，水しか出さない。

(5)・(6) 二酸化硫黄は酸性雨の原因となる気体。炭酸カルシウムは酸性の水よう液と反応してその性質を弱めるので，酸性雨への対策として使用される。

(8)③　水を使用しているので，水じょう気が混ざってしまう。

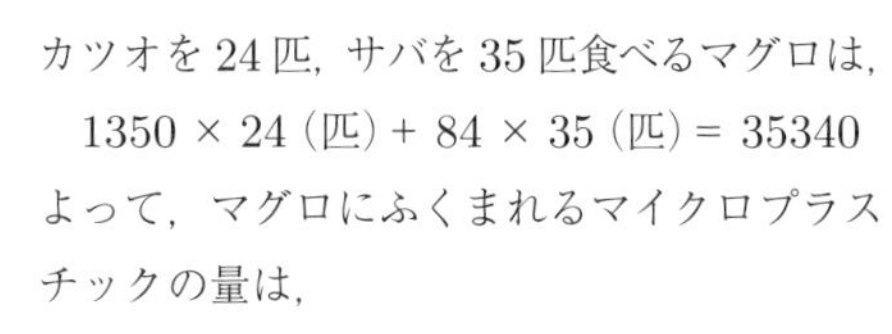

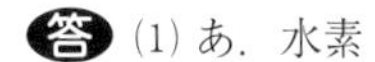

答 (1) あ．水素
い．ヘリウム　う．メタン
え．オゾン
(2) 4（番目）(3) ア・エ・オ
(4) イ　(5) ウ　(6) ウ
(7) 温室効果（ガス）
(8) ①（右図）②（液体）過酸化水素水（または，オキシドール）（固体）二酸化マンガン
③ 水じょう気

4　（1つ目）人工林では，同じような木を同じ時期に植えているので，木を植える時には天然林のように多様な種類を植える必要がある。
（2つ目）できるだけ多くの葉に光があたるようにすると，木が育ちやすい。
（3つ目）天然林にみられるたおれた木やかれた木なども，いろいろな生き物のすみかとなる。

答 （例）（1つ目）同じ種類の木を植えるのではなく，様々な種類や背たけの木を植える。
（2つ目）地面まで日光がとどくように，適度に木をきる。
（3つ目）たおれた木やかれた木を残しておく。

5　問2．太陽光発電は，太陽の光を電気に変えて発電している。
問3．南極の氷は，地層のように長い年月をかけて厚く積み重なっていて，その中には，氷ができた当時の大気がふくまれている。
問4．ある地域の森林が1年間に吸収する二酸化炭素は，
$4000000\,(m^2) \times 0.8\,(kg) = 3200000\,(kg)$
ヒト一人が1年間ではき出す二酸化炭素は340kgなので，森林が吸収することができる二酸化炭素は，
$3200000\,(kg) \div 340\,(kg) = 9411.7\cdots$（人）
より，約9,500人分。
問5．イワシの体の中のマイクロプラスチックの量を1としたとき，イワシを30匹食べるアジの体の中のマイクロプラスチックの量は30。同様に，84匹食べるサバは84。アジを45匹食べるカツオは，
30×45（匹）$= 1350$
カツオを24匹，サバを35匹食べるマグロは，
1350×24（匹）$+ 84 \times 35$（匹）$= 35340$
よって，マグロにふくまれるマイクロプラスチックの量は，
$35340 \div 30 = 1178$
より，アジの1178倍。

答 問1．① 呼吸　② 温暖化　③ 雲　④ 循環
問2．(イ)　問3．氷　問4．(イ)
問5．1178（倍）

13. 総合問題，その他

★問題 P．154〜160★

1　（問1）
(え)　熱中症（しょう）を防ぐためぼうしはかぶる。
(お)　毒などの危険があるかもしれないので，知らない生き物は直接さわるべきではない。
(き)　元のかん境が変わらないように，動かした石は元にもどしておく。
（問2）解答例の他に，そでをまくる・リボンを中に入れる，などでもよい。

答 （問1）(あ)・(い)・(う)・(か)
（問2）（例）かみの毛をくくる。
（問3）①(き)　②(お)　③(え)　④(い)
（問4）目を守るため。（または，薬品やほこりが目にはいらないようにするため。）
（問5）(あ)　（問6）(い)　（問7）②→③→①→④

2　(3)　光が地面に対して50°の角度で当たっているので，角Xを，
$90° - 50° = 40°$
にすると，光電池に対して90°で光が当たり，豆電球が最も明るく光る。
(4)　角Xを0°，30°，60°，90°にすると，光が光電池に当たる角度はそれぞれ，60°，
$180° - (60° + 30°) = 90°$，
$180° - (60° + 60°) = 60°$，
$180° - (60° + 90°) = 30°$
となる。
(5)　光電池を開く角度を大きくするほど，光が光電池に当たる角度が小さくなる。
また，光電池を開く角度が，当たる光の角度と同じになると，光電池には光が当たらず，光電

池には電流が流れなくなる。

(6)・(7) 図6のaの位置から，反時計回りにbの位置まで装置を動かすとき，光電池に対して光を90°に当てるためには，角Xは「aから動かした角度」と等しくすれば良い。

(8) dの位置で，装置を開いても，光電池には光が当たらず，電流は流れない。

(9) 北緯35°では，真南にきたときの太陽の高さが最も高い。

(10) 南緯35°では，真北にきたときの太陽の高さが最も高い。

(11) 光電池に対して光が90°で当たるとき，角Xと緯度は等しい。

答 (1) ① イ ② エ (2) イ (3) 40（度）
(4) ① 30（度） ② 90（度） (5) イ (6) 90（度）
(7) 55（度） (8) エ (9) ウ (10) エ (11) 35（度）

3 (1)a．表1より，体積と気圧は反比例している。体積が80.0mLのときの気圧は940hPaなので，体積が40.0mLのときの気圧は，

$$940\,(\text{hPa}) \times \frac{80.0\,(\text{mL})}{40.0\,(\text{mL})} = 1880\,(\text{hPa})$$

b．表2より，30℃のときと40℃のときを比べると，温度の差は，
40（℃）－30（℃）＝10（℃）
体積の差は，
46.5（mL）－45.0（mL）＝1.5（mL）
よって，温度が10℃高くなると，体積は1.5mL大きくなるので，50℃のときの体積は，
46.5（mL）＋1.5（mL）＝48.0（mL）

(2)① (1)より，温度が10℃変化すると，体積は1.5mL変化する。表2より，20℃のときの体積は43.5mLなので，0℃のときの体積は，

$$43.5\,(\text{mL}) - 1.5\,(\text{mL}) \times \frac{20\,(℃)}{10\,(℃)}$$

＝40.5（mL）

② 体積が0mLとなる温度は，体積43.5mL分の温度の変化と20℃の差なので，

$$10\,(℃) \times \frac{43.5\,(\text{mL})}{1.5\,(\text{mL})} - 20\,(℃) = 270\,(℃)$$

(3) 表2より，14℃のときの体積は42.6mLなので，16℃になったときに増える体積は，

$$1.5\,(\text{mL}) \times \frac{16\,(℃) - 14\,(℃)}{10\,(℃)} = 0.3\,(\text{mL})$$

増えた体積は，
0.3（mL）÷42.6（mL）×100＝0.70…（％）
より，0.7％。

(4) 表2より，30℃のときの体積は45.0mLなので，体積が変化するときの90℃での体積は，

$$45.0\,(\text{mL}) + 1.5\,(\text{mL}) \times \frac{90\,(℃) - 30\,(℃)}{10\,(℃)}$$

＝54.0（mL）
(1)より，体積と気圧は反比例するので，
54（mL）÷45（mL）＝1.2（倍）

(5) (1)より，空気の気圧と体積は反比例するのでイ。

(6) (1)より，温度が変化したときの体積の変化は一定。表2より，温度が高くなるほど体積は大きくなるので，空気の体積に対する体積の変化の割合は小さくなっていくが，0にはならない。

答 (1) a. 1880 b. 48.0
(2) ① 40.5（mL） ② 270（度） (3) 0.7（％）
(4) 1.2（倍） (5) イ (6) カ

4 問1．水に溶けやすい成分ほど，インクが付いた点から遠くまで移動するので，成分Aが最も水に溶けやすく，成分Cが最も水に溶けにくい。

問2．円形のろ紙の中心にサインペンで点を書くと，それぞれの成分は中心から等距離のところまで移動するので，同心円状に模様が広がる。

問3．ソースは水溶性で，ソースの成分の中には水とまざりにくい成分もふくまれるので，白い服に付いたときに，広がっていく成分と広がりにくい成分が観察できる。いは中和反応。うは，ヨウ素液がデンプンと反応して青むらさき色になる。えは，油が水とまざらず水にうく。

答 問1. C 問2. い 問3. あ
問4. a. 二酸化炭素 b. 水 c. 酸素

5 宇宙ステーションの中では物の重さが感じられないので，同じ体積あたりのあたたかい水と冷たい水の重さの差による対流がなくなる。

答 ⑤ （理由）重力が感じられないため空気が対流せず，酸素が供給されにくくなるから。